U0824837

网络工程专业“十二五”规划教材

宽带网络技术

李鉴增 金立标 苗 方 编著

刘剑波 主审

中国传媒大学出版社

再版前言

2003 年 1 月，本书第一版由中国广播电视出版社出版。2006 年，该书被评为北京市精品教材。

10 年来，无论是有线电视网络技术，还是其他宽带网络技术，都有了长足的发展。截止到 2013 年 6 月底，我国已有网民 5.91 亿，但上网速率普遍不高，不能满足国民经济发展和人民群众文化生活的需要。2013 年 8 月 1 日，国务院下发了《“宽带中国”战略及实施方案》，“作为抢占新时期国际经济、科技和产业竞争制高点的重要举措”，再次强调要“推动电信网、广播电视网和互联网融合发展”，明确提出了“宽带中国”的目标：到 2015 年，初步建成适应经济社会发展需要的下一代国家信息基础设施，城市和农村家庭宽带接入能力基本达到 20 Mbps 和 4Mbps，部分发达城市达到 100Mbps；到 2020 年，基本建成覆盖城乡、服务便捷、高速畅通、技术先进的宽带网络基础设施，城市和农村家庭宽带接入能力分别达到 50Mbps 和 12Mbps，50% 的城市家庭用户达到 100Mbps，发达城市部分家庭用户可达 1Gbps。《“宽带中国”战略及实施方案》还对接入网、城域网和骨干网建设，对应用基础设施建设和在经济建设等各方面的应用提出了具体的要求。

为了实现国务院提出的战略目标，迫切需要培养大批技术人才及其相应的教材。按照中国传媒大学十二五规划教材的要求，我们对本书进行了修订和补充，以适应宽带中国战略实施的要求。本书第二版除保留第一版的优点以外，主要对内容作了更新：计算机网络单独成章，补充了一些新的内容；增加了光传送网、软交换、光交换、无线网络、宽带接入等新技术。此外，为了适应 90 后学生的特点，第二版在形式上也做了一些改进，增加了各章小结、重点内容、延伸阅读，并出版了与之配套的光盘，提供了我国广电系统在宽带网络和有线电视系统方面的一些具体案例。

本书第二版修订时，金立标负责撰写第六、七两章，并整理全书的参考文献、延伸阅读和案例介绍；苗方负责撰写第二章，李鉴增负责其余各章，并统稿全书，刘剑波教授则负责主审。

在本书第二版出版之际，作者要感谢中国传媒大学校领导、教务处领导和信息工程学院领导对本书编写的资助和大力支持，感谢中国传媒大学出版社对本书出版的大力支持。

作　者
2015 年 6 月于
中国传媒大学信息工程学院

第一版前言

21 世纪将是信息化、数字化和网络化的世纪。广播电视技术、通信技术、计算机技术和网络技术的发展和相互渗透，已经并将继续对人们的生活、工作、休闲、娱乐和其他各方面产生深远的影响，发挥巨大的作用。

20 世纪 90 年代以来，我国的有线电视技术得到了长足的发展。有线电视系统从一开始时的两三个频道，发展到具有几十个模拟频道和数百个数字频道；从只有几十个用户的小系统，发展到包括几百万用户的大网络；传输距离从一两幢楼发展到几十、甚至几百公里；从单纯的电缆传输发展到集光缆、微波、电缆于一体的综合大系统；从单向传输发展到双向传输；从单一的分配电视节目发展到具有多种功能，可以交互式传输多种信息，提供多种服务的综合信息网。目前，全国广播电视光纤干线网已连通了除西藏以外的境内各省、市、自治区，绝大多数省、市也把光纤干线铺到了县、市，甚至乡、镇、村一级，许多省、市有线电视台积极开展扩展业务和增值业务，取得了明显的社会效益和经济效益。

我国的有线电视光纤网是一个带宽很宽的综合信息网，在网络的建设和维护中，引入了大量的数字技术、通信技术和计算机技术。这些技术是有线电视网工程技术人员原来所不熟悉的，他们迫切要求进行继续教育和岗位培训，进一步学习新技术、新知识。相信本书的出版可以部分满足他们的要求。

本书主要介绍宽带网络的一些新技术，全书共分 9 章。考虑到广播电视技术人员对通信和网络技术不太熟悉，我们在第 1 章简要介绍了通信网的一些基本知识，包括计算机网络、X.25 分组网、帧中继（FR）、数字数据网、综合业务数字网、ADSL、电力线通信技术和无线家庭网络等。从第 2 章开始，我们主要介绍了 SDH 技术、ATM 技术、千兆以太网和其他宽带 IP 技术。

本书前 7 章由李鉴增编写，第 8 章由李川编写，第 9 章由包红刚编写，李鉴增负责全书的统稿。

本书可作为高等学校相关专业的硕士生和高年级本科生的教材，也可供广播电视、通信、信息行业的技术人员进行继续教育和岗位培训时参考。尽管本书在编写过程中力图科学、全面、系统、完整、深入浅出地介绍先进、实用的宽带网络技术，为读者提供一本简明扼要、内容充实的书籍，但由于时间仓促，作者的水平有限，难免出现一些疏漏甚至错误，敬请读者和专家学者批评指正。

在本书正式出版之际，作者要感谢广播电影电视总局教育专项补助金和北京市教委对编写本书的资助，感谢中国广播电视出版社领导和王本玉编辑对本书出版的支持，感谢李栋教授主审时对本书的批评和建议。张宜春、金立标两同志阅读了本书的初稿，提出了许多宝贵的意见，并绘制了本书部分草图，一并表示感谢。

作 者

2002 年 12 月

目 录

第 1 章 网络技术概论 / 1

1.1 信息网络 / 1
1.2 多路复用技术 / 7
1.3 交换技术 / 10
1.4 路由器与路由算法 / 13
1.5 宽带业务的分类和要求 / 21
1.6 宽带中国战略 / 23
1.7 本章小结 / 26
习 题 / 27

第 2 章 计算机网络基础 / 28

2.1 计算机网络概述 / 28
2.2 计算机网络体系结构 / 37
2.3 局域网技术 / 48
2.4 广域网技术 / 62
2.5 Internet / 72
2.6 本章小结 / 89
延伸阅读 / 90
习 题 / 90

第 3 章 SDH 技术 / 91

3.1 SDH 网概述 / 91
3.2 SDH 的一些基本概念 / 92
3.3 SDH 的复用 / 96
3.4 SDH 网的基本网元 / 102
3.5 SDH 的误码及相位特性 / 106

3.6 SDH 的接口参数 / 120
3.7 SDH 自愈网 / 123
3.8 SDH 网的同步 / 127
3.9 本章小结 / 130
延伸阅读 / 130
习 题 / 131

第 4 章 异步转移模式（ATM） / 132

4.1 ATM 的基本原理 / 132
4.2 ATM 的分层结构 / 137
4.3 ATM 的服务质量 / 138
4.4 ATM 交换技术 / 143
4.5 不同排队方法的数学分析 / 150
4.6 本章小结 / 158
习 题 / 158

第 5 章 宽带 IP 技术 / 159

5.1 宽带 IP 的基本知识 / 159
5.2 高速以太网 / 161
5.3 IP Over ATM / 168
5.4 IP over SDH / 173
5.5 IP over Optical / 178
5.6 IP over DWDM / 179
5.7 弹性分组环技术 / 182
5.8 光传送网 / 187
5.9 软交换 / 191
5.10 光交换 / 195
5.11 本章小结 / 201
延伸阅读 / 201
习 题 / 202

第 6 章 无线网络技术 / 203

6.1 无线网络的发展 / 203
6.2 无线局域网 / 204
6.3 无线城域网 / 213
6.4 无线广域网 / 217
6.5 无线个域网 / 226
6.6 本章小结 / 234

延伸阅读 / 234
习 题 / 234

第 7 章 宽带接入技术 / 235

7.1 ADSL 接入技术 / 235
7.2 HFC 接入技术 / 240
7.3 光纤接入技术 / 248
7.4 电力线接入技术 / 268
7.5 本章小结 / 272
延伸阅读 / 273
习 题 / 273

参考文献 / 275

第 1 章 网络技术概论

1.1 信息网络

在当今的信息社会里，除了各种自然资源和生产工具以外，信息也作为一种重要的资源和财富，在社会的发展过程中起着越来越重要的作用。国家与国家之间，企业与企业之间，公司与公司之间，人与人之间的竞争，在很大程度上取决于对信息的掌握。人们迫切希望能尽快地掌握尽量多的信息，迫切要求一种能够同时传输多种信息的多媒体网络，这就是宽带信息网络。

在具体讲解宽带信息网络主要的技术之前，先简要介绍一些信息网络的基本知识。

1.1.1 信息网络的基本概念

我们知道，传输话音的电话网、传输计算机数据的计算机网、传输广播电视节目的有线广播电视网和传输各种图像、话音和数据的综合信息网，都是在分处异地的用户之间传递信息的系统，都属于信息网络的范畴。

信息网络通常是由终端设备、传输设备和交换设备组成。

终端设备如计算机、传真机、广播电视接收机、电话机等，是用来发送和接收用户信息的设备。传输设备为用户信息和网络管理信息提供传输路径，它通常由介质（如无线空间、双绞线、同轴电缆、光纤等）和对信号（包括用户信息和网络管理信息）进行放大、处理的光电设备组成。交换设备在干线传输网络中又称为节点，其任务是把不同地点的传输设备互联起来，为信息选择合适的传输路径（这种传输路径常称为路由），常包括交换机与路由器。

信息网络的分类方法很多。按照传输的内容（话音、广播电视信号和计算机数据）可分为电信网、广播电视网和计算机网；按照信息网络的分布范围可分为农村网、市内网、长途网和国际网；按照信息网络的服务对象则可分为公用网、专用网或军用网；按照传输介质可分为有线网和无线网；按照传输信号的类型可分为模拟网和数字网；按照终端是否可自由移动可分为固定网和移动网，等等。

1.1.2　现代信息网络的发展趋势

现代信息网络正在向数字化、宽带化、综合化、智能化、个人化、开放性和标准化发展。

数字化是各种信息都采用数字形式传输、交换和处理，并采用数字式的终端设备，与模拟通信相比具有很多突出的优点。

宽带化又称为高速化，即在数字传输系统中可以传输很高的速率。在一根光纤中利用一个波长传输的数字信号速率已达到 10 ~ 40Gb/s，利用 ATM 交换机的交换速率也达到 155 ~ 2488Mb/s。

综合化是在同一个网络中可以传输不同类型、不同速率的业务，例如话音、图像和数据等，组成“全业务网”。

智能化是利用计算机的智能，为用户提供更多、更新的自动业务。例如程控电话中的 400、800、呼叫转移、自动回叫、虚拟专用网，以及收费、维护等方面的自动化网络管理等，都属于智能业务。随着技术的不断进步，网络的智能化程度将越来越高，也将更好地为用户提供服务。

个人化又称为移动化，即用户个人在任何地方都可以自由通信。它包括终端移动性和个人移动性。移动通信网中的手机就具有可在全球移动的终端移动性；个人移动性则不需要任何特定的终端，例如电子邮件，利用密码和软件即可通过任意的计算机在全球的任何地方通过互联网来接收。

开放性和标准化是指不同厂家生产的所有信息网络设备和终端都有统一的接口，符合统一的标准，具有很好的横向兼容性，便于进一步提高性能，降低成本，也使用户可以自由选择不同厂家的产品，满足自己在不同时期的不同需要。

1.1.3　网络的拓扑形式

所谓网络的拓扑，是指由网络节点和传输线路排列而成，在物理上构成实际网络的几何形状。信息网络的拓扑形式主要有以下几种。

1. 星形网络：在星形网络中有一个特殊的中心站（例如有线电视网的前端，电话网的中心局等），其他站都同它直接相连，其他站之间的通信要通过中心站来进行。星形网络的优点是结构简单，排除故障方便，建网和再配置容易；信息的平均时延量小。缺点是所需线路较长，安装稍微困难，成本也较高；中心站的通信速率会形成整个网络的瓶颈，特别是中心站出现故障后，会造成整个网络的瘫痪。电话网、有线电视用户光纤网一般采用这种形式。

2. 树形网络：从一个中心站出发，经过若干逐渐分叉的支路，同用户终端相连。其优点是一条线路可连接若干节点，线路比较节省。它也有与星形网络相同的缺点，即如果中心站出故障，也会造成整个网络的瘫痪。

3. 环形（Ring）网络：各节点间构成环形，信息在环中沿固定的路径运行。其优点是传输速率高，故障容易排除。如果通过沿相反方向传送的两条线路把各个站点联系起来组成双环形网络，则具有很高的排除故障的自愈能力。但这种网络的灵活性较差，安装和再配置较困难。要求可靠性很高的有线电视网、数据传输网等一般采用这种网络。

4. 网状网络：这种网络中各节点都是平权的，各节点之间都有线路直接相连，没有主次之分。这种网络的可靠性很高，易排除故障和隔离故障点，但结构复杂，线路浪费，再配置较困难。一般用于要求较高的主干网。

5. 总线形网络：这是一种分散控制型网络，所有节点都挂在同一条总线（Bus）上，其优点是结构简单，安装方便，所需线路较少；缺点是排除故障和再配置都比较困难，可靠性差，线路故障会造成网络瘫痪。

6. 蜂窝状网络：这是一种无线连接的网络，移动通信一般采用这种方式。它是将整个区域划分为若干个单元，每个单元内部的设备与中心站进行通信，中心站之间再互联，组成一个网络。这种网络安装和再配置比较容易，故障排除和隔离简单，但中心站的故障会使该区域的设备全部瘫痪。

1.1.4 干线传输网和用户网

信息网络都是由干线传输网和用户网组成。干线传输网包括传输设备和网络节点；用户网是直接为用户提供服务的网络，在电信部门一般把它称为接入网。

干线传输网一般分为国家干线网，省市干线网，地市干线网和本地干线网等。在有线电视传输网中，国家和省、市长途干线骨干网一般采用数字光纤干线，距离较短的本地干线网则可采用数字或（和）模拟光纤干线。

为了提高网络的可靠性，国家干线网和省市干线网应采用环形或网状结构，有多种保护方案；地市干线网和县级干线网则一般采用环形或星形结构。

有线电视用户网一般采用混合光纤同轴网（HFC）结构。从小系统的前端（或大系统的最后一个分配中心）到光节点一般采用光纤组成星形（或环形）结构，在光节点以下利用同轴电缆组成树形结构。

1.1.5 对信息网络的基本要求

建设一个优良的信息网络，至少需要满足可靠性、可扩容性、灵活性、易管理性、经济性等基本要求。

所谓可靠性，是说网络的性能非常可靠，不仅误码率低，而且不能因为网络出现故障而使业务中断或受到影响。误码率通常通过网络的正确设计和设备本身的高性能来保证；而要保证网络不致中断，则是通过设备本身的可靠性、重要或易损设备的备份，以及自愈网的建立等来实现。

可扩容性是指在业务不断增多时，网络自身和网管系统都能够在不停机的情况下进行在线扩容。

灵活性是指网络仅通过软件的修改和配置即可为不同的用户提供不同类型的服务。特别是在对市场和用户的需求不是很清楚时，建设一个灵活的网络尤为重要。如果能选用业务适配能力强的设备，建立一个适用于不同业务的统一平台，即可实现利用尽量少的设备来提供尽可能多的服务。

易管理性是指在网络建设好以后，在正常营运时便于进行管理。据统计，在一个网络的全寿命成本中，初期的设备投资仅占 40%，而使用过程中的维护和管理费用要占 60%。易于管理，不仅能向用户提供优质服务，而且能够降低管理成本。为了便于管理，需要进行正确的设计，把各种不同的服务放在一个统一的管理平台上，建设一个统一的网管系统，以减轻网络管理的复杂性，降低成本，提高网络的运行效率。用户管理是对用户的基本情况、权限等级、业务使用和交费情况进行管理。

经济性是指在建设一个网络时，应在保证质量的前提下，尽可能地降低成本，在运行时尽可能地提高网络的利用率，以取得更高的经济效益。

1.1.6　描述信息网络的技术指标

为了保证传输网络具有一定的服务质量，需要用一些参数来描述网络的性能，如误码率、分组错误率、时延、抖动和漂移等。

1. 描述语义透明性的指标

如果一个网络在传输信息时不发生错误，说明该网络在传输信息时具有语义透明性。但在传输中绝对不出现错误是不可能的，只能要求其尽量满足语义透明性的要求。描述语义透明性的参数有：

误码率（BER）指在单位时间内发生的错误比特数和总比特数之比。单个错误一般是由噪声或系统缺陷引起，突发错误则是由于外界干扰的脉冲噪声所产生。误码率的测试应持续较长的时间，才能得出较准确的结果。在一个光纤数字传输系统中，常用长期平均误码率，误码时间比和误码秒比来描述其误码率。长期平均误码率是在较长时期内测出系统的平均误码率，它不能反映出随机、突发的误码对系统性能的影响。若把较长的时间分割成较短的时间间隔 T_0，观测每一个 T_0 的平均误码率，计算平均误码率超过某一门限值的时间与总的测量时间之比，就是误码时间比。这个指标比较适用于短时间内可能出现大量误码的光纤传输系统。误码秒比是以秒为测量单位，只要在一秒钟内出现误码，不管有多少误码，都称为一个误码秒 ES；如果在一秒内的误码率大于 10^{-3} 以上，则称为严重误码秒 SES。在测试时间内，累积的误码秒与总的可用时间（以秒为单位）之比称为误码秒比 ESR。不同业务对误码率的要求不同。话音通信要求误码率低于 10^{-3} 即可，数据通信则要求误码率在 10^{-8} 以下。

分组错误率（PER）指在一段时间内发生的错误分组和总分组数之比。造成分组错误有两种情况，一是因网络堵塞而丢失，一是因寻址错误而错投。后者的错误又会产生两个后果。例如应该传送给用户 A 的分组错投给用户 B 了，对于 A 来说，分组被丢失了；对于 B 来说，则插入了错误的分组。因此分组错误率又可分为分组丢失率（PLR）和分组误插率（PIR）。分组丢失率是在一段时间之内丢失的分组和总分组数之比。分组误插率是在一段时间之内误插的分组和总分组数之比。

在传输系统中可能出现的错误，多数是由于系统缺陷和噪声造成的单比特错误，也有由于维护动作和外界干扰造成的突发性错误。在交换和复用设备中，还可能出现由于分组头错误或由于拥塞引起的分组差错（丢失和误插）。

为了改善网络的语义透明性，可以采用前向纠错 FEC 或自动请求重发 ARQ 等方法。采用不同编码技术的 FEC 可以只是检错、只是纠错或同时检错和纠错。采用 ARQ 技术需要重传那些丢失的或已经发出但未得到证实的分组，因而会增加业务流量，降低网络的效率。

在一个数字通信系统中，误码的产生主要来自以下三个方面。

(1) 传输错误引起的分组丢失和误插

传输错误引起的误码，主要有噪声和系统缺陷引起的单比特差错以及人为维护、处理和脉冲噪声引起的突发差错。其中人为维护时，经常有线路保护性的切换动作，导致短暂的线路中断，可能会有 10% 的误码秒包含 100 个以上的错误。如果传输错误引起了分组头错误，则会出现分组的丢失和误插，导致错误倍增。因此需要对分组头进行必要的差错控制。

(2）交换系统中分组头识别错误引起的分组丢失和误插

在交换系统中，由于硬件或软件出错，会造成分组头识别的错误和错误的路由选择，使分组沿错误的路径传输，也会造成丢失和误插。由于现在交换机设计使其硬件和软件的容错能力大大提高，这种原因造成的分组丢失率和误插率都很小，可以不必单独考虑。

(3）交换系统或复用系统中缓存器溢出引起的分组丢失

在交换系统和复用系统中，有许多缓存器，供分组排队使用。缓存器容量太大，会加大系统的成本；缓存器容量太小，则会造成缓存器的溢出，出现分组的丢失。这个原因引起的分组丢失常常是导致数字通信网络出现误码的主要因素，所以，必须认真对待，认真设计交换机和复用器中缓冲队列大小和缓冲策略。

2. 描述时间透明性的指标

时间透明性是指信息传输的时间很短，不改变各部分信息之间的时间关系。描述时间透明性的参数有：

时延：发送端发送信息和接收端收到信息的时间之差称为时延。对于实时信息网络，时延使通信双方失去亲切感。对于非实时传输的数据业务，时延对信息的传输无明显的影响，但对自动请求重发系统，时延会使传输效率降低。在传输电视信号时，如果图像和伴音信号的时延不同，会造成图像和伴音不合拍的现象。分组从 A 传送到 B 的时延定义为第一个比特离开 A 到最后一个比特到达 B 所经历的时间差。对于计算机数据业务，时延不是主要的问题。但对于实时传输的话音和图像业务，则对时延比较敏感。时延太大，会大大影响其业务质量。所谓时延敏感型业务，是指那些在传输过程中遭遇时延就会打断、分开分组，或有用程度明显下降的业务。在许多数据通信网中，若某个分组的时延超过某一标准，信息将被丢弃。可见，时延过大不仅会影响传输的实时性，还会引起误码率的增加。

系统的时延可以分成两大类。由于信息的传输速率引起的时延称为传输时延，由于交换节点对信息的处理（打包、存储、排队等）引起的时延称为处理时延。分组交换的处理时延要比电路交换方式大。一般数字交换机的处理时延必须小于 450μs，如果在电话网中的总时延大于 25ms，就应加装回声抵消器来消除回声。

传输时延 TD 是指由于数字信号在介质中传输所耽误的时间，它与电磁波在传输媒质中的速度有关，一般传输一公里引起的时延约 4μs。

处理时延包括打包时延 PD、交换时延 SD 和拆包时延 DD。

打包时延是指业务数据被拆装成分组时引起的时延，它实际是指打包器等待编码器输出一个分组净荷所需的时间，因而与业务速率有关。速率越高，打包时延越小。

交换时延 SD 又可分为固定交换时延 FD 和排队时延 QD 两个部分。当交换机内无其他分组等待交换时，分组进入交换机后，不需要排队，但需要进行交换处理，这就是固定交换时延（或零负荷传递时延）FD。FD 与交换速率有关：交换速率越快，FD 越小。当分组进入交换机后，发现还有其他分组在交换机内等待交换时，就必须先排队。由于排队引起的时延称为排队时延 QD，它决定于排队队列的长度：队列越长，QD 越大。

拆包时延 DD 是指业务在接收端或网络边界，为了除去网络时延抖动引入的附加时延。对于其他时延较小的信元，需要给它增加一个较大的时延；反之，对于其他时延较大的信元，则要给它增加一个较小的时延，使它们都与其他时延最大信元的时延一致。因此，如果选择其他时延最大信元的时延为代表，则不需要另外再考虑拆包时延 DD 了。

时延抖动和漂移：抖动和漂移描述的是数字信号的各有效瞬间对于标准时间的偏差，它们相当于进行了数字信号的相位调制，在稳定脉冲图形的前沿和后沿出现低频干扰调制。

抖动是指变化频率高于 10Hz 的相位变化，而漂移则是频率低于 10Hz 的相位变化。

抖动和漂移严重时，由于脉冲的移位，会使判决失误而出现误码。为了抑制抖动和漂移，可以选择合适的码型，或进行扰码，避免较长的连 0 或连 1；也可在接收端加缓冲存储器，以及采用再定时技术，使各部分信息的时延大体相同。

3. 描述传输速率的指标

为了有效地利用网络资源，需要规定用户业务的传输速率。对于恒定比特率业务，只需传输速率（比特率）这一个指标就够了，对于非恒定比特率业务，则还需要一些其他的指标。

平均速率是整个通信期间比特率的平均值；峰值速率是整个通信期间比特率的最高值；突发性是其峰值速率与平均速率的比值，它总是大于 1 的；峰值持续是峰值速率的持续时间。

4. 描述系统可靠性的指标

常用故障率或平均故障时间来描述系统的可靠性。故障率 λ 是系统在单位时间内发生故障的概率。系统失效前的平均工作时间称为平均寿命时间（MTTF）。相邻两次故障的平均间隔时间称为平均故障间隔时间（MTBF）。排除故障需要的时间称为平均修复时间（MTTR）。系统的可用性A表示系统在规定的条件下处于良好工作状态的概率，即测试时间中可用时间所占的比率。显然：

A = MTBF/（MTBF + MTTR）

类似地，不可用性表示测试时间中不可用时间所占的比率，它等于 1−A。当连续出现 3 个严重误码秒时，不可用性时间开始；当出现 10 个非严重误码秒时，最后一秒即为不可用时间的结束。

1.2 多路复用技术

多路复用技术就是用一条公共信道来建立多条独立传输信道的通信方式。在信息网络中主要采用频分复用、空分复用、时分复用、码分复用这四种复用技术。

1.2.1 频分复用

在频分复用中，每一个载波代表一个信道，传输一路信息。在发送端，把不同用户的不同信息调制在不同的载波频率上，通过混合器混合，使其在同一条线路中传输。在接收端，让复合信号通过不同的带通滤波器，即可把各路信号分开。普通有线电视分配系统就采用这种频分复用方式。它最大的优点是设备简单，但它对设备和传输链路的线性要求高，容易受外界的干扰，致使其传输质量不是很好。

1.2.2 空分复用

空分复用让不同的信息沿不同的物理线路传输，每一条线路就是一个信道。例如有线电视光纤传输中分别用两根光纤来传输正向和反向信号，就是一种空分复用方式。这种方式的技术简单，但需要线路太多，成本较高。

1.2.3 时分复用

时分复用主要用于数字传输系统。

> 时分复用是指各路信号利用同一信道的不同时间间隙（时隙）来进行通信。

因为数字信号是把时间上连续的模拟信号变为时间上离散的脉冲，每个脉冲的持续时间很短，只占整个信道传输时间的很少一部分，因而可把多路信号放在一路信道中传输。

同频分复用相比，时分复用有两个突出的优点。一是多路信号的复接与分接都采用数字电路，比频分复用采用模拟滤波器分路要简单；二是因为各路信号不在同一时间传送，不容易产生交调、互调失真，时分复用系统对系统的非线性失真指标要求比频分复用系统要低。

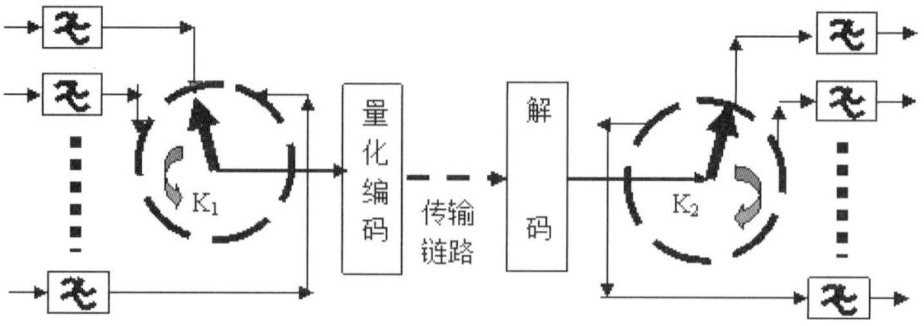

图 1–1 时分复用

图 1–1 是电话通信的时分多路复用示意图。各路信号 a、b、c、d、e……分别通过低通滤波器，滤除 3400Hz 以上的高频部分，加在快速旋转电子开关 k_1 的各个接口上，k_1 开关旋转一周的时间正好等于抽样周期 Ts，使各路信号都经过相同的时间 Ts 被抽样一次，依次排列为……$e_4d_4c_4b_4a_4$ ……$e_3d_3c_3b_3a_3$ ……$e_2d_2c_2b_2a_2$ ……$e_1d_1c_1b_1a_1$，送入 PCM 编码器进行量化、编码。经过传输信道到达接收端后，由解码器进行解码，并通过快速旋转电子开关 k_2，将……$a_4a_3a_2a_1$、……$b_4b_3b_2b_1$、……$c_4c_3c_2c_1$、……$d_4d_3d_2d_1$、……$e_4e_3e_2e_1$、……分别送入各低通滤波器还原为模拟信号。图中的电子开关 k_1 同时起到了时分复用合路和抽样的作用。

为了使接收端能正确地还原发送端的信号，需要快速旋转电子开关 k_1 和 k_2 满足两个条件：一是旋转速度完全一致，二是当 k_1 同 a 路相接时，k_2 也应同 a 路相接。第一个条件称为同频，第二个条件称为同相。k_1 和 k_2 同频同相时，称为收发端实现了同步。为了实现同步，需要在传输的码型中包含发送端的时钟频率成分，在接收端从其中提取发送端的时钟频率，用以控制接收端时钟，使其与发送端同频同相。

在我国和欧洲国家采用的数字电话 PCM 30/32 系统中，每一路分配一个时隙（称为路时隙），整个系统分为 32 个路时隙，其中 30 个路时隙传送 30 路电话，另两路用来传送同步信号和信令码。按照抽样定理，抽样频率应大于 2Fmax，其中 Fmax 是语音信号的最高频率（3400Hz），国际电报电话咨询委员会 CCITT 建议取抽样频率 fs 为 8000Hz，则抽样间隔 Ts = 1/8000s = 125μs，即每一路信号经过 125μs 传送一次，Ts 也就是帧周期。因为时分复用的路数 N = 32，需将 Ts = 125μs 分成 32 个时隙，则每个路时隙的时间为 125/32 = 3.9μs。每一路样值编码 n = 8，则每一路时隙包含 8 个位时隙，每个位时隙的时间为 3.9/8 = 0.488μs。因为每一路的数码率等于其抽样频率与量化比特数的乘积，则一路数字电话的数码率为

$8\times 8000=64kb/s$，

PCM30/32 系统的数码率

$f_{cp} = nN f_s = 8\times 32\times 8000 = 2.048Mb/s$

除图 1–1 所示把抽样与复用合一的方式以外，也可以先将各路信号分别抽样、量化、

编码，变成数字信号后，再送入复接器，变为一路信号；到接收端后，先利用分接器把复合信号分接成多路信号，再送入解码器去解码。如图 1–2 所示。其中的复接器是把几路低速数字信号合成为一路高速数字信号的设备，分接器则是把合路信号分成原来的几个支路的数字信号的设备。如果把复接器和分接器装在一起，就称为数字复接设备，或复接分接器。

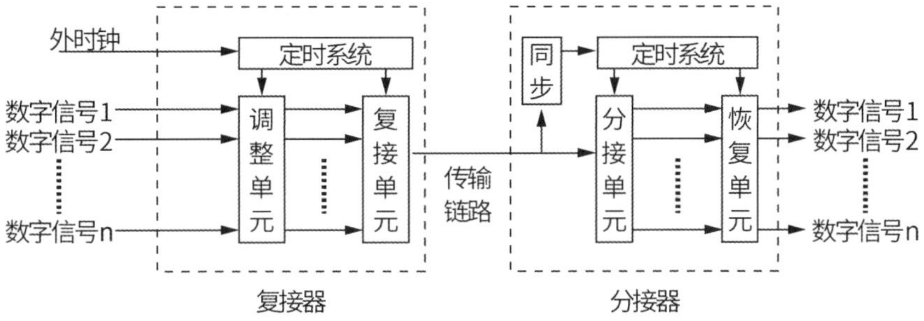

图 1–2 复接器与分接器

数字信号的复接必须解决两个问题，即同步和复接问题。同步由定时系统和码速调节单元来完成。定时系统的内部时钟（也可利用外来时钟）给复接器提供时间基准信号，码速调整单元把码速（或时钟）不同的各支路调整成与复接器定时信号完全同步的数字信号，复接单元完成复接任务，把各支路信号汇接成一路信号。在分接器中，合路信号输入后，先分出同步信号，控制其定时系统与发送端复接器的基准时间完全同步。在定时系统的控制下，分接单元把合路信号分接为同步的支路信号，码速恢复单元则把它还原成原来的支路信号。

数字复接是从低速到高速，按照一定的规定分级进行的。在传统电话网中有两类数字速率系列，即我国和欧洲各国采用的 PCM30/32 系列和美国、日本、加拿大等国采用的 PCM24 系列。传输速率最低的 PCM30/32 系统称为 PCM30/32 基群（一次群 E1），前已求出，其传输速率为 2.048Mb/s；四个基群复接成一个二次群（E2），其传输速率为 8.448Mb/s；四个二次群复接成一个三次群（E3），其传输速率为 34.368Mb/s……。表 1–1 是分别在日本、北美和欧洲、中国使用的两类数字速率系列和复接等级(一次群、二次群、三次群等）。前者分别称之为 T1、T2、T3……，后者分别称之为 E1、E2、E3……。需要指出的是，1 个 E2 的传输速率略大于 4 个 E1 传输速率之和，是由于增加了一些用于网络管理的帧同步码、告警码、插入码、插入标志码等的缘故。

表 1-1 PCM 数字速率系列

系列	PCM24 系列				PCM30/32 系列	
	数码率 (Mb/s)		话路数		数码率	话路
	日本	北美	日本	北美	(Mb/s)	数
一次群	1 .544		24		2 .048	30
二次群	6 .312		96		8 .448	120
三次群	32 .064	44 .736	480	672	34 .368	480
四次群	97 .728	274.176	1440	4032	139.264	1920
五次群	397.200		5760		564.992	7680

时分复用有同步时分复用和异步时分复用两种。同步时分复用仅用于电话网中，其中的每个时隙分配给一个信道，每个信道的信号在连续不断的码流中周期性地出现。分组交换网和宽带网络中一般采用异步时分复用（又称为统计时分复用）。这时，速率不同的各个信道信号可以采用不同长度的帧，在连续不断的码流中出现的位置不再具有周期性。

1.2.4 码分复用

码分复用是将各路不同的信号变成不同码型结构序列组成的多路通信系统，一种码型代表一个信道。在发送端，先要把每一路信号与相互正交的一个码序列相乘，以避免它们之间互相干扰。相乘后再把各路信号相加，送入信道。在接收端，各路信号与同样的码序列相乘，即可得到原来的信号。码分复用方式最大的优点是抗窄带干扰的能力强，保密性好，各路的连接、变换较灵活。但其电路复杂，而且还需要高精度的同步系统。

1.3 交换技术

根据用户要求，建立用户间暂时通信所需线路的接续，以实现其相互通信的技术，称为交换技术。

按照所交换的信号是数字信号还是模拟信号，可把交换技术分为模拟交换和数字交换两类。模拟交换一般采用空分交换（在不同的线路之间进行切换），而数字交换则有空分交换和时分交换（在不同的时隙之间进行切换）等。时分交换又有同步时分交换和异步时分交换两种，分别与两种时分复用类型相对应。人们使用了多年的模拟电话网一般采用频分复用的载波通信（每一路带宽为 4000Hz），利用模拟空分交换机进行交换。二线制电话网在同一线对中采用不同的频带来传输正向和反向信号；四线制电话网则在不同的线对中采用相同的频带分别传输正向和反向信号。

按照交换技术是依靠手工进行还是依靠设备自动进行，可分为人工交换和自动交换两种。人工交换是人工接受用户的呼叫，人工进行接线和拆线等。自动交换又可分为机电式和电子式自动交换两类。

机电式自动交换又有步进制、机动制、纵横制等多种。步进制从 1889 年开始使用，其基本原理是利用机件的上升和旋转来连接不同的线路，这种上升和旋转由用户拨号直接进行控制。机动制发明于 1915 年，不同线路之间切换的机件由用户拨号控制下的机架马达来带动。纵横制诞生于 1926 年，不同用户线路之间的纵横接线器由继电器控制，而继电器则由用户拨号来控制。

电子式自动交换又分为布线逻辑控制和计算机程序控制两种。布线逻辑控制中，各控制部分按逻辑要求设计，并用布线将各部分进行连接；计算机程序控制以计算机存储程序控制代替布线逻辑控制，逻辑电路功能大部分由软件完成，其中空分程序控制由带有金属接点的空分接线器组成，时分程序控制由时分接线器组成。

按照交换原理来划分，交换技术可以分成电路交换、报文交换和分组交换等。

1.3.1 电路交换

电路交换是通过电路切换的方式在主叫用户和被叫用户之间接通一条物理的数据传输链路。其中的空分交换方式通过在入线群和出线群交叉点上设置开关的通、断来实现主叫用户和被叫用户之间的电路连接；时分交换方式则是利用数字存储器暂存各支路的数字信息，由时钟控制存储器，按照电路交换的要求依次读出，传向目的用户。

电路交换的优点，一是传输速度快，时延小 (ms 数量级)，适于传输实时和批量大的数据；二是交换机对用户信息不进行存储、分析和处理，开销小，效率高；三是编码方法和信息格式由通信双方协调，不受网络限制。它的缺点是接续时间长，有呼损（即在负载过重时不能接通），线路利用率不高，只能传输某一基本速率整数倍的信号，而且要求通信双方在信息传输、编码格式、同步方式、通信协议等方面完全兼容，速率必须一致。

为了满足传输不同速率信息的要求，人们又发明了多速率电路交换，在这种方式中定义多种基本信道，例如一条 H4 信道的传输速率为 139.264Mb/s，一条 H1 信道的传输速率为 2.048Mb/s，一条 B 信道的传输速率是 64kb/s，一条 D 信道的传输速率是 16 kb/s 或 64kb/s，一条同步信道的传输速率为 1.024Mb/s 等。一个业务使用若干个不同的基本信道组合。例如一条 H4 信道、7 条 H1 信道、30 条 B 信道、一条 D 信道和一条同步信道组合在一起，成为总速率为 156.672Mb/s 的信道。尽管多速率电路交换也可传输不同等级的速率，但它的交换结构复杂，信道利用率不高，不适应未来技术进步的要求。

还有一种快速电路交换，在用户呼叫时根据他所需的资源来确定是否接受其呼叫，可以接受呼叫时即进行登记，否则予以拒绝。同普通的电路交换不同，快速电路交换在接受呼叫后并不马上分配资源，而只在用户真正开始发送信息时才分配资源，立即建立电路连接。这种方式对资源的利用率高，但设计和控制较复杂，不便于投入实际的应用。

1.3.2　报文交换

同电路交换不同，报文交换不在发信端和收信端之间建立固定的电路联系，而是采用存储－转发的方式来传输信息。其基本原理是，先把信息加上目的地址等相关信息组成报文，送往传输线路，以报文为单位进行传输。到达一个节点后，先把它存储起来，按照报头的信息来确定下一步传输的路由，在该线路有空时再进行传输。这就是存储 — 转发方式。

报文交换的优点是：无呼损；线路利用率较高；可把多条低速电路集中成高速电路；容易实现不同类型终端之间的通信；在传输的各个节点可以有效地采用差错校验和重发技术，保证信息传输的质量；可以根据不同信息的优先级调整发送顺序，保证最重要的信息先传；利用这种方式还可把一份报文发向多个目的地，进行广播式通信。

报文交换的缺点是需要大容量的缓冲器，交换机的设备庞大，费用较高；由于采用存储 — 转发方式，使信息的传输速度较慢，时延达一分钟以上，不同报文的时延差别也较大，不适于进行即时通信。

1.3.3　分组交换

为了减少传输时延，可以把报文分成更小的单位，当这些分组都到达目的地后，再重新组装成一个完整的报文。这就是分组交换。分组交换也采用存储 — 转发的方式，但其分组长度较小。在分组头中包含有分组的目的地址、传输时的逻辑信道号、分组顺序号、分组类型以及差错控制信息等。它又可以分成两种方式。

1. 数据报方式：每个分组都有寻址信息，可以选择最佳路由到达终点，但在接收端要重新排队。

2. 虚电路方式：数据交换前要按接收地址确定路径和逻辑信道，组成一条虚电路。传输数据时，各分组都按这条虚电路传送，顺序到达接收端，而不需每次都进行路由选择，也不需进行排队。

同电路交换和报文交换相比，分组交换具有一些突出的优点。一是通信环境好，可以在不同速率、不同同步方式、不同通信控制协议的终端之间进行通信；二是分组可以独立传输，采用动态统计复用技术，便于提高信道的利用率；三是分组具有统一的格式，便于存储和处理；四是分组较短，所需存储器容量较小；五是分组重发时间短，使线路的传输效率高；六是分组传输的平均时延低于 200 毫秒以下，适于即时通信；七是分组交换的处理简单，建网和设备投资低；八是采用分组交换的网络可靠性和传输质量高，误比特率在 10^{-10} 以下。

分组交换的缺点主要是：因为分组较短，开销字节所占的比例相对较大，对长报文的传输效率较低；而且技术实现较复杂，要求交换机具有较高的处理能力。

1.3.4　改进型分组交换

所谓改进型分组交换，是去除了一些不必要的纠错措施，以提高传输速率，降低传输时延的一种交换方式。之所以能够去掉线路传输过程中的纠错措施，是因为光纤传输的误码率小于 10^{-8}，不必逐段纠错也可保证传输质量的缘故。改进型分组交换中的帧交换不参与逻辑信道复用，但参与差错控制和流量控制；帧中继则既不参与逻辑信道复用，也不参与差错控制和流量控制，而只进行循环冗余校验，丢弃错帧。帧中继具有低时延、低开销、高可靠性、高吞吐量的特点，能支持突发业务，适于局域网和局域网之间的互联。其传输速率从 9.5kb/s 到 2Mb/s，甚至可达到 34Mb/s。它的出发点是如何更有效地传输信息，但没有考虑传输实时多媒体和高带宽的要求。

1.4 路由器与路由算法

1.4.1 路由器

路由器（Router）是连接两个以上网络的设备，其任务是根据信道的情况自动选择和设定路由，以最佳路径转发信号。它的可靠性直接影响着网络互连的质量。路由器工作在网络层（而交换则工作在数据链路层），具有比交换机更高的智能，但其转发速度不如交换机，它的处理速度常常成为网络通信的主要瓶颈之一。交换路由器把交换机的原理组合到路由器中，使数据传输能力更快、更好。

路由器的转发策略称为路由选择（routing），路由器有数据通道和控制两大功能。数据通道功能包括转发决定、背板转发以及输出链路调度等，一般由特定的硬件来完成；控制功能一般用软件来实现，包括与相邻路由器之间的信息交换、系统配置、系统管理等。

> 路由器是一种多端口设备，它可以连接不同传输速率并运行于各种环境的局域网和广域网，实现不同网络间的通信。它可以提供分组过滤、分组转发、优先级、复用、加密、压缩和防火墙等功能；提供路由器配置管理、性能管理、容错管理和流量控制等。由于其转发速率不太高，常常成为网络中的瓶颈。

路由器中的路由选择是依靠其中的路由表来完成的。路由表中保存着子网的标志信息、网上路由器的个数和下一个路由器的名称等内容。路由表可以是由系统管理员固定设置好的静态路由表，和可以由系统动态修改，或路由器自动调整的动态路由表。动态路由表可以根据路由选择协议（Routing Protocol）提供的功能，自动学习和记忆网络运行情况，在需要时自动计算数据传输的最佳路径。

路由器性能由吞吐量、时延和路由计算能力等指标体现。吞吐量也称包转发率，是指路由器在某端口进行的数据包转发能力，常用 pps（包每秒）作单位。一般高端路由器可达到上百 Mpps 以上。

1.4.2 路由协议

在信息网络中，由同种路由器连接起来的网络称为自治系统 AS。路由器采用的路由协议可分为两类：在自治系统之内的内部网关协议和自治系统之间的外部网关协议。

内部网关协议中，路由信息协议 RIP–1、RIP–2、内部网关路由协议 IGRP 和增强内部网关路由协议 EIGRP 采用距离向量算法，在小型网络中易于配置和管理；中间系统到中间系统的路由选择协议 IS–IS 和开放式最短路径优先协议 OSPF 采用链路状态算法，主要用于大型网络。IS–IS 与 OSPF 在质量和性能上的差别并不大，但 OSPF 更适用于 IP，正在成为应用广泛的一种路由协议。

OSPF 的优点很多，例如：支持各种不同鉴别机制；可以提供负载均衡功能；还可以在一个自治系统内划分出若干个区域分别计算，以减少路由实现的工作量；可以在网络拓扑变化时迅速进行相应调整，使路由表尽快稳定；可以提供点到多点接口，支持 CIDR（无类型域间路由）地址。OSPF 的不足之处就是协议本身庞大复杂，实现起来比较困难。

自治系统之间最初采用的是为一个简单的树形拓扑结构设计的外部网关协议 EGP。随着越来越多的用户和网络加入 Internet，EGP 已不适应，才制定了标准的边界网关协议 BGP。

BGP 用来在自治系统之间实现网络可达信息的交换，使用 TCP 作为其传输协议，省去了差错控制功能，使其本身就变得简单。这就要求整个交换过程建立在可靠的传输连接基础上。BGP 的路径向量中记录了路由所经路径上所有 AS 的列表，可以有效地检测并避免复杂拓扑结构中可能出现的环路问题；BGP 一旦与其他 BGP 路由器建立对等关系，只在初始化过程中交换整个路由表，此后只需把更新报文发给其他路由器，不仅减少了计算量，而且节省了传输带宽。

1.4.3 路由算法

不同的路由器采用不同的路由算法。我们选择那些能满足正确、简单、优化（选择最佳路由）、稳健（在各种网络条件下，路由算法都能够稳定工作，即使某一台路由器损坏，也不要求网络重新启动）、公平、计算速度快捷等多方面要求的算法，特别要注意避免路由选择的循环（如果数据包在几个路由器之间被来回转发则称为路由选择循环，这时，数据包将永远不会到达接收端）。

不同的路由算法按照不同的参数来计算路由。例如可以选择路径的长度最短，跳数（即所经过路由器的数量）最少，传输时间延迟时间（即由发送端到接收端所需要的时间）最小，带宽较宽，负载（可以根据 CPU 的利用率或单位时间处理的数据包数来衡量一段网络的负载情况）较小，平均队列长度最短，可靠性较高，成本较低的路由。

路由设计一般可分为确定性设计和适应性设计两大类。扩散式、固定式路由算法等确定性设计在事先就以某一固定的准则来选择分组的路径（称之为静态路由），方法简单，但不能适应业务和网络拓扑的变化，一般只适用于拓扑结构比较简单，通信量基本可以预测的网络；而各种自适应算法可以随时获取网络运行的相关信息，根据网络的当前情况，在不同的时间按照不同的原则来选择路由，使其能自动适应业务和网络拓扑的变化，获得最佳的路由。

1. 扩散式路由算法

扩散式路由算法又称为泛洪式，具有高度可靠的优点。它又分为完全扩散式和选择扩散式两种。

在完全扩散式中，当一个节点收到一个需要转发的分组时，立即将分组复制，送到与它相连的所有节点（包括该分组刚刚经过的节点）。每个节点都这样处理，使分组有多条通路到达接收端。接收端只把最先到达的分组接收下来，后到者全部删除。因为每个节点都大量复制分组，在网络中有许多同样的分组四处传输，犹如洪水泛滥一般，增加了负担，降低了网络的利用率。

为了弥补完全扩散式的缺点，选择扩散式只将分组复制、送往与传播方向大体相同的相邻节点，不包括该分组所来方向的节点。这就可以部分减轻网络的负担。

为了减少网络中的分组数，避免路由的循环，可以采用一些不同的办法。一种办法是，在每个分组头上加一个计数器，其初始值设为源节点和目标节点之间的跳数（如果这个跳数未知，则设为最坏情形下的跳数，即子网的直径），每经过一个路由器，该计数器减 1，减到 0 时被丢弃。还有一种办法，在源节点给每个分组编号，每个路由器收到一个分组时都将该分组的编号记下来，下一次再见到该分组时，就将其删去。

扩散式路由算法的可靠性高，但网络利用率低，适用于规模较小、可靠性要求极高的网络。

2. 固定式路由算法

固定式路由算法是在每个节点存放一张事先确定好的，具有本节点到达各目的节点的最短路径的路由表，当分组到达该节点时，按照路由表规定的路径传送。固定式路由算法比较简单，也未加重网络的负担，但在网络拓扑发生变化时，不能可靠地传输。为了弥补这个缺点，可以在路由表上同时列出其他路径，在最短路径出问题时，可选择其他路径作为替代路由。固定式路由算法适用于拓扑结构不太复杂的网络。

3. 最短路由算法

最短路由算法根据各节点和线路当前的运行状况，动态地决定路由。运算时不仅要考虑本节点的运行情况，也要考虑其他节点的运行情况。

最短路由算法有前向法和后向路由算法两种。下面以前向路由算法为例，说明最短路由算法的基本思路。

在前向路由算法中，我们先要建立一个由网络中若干节点组合而成的节点集 N，再用 D（v）表示从源节点 1 到节点 v 的距离，它即是从源节点 1 出发，到达其他各个节点 v 路径中所包含的链路长度 L(i,j) 之和。路由算法的目的是通过运算来找到每一个节点所对应的 D（v）的最小值。

第 1 步是设 N={1}，对源节点 1 以外的其他节点，写出 D（v）。如果节点 v 与源节点 1 直接相连，D（v）即为源节点 1 与 v 之间直接链路的长度；如果它们不直接相连，或节点 v 处于停机状态（或线路中断），则取 D（v）为无穷大。

以后的各步都是把一个新的节点 w 加入到 N 中，对所有不在 N 中的节点 v 计算路由，用 D（v）与 D(v)+L(w，v) 的最小值来替代前面求出的 D（v），得到新的最小值，直到所有的节点都包括在 N 中为止。

图 1–3（a）是一个小型网络节点和链路的示意图。图中有 5 个节点，每段链路上标记的数代表该链路端点 i 和 j 之间的长度（或通信费用）L（i，j）。设节点 1 为源节点，我们下面按照上述方法求出从源节点 1 出发，到达其他各个节点 v 的最短路由。因为它有 5 个节点，故总共需要 5 个步骤。

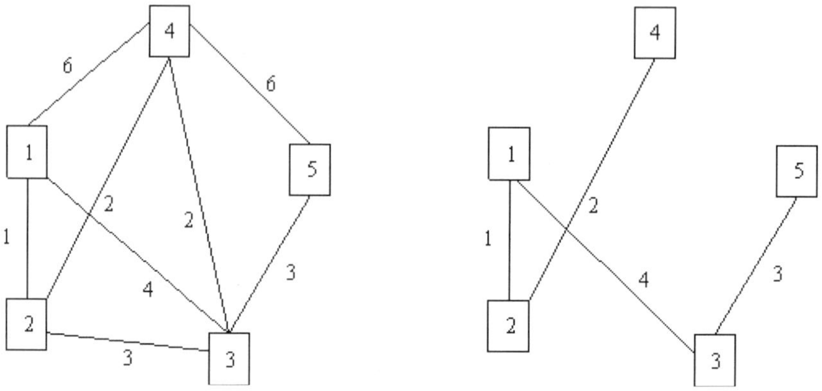

（a）　　　　（b）

图 1–3 最短路由算法

第 1 步，设 N={1}，则其他节点到节点 1 的距离分别为：

D（2）=1，D（3）=4，D（4）=6，D（5）= ∞

第 2 步，将上述 D（v）最小值对应的节点 2 加入到 N 中，即 N={1，2}，重新求出其他节点到源节点 1 的最短距离：

D（3）′ =Min[D（3），D（2）+L（2，3）] = Min[4，1+3]=4，

D（4）′ =Min[D（4），D（2）+L（2，4）] = Min[6，1+2]=3，

D（5）′ =Min[D（5），D（2）+L（2，5）] = Min[∞， 1+ ∞]= ∞，

第 3 步，将 D（v）′ 最小值对应的节点 4 加入到 N 中，即 N={1，2，4}，重新求出其他节点到源节点 1 的最短距离：

D（3）′ ′ =Min[D（3）′ ，D（4）′ +L（4，3）] = Min[4，3+2]=4，

D（5）′ ′ =Min[D（5）′ ，D（4）′ +L（4，5）] = Min[∞，3+6]=9，

第 4 步，将 D（v）′ ′ 最小值对应的节点 3 加入到 N 中，即 N={1，2，4，3}，重新求出其他节点（这里只剩下一个节点 5）到源节点 1 的最短距离：

D（5）′ ′ ′ =Min[D（5）′ ′ ，D（3）′ ′ +L（3，5）] = Min[9，4+3]=7，

第 5 步，将最后一个节点 5 也加入到 N 中，即 N={1，2，4，3，5}，按照前面的过程求出，源节点的路由表为表 1–3，最佳路由图如图 1–3（b）所示。

表 1–2 最短路由算法源节点的路由表

源节点	终点	路由
1	2	1→2
1	4	1→2→4
1	3	1→3
1	5	1→3→5

4．距离矢量路由算法

距离矢量路由算法中各节点根据当前相邻节点的负荷和网络拓扑的变化，动态调整、修改自己的路由表，以选择当前的最佳路由。

在这种算法中，每个节点相隔一定时间，就向所有邻近节点传送它到网络其他节点的最短路由（可能是距离最短，或时延最短）信息。各节点就根据这些信息来确定自己当前的最短路由。

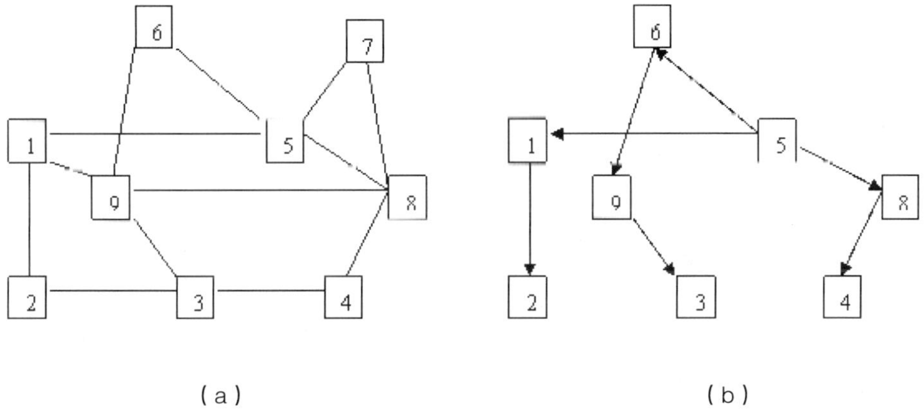

图 1–4 距离矢量路由算法

例如图 1–4（a）所示的网络中的节点 5 在某一时刻到其相邻节点 1、6、7、8 的时延分别为

$t_{51}=8$，$t_{56}=10$，$t_{57}=10$，$t_{58}=12$

同一时刻收到相邻节点 1、6、7、8 到达网络各节点的时延如表 1–4 所示。

表 1–3 相邻节点到达网络各节点的时延

	1	6	7	8
1	0	24	24	20
2	12	36	28	31
3	25	18	36	19
4	40	27	24	8
5	8	10	10	12
6	24	0	22	14
7	24	22	0	22
8	20	20	11	0
9	14	7	22	30

利用表 1–4 即可求出节点 5 到达其他各节点的最短时延。例如欲求节点 5 到达节点 1、2、3、4 的最短时延，可以利用 t_{51} 和节点 1 到达节点 1、2、3、4 的时延，即可得出节点 5 通过节点 1 到达节点 v 的时延 t_{51v}(v=1、2、3、4)；利用 t_{56} 和节点 6 到达节点 1、2、3、4 的时延，即可得出节点 5 通过节点 6 到达节点 v 的时延 t_{56v}；利用 t_{57} 和节点 7 到达节点 1、2、3、4 的时延，即可得出节点 5 通过节点 7 到达节点 v 的时延 t_{57v}；利用 t_{58} 和节点 8 到达节点 1、2、3、4 的时延，即可得出节点 5 通过节点 8 到达节点 v 的时延 t_{58v}；最后选择 t_{51v}、t_{56v}、t_{57v} 、 t_{58v} 中最小者。

容易求出，

$t_{511}=8$， $t_{512}=20$，$t_{513}=33$，$t_{514}=48$

$t_{561}=34$，$t_{562}=46$，$t_{563}=28$，$t_{564}=37$

$t_{571}=34$，$t_{572}=38$，$t_{573}=46$，$t_{574}=34$

$t_{581}=32$，$t_{582}=43$，$t_{583}=31$，$t_{584}=20$

于是得到节点 5 到达节点 1、2、3、4 的最小时延分别为 $t_{511}=8$，$t_{512}=20$，$t_{563}=28$，$t_{584}=20$，相应的路由表为表 1–5，最佳路由图如图 1–4（b）所示。

表 1–4 距离矢量路由算法节点 5 的路由表

源节点	**终点**	**路由**
5	1	5 → 1
5	2	5 → 1 → 2
5	3	5 → 6 → 9 → 3
5	4	5 → 8 → 4

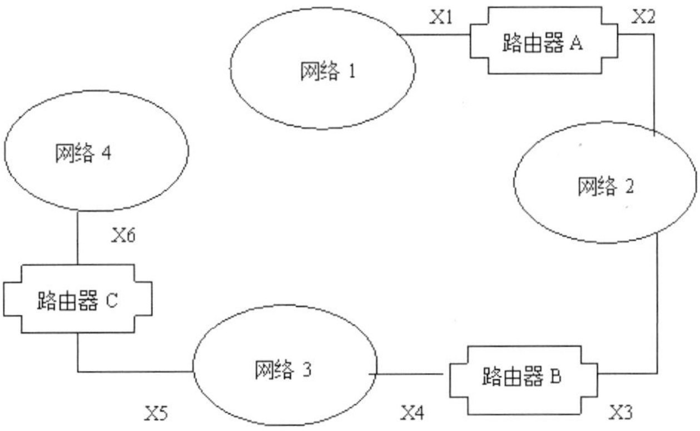

图 1–5 路由环路

距离矢量路由算法只在相邻路由器之间传递路由信息，对远地网络信息并不清楚，一般适用于传输信息量变化不大的网络。其优点是能适应网络拓扑的变化，又能使网络的业务量比较均匀地分布，算法也比较简单，但它没有考虑到线路带宽对时延的影响，有时还可能形成路由环路，致使到达正确答案的收敛速度太慢。例如图 1–5 中，以跳数（经过的路由器数）作为选择路由的参数，可得 3 个路由器的路由表如表 1–6 所示。其中路由器 A 与网络 1、2 直接相连，所需的跳数为 0；到达网络 3 要经过路由器 B，所需的跳数为 1；到达网络 4 要经过路由器 B 和 C，所需的跳数为 2；其余类推。

表 1–5 路由表

路由器 A			路由器 B			路由器 C		
目的网络	跳数	转发端口	目的网络	跳数	转发端口	目的网络	跳数	转发端口
1	0	X1	1	1	X3	1	2	X5
2	0	X2	2	0	X3	2	1	X5
3	1	X2	3	0	X4	3	0	X5
4	2	X2	4	1	X4	4	0	X6

如果路由器 A 与网络 1 之间发生故障，认为网络 1 不可到达，但它收到路由器 B 的路由表表明从路由器 B 到达网络 1 的跳数为 1，它认为可以经过路由器 B 到达网络 1，只是跳数为 2 而已。这样，路由器 A 认为经过 B 可以到达网络 1，路由器 B 则认为经过 A 可以到达网络 1，这就形成了路由环路，路由没有收敛。这时，向网络 1 发送的数据包将不能到达而形成丢包。

解决路由环路，可以有几种办法：

1. 水平分割：路由器不是向相邻节点发送自己的整个路由表，而是有选择地发送。

具体说来，要求记住每一条路由信息的来源，不在收到这条信息的端口再次发送它，即可避免路由环路。例如图 1–5 中，路由器 B 记住到达网络 1 的路由要经过路由器 A，它就不把这条路由信息再次发送给 A。在 A 发现网络 1 不可到达后，它就不会误认为可以经过 B 到达网络 1 了，这就避免了路由环路与丢包的产生。

2. 设置路由器距离（跳数）的上限。例如采用路由信息协议 RIP 的网络，规定这个上限为 15 跳。超过这个跳数的路由被认为不可到达，把它删除，即可避免无穷环路的产生。

3. 毒性逆转。不是将不可到达路由删除，而是把不可到达路由的信息也发送到相邻节点，使其他节点也把这条路由设置为不可到达。

同时，当网络状态发生变化时，检测到该变化的路由器立即把这种变化传递给其他路由器，而不用等到特定时刻再交换这种信息。这就可以加速网络变化的信息在路由器之间的传播，使路由表可以及时得到更新。

综合采用这些方法后，路由环路的问题可以大大减轻。

5. 链路状态路由算法

为了解决距离矢量路由算法存在的两个问题，从 1979 年开始，互联网开始使用链路状态路由算法。在这种方法中，每一个路由器（例如 A）需要完成以下几项工作：

第 1 步，A 先在与自己相连的每一条点到点线路上发送一个“HELLO”分组，收到分组的其他路由器则回答自己在整个网络中唯一的网络地址，这就是 A 的邻居节点，A 要记下它们的网络地址。

第 2 步，A 要向每个邻居节点发送一个“ECHO”分组，得到对方的应答以后，即可测出它到达各个邻居节点时延的估计值；如果多测几次，进行平均，则这个时延值就更加准确。

第 3 步，A 定时或在重要事件（例如一条线路损坏，或一个邻居节点停机等）发生后，将这些信息放在一个描述链路状态的特殊分组中。该分组的内容包括发送方的标识，分组序列号，分组年龄和邻居列表。

第 4 步，A 将描述链路状态的分组发送到所有其他路由器，供其他路由器修改它们的路由。一般采用扩散法来传送这个分组。当每个路由器收到一个这样的分组时，它将检查其序列号。如果是新的分组，就保存下来，并向下转发；如果新收到分组的序列号小于或等于以前收到的分组，则被丢弃。为了避免分组在网络中长期转发而形成阻塞，每一个分组的序列号后都有一个年龄，每经过 1 秒钟，年龄减 1。当一个分组的年龄为 0 时，该分组就被丢弃。

第 5 步，计算出到达其他每一个路由器的新路由。当路由器获得全部链路状态分组后，就可计算它到各个节点的最佳路由。对于每一段链路，例如 B 与 C 之间的链路，由 B 到 C 的延时和由 C 到 B 的延时可能是不同的。A 可以按照它们的平均值来计算，也可以选择其中之一。

同距离矢量算法“把我所知道的整个网络的情况告诉我的邻居”不同，链路状态算法“把我所知道的我和邻居的情况告诉整个网络”，既减少了每个节点所需发送的路由更新信息，又使它们对整个网络的情况都有较为清楚的了解，在每一个路由器上建立网络拓扑数据库，计算时不依赖中间路由器，可以减少路由环路的发生。同时，链路状态算法的几步法也加强了路由更新信息传输的可靠性。但网络中传输的路由更新信息较多，特别是网络变化剧烈时，这些路由变化信息将耗费大量的网络资源。

开放最短路径优先 OSPF 等协议都采用链路状态路由算法，在网络中得到了广泛的应用。

6. 混合路由算法

距离矢量算法和链路状态算法各有优缺点。Cisco 公司的 EIGRP 等协议则采用一种混合路由算法，将二者的优点结合起来。与距离矢量路由算法一样，EIGRP 只向相邻路由器发出路由更新信息；同时，EIGRP 采用链路状态路由算法的几步法传输路由信息，也加强了路由更新信息传输的可靠性。

7. 分级路由

当网络范围太大，路由器数量太多时，产生和维护路由表的工作量将使网络不堪重负，我们不得不采用分级路由策略，即将网络划分成若干个不同的域（region），每一个路由器只需要知道自己所在域的路由器情况，而不必花精力来了解其他域的路由器。对于特大型的网络，有时还需要将域组合成群（Cluster），将群组合成区（Zone），将区组合成组（Group），即设计一个多层次的网络路由。Kmoun 和 Kleinrock 证明，如果一个网络有 N 个路由器，则需要划分的级数为 lnN，每个路由器的路由表有 elnN 项。他们还证明，尽管分级路由会增加某些路径的长度，但这种增加一般都不会太大，是可以接受的。

1.5 宽带业务的分类和要求

在各种通信业务中，传输速率有很大的差异，从几个 b/s 的遥控遥测，到几百个 Mb/s 的（未压缩的）高清晰度电视。要想所有这些业务都在同一个网络中传输，传统电信网中的综合业务数字网 ISDN 是不能胜任的，必须建立新的宽带网。

宽带网是占用频带较宽的网络。在数字传输系统中，当调制方式确定以后，占用的频带与传输码率成正比，宽带网也就是传输速率较高的数字信息网络。国际电联标准部 ITU-T 定义速率高于 1.5Mb/s 的业务（例如可视电话、普通电视、高清晰度电视、高速数据通信等）为宽带业务，能够支持宽带业务的网络也就是宽带网。

宽带网都是由干线传输网和用户网组成。干线传输网一般分为国家干线网，省市干线网，地市干线网和县级干线网等。在有线电视传输网中，国家和省、市长途干线骨干网一般采用数字光纤干线，距离较短的本地干线网则可采用数字或（和）模拟光纤干线。有线电视用户网一般采用混合光纤同轴网（HFC）结构。从小系统的前端（或大系统的最后一个分配中心）到光节点一般采用光纤组成星型（或环型）结构，在光节点以下利用同轴电缆组成树型结构。

1.5.1 宽带业务的分类

1. 按照用户是否参与业务的进行过程划分

(1) 交互性业务：在用户与用户之间或用户与业务提供者之间具有双向信息交换的业务。可分为以下三类：

会话性业务。例如各种语音电话、可视电话、会议电视、电视监控和实时数据业务。它们的共同特点是实时性强，要求传输系统的时延和时延抖动小。会话双方（或多方）可以是对称或不对称。

消息性业务。例如语音、文字和图像的电子邮件业务（点到点或点到多点）。并不要求实时传输，可以采用存储转发方式来进行交换。

检索性业务。例如文件、资料、广告的查询，影视图像的点播，远程教育与培训，电视购物等业务。它们也是实时业务，但都是双向不对称的，要求下行速率比上行速率大得多。

(2) 分配型业务：是信息提供者向多个用户提供公共服务的业务。有线电视系统的主要业务都是分配型业务。可以分为以下两类。

用户不能参与控制的广播型业务。例如用户只能选择有线电视的收看频道，而不能控制节目的播出时间和播出顺序。

用户参与控制的分配型业务。例如视频点播、时移电视等，用户可以控制信息出现的时间和顺序。

2. 按照比特率是否恒定来划分

(1) 恒定比特率业务（CBR）。例如普通数字电话，不管用户是否正在说话，每一路的比特率都是64kb/s（不说话时传输塞入比特）。

(2) 可变比特率业务（VBR）。例如用户在同一通道中传输话音、图像和数据等多种业务时，比特率随时间而变。它又可以分为实时可变比特率业务（rt–VBR）和非实时可变比特率业务（nrt–VBR）两类。

1.5.2 对宽带综合业务数字网的基本要求

1. 传输媒体的宽带化

无论是交换节点之间的中继线，还是交换机和用户之间的用户线，都要使用宽带媒质，最好是光纤。在不能实现光纤到户之前，可以先建立光纤同轴混合（HFC）的宽带用户网。

2. 建立高速传输体制

建立综合各种业务的高速传输体制（例如 SDH、DWDM、宽带 IP 等）的目的是使各种业务的信息可以很方便地分插，很快地传输。

3. 采用快速交换技术

既要采用超大规模高速集成器件制成交换机，还要采用新的交换体制，例如 ATM 交换、宽带 IP 交换、软交换和光交换等。

4. 具有较高的业务质量

要求有完善的 QOS 保障机制，使信息错误率、丢失率尽可能低。在不得不丢失部分信息时，应当首先丢失那些不太重要、优先级低的信息。

5. 灵活多样的定时方法

根据业务的不同性质和不同要求，可以采用端到端的定时方法，也可采用网络定时方法，以保证收发端之间的同步。

1.6 宽带中国战略

在信息社会，信息的传输和处理、网络的建设起着非常重要的作用。国务院在 2013 年 8 月 1 日下发了《“宽带中国”战略及实施方案》（以下简称《方案》），强调指出：“宽带网络是我国经济社会发展的战略性公共基础设施，发展宽带网络对拉动有效投资和促进信息消费、推进发展方式转变和小康社会建设具有重要支撑作用”。为此，并把网络建设“作为抢占新时期国际经济、科技和产业竞争制高点的重要举措”。

1.6.1 三网融合

《方案》再次强调，要“推动电信网、广播电视网和互联网融合发展”，也就是要实现三网融合。

三网融合，即通信网、数字电视网、计算机互联网的融合。用户可以利用电脑、电视、手机等任一终端，不论经由何种网络，都可享受上网、视频、通话等各种服务和应用。

三网融合是指高层业务应用的融合，未来的宽带综合信息网是三网融合的产物。

模拟阶段，三个网的差距很大，但随着数字技术和网络技术的发展，现在已趋于一致，逐渐都要以 IP 技术为基础，使用统一的 TCP/IP 协议，三个网在网络层上即可实现互联互通，在业务层上可互相渗透和交叉，为三网融合创造了很好的条件。因此，在技术上三网融合的障碍已经没有了。

2010 年 1 月 13 日，时任国务院总理温家宝主持国务院常务会议，决定加快推进电信网、广播电视网、互联网三网融合，提出了推进三网融合的阶段性目标：2010 年至

2012 年重点开展广电和电信业务双向进入试点，探索形成保障三网融合规范有序开展的政策体系和体制机制。2013 年至 2015 年，总结推广试点经验，全面实现三网融合发展，普及应用融合业务，基本形成适度竞争的网络产业格局，基本建立适应三网融合的体制、机制和职责清晰、协调顺畅、决策科学、管理高效的新型监管体系。

2010 年 7 月 1 日，国务院根据当地有线电视网是否已实现双向交互；当地有线用户数量规模以及当地经济发展与居民收入水平、东西部经济发展、协调等多方面因素，公布了首批三网融合试点的 12 个城市。2012 年 1 月 2 日，又确定了其他 42 个城市，作为第二阶段试点。

三年来，试点城市的广播电视企业在经营互联网业务方面有一些进展，但还没有全面的互联网经营宽带许可，出口还要通过电信营运商；电信企业的 IPTV 有较大的发展，内容播控权还牢牢掌握在广电手上；互联网企业在技术创新上有了较大的进步，一个“微信”就同时具备了短信、语音、视频等内容，并开始自己制作电影和电视剧，但被各种视听许可牌照所困扰，使其播出的内容受到很大限制。

在网络建设改造方面，有线电视网络数字化和双向化升级改造取得了不小的进步，但与电信网络相比还有很大的差距，电信企业已基本把光纤铺到了城市用户家庭，只要用户申请，即可实现光纤到户。

1.6.2 “宽带中国”实施方案

《方案》提出“宽带中国”的目标是：到 2015 年，初步建成适应经济社会发展需要的下一代国家信息基础设施。基本实现城市光纤到楼入户、农村宽带进乡入村，固定宽带超过 2.7 亿户，普及率达到 50%，第三代移动通信及其长期演进技术（3G/LTE）用户超过 4.5 亿户，普及率达到 32.5%，行政村通宽带（有线或无线接入方式，下同）比例达到 95%，学校、图书馆、医院等公益机构基本实现宽带接入。城市和农村家庭宽带接入能力基本达到 20 Mbps 和 4Mbps，部分发达城市达到 100Mbps。互联网网民规模达到 8.5 亿，全国有线电视网络互联互通平台覆盖比例达到 80%。互联网骨干网间互通质量、互联网服务提供商接入带宽数量和质量满足业务发展需求。在宽带无线通信、云计算等重点领域掌握一批拥有自主知识产权的核心关键技术。宽带技术标准体系逐步完善，国际标准话语权明显提高。到 2020 年，基本建成覆盖城乡、服务便捷、高速畅通、技术先进的宽带网络基础设施。固定宽带用户达到 4 亿户，家庭普及率达到 70%，光纤网络覆盖城市家庭。3G/LTE 用户超过 12 亿，用户普及率达到 85%。行政村通宽带比例超过 98%。城市和农村家庭宽带接入能力分别达到 50Mbps 和 12Mbps，50% 的城市家庭用户达到 100Mbps，发达城市部分家庭用户达到 1Gbps，互联网网民规模达到 11 亿，全国有线电视网络互联互通平台覆盖有线电视网络用户比例超过 95%。宽带技术研发达到国际先进水平，建成结构完善、具有国际竞争力的宽带产业链，形成一批世界领先的创新型企业。

《方案》对接入网、城域网和骨干网建设，对应用基础设施建设和在经济建设等各方面的应用提出了具体的要求。

在接入网建设方面，要“按照高速接入、广泛覆盖、多种手段、因地制宜的思路”

推进。“城市地区利用光纤到户、光纤到楼等技术方式进行接入网建设和改造，加快下一代广播电视网宽带接入网络的建设，逐步建成以光纤为主、同轴电缆和双绞线等接入资源有效利用的固定宽带接入网络。结合 3G/LTE 与无线局域网技术，实现宽带网络无缝覆盖。农村地区因地制宜，灵活采取有线、无线等技术方式进行接入网建设。”

在城域网建设方面，要“按照高速传送、综合承载、智能感知、安全可控的思路”推进，逐步推动高速传输、分组化传送和大容量路由交换技术在城域网应用，扩大城域网带宽，提高流量承载能力；推进网络智能化改造，提升城域网的多业务承载、感知和安全管控水平。加大无线宽带网络建设力度，扩大 3G 网络覆盖范围，提高覆盖质量，协调推进 TD-LTE 商用发展，加快无线局域网重要公共区域热点覆盖，加快推进地面广播电视数字化进程。推进城域网优化和扩容。加快接入网、城域网 IPv6 升级改造。

在骨干网建设方面，要“按照优化架构、提升容量、智能调度、高效可靠的思路”，优化骨干网络架构，升级国家骨干传输网，加快互联网骨干节点升级，推进下一代广播电视网宽带骨干网建设，全面推广超高速波分复用系统和集群路由器技术，提升骨干网络容量和智能调度能力，全面支持 IPv6。提升业务承载能力，增强网络安全可靠。

在应用基础设施方面，要“统筹互联网数据中心建设，利用云计算和绿色节能技术进行升级改造，提高能效和集约化水平。扩大内容分发网络容量和覆盖范围，提升服务能力和安全管理水平。增加网站接入带宽，优化空间布局，实现互联网信息源高速接入。同步推动政府、学校、企事业单位外网网站系统及商业网站系统的 IPv6 升级改造。”

在应用方面，要不断拓展和深化宽带在生产经营中的应用，加快企业宽带联网和基于网络的流程再造与业务创新，利用信息技术改造提升传统产业，不断创新宽带应用模式，加快电子商务、现代物流、网络金融等现代服务业发展，壮大云计算、物联网、移动互联网、智能终端等新一代信息技术产业；要着力深化宽带网络在教育、医疗、就业、社保等民生领域的应用；要大力发展公共数字文化，优化公共文化信息服务体系；要依托公众网络增强军用网络设施的安全可靠、应急响应和动态恢复能力。

1.6.3 下一代广播电视网

按照《方案》的要求，要加快下一代广播电视网建设。国家广电总局在 2009 年提出了一个十年规划，要建成覆盖全国 3 亿用户和连接 2 亿家庭的下一代广播电视网（NGB）。

NGB 是以科技部“高性能宽带信息网”自主知识产权技术标准为核心，以有线电视网数字化整体转换和移动多媒体广播电视 (CMMB) 的成果为基础，在全国建设可同时传输数字和模拟信号、具备双向交互、组播、推送播存和广播四种工作模式、可管可控可信、全程全网的宽带交互式下一代广播电视网络。

在网络体制上，它采用广播和交换技术相结合的扁平式网络，以可保证服务质量的大规模汇聚接入技术为基础，具有开放式业务支撑架构，承载网对业务透明，服务提供机制引入透明计算模式以保证可信度，家庭用户终端的外延形态是智慧家庭网络，家庭物联网是其内在的自然属性。

具体说来，要把原来主要传输模拟与数字广播电视，绝大多数还是单向传输的有线电视网，建成基于“IP”的双向、宽带、可以自由交互、以电视机为核心信息终端，形成新的“三网融合”、有线无线相结合、全程全网全业务的下一代广播电视网络。在网络建设上，除了尽可能采用光纤外，还应发展同轴电缆的优势，在可控、可管、可信的支撑体系下，为网内每一个用户提供平均每秒100兆比特以上的接入带宽，用户可同时享用高清电视、数字电视、高保真立体声、网上冲浪和互动视频电话等原来由互联网、电信网和广播电视网分别提供的服务。

科技部“高性能宽带信息网”重大专项又称为3TNet，由我国首创的网络系统技术、自主研发的网络设备和创新的现代互动新媒体业务支撑体系构成，具有T比特级的传输、交换和路由能力。

按照广电总局的十年规划，NGB发展分成三个阶段：

2010–2012年：将重点发展支撑三网融合的业务平台、融合广播和交互功能的新型宽带接入技术、家庭物联网络、终端技术、内容保护等关键技术。研究基于NGB数字内容服务系统解决方案，完成标准框架和相关标准的制定。在上海周围开展三网融合业务的试点示范。重点推动有线电视数字化整体转换过程中所形成的高清视频类、全媒体信息类、网络娱乐类、网络教育类、家庭服务类等新兴业务的普及，开展电信业务和互联网业务的示范运营，试验示范3D电视业务和家庭物联网服务，初步建立基于互动电视业务的跨域业务运营示范区。此阶段现已基本完成。

2013–2015年：研究有线无线相结合的NGB网络架构，研究支持超高速、超大容量、高效率、可重构的网络技术；研发低成本、低能耗、适合于三网融合的安全设备、有线无线结合的新型宽带接入系统、智慧家庭网络与终端设备以及NGB物联网络系统；开发基于NGB开放业务平台和开放接口的各类三网融合业务应用系统，大力推动NGB网络新型业务开发，实现NGB业务创新的群集效应；完善NGB标准体系，完成NGB全国推广的技术和产业化准备。建设规模化的、具备NGB主要功能和技术特征的、覆盖全国的运营网络和监管网络，基本形成职责清晰、协调顺畅、决策科学、管理高效的NGB监管体系，全面支持三网融合的全媒体全业务的开展。

2016–2019年：持续推动NGB自主创新工作以及战略性新兴产业的发展，建成覆盖全国三亿家庭、有线无线结合、支持物联网功能和业务的下一代广播电视网络，全面推进高效可信的三网融合业务，实现全网业务的快速部署与管理，广泛创新网络文化传播服务，将NGB建成为国家网络文化传播和社会信息服务的主要基础设施，促进文化产业发展和提升国家信息化水平。

1.7　本章小结

本章讲述了信息网络的拓扑结构、性能指标，以及通信网络的复用、交换和路由选择技术，并介绍了宽带信息网络的基本要求和宽带中国战略，要求读者重点掌握描述语意透明性和时间透明性的指标，特别是分组交换、路由算法等重点内容。

习 题

1. 一般信息网络有几种拓扑结构，各有什么特点？

2. 信息网络中描述语意透明性和时间透明性的指标各有哪些？具体的含义是什么？

3. 抖动和漂移描述的是网络的什么特性？它们的主要区别是什么？

4. 时分复用是如何把多路信号复用成一路信号的？试比较同步时分复用信号与统计时分复用信号的不同。

5. 什么是电路交换？它一定是空分交换吗？

6. 什么是分组交换？数据报方式与虚电路方式各有什么优缺点？虚电路与实际物理电路有什么不同？

7. 电路交换和分组交换的线路利用率哪个更高？为什么？

8. 在信息网络中，路由器起什么作用？它同交换机有什么区别？

9. 利用最短路由算法计算图中节点 1 至节点 2、3、4、5 的最短路由，并画出其最佳路由图。

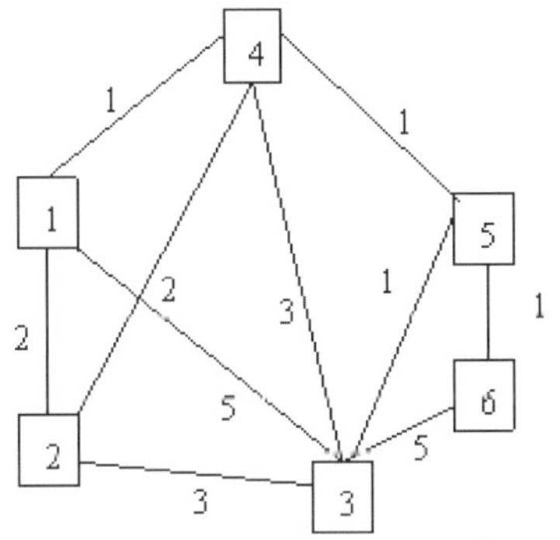

图 1-6

10. 宽带信息网络应满足哪些基本要求？

11. 宽带中国战略对骨干网、城域网和接入网各提出了什么要求？

第 2 章 计算机网络基础

从手机上的客户端应用到能随时随地 WiFi 接入的无线城市，从高速光纤入户的家庭网络到每台计算机联网的办公环境，从空间站直播网上授课到监控农场里每头奶牛身上的传感器，从电子商务到社交网络……计算机网络几乎无处不在，深入地影响着人们工作、学习和生活的方方面面。计算机网络是计算机技术和通信技术紧密结合的产物，已经成为当前最热门的学科之一。本章主要介绍计算机网络的特点和组成，计算机网络的体系结构等基础知识，以及局域网、广域网等主流网络技术。

2.1 计算机网络概述

2.1.1 计算机网络的定义与功能

1. 计算机网络的定义

什么是计算机网络？对于这个问题存在着不同观点和不同角度的定义。

计算机网络早期的定义是：以实现远程通信为目的的，一些互连的、独立自治的计算机的集合。所谓“互连”，是指计算机之间通过有线或无线的通信信道彼此交换信息。而“独立自治”是强调计算机之间没有明显的主从关系。这一观点对计算机网络的认识主要停留在通信网络的层面。按照这个定义，早期的面向终端的计算机系统不能被称为计算机网络，因为当时的许多终端并不具有智能特性。后来随着技术的发展，“终端”和“自治的计算机”之间没有了严格的界限，无论是面向终端的计算机系统，还是面向计算机的系统，以及以后发展起来的以共享通信子网为特征的公用数据网系统都可以视为计算机网络。

从用户透明性的观点来看，定义计算机网络是一种分布式系统，存在一个能为用户自动管理资源的网络操作系统，由它调用所需的资源，使整个网络像一个大的计算机系统一样对用户是透明的。

现在被普遍认可的一种定义是从资源共享的角度阐述的：

> 所谓计算机网络，就是把分布在不同地理位置且功能相对独立的多个计算机系统，通过通信设备和线路连接起来，以功能完善的网络软件（即网络通信协议、信息交换方式以及网络操作系统等）实现网络资源共享的系统。

2. 计算机网络的功能

计算机网络已经渗透到人们生产、生活的各个角落，能够给人们提供几乎所有可能的需要。计算机网络的功能主要体现在以下几个方面。

(1) 数据通信功能

计算机网络是计算机技术和通信技术紧密结合的产物。计算机网络的通信功能就是使分布在不同物理位置上的计算机用户能够互相通信和传送信息。典型的通信类应用有电子邮件，即时通讯，VoIP，视频会议，网络视频直播，视频点播等。

(2) 资源共享功能

共享资源也是计算机网络开发的主要目的之一。资源共享功能是指用户通过网络，可以共享不同类型的硬件设备，如打印机、光驱、大容量存储设备等；同时也允许用户共享某些应用软件和数据，如各类文件、数据库等。通过资源共享，消除了用户使用计算机所受地理位置的限制，也可以避免资源重复配置。传统的资源共享类应用大多使用客户端 / 服务器模型，数据资源多集中在服务器上；近年来，使用 P2P 模型的文件分享、视频点播等应用发展迅速，贡献了相当比例的互联网流量。

(3) 负载均衡和分布式处理功能

当网络中某些计算机的任务负荷太重，影响了效率，可以通过合理的网络管理，把某时刻处于重负荷状态计算机上的任务分散到其他轻负荷的计算机进行处理，从而达到负载均衡的效果。也有些任务对于单台或少量的计算机来说难以胜任，通过把任务分配给网络上大量的计算机进行分布式并行处理，可以大大提高网络资源的利用率。比如著名的“在家寻找外星人”（SETI@Home）的项目就是使用了分布式的网络协同处理，利用互联网上大量计算机的空闲资源来分析信号。

(4) 数据的集中和综合处理功能

以网络为基础，可以将从不同计算机终端上得到的各种数据收集起来，进行整理、分析等综合处理。比如从分布各地的观测台站收集数据，汇总并由超级计算机进行天气模型计算从而得出分析数据。再比如购物网站对各个用户的访问记录和访问轨迹进行跟踪和汇总分析，一方面从大量数据中得出统计信息以供商业决策，一方面能够向用户提供个性化的产品推介。

(5) 提高系统可靠性的功能

一般而言，计算机网络中的资源是重复配置的，可以分布在不同的位置上。如果少量资源失效，用户通过网络路由仍然可以找到同类替代资源，从而大大提高系统整体的可靠性。

2.1.2 计算机网络产生与发展

计算机网络的发展历史和其他事物的发展一样，也经历了从简单到复杂，从低级到高级的过程。从体系结构来观察，计算机网络产生与发展大致可以分为以下四个阶段:

1. 面向终端的网络

第一台计算机问世于 1946 年，当时计算机和通信并没有什么联系，还没有计算机网络的概念。早期的计算机价格昂贵，数量也很少，用户只能亲自携带数据和程序，到计算机机房进行人工操作，使用非常不便。到了20世纪60年代，由于计算机软件的发展，计算机的应用越来越广泛，迫切需要对分散于各地的用户数据和业务进行集中处理，从而产生了具有通信功能的计算机系统。其工作模式为在计算机上增加一个通信装置，将远地用户的输入输出装置通过通信线路与该通信装置相连。这样，用户可以在远地终端上输入信息和数据，由通信线路另一边的计算机进行处理。最终的处理结果也通过通信线路送回到用户的终端设备。计算机与通信的结合就这样开始了。多重线路控制器的出现使得一台计算机可以和多台终端通信。为了提高资源利用率，计算机采用批处理的方式，能够同时服务多台终端，大大提高了工作效率。面向终端的网络可以称为"计算机—终端"的组网模式，如图2-1所示。

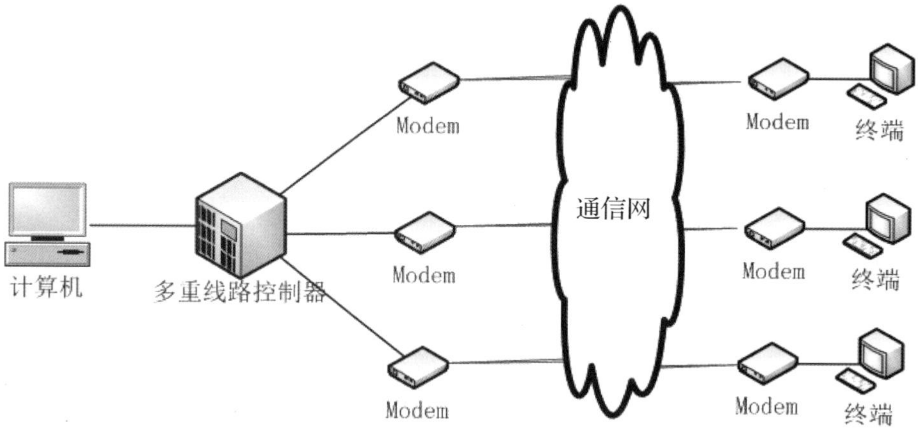

图2-1 面向终端的计算机网络

从严格的定义来讲，这种以单个计算机为中心的远程联机系统还不能称之为计算机网络，但它却是计算机网络发展的最初形态，也是以后计算机网络技术发展的基础。

2. 面向通信的计算机网络

面向终端的网络拓展了计算机系统的应用领域和范围，也促使了通信技术与计算机技术的迅速融合。主机之间的互联成为必然的发展趋势。20世纪60年代末期至70年代中期，在第一代单主机联机网络的基础上，开始出现将多台计算机通过通信线路互联的第二代计算机网络。与此同时，对计算机网络体系结构与网络协议的研究也普遍开展起来。这种网络形态又称为"计算机—计算机"网络。这一代的计算机网络以资源共享为主要目的，使用多台分散而又互联的计算机共同提供服务的模式。

第二代计算机网络的典型例子是ARPANET。ARPANET是来源于美国国防部高级研究计划署（Advanced Research Project Agency）的一个军事研究项目，其目标是"网络必须能够经受住故障的考验而维持正常工作。一旦发生战争，当网络的某一部分因遭受攻击而失去工作能力时，网络的其他部分应当能够维持正常通信"。ARPANET

提出了一个重要思想，即把应用和通信功能从逻辑上分离。将一个计算机网络分为通信子网、资源子网两大部分：通信子网完成数据的传输和转发，资源子网负责全网的数据处理业务。通常认为 ARPANET 就是真正意义上计算机网络的起源，同时也是 Internet 的前身。面向通信的计算机网络示意图如图 2–2 所示。

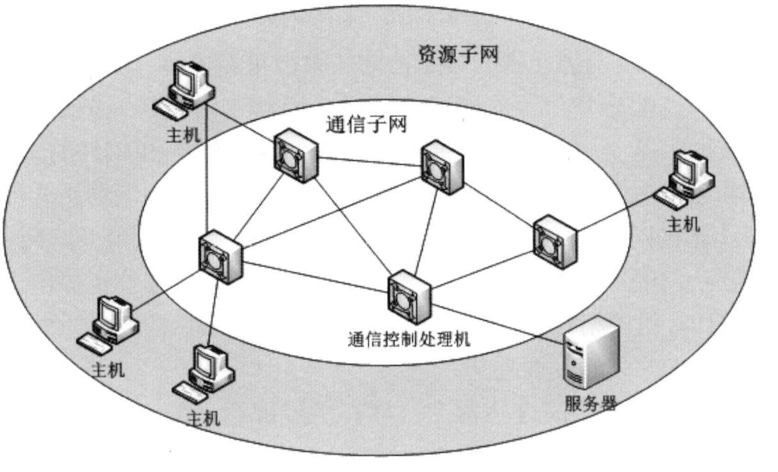

图 2–2 面向通信的计算机网络

3．开放式标准化的计算机网络

第二代面向通信的计算机网络产生了很好的经济效益和社会效益，但是随着应用的越来越广泛，也暴露了它的根本性的缺陷，即没有一个统一的网络体系结构，造成了不同制造厂家生产的计算机或网络通信设备互联起来非常困难，制约了计算机网络在规模和应用领域的进一步发展。一些著名的计算机公司分别推出了自己的私有网络体系，如 IBM 公司的 SNA（System Network Architecture，1974），DEC 公司的 DNA（Distributing Network Architecture，1975）等。各个公司的网络体系结构各不相同，所以导致不同公司之间的网络不能互联。为了解决这一问题，网络标准化被提上议事日程。

国际标准化组织（ISO，International Organization for Standardization）于 1977 年设立专门的机构研究上述问题，提出了一个使各种计算机能够互联的标准框架——OSI/RM（Open System Interconnection/Reference Model，开放系统互联参考模型）。OSI 的出现意味着计算机网络发展到了第三代。这种开放式的标准化计算机网络目前仍被广泛应用。

OSI/RM 采用了分层次的结构描述网络，结构严密，理论性强，具有很高的学术价值，是一种在局域网和广域网上都普遍适用的参考模型，成为指导网络发展方向的标准。但是在实际应用中并没有完全基于 OSI 模型的网络协议实现，而在 ARPANET 基础上发展起来的，由 Internet 标准化组织制定的 TCP/IP 参考模型成为了事实上的工业标准。这两种模型既有关联又有区别。此外，IEEE 802 工作组制定了局域网相关的标准。上述标准化的进程促使计算机网络向高速、智能的下一代网络发展。

4. 新一代综合性、智能化的高速网络

自 20 世纪 90 年代以来，计算机网络向全面互联、高速和智能化方向发展，并且得到了广泛的应用。典型的是 Internet 规模及应用的爆炸式增长。在通信技术和计算机技术的推动下，新一代的计算机网络具有更高的标准化程度和开放性，支持各种综合业务的承载和应用，骨干网和接入网的带宽飞速增长，同时具有更高的智能性和可管理性。一方面，网络系统内部元素的分工协同关系被重新安排，例如客户 / 服务器结构、各种专用浏览器、“瘦客户机”、网络计算机、无盘工作站等，被设计得更专门化、更高效；另一方面，基于虚拟技术，通过对硬件的重新组织和软件的重新包装构成了各种网络虚拟系统，例如云计算等应用。多媒体技术与计算机网络的结合促成了电信网、广播电视网和计算机网的“三网融合”，语音、视频等数据成为互联网上流量的主要来源。面对日益庞大和复杂的计算机网络，对其安全性和可管理性也提出了更高的要求。人工智能技术与计算机网络技术的结合，构成了具有更多思维能力的智能计算机网络，这也是综合信息技术的必然发展趋势。

在计算机网络的发展、演进历程上，具有里程碑意义的大事件有如下几个：1969 年建立 ARPANET，为以后 Internet 的发展奠定了基础；20 世纪 70 年代出现局域网，尤其是以太网（Ethernet）技术，对网络普及起着重要作用；70 年代末 ISO 制定了具有指导意义的开放系统互联参考模型（OSI/RM）；同一时期 TCP/IP 协议栈也逐渐成熟，并于 1983 年全面应用于 ARPANET，取代旧有协议“网络控制协议”（NCP，Network Control Protocol）；80 年代，CCITT 建立了使用国际线路传输数字声音的国际标准；1989 年超文本系统 Web （即 WWW，World Wide Web）技术的出现加速了 Internet 的普及；1998 年 IPv6 成为正式标准公布，旨在解决 IPv4 标准的地址空间不足和其他的一些技术缺陷。

进入 21 世纪以来，世界各国都加强了信息基础设施的建设，对于下一代网络的研究与探索也普遍展开。下一代网络（NGN，Next Generation Network）、下一代互联网（NGI，Next Generation Internet）、下一代广播电视网（NGB, Next Generation Broadcasting Network）的概念被充分讨论，新技术层出不穷。其中，物联网（Internet of Things）、云计算（Cloud Computing）、普适计算（Ubiquitous Computing）、软件定义网络（Software Defined Network）等是目前网络研究的热点领域。

2.1.3 计算机网络组成与分类

1. 计算机网络的组成

计算机网络系统由硬件和软件两部分组成。

计算机网络系统是硬件和软件的集合体。硬件系统由计算机（主机、客户机、终端）、通信处理机（集线器、交换机、路由器）、通信线路（同轴电缆、双绞线、光纤）、信息变换设备 (Modem，编码解码器）等构成；软件部分通常包括网络操作系统、网络协议以及实现网络应用的各种软件等。两者相互作用，共同完成网络功能。从拓扑学的观点，硬件的网络结构可以抽象成节点 (node) 和链路 (link) 组成。节点按功能可以分为终端节点、中继节点、交换节点和路由节点等几种。链路可以是物理链路，也可以是逻辑链路，通过复用技术，一条物理链路可以划分为多条逻辑链路。

为便于分析，一般从逻辑上可以把网络分为通信子网和资源子网两个部分，见图 2–2。

(1) **通信子网**

通信子网由通信控制处理机 (CCP)、通信线路与其他通信设备组成，负责完成网络数据传输、转发等通信处理任务。

通信控制处理机一方面作为与资源子网的主机、终端连接的接口，将主机和终端连入网内；另一方面它又作为通信子网中的分组存储转发节点，完成分组的接收、校验、存储、转发等功能，实现将源主机报文准确发送到目的主机的作用。

通信线路为通信控制处理机与通信控制处理机、通信控制处理机与主机之间提供通信信道。计算机网络采用了多种通信线路，如电话线、双绞线、同轴电缆、光缆、无线通信信道、微波与卫星通信信道等。

(2) **资源子网**

资源子网由主机系统、终端、终端控制器、连网外设、各种软件资源与信息资源组成。资源子网实现全网的面向应用的数据处理和网络资源共享，它由各种硬件和软件组成。

主机系统。它是资源子网的主要组成单元，装有本地操作系统、网络操作系统、数据库、用户应用系统等软件。它通过高速通信线路与通信子网的通信控制处理机相连接。普通用户终端通过主机系统连入网内。

终端。它是用户访问网络的界面。终端可以是简单的输入、输出终端，也可以是带有微处理器的智能终端。智能终端除具有输入、输出信息的功能外，本身具有存储与处理信息的能力。终端可以通过主机系统连入网内，也可以通过终端设备控制器、报文分组组装与拆卸装置或通信控制处理机连入网内。

网络操作系统。它是建立在各主机操作系统之上的一个操作系统，用于实现不同主机之间的用户通信，以及全网硬件和软件资源的共享，并向用户提供统一的、方便的网络接口，便于用户使用网络。

网络数据库。它是建立在网络操作系统之上的一种数据库系统，可以集中驻留在一台主机上（集中式网络数据库系统），也可以分布在多台主机上（分布式网络数据库系统），它向网络用户提供存取、修改网络数据库的服务，以实现网络数据库的共享。

应用系统。它是建立在上述部件基础上的具体应用，以实现用户的具体需求。

2. 计算机网络的分类

计算机网络是一种复杂的系统。从不同的角度来分析，会有多种分类方法。

(1) **按拓扑结构分类**

拓扑结构是计算机网络的重要特性之一。在计算机网络中，计算机作为节点，连接计算机的通信线路作为链路，形成计算机在地理分布和互连关系上的几何构形。这种计算机与链路之间的拓扑关系，称为计算机网络的拓扑结构。计算机网络的拓扑结构有许多种。典型的拓扑结构有星形网络、树形网络、环形网络、网状网络、总线形网络和应用于无线通信的蜂窝状网络等几种。按照网络中一条链路所能连接的计算机数量，可以把网络拓扑归结为两大类：链路型网络（点到点的结构）和广播型网络（多点共享链路结构）。在点到点的结构中，一条链路只能连接两个节点。这样，两点之间或者直接通信，或者必须通过中间节点转发，如星形网络、树形网络、环形网络、网状网络。广播型网络的特点是，通信线路为多个节点共享。这样，一个节点发送的信息可以传输到其他所有的节点；而当有两个以上节点同时发送信息时，便会引起冲突，必须采取特定的机制解决通信媒介资源竞争的问题。总线形网络和蜂窝状网络是典型的广播型网络拓扑结构。几种网络拓扑的示意图见图 2–3 和图 2–4。

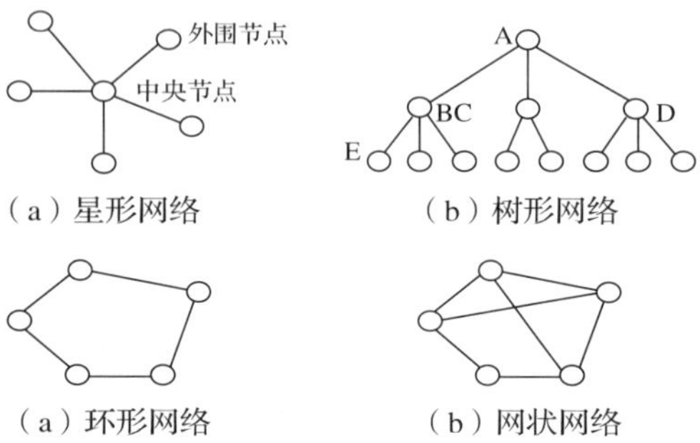

图 2–3 链路型网络的拓扑

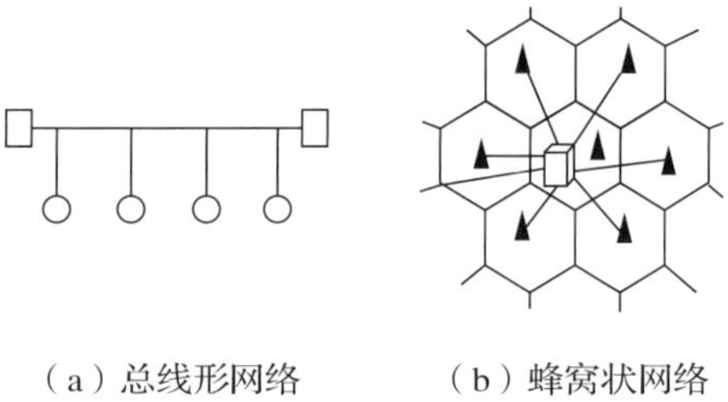

图 2–4 广播型网络的拓扑

(2) **按覆盖地域分类**

网络按照其覆盖地域的大小可以分为微微网 (Piconet)、个人局域网 (PAN，Personal Area Network)、局域网 (LAN，Local Area Network)、城域网 (MAN，Metropolitan Area Network) 和广域网 (WAN，Wide Area Network)。

Piconet 是由采用蓝牙技术的设备以特定方式组成的网络，这种网络的建立是从两台设备（如笔记本电脑和移动电话）的连接开始，同一时刻最多可以激活 8 台设备。

PAN 是近年来随着各种短距离无线电技术的发展而提出的一个新概念，一般覆盖距离为 100 米以内。主要的技术标准有 IEEE 802.11 系列无线局域网标准、基于 IEEE802.15.4 的 Zigbee 等。

LAN 指通信距离通常在中等规模的地理区域内（一般覆盖范围在几十米到几千米以内）的网络，例如一幢办公楼、一座仓库、一所学校中的计算机网络。它能借助于具有中高速数据传输率的物理通信信道实现可靠通信。

MAN 指地理覆盖范围大约为一个城市的网络，其通信距离一般在 5 ~ 50km 之内。

WAN 一般指跨地区甚至延伸到整个国家和全世界的网络，跨度在 100km 以上。

(3) **按网络组建属性分类**

根据计算机网络的组建、经营和用户，特别是其数据传输和交换系统的拥有性，可以分为公用网和专用网两类。

公用网是由国家电信部门组建、经营管理、提供公众服务。任何单位部门，或者个人的计算机和终端都可以接入公用网，利用公用网提供的数据通信服务设施来实现本行业的业务。

专用网往往是由一个政府部门或一个公司等组建经营，未经许可，其他部门和单位不得使用。其组网方式可以利用公用网提供的“虚拟专网 (VPN)”功能或自行架设的通信线路。

(4) **按信息传输交换方式分类**

根据信息在网内传输交换方式，可分为电路交换网络和存储转发交换网络。存储转发又可以分为报文交换和分组交换。分组交换包括数据报交换和虚电路交换。

电路交换是通信双方建立一条物理连接后，数据沿着该连接到达目的地，数据传送时独占该连接；存储转发指数据被分成若干段，每段按照交换设备选定的路由独立地从源到目的地。

2.1.4 计算机网络协议与标准化组织

1. 网络协议

> 协议是通信双方在信息传输顺序、格式和内容等方面的约定或规则。
> 协议包含了语法、语义和时序三个要素。

计算机网络中，为使各计算机之间或计算机与终端之间能正确地传递信息，必须在有关信息传输顺序、信息格式和信息内容等方面制定一组约定或规则。这些为了通信或联系所制定的约定、规则和标准就被称为协议 (Protocol)。实际上，凡是两个以上的对象或系统相互进行联系，都需要事先建立联系的规则或约定。例如，在大海中用旗语通信、聋哑人用手语交流，以至于人类每一种语言都可以称之为协议，通信交流的各方必须遵循同样的规则和约定才能正确地交换信息。协议存在于任何通信过程中，它包含了语法、语义和时序三个方面的约束。

语法 (syntax)。语法是关于信息格式的规定，即“怎么说”。在计算机网络中传输的信号是一些二进制数字流，为了让系统能够识别这些数字流，需要将信息按一定的格式进行组织和传输。例如，一个数据分组有多长、具体划分为几个字段等。两个不同的网络要进行互连，即当一个数据分组被转换为数字信号以后从一个网络进入另一个网络时，必须根据两种网络协议的规定进行数据格式的转换。

语义 (semantics)。指对构成协议的协议元素含义的明确解释，即“说的是什么”。不同类型的协议元素规定了通信双方所要表达的不同内容。例如，IP 包头部前 4 个 bit 为版本字段，值为 4 时代表该 IP 数据包为版本 4 的格式，值为 6 则代表这是一个 IPv6 的数据包。

时序 (timing)。命令和应答需要一定的次序关系。时序用于规定命令、应答和状态变化的顺序和时间要求。例如 TCP 协议中建立和拆除连接都要经过多次握手的过程，按照协议规定的次序进行可以保障通信的可靠性。

2. 相关标准化组织

不同的网络设备生产商、网络运营商都会有各自的思维模式和行为方式，应用不同的技术手段。这样不同体系的网络之间要实现互联就会存在很多问题。标准的制定就是为了解决这类问题。好的标准不仅可以使不同计算机设备之间互相通信，还能够扩大遵循相应标准的产品市场。市场的扩大就会促进规模化生产和竞争环境的更加开放，促成行业的良性发展。

标准可以分为两大类：事实标准和法定标准。事实标准是指那些已经发生但没有任何正式计划的标准。比如蓝牙就作为一个事实标准存在。最初由爱立信公司创制，后来由爱立信、IBM、英特尔、诺基亚及东芝公司等共同创立“特别兴趣小组”(Special Interest Group，SIG)，即蓝牙技术联盟的前身，制定了蓝牙技术标准。

法定标准是指由一些国际标准化组织采纳的规范。权威性的标准化组织通常可以分为两类：各国政府通过条约建立起来的组织和自愿的非条约组织。在计算机网络领域中，知名的有 ITU、ISO、IEEE、IETF 等。实际上，标准、企业、标准化组织之间关系通常错综复杂，成功的事实标准通常会演变成法定标准，比如上文提到的蓝牙 1.1 标准被 IEEE 引入，成为 IEEE 802.15.1。近年来很多围绕特定技术形成的自组织商业结盟在制定和完善网络标准的过程中发挥了很大作用。

(1) 国际电信联盟（ITU）

ITU（International Telecommunication Union）的任务是国际电信的标准化。它有 3 个主要的部门：ITU–R，Radio communications Sector；ITU–T，Telecommunications Sector；ITU–D，Development Sector。ITU–T 的工作为电信标准化，其前身为 CCITT（International Telephone and Telegraph Consultative Committee，国际电报电话咨询委员会）。它的成员为政府部门和电信厂商，包括几乎所有的联合国会员国以及知名的电信运营商、设备制造商、计算机供应商、芯片制造商和其他感兴趣的公司。

(2) 国际标准化组织（ISO）

ISO（International Standards Organization）是一个非政府的国际科技组织，是世界上最大的、最具权威的国际标准制订、修订组织。它成立于 1947 年 2 月 23 日。ISO 的最高权力机构是每年一次的“全体大会”，其日常办事机构是中央秘书处，设在瑞士的日内瓦。ISO 宣称它的宗旨是：“发展国际标准，促进标准在全球的一致性，促进国际贸易与科学技术的合作。”

ISO 的成员为各成员国的国家标准化组织，如美国的 ANSI（American National Standards Institute），英国的 BSI（British Standards Institution）等等，目前中国在 ISO 中的代表为中国国家标准化管理委员会（Standardization Administration Of China，SAC）。ISO 为大量的学科制订标准，涉及工业、生活的方方面面，从产品的规格到衣服材料的成分，还包括质量管理体系（ISO9000）等等。

ISO 的标准化程序是经过精心设计的，目的是尽可能获得广泛的一致。一个标准的产生，从组织成员提出申请开始启动标准化程序：首先成立一个工作组，由工作组提出一个委员会草案（CD，Committee Draft），然后该草案被传送给所有成员审核，评价。如果绝大多数成员同意该草案，则再生成一份修订文档，称为国际标准草案（DIS，Draft International Standard），最后再对该 DIS 进行投票表决。根据投票结果形成国际标准（IS，International Standard），之后再公开发布。

(3)Internet 体系结构委员会（IAB）

IAB（Internet Architecture Board）是一个非正式的标准化组织。与 ITU 和 ISO 的成员有大量政府参与不同，在 Internet 领域的企业和研究机构是 IAB 的主要参与者。它分成 IRTF（Internet Research Task Force）和 IETF（Internet Engineering Task Force），前者关注长期的研究，后者则处理短期的工程问题。

IAB 的标准化程序：首先提出草案标准（DS，Draft Standard），然后推进到 RFC（Request For comments），这一阶段必须有一个可以正常工作的实现，并且经过至少两个网站、历时 4 个月以上的严格测试，最终才能声明该 RFC 成为 IS（Internet Standards）。

(4) 电气和电子工程师协会（IEEE）

IEEE（Institute of Electrical and Electronic Engineers）是世界上最大的专业技术团体，由电气工程和计算机领域的专业人士组成。它创办了许多刊物，定期举行研讨会，还有一个专门负责制定标准的下属标准化组。该标准化组主要制订电气工程和计算机领域的标准。IEEE 在通信领域最著名的研究成果可能要数 802 局域网标准。IEEE 802 委员会分为许多个工作组，该系列标准定义了总线网络和环形网络的通信协议。

2.2 计算机网络体系结构

计算机网络是一个复杂的大系统，其中涉及许多因素，不容易统一处理和分析。而我们处理复杂问题的一个有效方法，就是用抽象和层次的方式进行构造和分析。所谓网络体系结构，是指计算机网络的分层、各层协议和层间接口的集合，也就是网络及其部件所应完成的功能的精确定义。因此体系结构是计算机网络的一种抽象的、层次化的功能模型。

2.2.1 网络的层次体系结构

1. 网络分层的好处和原则

为了降低网络系统设计和分析的复杂性，绝大多数网络都组织成一个层次栈。在这种层次栈结构中，每一层的目的是向上一层提供特定的服务，而把如何实现这些服务的细节对上层屏蔽。这样，人们就容易在一层内部独立探讨和理解协议的细节，而不用考虑其他层次的细节问题，降低了各层的复杂性，便于实现和维护。各层之间通过标准化的接口，允许不同的产品只提供各层功能的一部分，以具有更高的灵活性和更好集成的环境。

为了对层次化的体系结构与协议有一个形象的了解，我们来类比分析一下实际生活中的邮政系统，人们使用书信交流时都会有个约定，即信件的格式和内容，一般必须采用双方都懂的语言文字和文体，开头是对方称谓，最后是落款等。这样，对方收到信后才能看懂信中的内容，知道是谁写的，什么时候写的等信息。信写好之后，必须将信件用信封封装好，并交由邮局寄发。寄信人和邮局之间也要有约定，比如规定信封写法并按要求贴上邮票。邮局收到信后，首先进行信件的分拣和分类，然后交付有关运输部门进行运输，如民航、铁路或公路运输部门等。这时，邮局和运输部门也有约定，如到站地点、时间、包裹形式等。信件送到目的地的邮局后进行相反的过程，最终将信件送到收信人手中。按照上述流程，我们可以把邮政系统分为三层（如图 2–5 所示），而且上下层之间，同一层之间均有约定，也就是协议。

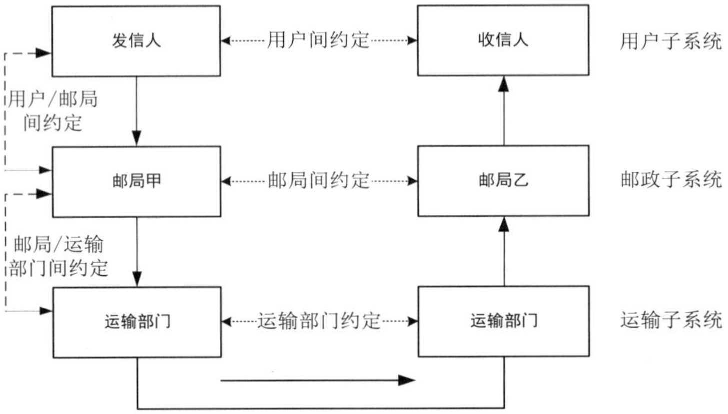

图 2–5 邮政系统分层模型

类似的一个层次化的网络结构如图 2–6 所示。不同机器上构成相应层次的实体称为对等体。各层的对等体之间使用相同的协议进行沟通，但实际上数据并不是从一台主机的第 N 层直接传递到另一台主机的第 N 层。而是每一层都把数据和控制信息传递给它的下一层，这样一直传递到最底层。图中平行的虚线表示各层之间虚拟通信，垂直的实线表示实际的数据通信路径。

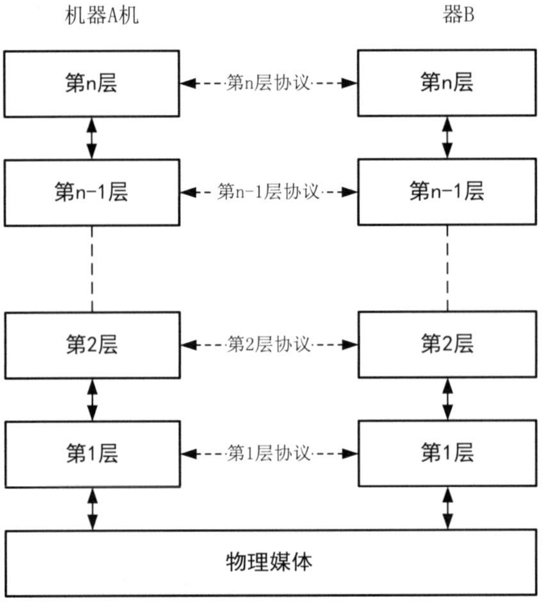

图 2–6 网络层次结构

在层次结构的计算机网络系统中，每一层都具有相对独立的通信功能。各层间相对独立的通信就好像国家之间的往来，分为元首级通信、部长级通信、工作人员级通信，他们各自以不同的方式进行不同内容的通信；同一级的通信都是对等的，并且都是在各自的下一级的通信支持下进行的。在计算机网络中的通信也是如此，通信的双方都可以分为不同的层次，每一层之间进行对等的通信。

基于不同的原则，计算机网络可以有不同的分层方法。但是，有一些原则基本上是共同的，如：

· 每层的功能应当明确、各层相对独立，使得当某层的方法变更时，只要保持接口关系不变，不会影响其他层的结构和方法；

· 各层功能的确定应当有助于网络协议国际标准的制定；

· 层间接口要清晰，尽量减少跨越接口的信息量；

· 层数适当，不可太少，只要增加一个不同等级的抽象，就应当为网络增加相应的层次；也不可太多，否则会使网络结构过于复杂。

2. 服务与接口

(1) 协议与服务

协议是控制对等实体之间通信的规则；服务是下层通过接口向上层提供的支持。

用于同层间通信的协议称为同层协议，并且每一层间通信的协议都是在下一层间通信的协议提供的服务基础上进行工作的。因此，协议和服务是两个不同的概念：协议是“水平的”，是控制对等实体之间通信的规则；服务是“垂直的”，是下层通过接口向上层提供的支持。服务与协议关系非常密切，但却是完全不同的概念，然而却又容易混淆。

服务定义了相邻两层之间的接口关系，上层是服务的用户，下层是服务的提供者，并用一组原语来描述服务内容——下层能够为它的上层提供的支持。协议是同层实体之间数据交换的规则。实体利用协议来实现它们的服务的定义。在某一层上，只要不改变提供给上层的服务，实体可以使用不同的协议。这样，就把服务同协议完全分离开来。

处于参考模型（N）层的子系统记为（N）子系统，同一开放系统的相邻层及其子系统分别用（N）、（N+1）、（N–1）层子系统来表示。（N）层表示某一特定的层，（N+1）表示相邻高层，（N – 1）表示相邻低层。此种表示方法也适用于与这些层有关的概念，如（N）协议，（N+1）服务，（N 1）实体等。

(2) 接口

相邻的层之间，（N）层实体向（N+1）层实体提供服务，（N+1）层实体向（N）层实体请求服务。这是通过位于（N）层和（N+1）层的界面上的服务访问点（N）–SAP（N–Service Access Point）来实现的。（N）–SAP 是一个访问工具，由一组服务元素和抽象操作组成，并由（N+1）实体在该点调用。我们把（N）层中提供（N）服务的那些（N）实体总称为（N）服务提供者；而把调用（N）服务的（N+1）实体称为（N）服务用户。如图 2–7 所示。

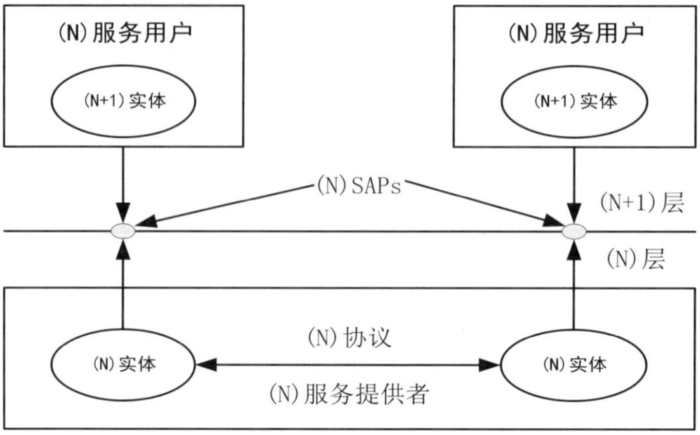

图 2–7 服务模型接口

3、服务原语

服务的请求与提供是通过在服务访问点（SAP）上服务原语（Primitive）的发送与接收来实现的。这要求（N）服务用户与（N）服务提供者跨服务访问点（N）–SAP 进行交互，它指出了相应的服务和必须执行的抽象操作。原语规定了应完成的功能，并用于传送数据以及控制信息，它们供用户和其他实体访问某服务时调用。它们通知服务提供者采取某些行动或报告某个对等实体的活动。

服务原语是一种原子动作，它由服务用户发出，也可由服务提供者发起。ISO/OSI 定义了表 2–1 所示的 4 种类型的服务原语。

表 2–1 ISO/OSI 定义的 4 种服务原语

名称	格式	发送方向	含义
请求原语	(N)_PRIMITIVE NAME. request(a1 ,⋯,an–1)	(N+1)–>(N)	请求（N）实体的服务
指示原语	(N)_PRIMITIVE NAME. indication(a1 ,⋯,an–1)	(N)–>(N+1)	通知服务已开始
响应原语	(N)_PRIMITIVE NAME. response(a1 ,⋯,an–1)	(N+1)–>(N)	已响应最近的一次指示
证实原语	(N)_PRIMITIVE NAME. confirm(a1 ,⋯,an–1)	(N)–>(N+1)	请求的服务已完成

大部分原语都带有参数。例如一个传输层连接请求原语可以写为：

T_CONNECT.request（被叫地址，主叫地址，⋯）

这里，T_CONNECT 是原语名称，request 是原语类型，中间用圆点分隔，“被叫地址”和“主叫地址”是原语的参数。大多数原语都有参数。例如：连接请求的参数可能要指明是与哪一台计算机连接，需要的服务类别，以及在该连接上使用的最大报文长度；连接指示原语的参数可能包括呼叫者标识，需要的服务类型，以及建议的最大报文长度等。在典型情形下，当接收到一个服务原语时，该层的协议实体读取原语中的参数，并把它们与附加的协议控制信息（PCI）相结合形成该层的协议数据单元（PDU），所产生的协议数据单元再放到带有附加参数的服务原语的用户段中，以便传给相邻的下层。

服务有确认型（confirmed）和非确认型（unconfirmed）之分。确认服务包括请求（request）、指示（indication）、响应（response）和确认（confirm）4 个原语。确认型服务需要服务用户双方完整交互一次，这需要花费较长时间，但是可靠性更高，如图 2–8（a）。非确认服务只包括请求、指示 2 个原语，无需等到对方确认回应即开始提供服务，如图 2–8（b）。

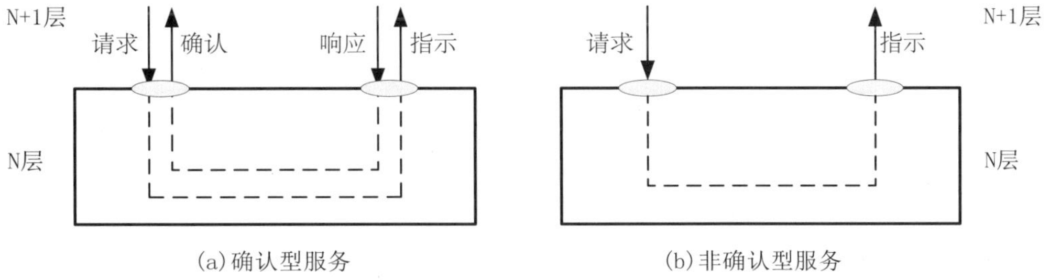

图 2–8 确认型服务和非确认型服务

2.2.2 ISO/OSI 网络体系结构

1. 开放系统互连参考模型的制定

自 20 世纪 70 年代以来，一些主要计算机生产厂家都先后推出了各自的网络体系结构，但不同公司的产品之间并不兼容。为使不同厂家生产的设备能互相通信，以便在更大范围内建立计算机网络，有必要建立一个国际范围的网络体系结构标准。国际标准化组织信息处理系统技术委员会（ISO TC97）于 1978 年为开放系统互连建立了分委员会 SC16，并于 1980 年 12 月发表了第一个开放系统互连参考模型（OSI/RM：Open System Interconnection/ Reference Model）的建议书，1983 年它正式成为国际标准，即 OSI7498 国际标准。

OSI 标准定制过程中所采用的方法是将整个庞大而复杂的问题划分为若干个容易处理的小问题，也就是分层的体系结构方法。在 OSI 中，采用了三级抽象，即体系结构、服务定义和协议规范。

在体系结构上，OSI/RM 定义了一个七层的系统结构模型，规定了层次之间关系，并在这一框架下进一步详细规定了每一层的功能，以实现开放系统环境中的互连性、互操作性和应用的可移植性。它是作为一个框架来协调和组织各层协议的制定，也是对网络内部结构最精练的概括与描述。

OSI 的服务定义详细说明了各层所提供的服务。某一层的服务就是该层及其下各层的一种能力，它通过接口提供给更高一层。各层所提供的服务与这些服务是怎么实现的无关。同时，各种服务定义还定义了层与层之间的接口和各层所使用的原语，但是不涉及接口如何实现。

OSI 标准中的各种协议精确定义了应当发送什么样的控制信息，以及应当用什么样的过程来解释这个控制信息。协议的规程说明具有最严格的约束。

2. 开放系统互连参考模型的七层体系结构

OSI 参考模型分为七层，由低至高分别为物理层、数据链路层、网络层、传输层、会话层、表示层和应用层。

OSI 参考模型的体系结构如图 2-9 所示。其中，传输层及以上的各层协议是在通信双方主机上的进程间进行通信；而网络层及以下的各层协议主要涉及一台机器和它的直接邻居，负责从源端到宿端中间所经过的一个个通信系统之间的数据传输。通信子网的功能由下三层协议实现。OSI 参考模型的各层主要功能如下。

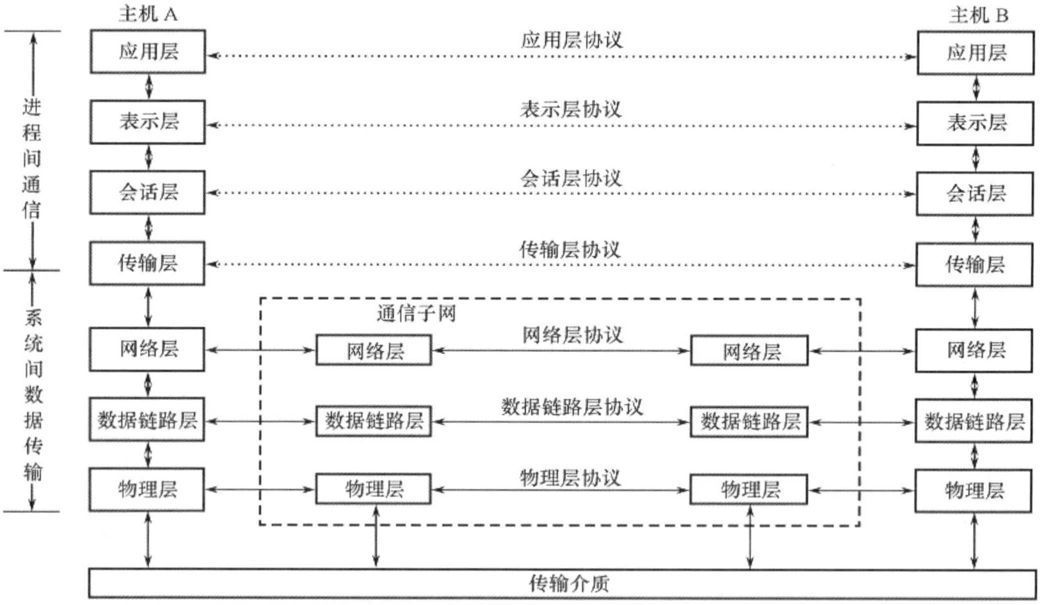

图 2-9 OSI 网络系统结构参考模型及协议

(1) 物理层（Physical Layer）：

物理层提供相邻设备间的比特流传输。它是利用物理通信介质，为上一层（数据链路层）提供一个物理连接，通过物理连接透明地传输比特流。所谓透明传输指经实际电路传送后的比特流没有变化，任意组合的比特流都可以在这个电路上传输，物理层并不知道比特的含义。物理层要考虑的是如何发送“0”和“1”，以及接收端如何识别。

传送信息要利用物理媒体，如双绞线、同轴电缆、光纤等。但具体的物理媒体并不在OSI的七层之内。物理层建立在传输介质之上，并不考虑传输介质的具体敷设问题，而只关心介质两端的连接，或者说它只关心链路两端点的物理特性。这些物理特性包括：

机械特性——插头尺寸、各引脚位置等；

电气特性——表示“1”和“0”的电压各为多少，一个比特的宽度等；

功能特性——某一根线上出现某一电平所代表的意义；

规程特性——不同功能的各种可能事件出现的顺序。

物理层尽可能屏蔽计算机网络使用的物理设备、传输媒体和通信方式的差异，使得数据链路层不必去考虑物理设备和传输媒体的具体特性，而只要考虑完成本层的协议和服务。

(2) **数据链路层**（Data Link Layer）

数据链路层负责在两个相邻节点间的线路上无差错地传送以帧为单位的数据。帧是数据的逻辑单位，每一帧包括一定数量的数据和一些必要的控制信息。数据链路层要负责建立、维持和释放数据链路的连接。在传送数据时，若接收节点检测到所传数据中有差错，就要通知发方重发这一帧，直到这一帧正确无误地到达接收节点为止。在每帧所包括的控制信息中，有同步信息、地址信息、差错控制，以及流量控制信息等。这样，链路层就把一条有可能出差错的实际链路，转变成对于网络层来说好像是一条不出差错的链路。

为了达到“无错的数据传输链路”的目标，对链路层的设计通常要解决以下几方面的问题：

成帧。帧（frame）本质上就是一段或一组比特串。从发送方来讲，网络层的数据是以分组的形式传输的。这些分组传输到数据链路层后，首先要解决这些分组的同步传输问题，于是要加上一个头尾标志，经过这样包装的分组就称为帧。帧送到物理层后，是以比特串形式传输的。对于接收端来说，数据链路层从物理层接收到的是一串 0、1 的比特流，到了数据链路层后，要首先根据帧头和帧尾判定出帧中的数据部分，即要传向网络层的分组。

排序，即确定帧的顺序，以便数据拼接和发现帧是否丢失。

差错校验，即根据校验序列对帧进行校验，判断是否有传输错误。

流量控制和差错控制，比如采用滑动窗口协议，错误重传机制等。

数据链路管理，包括链路的建立、维护和拆除等。

目前，典型的数据链路层协议有：面向字符的协议（如 ISO–1745 基本型控制规程、IBM 的二进制同步通信协议 BSC 等）和面向位的协议（如同步数据链路控制协议 SDLC，以及 SDLC 的修改版本——高级数据链路控制协议 HDLC、ITU–T 的链路访问协议 LAP 等）。

(3) **网络层**（Network Layer）

网络中通信的两个计算机之间可能要经过许多个节点和链路，还可能经过多个通信子网。网络层数据的传送单位是分组或包（packet），网络层的任务就是要选择合适的路由，使发送站的运输层发下来的分组能够正确无误地按照地址找到目的站并交付目的站的运输层，这就是网络层的寻址功能。此外，网络层还需要完成的功能有流量整形和拥塞控制，防止在子网中间出现过多的分组，造成通路阻塞，形成瓶颈。

网络层中有代表性的标准协议有：ITU–T 的 X.25、Internet 中使用的 IP 协议等。

(4) **传输层**（Transport Layer）

传输层也叫做运输层或传送层。在传输层，信息的传送单位是报文。当报文较长时，先要把它分割成几个短的分组，然后交给下一层（网络层）进行传输。传输层的任务是根据通信子网的特性最佳地利用网络资源，并以可靠和经济的方式，为两个端系统（即源站和目的站）的会话层之间，建立一条传输连接，透明地传送报文。或者说，传输层向上一层（会话层）提供一个可靠的端到端的服务。它向会话层屏蔽了传输层以下的数据通信的细节。在通信子网中没有传输层。传输层只能存在于端系统（即主机）之中。传输层以上的各层就不再处理信息传输的问题了。正因为如此，传输层就成为计算机网络体系结构中最为关键的一层。传输层与数据链路层不同，数据链路层处理的是相同网络中两个节点间的数据通信；而传输层处理的是主机间的数据通信，是源节点到目的节点之间的传输。

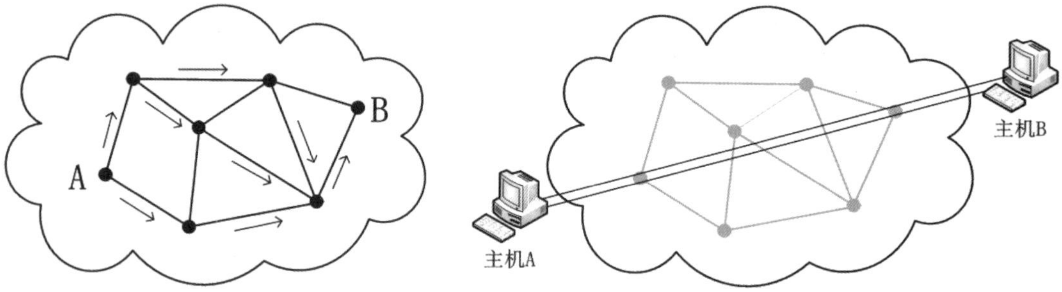

（a）网络层研究的内容　　（b）传输层研究端到端的通信

图 2–10 网络层和传输层研究的内容

(5) **会话层**（Session Layer）

这一层也称为会晤层或对话层。在会话层及以上的更高层次中，数据传送的单位没有另外再取名字，一般都可称为报文。会话层虽然不参与具体的数据传输，但它却对数据传输进行管理。会话层在两个互相通信的应用进程之间，建立、组织和协调其交互。例如，确定是双工工作（每一方同时发送和接收），还是半双工工作（每一方交替发送和接收）。当发生意外时（如已建立的连接突然断了），要确定在重新恢复会话时应从何处开始。

(6) **表示层**（Presentation Layer）

表示层主要解决用户信息的语法表示问题。表示层将欲交换的数据从适合于某一用户的抽象语法(Abstract Syntax),变换为适合于 OSI 系统内部使用的传送语法(Transfer Syntax）。有了这样的表示层，用户就可以把精力集中在他们所要交流的问题本身，而不必更多地考虑对方的某些特性，例如，对方使用什么样的语言。此外，对传送信息加密和解密也是表示层的任务之一。

(7) **应用层**（Application Layer）

应用层是 OSI 参考模型中的最高层。它根据用户的具体需要确定进程之间通信的性质，负责用户信息的语义表示，并在两个通信者之间进行语义匹配，也即应用层不仅要提供应用进程所需要的信息交换和远程操作，而且还要作为互相作用的应用进程的用户代理（User Agent），来完成一些为进行语义上有意义的信息交换所必需的功能。

2.2.3 TCP/IP 参考模型

OSI 参考模型本身具有相当普遍的意义，但是却没有在实际应用中得到真正的实现。当今如日中天的 Internet 则是建筑于另外一套网络体系结构之上的，那就是 TCP/IP 参考模型。TCP/IP 的全称是传输控制协议和网际协议（Transmission Control Protocol/Internet Protocol），它代表着由一组通信协议组成的协议簇，而 TCP 和 IP 是其中的两个主要协议。TCP/IP 开始于 ARPANET，是现在应用最为广泛的网络协议，已成为事实上的国际标准和工业标准。

1. TCP/IP 协议分层

TCP/IP 参考模型共分为四层，从下而上分别是网络接口层、互联网层、传输层和应用层。

与 OSI 参考模型类似，TCP/IP 参考模型也采用分层体系结构，每一层提供特定的功能，层与层之间相对独立，因此改变某一层的功能不会影响其他层。这种分层技术简化了系统的设计和实现，提高了系统的可靠性及灵活性。与 OSI 七层模型相比，TCP/IP 没有表示层和会话层，这两层的功能由应用层提供，OSI 的物理层和数据链路层功能由网络接口层完成。TCP/IP 参考模型及协议族如图 2–11 所示。

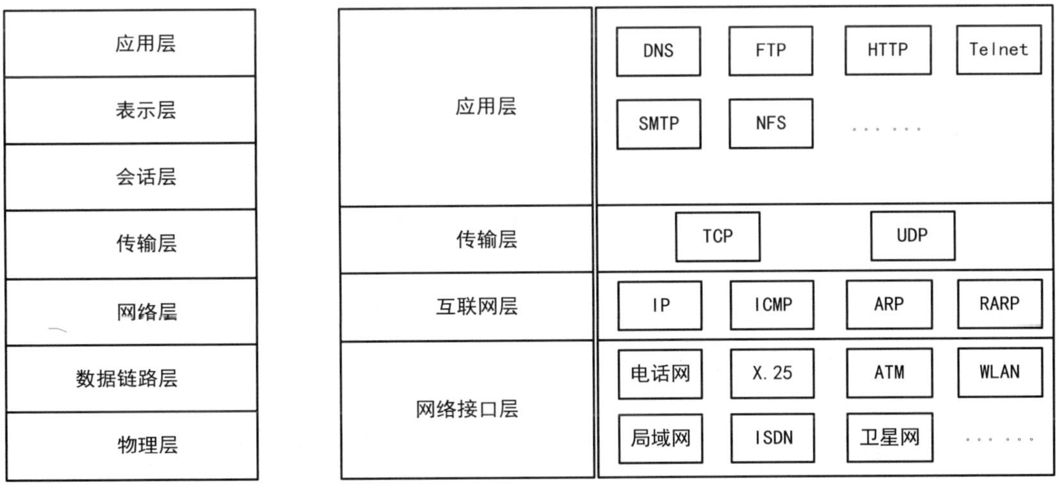

图 2–11 TCP/IP 参考模型

(1) **网络接口层**

网络接口层是 TCP/IP 参考模型的最底层，网络接口层的作用是负责通过网络发送和接收 IP 数据报，它不是一个真正意义上的层，而是主机与传输线路之间的一个接口，而具体的接口关系则可以由实际网络的类型所决定。 TCP/IP 参考模型并未对这一层做具体的描述，它允许主机连入网络时使用多种现成的与流行的协议，例如以太网 802.3 协议、令牌环网 802.5 协议或分组交换网 X.25 协议等。

(2) **互联网层**

互联网层即 Internet 层，是 TCP/IP 参考模型的第二层，它相当于 OSI 参考模型的网络层的无连接网络服务。Internet 层是 TCP/IP 模型的关键部分，它负责将源主机的报文分组（IP Datagram）发送到目的主机。源主机与目的主机可以在同一个网上，也可以在不同的网上。所发送分组到达的顺序和发送的顺序可能不同，因此当需要按顺序发送和接收时，高层必须对分组排序。分组路由和拥塞控制是该层的主要设计问题，其功能与 OSI 网络层功能近似。IP 层使用 IP 协议。它把传输层送来的消息组装成 IP 数据报，并把 IP 数据报传递给网络接口层。IP 协议制定了统一的 IP 数据报格式，以消除各通信子网的差异，从而为信息发送方和接收方提供透明的传输通道。

互联网层的主要协议有：

IP 协议，主要作用是进行寻址和路由选择，并将数据包从一个网络转发到另一个网络。IP 协议规定了一种统一的地址格式；

网际控制报文协议（ICMP，Internet Control Message Protocol），提供差错报告和控制的机制；

地址解析协议（ARP，Address Resolution Protocol）和逆向地址解析协议（RARP，Reverse Address Resolution Protocol），完成 IP 地址和 MAC 地址之间的转换；

网际组管理协议（IGMP，Internet Group Manage Protocol），用来帮助组播路由器标识 LAN 中的组播成员，以及管理成员的加入、退出组播组等操作。

(3) **传输层**

传输层是 TCP/IP 参考模型的第三层，它负责在互联网中源主机与目的主机的应用进程之间进行“端到端”的通信。该层协议处理 IP 层没有处理的通信问题，保证通信连接的可靠性，能够自动适应网络的各种变化。

TCP/IP 的传输层可使用两种不同的协议：一种是面向连接的传输控制协议（TCP，Transmission Control Protocol），另一种是无连接的用户数据报协议（UDP，User Data Protocol）。TCP 通过握手认证、重传机制等确保数据的可靠传输，并且能够进行流量控制和差错控制，适合于对可靠性要求高的业务应用。UDP 则是一种简单高效的协议，能够提供面向无连接、不可靠的数据报传输服务。适用于一些对效率要求比可靠性更为重要的业务应用，例如 IP 电话、视频会议、网络视频直播、点播等。

(4) **应用层**

应用层是 TCP/IP 参考模型的最高层，它包括所有的高层协议，并且不断有新的协议加入。TCP/IP 模型中的应用层与 OSI/RM 中的应用层有较大的差别，它不仅包括了会话层及上面三层的所有功能，而且还包括了应用进程本身在内。因此，TCP/IP 模型的简洁性和实用性就体现在它不仅把网络层以下的部分留给了实际网络，而且将高层部分和应用进程结合在一起，形成了统一的应用层。

基于 TCP 的应用层协议主要有：远程登录协议 Telnet，文件传输协议 FTP，简单邮件传送协议 SMTP，超文本传输协议 HTTP 等。基于 UDP 的应用层协议主要有：简单网络管理协议 SNMP、域名服务 DNS 等。

2.2.4 OSI 参考模型与 TCP/IP 参考模型的比较

OSI 模型和 TCP/IP 模型是两个独立的协议体系结构模型，两者之间有很多相似之处，比如它们都采用了层次体系结构，主要层上有一定的对应关系。但是，OSI/RM 是作为计算机网络的标准制定出来的，TCP/IP 则是在 Internet 发展的实践中产生的。两者的背景不同，出发点不同，也存在着许多差异。

1. 层次结构上的差别

OSI 模型有七层，而 TCP/IP 模型只有四层。TCP/IP 的层次结构要简单很多，并且不像 OSI 那样严格。OSI 模型最大的贡献在于它作为一种理论模型，有清晰的层次结构，并且用服务、接口和协议三个基本概念作为每一层的核心。它先于 TCP/IP 制定出来，并且不基于任何一个具体的协议集。这使得 OSI 模型非常抽象化，并且制定者对将哪些功能放在哪一层还缺乏更多的实践经验。TCP/IP 是在实践中形成的，是经验的总结，层次间的依赖关系不像 OSI/RM 那样强。在 OSI/RM 中，上层实体之间的通信，必然涉及下一层实体，并且要在下一层服务的支持下进行，不相邻层间的协议是隐藏的，随着技术的变化具有较好的可替换性。TCP/IP 模型则未将一些功能严格地区分，它在传输层上面只设了一层应用层，使结构比较实用，并且允许上一层越过紧靠的下一层去使用更低层提供的服务功能，这样有利于减少不必要的开销，提高协议的效率。

TCP/IP 参考模型的网络接口层实际上并没有真正的定义，只是一些概念性的描述。而 OSI 参考模型不仅分了两层，而且每一层的功能都很详尽，甚至在数据链路层又分出一个介质访问子层，专门解决局域网的共享介质问题。TCP/IP 参考模型的传输层是建立在互联网层基础之上的，而互联网层只提供无连接的服务，所以面向连接的功能完全在 TCP 协议中实现。当然 TCP/IP 的传输层还提供无连接的服务，如 UDP；相反 OSI 参考模型的传输层是建立在网络层基础之上的，网络层既提供面向连接的服务，又提供无连接服务，但传输层只提供面向连接的服务。在 TCP/IP 参考模型中，没有会话层和表示层。

2. 可靠性和效率考虑上的差别

可靠性是指网络正确地传输数据的能力。OSI/RM 为了保证下层对上层提供服务的透明和可靠，在每一层都进行差错检测和处理，因而按 OSI/RM 构建的网络可以适应较恶劣的传输条件，但额外传输开销大，传输效率低。TCP/IP 模型则优先考虑效率，没有在每一层中都进行差错检测和恢复，特别是在通信子网中不对传输数据进行差错检测和恢复；它把可靠性作为传输层的任务，丢失和损坏数据的恢复只由传输层完成，即由主机承担，而通信子网对可靠性不做检查。

3. 主机和通信子网负担分配的差别

OSI/RM 认为通信子网是提供传输信息的设施，它把与数据传输有关的问题都放在通信子网中处理，如路径选择、控制网络访问、监视数据流量、记账收费、流量整形等问题的处理，而在主机端承担的任务较少。同时，它在传输层只提供一种面向连接的服务。因此，OSI/RM 系统中通信子网负担较重，主机负担较轻。TCP/IP 主要的功能是实现异种网之间的互联。它没有定义具体的通信子网，而以其他类型的通信子网作为考虑的基础，并把它们都看成是不可靠的，不管通信子网是复杂还是简单，都要在传输层要求主机参与几乎所有复杂性问题的处理过程。因此，相较 OSI/RM 系统来说，在 TCP/IP 模型中主机需要承担的任务更多。

2.3 局域网技术

局域网（LAN）是一种覆盖地理范围较小的网络。因为具有较低的传输时延和误码率，同时由于其投资少、部署灵活、使用方便，因而获得了越来越广泛的应用。局域网的出现要归功于个人计算机的广泛应用，个人计算机的普及和性能的提高，推动了局域网技术发展。计算机局域网也将更好地实现计算机之间的连接，更好地实现数据通信与交换、资源共享和数据分布处理。本节主要介绍局域网技术相关的知识。

2.3.1 局域网的基本概念和特点

1. 局域网概述

> 局域网是指将局部范围内的各种计算机、外部设备和数据库等互相连接起来组成的计算机通信网络。

局域网技术一直以来是网络技术中的一个重要领域。局域网的发展起始于 20 世纪 70 年代。1972 年，美国加州大学研制了 NEWHALL 环，称为 DCS(Distributed Computer System) 分布式计算机系统。1975 年出现了第一个总线争用结构的实验性 Ethernet 网络，该网络借鉴了夏威夷大学 ALOHA 网络的有关技术。1974 年，英国剑桥大学计算机实验室建立了剑桥环。1977 年，日本京都大学研制成功了以光纤为传输介质的局域网络。到 80 年代初期，多种类型的局域网络纷纷出现，越来越多的制造商投入到局域网络的研制潮流中，其中有 Xerox、DEC 和 Intel 公司 3 家联合研制的第二代 Ethernet 网络，Zilog 公司推出的 Z–net 网，Corvus 公司和 Intel 公司研制的 Omninet 网，Cromemco 公司研制的 C–net 网等。同时，各种先进的网络组件，如传播介质和转接器件也不断出现，连同高性能的微型计算机一起构成了局域网的基本硬件基础。由于新技术和新器件不断出现。局域网也被赋予更强的功能和生命力。80 年代是局域网飞速发展的年代，到了 80 年代末期，先后出现了 3Com 公司的 3+Open、Novell 公司的 Netware 网和 IBM 公司的 LAN Manager 等性能优异、极具代表性的局域网络。到了 90 年代，出现了交换式以太网、高速局域网和虚拟局域网等，其性能更优，应用更广。

2．局域网特点

一般说来，局域网有以下特点：

· 为一个单位所拥有，且地理范围和站点数目均有限，结构灵活，协议简单；
· 具有较高的通信速率；
· 具有较低的时延和误码率；
· 各站点为对等关系而不是主从关系；
· 支持多种传输介质，支持点对点或多点的通信；

3．局域网的分类：

局域网常用的分类方式如下：

(1) 按拓扑结构分类

网络拓扑结构有总线结构、环形结构、星形结构、树形结构。依拓扑结构的不同，局域网相应的可分为总线形网、环形网、星形网和树形网。

(2) 按传输的信号分类

按传输介质上所传输的信号方式不同，局域网可分为基带网和宽带网。基带网传送数字信号，信号占用整个频道，但传输范围较小。宽带网传输模拟信号，同一信道上可传输多路信号，它的传输范围较大。目前局域网中绝大多数采用基带传输方式。

(3) 按网络使用的传输介质分类

局域网使用的传输介质有双绞线、光纤、同轴电缆、无线电波、微波等。因此对应的局域网有双绞线网、光纤网、同轴电缆网、无线局域网、微波网。目前小型局域网大都是双绞线网，而较大型局域网则采用光纤和双绞线传输介质的混合型网络。近年来，无线网络技术发展迅速，成为未来局域网的一个重要发展方向。

(4) 按介质访问控制方式分类

从局域网介质访问控制方式的角度可以把局域网分为共享介质局域网和交换局域网。目前在实际应用中大都采用交换局域网。

此外，还可以按照数据的传输速度分为 10Mbps 局域网、100Mbps 局域网、千兆局域网等；按网络操作系统分为 Netware 网、Windows 2000 网、LAN Manager 网等

2.3.2 局域网参考模型

由于局域网只是一个短距离内的计算机通信网，它并不存在路由选择问题，因而它不涉及网络层，只需考虑 OSI 参考模型中最低的两层，即物理层和数据链路层。自 1980 年以来，许多国家和国际标准化机构都在积极进行局域网的标准化工作，其中最有影响力的是 IEEE 制定的局域网的 802 系列标准，包括 CSMA/CD、令牌总线和令牌环等，这些标准在物理层和 MAC 子层上有所不同，但在数据链路层上是兼容的。

局域网的种类繁多，其介质访问控制方式各不相同。为了使局域网的数据链路层不至于过分复杂，IEEE 802 的 LAN 标准将数据链路层分成两个子层，介质访问控制子层 MAC（Medium Access Control）和逻辑链路控制子层 LLC（Logical Link Control）。由此使得数据链路层向上层提供的服务具有与介质、拓扑等因素无关的统一特性。

IEEE802.1 标准规定局域网的低三层的功能如下：

物理层：与 OSI/RM 的物理层相对应，所采用的具体协议标准与传输介质有关。

介质访问控制层：具体管理通信实体接入信道并建立数据链路的控制过程。

逻辑链路控制层：提供一个或多个服务访问点，以复用的形式建立多点到多点之间的数据通信连接，并包括寻址、差错控制、顺序控制和流量控制等功能。此外，在 LLC 层还提供本属于 OSI/RM 中网络层提供的两项服务，即无连接的数据报服务和面向连接的虚电路服务。

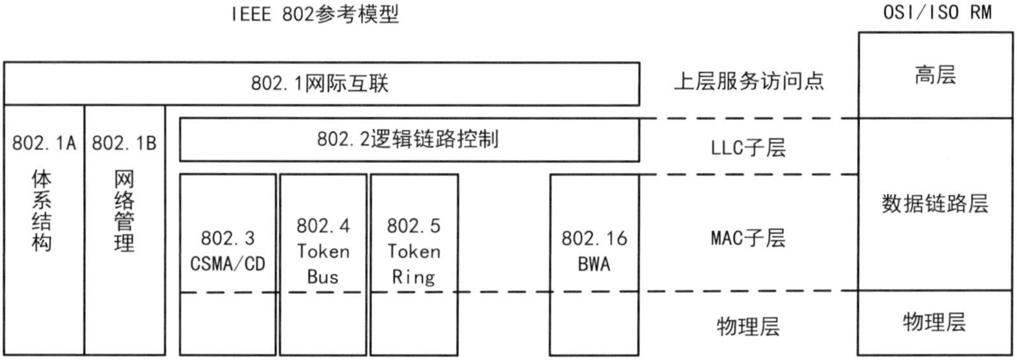

图 2-12 IEEE 802 参考模型

IEEE802 参考模型及其与 OSI 参考模型对比关系如图 2-12。

IEEE 802 标准包括：

1）IEEE 802.1 标准，定义了局域网体系结构、网络互连、及网络管理和性能测试。

2）IEEE 802.2 标准，定义了逻辑链路控制 LLC 子层功能与服务。

3）IEEE 802.3 标准，定义了 CSMA/CD 总线介质访问控制子层与物理层规范。

4）IEEE 802.4 标准，定义了令牌总线介质访问控制子层与物理层规范。

5）IEEE 802.5 标准，定义了令牌环介质访问控制子层与物理层规范。

6）IEEE 802.6 标准，定义了城域网 MAN 介质访问控制子层与物理层规范。

7）IEEE 802.7 标准，定义了宽带网络技术。

8）IEEE 802.8 标准，定义了光纤传输技术。

9）IEEE 802.9 标准，定义了综合语音与数据局域网（IVD LAN）技术。

10）IEEE 802.10 标准，定义了可互操作的局域网安全性规范。

11）IEEE 802.11 标准，定义了无线局域网技术。

12）IEEE 802.12 标准，定义了优先度要求的访问控制方法。

13）IEEE 802.14 标准，定义了交互式电视网。

14）IEEE 802.15 标准，定义了无线个人局域网（WPAN）的 MAC 子层和物理层规范。

15）IEEE 802.16 标准，定义了宽带无线接入网络。

2.3.3 局域网介质访问控制方式

在局域网中，普遍采用多个通信实体共享一条公共信道的方法来实现多对实体间的通信，即“多址接入技术”。介质访问控制的目的就是要解决共享介质使用权的问题，从而实现对网络传输信道资源的合理分配。信道资源可以进行静态分配或者动态分配。静态分配即划分固定的频带或通信时隙等资源给各个局域网用户，保证用户共享同一信道并且互相之间没有冲突。但是在局域网应用中用户流量通常是随机、突发出现的，静态分配的信道利用率非常低，因此实际的共享介质局域网络中都采用的是动态的信道分配方式。常见的局域网介质访问控制方式主要有 ALOHA 技术，CSMA 技术和 Token-Passing 技术等。

1．ALOHA 技术

美国夏威夷大学的纯 ALOHA 是最早采用争用方式的计算机网络，它最初工作于无线信道。其主要思想是：各站点互相独立而且随机地访问信道，这种方式可能产生站点之间的冲突，而冲突产生的错误能够通过校验发现，然后对出错帧进行重发。当某一站点发出一帧数据的时间内，信道中没有其他站点发出的数据出现，该帧即发送成功。通常 ALOHA 技术可以分为纯 ALOHA 和时隙 ALOHA 两类。

(1) 纯 ALOHA

纯 ALOHA 的工作原理是：每个站都可以随时发送数据，不用管其他站点和信道的状况。若发送帧的时间长度内无其他站发送，则发送成功；否则，可能因为每个站同时占用信道产生冲突而使数据帧受损。冲突的结果使冲突双方都检测到数据出错，因而都必须重发。但发生冲突的站不能马上重发，因为这样会继续冲突，而是让各站等待一段随机时间再重发。若有冲突，再延缓一段随机时间，重新尝试，直到发送成功为止。由于纯 ALOHA 的随意性，各站冲突机会很大，导致效率低下，其吞吐率不足 18%。

(2) 时隙 ALOHA

对纯 ALOHA 一种改进的方案称为时隙 ALOHA（也称分槽 ALOHA）。在这种网络中，信道被划分为等长时间片（时隙）。每个站所发送的数据帧到达局域网内任一目的地的最大时延就等于时间片长度。所有站在时间上同步起来，同时规定，不论帧何时产生，它只能在每个时隙的开始点才可以发送。这样改进后，如果 2 个站要发送的信息产生在不同的时隙，则不会发生冲突。若冲突，它们必是在同一时隙内产生，并在下一时隙的开始处发生整帧碰撞。而在纯 ALOHA 系统中，一个帧避免冲突的条件是在约两个时隙的时间里没有其他站点发送信息。因此，时隙 ALOHA 与纯 ALOHA 相比冲突几率减少了一半，其信道吞吐率提高到约 37%。

2．CSMA 技术

(1)CSMA

应用 ALOHA 技术的网络中，各站点不管当前信道是否空闲，独立的决定将帧发送到信道上。显然这种介质访问控制方式有很大的盲目性。为了进一步提高系统的吞吐率，就要进一步减少站点间发生冲突的概率。有数据要发送时，使用“载波监测”来确定信道状态，如果空闲再发出，这样就能够大大减少冲突的概率。这就是基于载波侦听的多址接入（Carrier Sense Multiple Access，CSMA）技术。

> CSMA的基本思想是：局域网中任一站点在有帧要发送时，先监测广播信道中是否有其他站点正在发送帧的载波信号。如果监测到载波信号，说明信道正忙，否则说明信道空闲。

信道监测之后有以下几种控制策略来决定是否发送数据：

1–坚持型CSMA

当某站要发送数据时，先监听信道，若信道忙，就持续监听，直到信道空闲为止，当空闲时立即发送一帧。若两个站同时监听到信道空闲，立即发送，必定冲突，即冲突概率为1，故称之为1–坚持型。假如有冲突发生，则等待一段时间后再监听信道。

非坚持型CSMA

当某站监听到信道忙状态时，不再坚持监听，而是随机延时一段时间后再来监听。其缺点是很可能在再次监听之前信道已经空闲了，从而产生信道资源浪费。但冲突几率小于1–坚持型CSMA。

p坚持型CSMA

当某站准备发送信息时，它首先监听信道，若空闲，便以概率p发送信息，而以概率（1–p）推迟发送。如果该站监听到信道为忙，就等到下一个时隙再重复上述过程。P坚持型CSMA可以算是1–坚持型CSMA和非坚持型CSMA的折中，这两者算是p–坚持算法的特例，即p分别等于1和0时的情形。

对于P坚持型CSMA，如何选择p值，需要考虑如何避免在重负载情况下系统处于不稳定状态。假如当信道忙时，有N个站等待发送数据，则当前的发送完成时，有Np个站试图发送，如果选择p过大，则冲突概率也增大。最坏的情况是，随着冲突概率的不断增大，吞吐率会降为0。所以必须选择p值使Np < 1。如果p值选得过于小，则信道利用率会大大降低。

(2) 带冲突检测的CSMA：CSMA/CD

CSMA在发送数据之前进行载波监听，所以减少了冲突概率，但由于传播时延的存在，仍然可能发送冲突。考虑2个站点的模型，其中一个先发送信息，由于传播时延使另一个站点在一段时间内监测不到该信号，于是认为信道是空闲的，也发送信息。结果2个站点的信息在途中冲突，但2个站均不知道，一直要将数据帧余下部分发完，依靠应答超时或否定性确认等通信协议发现错误，然后再次重新发送。这样明显造成了信道的浪费，加大了通信开销。能否在发送时检测到冲突，并在冲突后立即停发？这就是CSMA/CD（Carrier Sense Multiple Access With Collision Detection）的思想。

通俗地讲，CSMA/CD就是“先听后讲，边讲边听”，这种边发送边监听的功能称为冲突检测。CSMA/CD工作原理是：源站点在发送数据帧之前，首先监听信道是否忙，如监听到信道上有载波信号，则推迟发送，直到空闲为止，这就是 CSMA。源站点监听到信道空闲后. 就发送数据，并边发边监听，若监听到干扰信号（比如收发器电缆上的信号超过收发器本身发送信号的幅度），则表示检测到冲突，于是立即停止发送，并发一串阻塞（JAM）信号来增加冲突，以便告知网中其他站点有冲突发生，然后准备重发冲突受损的帧。

由传播时延带来的这种冲突是与网络规模有关的，规模大的网络传播时延长，上述冲突产生的概率就会较大。如果在任意 2 站之间最大传输延迟的 2 倍时间内未检测到冲突，则表明本次发送成功。因为其他站点此时有数据要发送也会因为监测到载波信号而推迟，不会发生冲突。

在 CSMA/CD 算法中，一旦检测到冲突，需要等待一段随机时间，然后再次使用 CSMA 方法传输。延迟时间采用一种称为二进制指数退避的算法实现。其算法过程如下:

① 对每个帧，当第一次发生冲突时，设置参数 L = 2。

② 退避重发时间在 1 ~ L 个时隙中随机抽取。

③ 当帧再次冲突时，L 加倍，即 L = 4。

④ 退避重发时间仍在 1 ~ L 个时隙中随机抽取。

⑤ 重复发送帧和检测冲突的过程，当冲突 N 次，$L = 2^N$。

⑥ 设置一个最大重传次数 N_{max}（以太网协议中规定为 16），超过此值，不再重发，并报告出错。

此算法的效果是，不冲突或少冲突的帧重发的机会大，冲突多的帧重发的机会小。

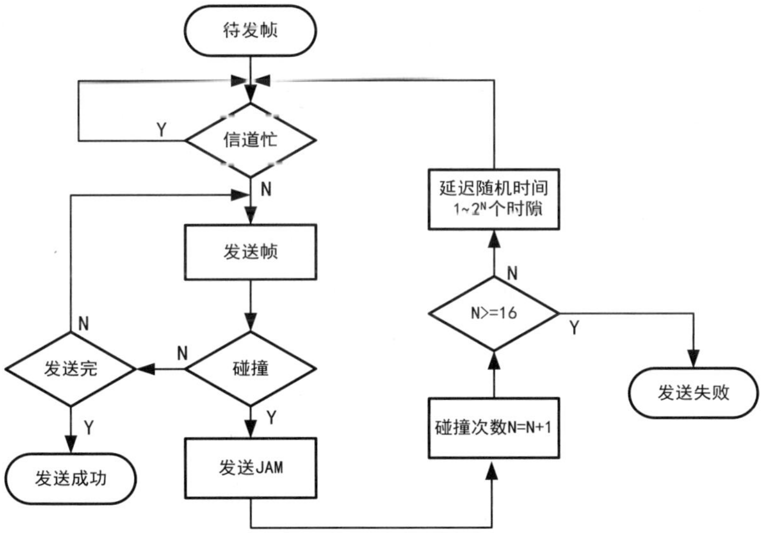

图 2–13 CSMA/CD 算法流程

CSMA/CD 是一种争用协议，所有站点处于平等地位去竞争访问介质，算法较简单，易于实现。但它不能提供优先级控制，而且不确定的等待时间和延迟难以满足一些特殊应用所需要的确定延时和绝对可靠性的要求。为克服 CSMA/CD 的不足，产生了许多 CSMA/CD 的改进方式，如带优先权的 CSMA/CD。由于 CSMA/CD 是一种用户访问总线时间不确定的随机竞争总线的方法，所以它适用于办公自动化等对数据传输实时性要求不严格和通信负荷较轻的应用环境中。

3．Token–Passing 技术

令牌传递（Token–Passing）也是一种有效的分配信道资源的方式。令牌的具体形式是一个特殊的控制帧，在站点间传递。获得令牌相当于获得信道的使用权。同一时刻只有一个站点能够获得令牌，因此信道上不会发生争夺资源的竞争现象。所以如果忽略令牌本身的开销，理论上可使最大信道利用率达到 100%。根据令牌传递技术应用的物理信道不同，又可以分为令牌环（Token Ring）网和令牌总线（Token Bus）网。

(1) 令牌环

令牌环技术是 1969 年由 IBM 提出来的。它适用于环形拓扑结构的网络。令牌用于控制网络站点的发送权，只有持有令牌的站点才能发送数据。由于发送站点在获得发送权后就将令牌删除，在环路上不会再有令牌出现，其他站点也不可能再得到令牌，保证环路上某一时刻只有一个站点发送数据，因此令牌环技术不存在争用现象，它是一种典型的无争用型介质访问控制方式。

令牌有“忙”和“闲”两种状态。当环正常工作时，令牌总是沿着物理环路单向逐站点传送，传送顺序与站点在环路中的排列顺序相同。当某一个站点要发送数据时，它需要等待空闲令牌的到来。它获得空令牌后，将令牌置“忙”，并以帧为单位发送数据。如果是目的站点接收到该帧数据，则将帧拷贝到接收缓冲区，在帧中标识出帧已被正确接收和复制，同时将帧送回环上，除目的站点外的其他站点只是简单地将帧送回环上。帧绕行一周到达源站点后，源站点回收已发送的帧，并将令牌置“闲”状态，再将令牌向下传送。当令牌在环路上绕行时，可能会产生令牌的丢失，此时，应在环路中插入一个空令牌。令牌的丢失将降低环路的利用率，而令牌的重复也会破坏网络的正常运行，因此必须设置一个监控站点，以保证环路中只有一个令牌绕行。当令牌丢失，则插入一个空闲令牌。当令牌重复时，则删除多余的令牌。

令牌环的主要优点在于其访问方式具有可调整性和确定性，且每个站点具有同等的介质访问权。同时，还提供优先权服务，具有很强的适用性。它的主要缺点是环的维护复杂，实现较困难。

(2) 令牌总线

采用 CSMA/CD 的局域网在用户访问总线时是一种随机竞争的方式，有结构简单、轻负载时时延小等特点，但当网络通讯负荷增大时，由于冲突增多，网络吞吐率下降、传输延时增加，性能明显下降。令牌环在重负荷下利用率高，网络性能对传输距离不敏感。令牌总线是将令牌环的特点应用于总线结构网络而形成的一种介质访问控制方式。

令牌总线的工作方式是：各站点共享总线形的传输介质，每一站点都有一个本站地址，并知道上一个站点地址和下一个站点地址。令牌传递规定由高地址向低地址，最后由最低地址向最高地址依次循环传递，从而在一个物理总线上形成一个逻辑环。环中令牌传递顺序与站点在总线上的物理位置无关。

所谓正常的稳态操作，是指在网络已完成初始化之后，各站点进入正常传递令牌与数据，并且没有站点要加入或撤出，没有发生令牌丢失或网络故障的正常工作状态。与令牌环一样，只有获得令牌的站点才能发送数据。在正常工作时，当站点完成数据帧的发送后，将令牌传送给下一个站点。从逻辑上看，令牌是按地址的递减顺序传给下一个站点的。而从物理上看，带有地址字段的令牌帧广播到总线上的所有站点，只有站点地址和令牌帧的目的地址相符的站点才有权获得令牌。

获得令牌的站点，如果有数据要发送，则可立即传送数据帧，完成发送后再将令牌传送给下一个站点；如果没有数据要发送，则应立即将令牌向下传递。由于总线上每一站点接收令牌的过程是按顺序依次进行的，因此所有站点都有访问权。为了使站点等待令牌的时间是确定的，需要限制每一站点发送数据帧的最大长度。如果所有站点都有数据要发送，则在最坏的情况下，等待获得令牌的时间和发送数据的时间应该等于全部令牌传送时间和数据发送时间的总和。另一方面，如果只有一个站点有数据要发送，则在最坏的情况下，等待时间只是令牌传送时间的总和，而平均等待时间是它的一半，实际等待时间在这一区间范围内。

令牌总线还提供了不同的优先级机制。优先级机制的功能是将待发送的帧分成不同的访问类别，赋予不同的优先级，并把网络带宽分配给优先级较高的帧，而当有足够的带宽时，才发送优先级较低的帧。

令牌总线的特点在于它的确定性、可调整性及较好的吞吐能力，适用于对数据传输实时性要求较高或通讯负荷较重的应用环境中，如生产过程控制领域。它的缺点在于它的复杂性和时间开销较大，站点可能要等待多次无效的令牌传送后才能获得令牌。

2.3.4 以太网

1. 以太网概述

以太网是目前使用最为广泛的局域网。最早试验型以太网由 Xerox 公司在 70 年代中期开发的，命名为以太网（“以太”是 19 世纪物理学家假想的一种充满宇宙空间的电磁波传播媒质）。此后，Xerox 得到 DEC 和 Intel 公司的支持，三家公司一起参加标准制订和器件开发的工作。并于 1980 年联合发表称为 DIX80 的局域网规范，包括了物理层和数据链路层的定义。与此同时，1981 年 6 月 IEEE 802 LAN 标准委员会成立，其中 802.3 分委会在 DIX 工作成果的基础上负责产生国际性标准。1982 年年底，IEEE 802.3 标准出台，它与 DIX 的后续版本 DIX82（Ethernet II）差别甚微，从此，以太网成为 IEEE 802 系列中第一个标准化的局域网标准。1985 年，IEEE 802 委员会正式推出 IEEE802.3 CSMA/CD 局域网标准，被国际标准化组织接受成为国际标准，作为正式的开放性的世界标准，被全球工业制造商承认和采纳。以太网的国际标准为 ISO/IEC 8802–3。今天的以太网和 IEEE 802.3 可以认为是同义词。

以太网支持的传输介质从最初的同轴电缆发展到双绞线和光缆。星型拓扑的出现使以太网技术上了一个新台阶，获得更迅速的发展。从共享型以太网发展到交换型以太网，并出现了全双工以太网技术，致使整个以太网系统的带宽从最初的 10Mbps 增长到 1000Mbps 甚至 10Gbps 以上，并保持足够的系统覆盖范围。

以太网的实际系统按其工作原理可以分为两大类：一类是经典以太网，即采用 CSMA/CD 多址访问的基带总线型局域网；第二类是交换式以太网，使用交换机来连接不同的计算机。现在基本上都以交换式以太网为主，经典以太网的应用已不多见。表 2–2 所示为主要的以太网技术标准：

表 2–2 主要的以太网技术标准

发布时间	标准名称	传输介质	接口速率
1982	802.3	粗缆	10Mbps
1985	802.3a	细缆	10Mbps
1990	802.3i	双绞线	10Mbps
1993	802.3j	光纤	10Mbps
1995	802.3u	双绞线、光纤	100Mbps
1997	802.3x	全双工以太网流控制	
1998	802.3z	光纤、屏蔽双绞线	1000Mbps
1999	802.3ab	双绞线	1000Mbps
2002	802.3ae	光纤	10Gbps
2010	802.3ba	光纤	40G/100Gbps

2. 以太网帧结构

IEEE 802.3 的帧格式如图 2–14 所示，各部分的定义如下：

字节	7	1	2/6	2/6	2	46 ～1500	4
	先导字段 PA	帧开始 SOF	目的地址 DA	源地址 SA	长度/类型 LEN/TYPE	数据和填充 DATA	帧校验 FCS

图 2–14 IEEE 802.3 帧结构

(1) 先导字段（PA）和帧开始标记（SOF）

帧结构最前面 7 个字节的先导字段是接收方与发送方时钟同步用的，它的每个字节的内容都是 10101010。第 8 个字节是帧开始标记（Start of Frame，SOF），这一个字节的字段的前 6 个比特位置由交替出现 1 和 0 构成。该字段的最后两个比特位置是 11，这两位中断了 1 和 0 交替的同步模式，并提醒接收方后面跟随的是帧数据。

(2) **目的地址（DA）和源地址（SA）**

目的地址字段确定帧的接收者，源地址字段标识发送帧的工作站。规范中地址字段中包含两字节长度选项主要是用于兼容 16 比特地址字段的早期的局域网。实际上，目前几乎所有的 802.3 网络使用的是 6 字节寻址。目的地址的第一位如果是 0，则表示这是一个普通地址，即代表单个站点（单址）；如果第一位是 1，则表示这是一个组地址（可以代表局域网中一组站点）；当目的地址字段值为全 1 时称为广播地址（代表局域网中所有站点）。

源地址具有全球唯一性，该地址前三个字节表示由 IEEE 分配给厂商的地址，将烧录在每一块网络接口卡的 ROM 中。而制造商通常为其每一个网络接口卡分配后三个字节。

(3) **长度 / 类型（LEN/TYPE）**

源地址之后的两字节在 Ethernet II 帧中被定义为类型字段。该字段用于标识数据字段中包含的高层协议，也就是说，该字段告诉接收设备如何解释数据字段。在以太网中，多种协议可以在局域网中同时共存，例如：类型字段取值为十六进制 0x800 的帧将被识别为 IP 协议帧。

在 IEEE802.3 规范中这两个字节被用作长度字段，定义为数据字段包含的字节数。因为定义帧结构长度的最大值不能超过 0x600（1536），而所有类型字段的值都必须大于 0x600，所以这两种规范可以兼容并存。

(4) **数据字段（DATA）**

从目的地址开始到帧结束的长度不能少于 64 字节。因为最小帧长度是保证有足够的传播时间用于以太网网络接口卡精确地检测冲突，这一最小时间是根据网络的最大电缆长度和帧沿电缆长度传播所要求的时间确定的。基于最小帧长为 64 字节和使用六字节地址字段的要求，意味着每个数据字段的最小长度为 46 字节。如果传输数据少于 46 个字节，应将数据字段填充至 46 字节。填充字符的个数不包括在长度字段值中。

(5) **校验序列字段**

帧校验序列字段（FCS）提供了一种错误检测机制，每一个发送器均计算一个包括了地址字段、类型 / 长度字段和数据字段的循环冗余校验（CRC）码。当发送站发出帧时，边发送，边逐位进行 CRC 校验。最后形成一个 32 位 CRC 校验和，填在帧尾 FCS 位置中一起在介质上传输。接收站接收后，从目的地址开始同样边接收边逐位进行 CRC 校验。最后接收站形成的校验和若与帧的校验和相同，则表示介质上传输帧未被破坏。反之，接收站认为帧被破坏，并会通过一定的机制要求发送站重发该帧。

3. 经典以太网

经典以太网的技术规范，包括了 CSMA/CD 访问方法和物理层技术规范。CSMA/CD 多址访问技术和 MAC 子层帧结构如前文所介绍。物理层接口规范有多种，是由一组协议组成的。每一种实现方案都有一个名称代号，由以下三部分组成：

<数据传输率（Mbps）><信号方式><最大段长度（百米）或介质类型>

如 10BASE–5、10BASE–2、100BASE–T 等。这里，最前面的数字指传输速率，如 10 为 10 Mbps，100 为 100 Mbps。中间的 BASE 指基带传输，BROAD 指宽带传输。

最后若是数字的话，表示最大传输距离，如 5 是指最大传输距离 500 米，2 指最大传输距离 200 米。若是字母则第一个表示介质类型，如 T 表示采用双绞线，F 表示采用光纤介质，第二个字母表示工作方式，如 X 表示全双工方式工作。

经典以太网物理层接口速率一般是 10Mbps，主要有以下 4 种接口规范：

（1）10Base-5 通常称为粗缆以太网。目前由于高速交换以太网技术的广泛应用，在新建的局域网中，10Base-5 很少被采用。

（2）10Base-2 通常称为细缆以太网。10Base-2 使用 50Ω 细同轴电缆，它的建网费用比 10Base-5 低。目前 10Base-2 也已很少被使用。

（3）10Base-T 是使用无屏蔽双绞线来连接的以太网，使用 2 对 3 类以上无屏蔽双绞线，一对用于发送信号，另一对用于接收信号。为了改善信号的传输特性和信道的抗干扰能力，每一对线必须绞在一起。双绞线以太网系统具有技术简单、价格低廉、可靠性高、易实现综合布线和易于管理、维护、升级等优点。因此比 10Base-5 和 10Base-2 技术有更大的优势，也是目前还在应用的 10M 局域网技术。

（4）10Base-F 是 10 Mbps 光纤以太网，它使用多模光纤作为传输介质，在介质上传输的是光信号而不是电信号。因此 10Base-F 具有传输距离长、安全可靠、可避免电击等优点。由于光纤介质适宜相距较远的站点，所以 10Base-F 常用于建筑物之间的连接，它能够构建园区主干网。目前 10Base-F 较少被采用，代替它的是更高速率的光纤以太网。

4. 交换式以太网

在采用 CSMA/CD 的经典以太网中，各个站点共享一条 10Mbps 的总线。随着技术的发展，局域网上的用户数明显增加了。当多媒体技术广泛使用后，大量图像数据需要在网络上传输。计算机支持的协同工作模式的出现，也要求局域网有更高的数据率。经典以太网的数据传输速率就往往成为整个系统的瓶颈。以太网交换技术的出现解决了这个问题。

交换式以太网以数据链路层的帧为数据交换单位，以以太网交换机（Switch）为核心构建网络。它从根本上解决了共享以太网所带来的问题。

交换局域网的特点如下：

· 允许多对站点同时通信，每个站点可以独占传输通道和带宽。

· 灵活的接口速率。

· 增强了网络可扩充性和延展性。

· 易于管理、便于调整网络负载的分布，有效地利用网络带宽。

· 交换以太网与以太网、快速以太网完全兼容，它们能够实现无缝连接。

· 可互连不同标准的局域网。

交换局域网的核心设备是局域网交换机，它可以在多个端口之间建立多个并发连接。各端口可以单独与一个站点连接，也可以与一个共享介质式的以太网集线器（Hub）或者另一台交换机连接。如果一个端口只连接一个站点，那么这个站点就可以独占整个带宽，这类端口通常被称作“专用端口”；如果一个端口连接一个与端口带宽相同的以太网，那么这个端口将被以太网中的所有节点所共享，这类端口被称为“共享端口”。典型的交换以太网的结构如图 2–15 所示。

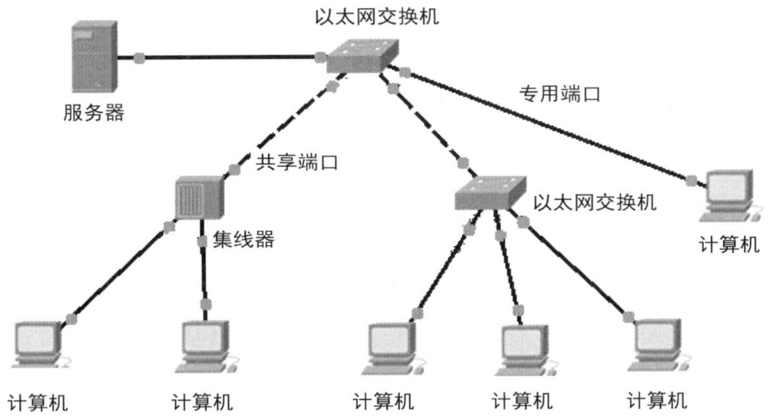

图 2–15 交换式以太网的结构示意

交换机对数据帧的转发有以下两种方式：

（1）存储转发（store–forward）交换。采用这种方式时，交换机从一个输入端口接收一个帧，暂存后再根据其目的地址转发到适当的输出端口。

（2）直通（cut–through）交换。这种方式利用了目的地址处于 MAC 帧的最前面这一特点。直通交换不必将整个数据帧先缓存后再进行处理，而是在接收数据帧的同时就立即按数据帧的目的地址决定该帧的转发端口，这就使得转发速度大大提高。直通交换的一个缺点是它不检查 CRC 就直接将帧转发出去，因此有可能也将一些无效帧转发给其他的站。

2.3.5 虚拟局域网

1. 虚拟局域网的概念

虚拟局域网（Virtual Local Area Network）是建立在交换技术基础上的。随着局域网技术的飞速发展，交换式局域网逐渐取代了传统的共享介质局域网。按工作性质与需要将网络上的站点划分成若干个“逻辑工作组”。在这里，一个逻辑工作组就是一个虚拟网络。

在传统的局域网中，通常一个工作组是在同一个网段上，每个网段可以是一个逻辑工作组或子网。多个逻辑工作组之间通过互连不同网段的网桥或路由器来交换数据。如果一个逻辑工作组的站点要转移到另一个逻辑工作组时，就需要将站点计算机从一个网段撤出，连接到另一个网段，甚至需要重新布线，因此逻辑工作组的组成要受到站点所在网段物理位置的限制。

虚拟局域网以软件方式来实现逻辑工作组的划分和管理，逻辑工作组的站点组成不受物理位置的限制。同一逻辑工作组的成员不一定要连接在同一个物理网段上，它们可以连接在同一个局域网交换机上，也可以连接在不同的局域网交换机上，只要这些交换机是互连的并且支持 VLAN。当一个站点从一个逻辑工作组转移到另一个逻辑工作组时，只要通过软件设定，而不需要改变它在网络中的物理位置。同一个逻辑工作组的站点可以分布在不同的物理网段上，但它们之间的通信就像在同一个物理网段上一样。

2．虚拟局域网的优点

在大型局域网中，VLAN 技术给网络管理员和网络用户都带来了许多好处。归纳起来主要有以下几点：

(1) 控制广播流量

交换机可以隔离碰撞，把连接到交换机上的主机的流量转发到对应的端口， VLAN 进一步提供在不同的 VLAN 间完全隔离，广播和多址流量只能在 VLAN 内部传递。

(2) 提高网络安全性

VLAN 提供的安全性有两个方面：对于保密要求高的用户，可以分在一个 VLAN 中，尽管其他人在同一个物理网段内，也不能透过虚拟局域网的保护访问保密信息。因为 VLAN 是一个逻辑分组，与物理位置无关，所以 VLAN 间的通信需要经过路由器或网桥。当经过路由器通信时，可以利用传统路由器提供的保密、过滤等三层的功能对通信进行控制管理。当经过网桥通信时，利用传统网桥提供的二层过滤功能进行包过滤。

(3) 提高网络性能

VLAN 可以提高网络中各个逻辑组中用户的传输流量，比如在一个组中的用户使用的应用软件会大量消耗网络资源，它只影响到本 VLAN 内的用户，其他逻辑工作组中的用户则不会受它的影响，仍然可以很高的速率传输，所以提高了使用性能。

(4) 强化网络管理

因为 VLAN 是一个逻辑工作组，与地理位置无关，所以易于网络管理。如果一个用户移动到另一个新的地点，不必像以前重新布线，只要在网管上把它拖到另一个虚拟网络中即可。这样既节省了时间，又十分便于网络结构的增改、扩展，非常灵活。

3．划分 VLAN 的方法

虚拟局域网依靠交换设备实现 VLAN 划分，交换设备上需要配置 VLAN 成员的信息表。不同 VLAN 组网方法的区别，主要表现在对虚拟局域网成员的定义方法上，通常有以下 4 种：

(1) 用交换机端口号定义虚拟局域网

许多早期的虚拟局域网都是根据局域网交换机的端口来定义虚拟局域网成员的。虚拟局域网从逻辑上把局域网交换机的端口划分为不同的虚拟子网，各虚拟子网相对独立。不足的是以端口为中心的 VLAN，当用户位置改变时，往往也伴随着用户网线对应的端口也要进行迁移。因此基于端口的 VLAN 划分不适应网络的动态变化。

(2) 用 MAC 地址定义虚拟局域网

用站点的 MAC 地址也可以定义虚拟局域网。由于 MAC 地址是与硬件相关的地址，所以用 MAC 地址定义的虚拟局域网，允许站点移动到网络的其他物理网段。由于它的

MAC 地址不变，所以该站点将自动保持原来的虚拟局域网成员的地位。从这个角度来说，基于 MAC 地址定义的虚拟局域网可以看作是基于用户的虚拟局域网。

用 MAC 地址定义虚拟局域网时，要求所有的用户在初始阶段必须按 MAC 地址配置到至少一个虚拟局域网中，初始配置由人工完成，随后就可以自动跟踪用户。但在大规模网络中，初始化时把大量用户配置到虚拟局域网显然是很麻烦的。

(3) 用网络层地址定义虚拟局域网

可以使用站点的网络层地址定义虚拟局域网，例如用 IP 地址定义虚拟局域网。这种方法允许按照协议类型来组成虚拟局域网，有利于组成基于服务或应用的虚拟局域网。同时，用户可以随意移动工作站而无需重新配置网络地址，这对于 TCP/IP 协议的用户是特别有利的。

与用 MAC 地址定义虚拟局域网或用端口地址定义虚拟局域网的方法相比，用网络层地址定义虚拟局域网方法的缺点是性能较差。检查网络层地址比检查 MAC 地址要花费更多的时间，因此用网络层地址定义虚拟局域网的速度比较慢。

(4) 用 IP 广播组定义虚拟局域网

这种虚拟局域网的建立是动态的，它代表一组 IP 地址。虚拟局域网中由叫做代理的设备对虚拟局域网中的成员进行管理。当 IP 广播包要送达多个目的地址时，就动态建立虚拟局域网代理，这个代理和多个 IP 站点组成 IP 广播组虚拟局域网。网络用广播信息通知各 IP 站，表明网络中存在 IP 广播组，站点如果响应信息，就可以加入 IP 广播组，成为虚拟局域网中的一员，与虚拟局域网中的其他成员通信。IP 广播组中的所有站点属于同一个虚拟局域网，但它们只是特定时间段内特定 IP 广播组的成员。IP 广播组虚拟局域网的动态特性提供了很高的灵活性，可以根据服务灵活地组建，而且它可以跨越路由器形成与广域网的互联。

4. IEEE 802.1Q 标准

支持 VLAN 的交换设备需要知道入境帧是属于哪个 VLAN，因此帧结构中必须有一个字段反映这个信息。1998 年 IEEE 802.1Q 发表，在以太网帧结构中增加了一对 2 字节的 VLAN 标签，用于标识当前帧所属的 VLAN，如图 2–16 所示。

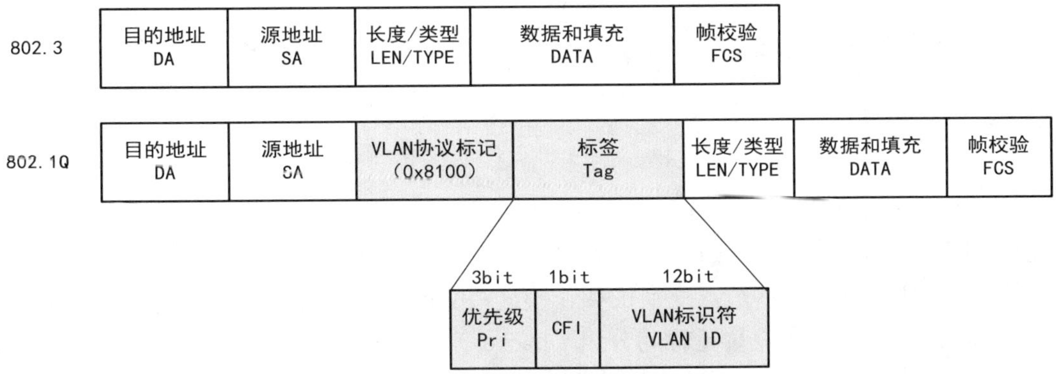

图 2–16 IEEE 802.1Q 帧结构

第一个 2 字节是 VLAN 协议标识符（VLAN Protocol ID），它的值总是 0x8100。因为这个值大于 0x600，因此所有的以太网设备都会将其解释为类型，而不是长度。第二个字节分为三个字段，其中前 3 个比特是优先级（Priority）字段，可以区分 8 个优先级，但实际很少使用。后面是 1 个比特的规范格式指示器（Canonical Format Indicator，CFI），用来标识 MAC 地址是否以标准格式进行封装。该字段长度为 1bit，取值为 0 表示 MAC 地址以标准格式进行封装，为 1 表示以非标准格式封装，缺省取值为 0。最主要的是 12 个比特的 VLAN 标识符（VLAN Identifier），用于指示帧属于哪个 VLAN。

IEEE 802.1Q 规范更改了以太网的帧头，但是网络中已经有大量不能识别这种帧结构的设备存在，显然全部更换是不现实的，规范需要制订兼容支持的实现方法。802.1Q 的交换端口可被配置来传输标签帧或无标签帧。一个包含 VLAN 信息的标签字段可以插入到以太帧中。如果端口有支持 802.1Q 的设备（如另一个交换机）相连，那么这些标签帧便可以在交换机之间传送 VLAN 成员信息，这样 VLAN 就可以跨越多台交换机。但是，对于没有支持 802.1Q 设备相连的端口就必须确保它们用于传输无标签帧，这一点非常重要。很多 PC 和打印机的网络接口控制器（NIC）并不支持 802.1Q，一旦它们收到一个标签帧，它们会因为读不懂标签而丢弃该帧。在 802.1Q 中，用于标签帧的最大合法以太网帧大小已由 1518 字节增加到 1522 字节，这样就会使网卡和旧式交换机由于帧“超长”而丢弃标签帧。所以在能够支持 VLAN 的路径上，由第一个 VLAN 感知的网桥或交换机添加 VLAN 标签，在离开这一路径的最后一个交换设备上把 VLAN 字段删除。

2.4 广域网技术

广域网（WAN，Wide Area Network）是一种覆盖地域较广的网络，它通过若干个节点交换机和连接这些节点的物理链路将分布在异地的多个局域网或主机连接起来，形成一个范围广泛的远程网络。它可以覆盖一个国家甚至全球，使人们最大范围地传送信息和共享资源。

2.4.1 广域网的基本概念和特点

1. 广域网的结构

广域网通常利用公共网络系统的基础设施进行传输，其规模可以不断扩展，以满足跨越广阔地域，连接不同主机或网络的需要。广域网的组成分为通信子网与资源子网两部分，主要是由一些节点交换机和连接这些交换机的链路组成。

广域网中传输的数据单元称为分组（packet）。节点交换机的功能是将分组进行存储和转发，即交换机先将发送给它的数据包完整接收下来，放入一个队列，然后经过路由选择找出一条输出线路，最后将接收到的数据包发送到该线路上去。以此类推，经过若干交换节点，直到将数据分组送达目的节点。交换机可以缓冲一定量的突发性分组。

广域网中的节点之间都是点到点连接，但是为了提高可靠性，通常一个节点交换机往往与多个节点交换机相连。相比局域网的拓扑结构固定的几种方式（总线形、星形、环形），广域网的点对点连接构成的是一种不规则的网状的结构。因此广域网除了要解决点对点的通信外，还要解决一个重要的问题就是路由选择。另外，异构网络的互联也是广域网技术的一个重要组成部分。

广域网中的链路分为传输主干和末端用户线路，根据末端用户线路和广域网类型的不同，有多种接入广域网的技术，并提供各种接口标准。广域网技术从网络组成来看又可以分为骨干网技术和接入网技术。几乎所有点对点的通信都可以用来构建广域网，包括租用串行电路、光纤、微波和卫星信道等。交换机上通常可以按需要配置多个不同类型的接口。

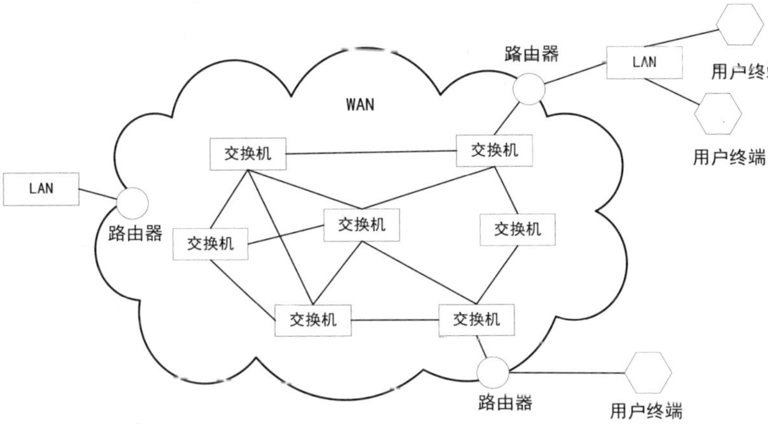

图 2-17 WAN 的结构示意图

2. 广域网的特点

广域网与局域网相比具有如下特点：

（1）广域网地理覆盖范围远远超过局域网，可达几百到成千上万公里；可以跨越地区、国家、洲际甚至覆盖全球。

（2）广域网的设计目标主要是用于互连广泛地理范围内的局域网，实现广大范围内的远距离数据通信。与局域网主要是为了实现小范围内的资源共享而设计形成对照。

（3）广域网的应用环境复杂、结构多样，管理、维护难度大。

（4）数据传输方面，广域网主干带宽大，但提供给单个终端用户的带宽小。传输距离远，往往要经过多个广域网设备转发，延时较长。为了实现远距离通信，通常采用载波形式的频带传输或光传输，而局域网则大多采用数字化的基带传输。

（5）网络拓扑结构上，广域网更多地采用点到点连接的网状拓扑，提高广域网链路的容错性，减少因中间节点设备的处理速度、线路的质量以及传输环境的噪声影响广域网传输的可靠性。

（6）在归属上，通常由公共通信部门来建设和管理。

3．常见的广域网设备

路由器。属于网络层的互联设备，用于实现不同网络之间的互联和路由功能；

广域网交换机。属于数据链路层的多端口存储转发设备，在广域网中实现数据链路层协议帧的转发。如帧中继交换机、X.25 交换机、ATM 交换机、IP 交换机、光交换机等；

调制解调器。用于实现数字和模拟信号转换；

通信服务器。主要用来对广域网用户进行身份合法性的验证并提供服务策略。

4．常见的广域网服务类型

（1）专线服务

专线服务可以为用户提供永久的专用连接，不管用户是否有数据在线路上传送都要为专线付租用费，故又被称为租用线。专线连接的可靠性高，但租用费也相对较高，一般用于 WAN 的核心连接，或者 LAN 和 LAN 之间的长期固定连接。典型的专线服务应用于 DDN（数字数据网）、E1 和 E3（数字电路业务）、POS（Packet over SONET/SDH）等。

（2）电路交换服务

电路交换服务每次通信时都要首先在网络中建立一条物理线路或连接，并在用户数据传输完毕后要拆除或结束所建立的连接，也被称为线路交换。典型例子如公众电话网络（PSTN）、在传统电话网络上实现的数字综合传输服务 ISDN 等。

（3）包交换服务

包交换服务是将待传输的数据分成若干个等长或不等长的数据传输单元来进行独立传输的一种服务方式。网络线路为不同的数据包或帧所共享，交换设备为这些包或帧选择一条合适的路径将其传送到目的地。包交换服务的信道利用率较高。典型例子如帧中继和 ATM 等。

2.4.2　广域网的参考模型

1．广域网在 OSI 参考模型中的对应关系

广域网中一般使用公共通信网络作为其通信子网，对应 OSI 参考模型的下三层：物理层、数据链路层和网络层。由于目前网络层普遍采用了 IP 协议，所以广域网技术或标准主要关注物理层和数据链路层的功能及其实现。

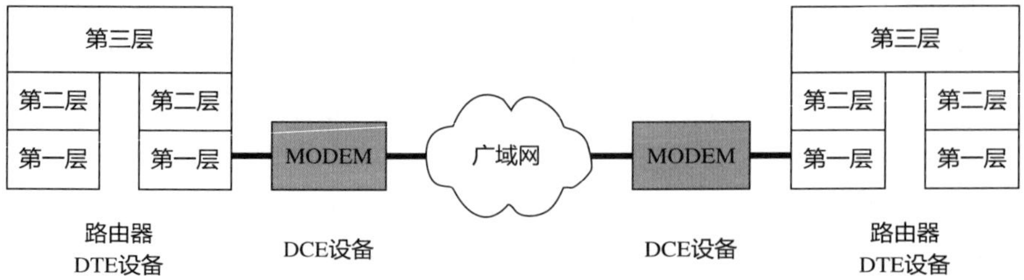

图 2-18 广域网的参考模型

不同广域网技术的差异就在于它们在物理层和数据链路层实现方式的不同。图 2–19 列出了一些经常使用的广域网技术同 OSI 参考模型之间的对应关系。

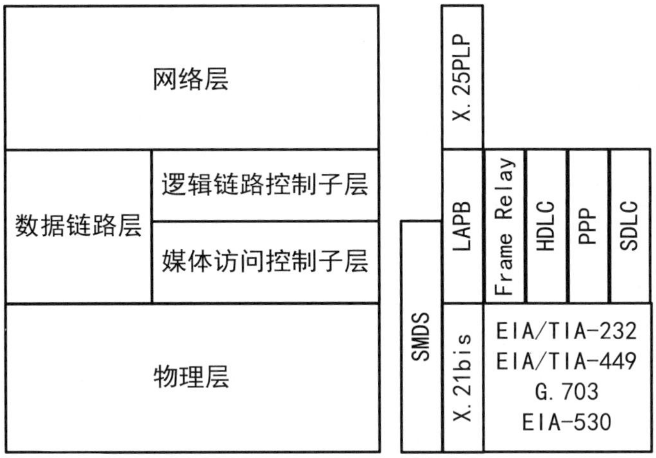

图 2–19 常用广域网技术与 OSI 参考模型的对应关系

一些常用的广域网包括公用电话交换网（PSTN）、分组交换网（X.25）、数字数据网（DDN）、帧中继（FR）、交换式多兆位数据服务（SMDS）、异步传输模式（ATM）以及移动通信网等。

广域网大多采用串行通信线路。其物理层接口协议实际上是描述数据终端设备（DTE）和数据通信设备（DCE）或其他通信设备之间的一组约定，主要解决网络节点与物理信道如何连接的问题。常见的物理层接口规范包括 X.21 接口、X.21bis 接口、V– 系列接口、G– 系列接口和 I– 系列接口等，分别定义了不同接口的引脚、电平、时钟速率等特性。

广域网的数据链路层协议有两种类型：面向字节和面向位。目前广域网中常用的 SDLC、HDLC、LAP 和 LAPB 等协议都是同步、面向位的协议，它们具有相同的帧格式。SLIP 和 PPP 是串行异步传输的数据链路层协议，常用于拨号连接。PPP 协议同时也支持同步串行传输。

从层次上看，广域网中的最高层就是网络层。网络层为接在网络上的主机所提供的服务可以有两大类，即无连接的网络服务和面向连接的网络服务。即通常所谓的数据报服务和虚电路服务。

数据报服务是无连接的，网络随时可以接受主机发送的分组（即数据报）。网络为每个分组独立地选择路由。网络只是尽最大努力将分组交付给目的主机，但对源主机没有任何承诺。数据报服务是不可靠的，它不能保证服务质量。

虚电路服务是面向连接的，可以在两台网络设备之间实现可靠通信。通信双方在数据传输之前先要建立逻辑上的连接，然后就可以沿着建立好的路径依次发送每一个分组，接收端收到分组的顺序必然与发送端的发送顺序一致，因此接收端无须负责在收集分组后重新进行排序。虚电路分为交换虚拟电路（SVC）和永久性虚拟电路（PVC）两种。PVC 相比较 SVC 不需要为创建或终止电路而使用额外的带宽，所以对带宽的利用率更高，但是付出代价是较高的成本。

2. 互联网中广域网和局域网的关系

广域网和局域网都是互联网的重要组成部分。虽然它们的价格和作用距离相差很远，但从互联网的角度来看，广域网和局域网却都是平等的，连接在一个广域网或一个局域网上的主机在该网内进行通信时，只需要使用其网络的物理地址即可。

2.4.3 广域网的路由

1. 路由和转发

> 交换节点的主要任务是要把收到的分组转发到正确的线路上去，实现这一过程包含两个主要的步骤：路由选择和转发。

路由选择是根据一定的路由选择算法构造路由表 (routing table) 的过程。转发就是当交换节点收到分组后，根据其目的地址查找转发表 (forwarding table)，并找出应从节点的哪一个接口将该分组发送出去。转发表是根据路由表构造出的。总之，路由选择协议负责搜索分组从某个节点到目的节点的最佳传输路由，以便构造路由表。从路由表再构造出转发分组的转发表。分组按照转发表进行转发。

广域网中的交换机必须为每个需要交换的分组选择输出路径，如果分组是发往与交换机直接相连的计算机，交换机就直接转发到该计算机相连的端口；如果分组是发往连接在其他交换机上的计算机，就必须选择通往那个交换机的链路对应的端口。

2. 层次地址与路由

连接到广域网中的每台计算机都有一个物理地址，当发送信息到另一台计算机时，发送方必须给出目的计算机的地址。局域网采用了平面地址结构 (flat addressing)。对于不需要进行路由选择的局域网，这种结构非常方便。然而在广域网中，分组往往要经过许多的节点交换机的存储转发才到达目的地。在广域网中每一个节点交换机中都有一个转发表，里面存放了到达每一个主机的路由。显然，广域网中的主机数越多，查找转发表就越费时间。为了减少查找转发表所花费的时间，在广域网中一般都采用层次地址结构（hierarchical addressing）。

最简单的层次结构地址就是把一个用二进制数表示的主机地址划分为两部分。前一部分的表示该主机所连接的分组交换机的编号，而后一部分表示所连接的分组交换机端口的编号。

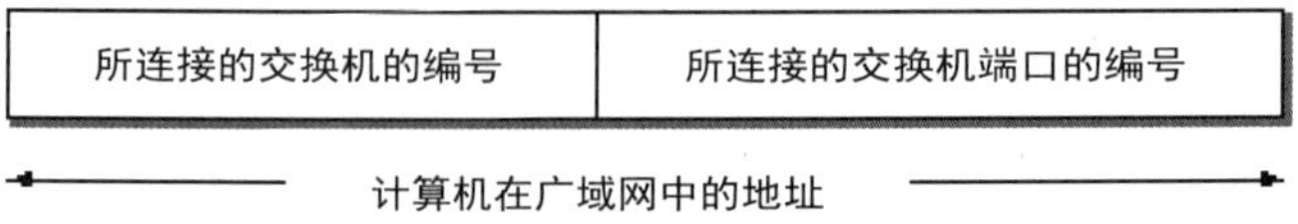

图 2-20 最简单的层次地址

例如在图 2-21 中有四台交换机，其编号分别为 1、2、3 和 4。每台交换机的接入端口也编上号码。这样，交换机 1 所接入的两个主机的地址就分别记为 [1，1] 和 [1，4]。显然，采用这种编址方法，在整个广域网中的每一台主机的地址必定是唯一的。

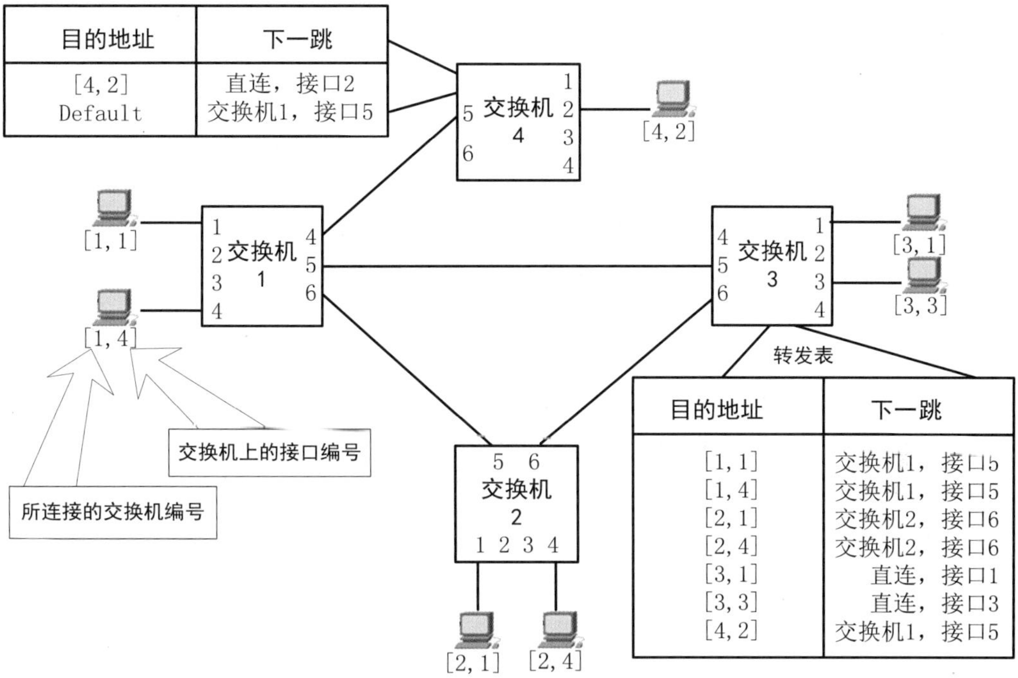

图 2-21 主机在广域网中的地址和交换机中的转发表

如图 2-21 所示，以交换机 3 为例分析数据分组的转发过程。为便于描述，图中只画出了节点交换机 3 和 4 的转发表，且只标出了转发表中最重要的两个内容，即一个分组将要发往的目的站地址和分组发往的下一跳 (next hop)。

例如，当有一个欲发往主机 [2，4] 的分组到达了交换机 3。在转发表的第 4 行找出下一跳应为“交换机 2”，以及发往交换机 2 的接口 6。于是按照转发表的这个指示将该分组经由接口 6 转发到交换机 2，进而经过交换机 2 的接口 4 转发到主机 [2，4]。如果分组的目的地是直接连接在本交换机上的主机，则不需要再将分组转发到别的交换机。例如，有一个欲发往主机 [3， 1] 的分组到达了交换机 3。查找转发表后在第 5 行找出，其下一跳转发应为本交换机“直连”的接口 1，表明该分组已经到达了最后一个交换机，而目的主机就连接在这个交换机的接口 1 上。

转发表中并没有源站地址这一项。这是因为在分组转发中的下一跳只取决于数据报中的目的站地址，而与源站地址无关。

图 2-21 中的转发表还可进行简化。这是因为只要转发表中目的站的交换机号相同，那么查出的“下一跳”就是相同的，比如图中转发表的前两项。因此在确定下一跳时，我们可以不必根据目的站的完整地址，而是可以仅仅根据目的站地址中的交换机号。所以，若将转发表中的“目的站”定义为“目的主机地址中的交换机号”（即不管主机的编号是多少），那么转发表就可进一步简化，即将交换机号相同的项合并。若每

个交换机连接多台主机，则可以在转发表中简化为一项，这样大大减少了转发表的存储空间，缩短了查找时间。

采用两个层次的编址方案可使交换机在转发分组时只根据分组的第一部分地址（交换机号），即可转发到下一节点的交换机。只有当分组到达与目的主机相连的节点交换机时，交换机才检查第二部分地址（主机号），并通过合适的低速端口将分组交给目的主机。在互联网环境下也是采用这种分层次转发分组的原理。

进一步分析图 2–21 所示的转发表，发现还可以简化。例如，在交换机 3 的转发表中，当目的站的地址第一部分为 1 和 4 时，分组都是先转发到交换机 1，因为交换机 4 只有一条链路连接到交换机 1。同样可知，在交换机 4 上直连的主机，其发往其他任何交换机的分组都只能先转发到交换机 1。因此，对于交换机 4 的转发表，可以简化为只有本机直连的主机 [4，2] 和一个发往交换机 1 的缺省项。

在较小的网络中，转发表中重复的项目不多。但很大的广域网的转发表中就有可能出现很多的重复项目。这会导致搜索转发表时花费较长的时间。为了减少转发表中的重复项目，可以用一个缺省路由 (default route) 代替所有的具有相同“下一跳”的项目。缺省路由比其他项目的优先级低。若转发分组时找不到明确的项目对应，才使用该缺省路由。

2.4.4 早期的广域网技术

广域网技术主要对应于 OSI 模型的物理层和数据链路层。随着通信技术和计算机技术的发展，先后出现了多种广域网的形式和技术标准。从点对点的租用线路到使用电路交换的 ISDN，分组交换的 X.25、帧中继等技术，再到融合了电路交换和分组交换优势的 ATM、MPLS 等。在骨干传输网方面，现在几乎已经全部由光纤传输系统组成，物理层上使用结合密集波分复用（DWDM，Dense Wavelength Division Multiplexing）技术的 SDH（Synchronous Digital Hierarchy，同步数字体系），或光传送网（OTN，Optical Transport Network）技术。在接入网技术方面，主流的技术包括使用双绞线的 xDSL、使用 Cable 的 DOCSIS、无源光接入网、无线接入网等等。本书后续章节将对 SDH、ATM、MPLS 以及各种接入网技术进行详细的介绍，本节简要介绍 X.25、帧中继、ISDN 等较早期的广域网技术。

1. X.25 网络

公用分组交换数据网(PSDN–Packet Switched Data Network)，是一种以分组(Packet)为基本数据单元进行数据交换的通信网络。由于公用分组交换数据网使用 X.25 协议标准，故通常也称它为 X.25 网。

20 世纪 70 年代，许多欧洲国家开始发展公共数据网络（每个需要网络服务的人都可以使用的网络）。由于跨越国界的通信系统问题，欧洲国家放弃了开发独立的不兼容的标准，而是在 ITU 的支持下开发统一标准。最终产生了称为 X 系列（X Series）协议的公共数据网服务接口。包括多种普通协议：X.25、X.3、X.28 和 X.29。其中的 X.25 只是定义了数据终端设备 DTE 与公共数据网相连的数据通信设备 DCE 间的协议（图

2–22）。X.25 以面向连接的虚电路服务为基础。

图 2–23 表示 X.25 接口的三个层次。最下面是物理层，接口标准是 X.21 建议书。也可能使用 x.21 bis（一种连接 V 系列 MODEM 到分组交换网的过渡协议）。第二层是数据链路层，接口标准是平衡型链路接入规程（LAPB，Link Access Procedure Balanced for X.25），它是 HDLC 的一个子集。第三层是分组层，在这一层上，在 DTE 与 DCE 之间可建立多条逻辑信道 (0 ~ 4095 号)。这样可以使一个 DTE 同时和网上其他多个 DTE 建立虚电路并进行通信。从第一层到第三层，数据传送的单位分别是“比特”、“帧”和“分组”。X.25 还规定了在经常需要进行通信的两个 DTE 之间可以建立永久虚电路。

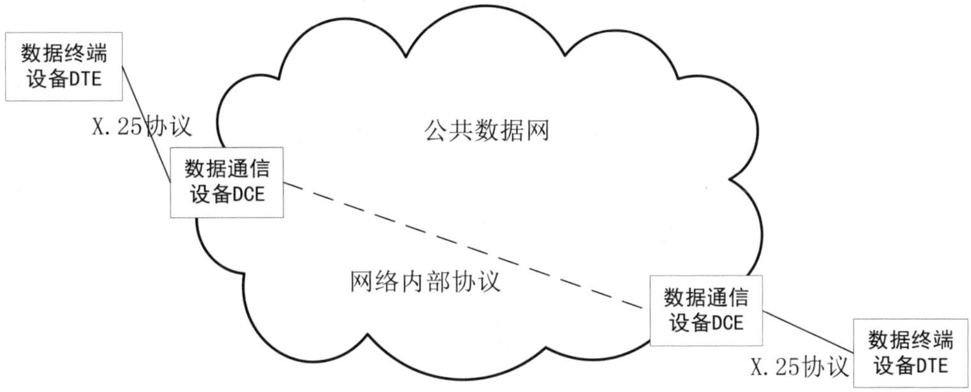

图 2–22 X.25 公共数据网接口

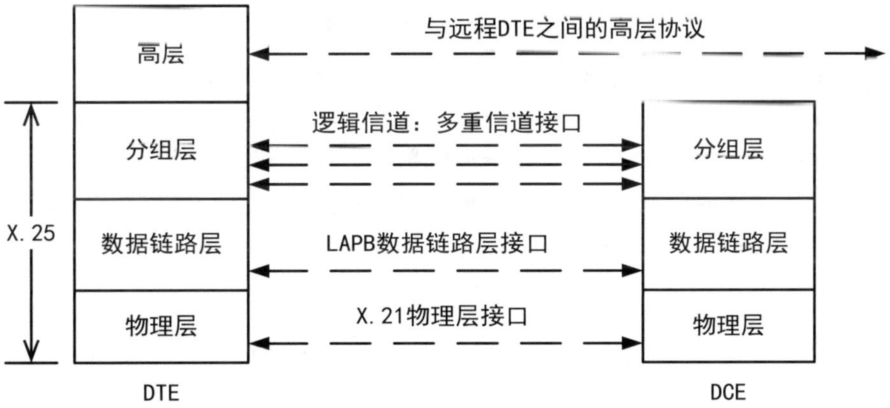

图 2–23 X.25 协议层

计算机网络发展的初期，计算机的价格昂贵，许多用户只用得起廉价的哑终端。当时通信线路的传输质量一般都较差，误码率较高。X.25 网的设计思路是将通信智能在网络内实现。X.25 网在每两个节点之间的传输都使用带有编号和确认机制的链路层协议，而网络层使用具有流量控制的虚电路机制，可以向用户的哑终端提供可靠交付的服务。但是到了 20 世纪 90 年代，情况发生了很大的变化。通信主干线路已大量使用光纤技术，数据传输质量大大提高，使得误码率降低好几个数量级，而 X.25 十分复杂的数据链路层协议和分组层协议已成为多余。PC 机的价格急剧下降使得无硬盘的哑终端退出了通信市场。这正好符合互联网当初的设计思想：网络应尽量简单而智能应尽可能放在网络以外的用户端。虽然互联网只提供尽最大努力交付的服务，但具有足够智能的用户主机完全可以实现差错控制和流量控制，因而互联网仍能向用户提供端到端的可靠交付。

到了 20 世纪末，无连接的、提供数据报服务的互联网最终演变成为全世界最大的计算机网络，而 X.25 分组交换网已经退出了历史舞台。值得注意的是，当利用现有的一些 X.25 网来支持互联网的服务时，X.25 网就表现为数据链路层的链路。实际上，具有网络层功能，在应用中支持互联网的广域网（包括 X.25 网、帧中继网和 ATM 网）都常被看作是 IP 层下面的数据链路层。

2. 帧中继网络

在 X.25 网络发展初期，网络传输设施基本是借用了模拟电话线路，这种线路非常容易受到噪声的干扰而产生误码。为了确保传输无差错，X.25 在每个节点都需要作大量的处理。在网络中的每一个节点，只有当收到的帧已进行了正确性检查和确认 [如图 2–24（a）所示] 后，才将它交付给第三层协议。对于经历多个网络节点的帧，这种处理帧的方法会导致较长的时延。除了数据链路层的开销，分组层协议为确保在每个逻辑信道上按序正确传送，还要有一些处理开销。

数字光纤网比早期的电话网具有低得多的误码率，因此，X.25 的某些差错控制过程完全可以简化。于是在 20 世纪 80 年代诞生了一种新的公用数据交换网 -- 帧中继（Frame Relay）。与 X.25 协议包括低三层协议不同，帧中继仅包含物理层和数据链路层协议。从设计思想上看，X.25 强调高可靠性，而帧中继注重快速传输，减少了节点处理时间和复杂度。当帧中继交换机收到一个帧的首部时，只要一查出帧的目的地址即可立即开始转发该帧 [如图 2–24（b）所示]。因此在帧中继网络中，一个帧的处理时间比 X.25 网约减少一个数量级。帧中继的数据链路层也没有流量控制能力。帧中继的流量控制由高层来完成。这样，帧中继网络的吞吐量要比 X.25 网络的提高一个数量级以上，支持 64Kbps 到 2.048Mbps 的速率。

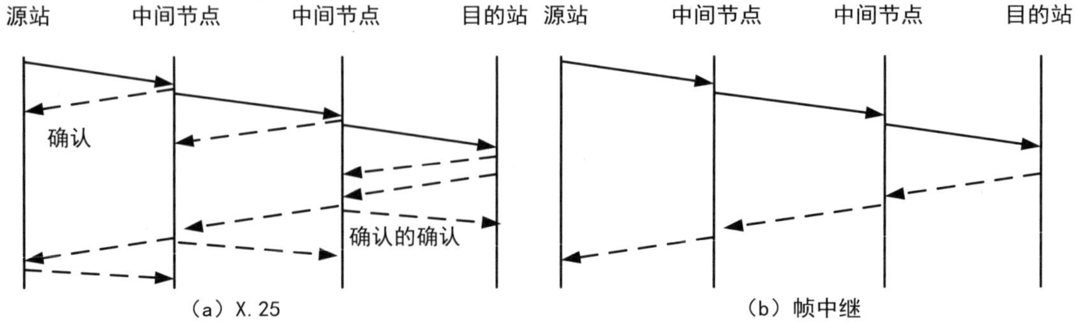

图 2–24 X.25 和帧中继转发数据的对比

帧中继网络向上层提供面向连接的虚电路服务，通常为相隔较远的一些局域网提供链路层的永久虚电路服务。对两端的用户来说，帧中继网络所提供的虚电路就好像在这两个用户之间有一条直通的专用电路。根据帧中继的特点，可知帧中继适用于大文件（如高分辨率图像）的传送、多个低速率线路的复用，以及局域网的互联。帧中继的呼叫控制信令是在与用户数据分开的另一个逻辑连接上传送的（即共路信令或带外信令）。这点和 X.25 不同。X.25 使用带内信令，即呼叫控制分组与用户数据分组都在同一条虚电路上传送。

3．ISDN

最早为用户提供大范围数字服务的努力之一就是“综合业务数字网（Integrated Services Digital Network，ISDN）”。ISDN 通过普通的本地环路向用户提供数字语音和数据传输服务，也就是说，ISDN 使用与模拟信号电话系统相同类型的双绞铜线。

ISDN 是由综合业务数据电话网发展起来的一个网络，提供端到端的数据连接，以支持包括语音和数据的广泛的服务。简单来说，ISDN 是对模拟音频电话系统的再设计，它定义了用户设备同全局网络的连接，能方便地用数字的形式来处理声音、传真、影像和图像通信。

CCITT（ITU）为 ISDN 接口标准定义了 B、D、H 三种通道，B 通道速率 64Kbps，可提供电路交换、分组交换和半固定线路，用于电话交换业务、X.25 交换业务和租用线路。D 通道速率为 16Kbps 或 64Kbps，主要用于传送信道信令，也可用于传送分组数据或低速数据。H 通道用于支持高速数据业务，可提供三种速率，分别是：H_0 为 384Kbps，H_{11} 为 1536Kbps，H_{12} 为 1920Kbps。

ISDN 的 D 信道的数据链路层采用的是 LAPD（Link Access Procedure of D-Channel，D 通道上的链路访问规程），而 B 信道上的分组交换连接是 LAPB。对于 B 信道上的电路交换和永久连接，用户可以选择数据链路协议，也可以选择 CCITT 定义的 I.465/v.120 协议。LAPD 提供了非确认的和确认的信息传输服务。帧格式与 X.25 一样是面向位的，使用 8 位来标识开始和结束，数据位通过比特填充来避免与标识位相同；16 位的 CRC 用来进行错误校验；16 位的地址用于区分连接在同一个接口上的不同用户，以及一个给定用户（访问点的不同业务）的不同连接。非确认型业务是由数据报实现的，错误的帧会被丢弃。确认型服务是由虚电路实现的，使用退回 N 帧协议进行错误控制。I.465/v.120 数据连接协议是 LAPD 的修订版本，提供了异步的数据传输、HDLC 同步数据传输以及位透明异步传输。使用这个传输协议，用户首先要通过 D 信道建立一个在 B 信道上的链路。当通信完成，用户通过 D 信道释放该链路。

ISDN 标准指定了基本速率接口（BRI）和基群速率接口（PRI）。基本访问速率接口是 2B+D，包括两个完全的 B 信道和一个 D 信道。基群速率接口，在我国和欧洲是 30B+D（兼容 E1 接口），总速率为 2.048Mbps；而在美国、日本、加拿大是 23B+D（兼容 T1 接口），总速率是 1.544Mbps，其中包括了 PRI 服务使用的 8Kbps 的开销。

ISDN 的网络层除了呼叫控制，还进行路由，多路复用，以及拥塞控制等。

宽带综合业务数字网（B-ISDN，Broadband Integrated Service Digital Network），

是指用户线上的传输速率在 2Mbit/s 以上的 ISDN。它是在 ISDN 基础上发展起来的，其核心技术采用 ATM（异步转移模式），可以支持各种不同类型、不同速率的业务，不但包括连续型业务，还包括突发型宽带业务。

2.5 Internet

Internet 具有多个中文译名，如“网际网”，“互联网”或“因特网”。首字母大写的“Internet”特指当前全球最大的、开放的、由世界范围内众多网络互联而成的国际互联网。它并不是单个网络，而是大量不同网络的集合，这些不同的网络使用一系列公共的协议，并提供一系列公共的服务。

2.5.1 Internet 概述

1．Internet 的产生和发展历程

Internet 起源于美国国防部的高级研究计划局 ARPA（Advanced Research Projects Agency）建立的 ARPANET。最初的 ARPANET 主要用于军事研究目的，即在战争状态下当网络的某一部分因遭受攻击而失去工作能力时，网络的其他部分应当能够维持正常通信。该实验网络在 1969 年诞生时只有 4 个节点，都位于美国的中西部，分布在洛杉矶的加利福尼亚州大学洛杉矶分校、加州大学圣巴巴拉分校、斯坦福研究院和犹他州大学四所大学的 4 台大型计算机。ARPANET 采用称之为接口报文处理器（IMP）的小型机作为网络的节点机，为了保证网络的可靠性，每个 IMP 都至少和其他两个 IMP 通过专线进行连接，主机则通过 IMP 接入 ARPANET。IMP 之间的信息传输采用分组交换技术，并向用户提供电子邮件、文件传送和远程登录等服务。ARPANET 被公认为世界上第一个采用分组交换技术组建的网络。

1970 年，ARPANET 向美国东部发展。美国东部沿海聚集了大量高等学府和政府机构，为 ARPANET 的快速发展提供了条件。ARPANET 到 6 月有了 9 个节点，到年底发展到 13 个节点。到了 1971 年 9 月，节点数增加到了 18 个，如图 2–25。

1972 年，ARPANET 在首届计算机后台通信国际会议上首次进行了面对公众的演示,并验证了分组交换技术的可行性,由此,ARPANET 成为现代计算机网络诞生的标志。

1973 年，美国国防部高级研究计划局 DARPA 正式启动并实施了一研究项目，称为“The Internetting Project”。该项目着眼于基于分组交换技术的异种网络互联的问题，并设计出一类通信协议以便于在网络计算机中透明地交互。该通信协议最终发展成为著名的 TCP/IP 协议族。

1980 年，ARPA 投资把 TCP/IP 加进 UNIX（BSD4.1 版本，是加州大学伯克利分校软件组开发的操作系统）的内核中，使得该协议得以在社会上流行起来。在 BSD4.2 版本以后，TCP/IP 协议即成为 UNIX 操作系统的标准通信模块。

1983 年，出于军事安全的考虑，ARPANET 将其中的 45 个节点分离出去，专门形成了一个军事网络，叫 MILNET。这样，ARPANET 的节点数降到了 68 个。同年，

TCP/IP 协议在 ARPANET 网络中被采用。

1986 年，美国国家科学基金会 NSF（National Science Foundation）建立了 NSFNET。它连接了 5 大超级计算机中心：普林斯顿大学、匹兹堡大学、加州大学圣地亚哥分校、伊利诺伊大学厄巴纳 – 香槟分校和康奈尔大学。NSF 在全国建立了按地区划分的计算机广域网，并将这些地区网络和超级计算中心相连，最后将各超级计算中心互联起来。地区网的构成一般是由一批在地理上局限于某一地域，在管理上隶属于某一机构或在经济上有共同利益的用户的计算机互联而成。连接各地区网上主通信节点计算机的高速数据专线构成了 NSFNET 的主干网。这样，当一个用户的计算机与某一地区相连以后，它除了可以使用任一超级计算中心的设施，可以同网上任一用户通信外，还可以获得网络提供的大量信息和数据。这一成功使得 NSFNET 于 1990 年 6 月彻底取代了 ARPANET 而成为 Internet 的主干网，图 2–26(a)。

到了 20 世纪 90 年代，美国政府意识到仅靠政府资助，难以适应应用的发展需求，因此鼓励商业部门介入。MCI、IBM 和 MERIT 公司联合组建 ANS（高级网络和服务公司），建立覆盖全美的、以 T3（44.746M）为主干速率的 ANSNET，连接 ARPANET 和 NSFNET。随后，DARPA 和 NSF 撤销对 ARPANET、NSFNET 的资助，互联网开始商用。商业机构的介入，丰富了 Internet 的服务和内容。

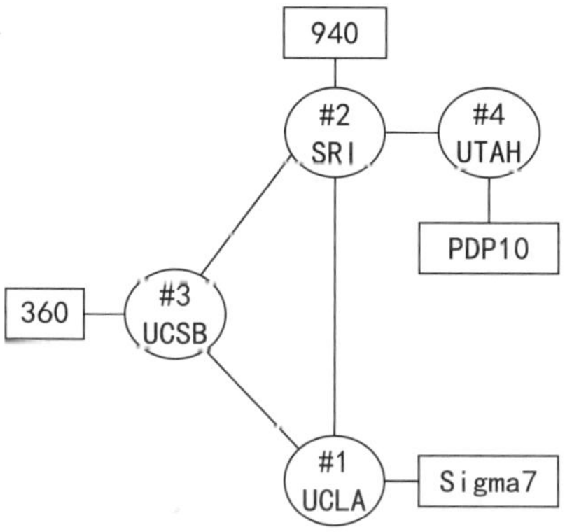

(a) 最初 4 个节点的 ARPANET

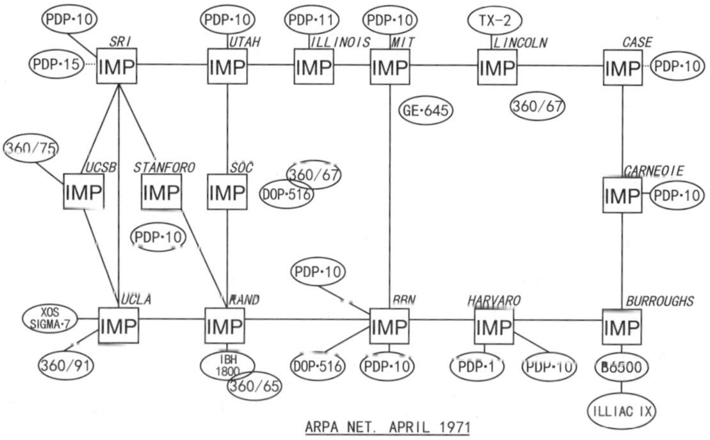

(b)1971 年 4 月的 ARPANET

图 2–25

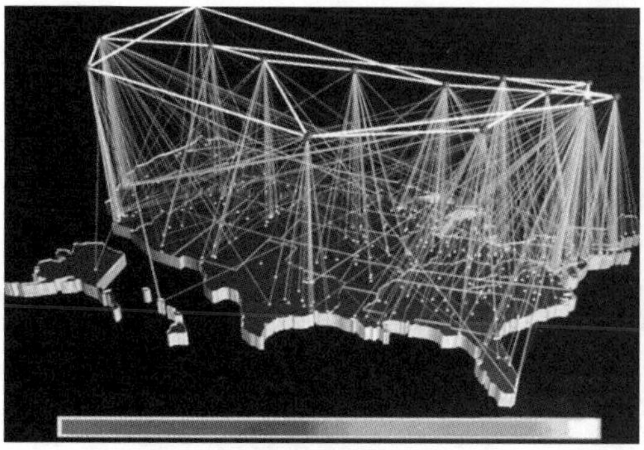

图 2–26 (a)1991 年的 NFSNET

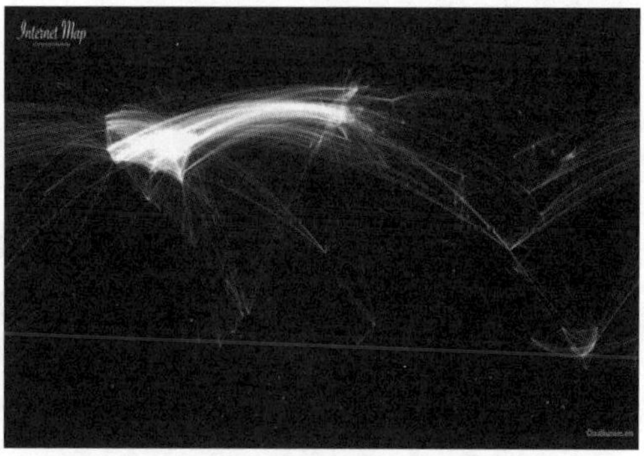

(b) 全球城市间 Internet 连接密度示意 (2007 年)

图 2–26

如今 Internet 已成为全球最大的计算机互联网络，是当今信息社会的一个巨大的信息资源宝藏。2007 年全球城市间 Internet 连接密度如图 2–26(b) 所示。作为未来全球信息高速公路的基础，Internet 使世界各地的人们拉近了距离，是个人计算机通往世界的窗口。

2．Internet 的特点

Internet 是开放的，只要遵循规定的网络协议，任何人可以随时随地自由地加入 Internet，而且没有时间和空间的限制，没有地理上的距离概念。Internet 是一个特殊的社会，其建立和发展一直坚持着一个重要指导思想，就是让信息的存储、传输和应用不受地域、国界等限制，采用开放性结构，实现信息资源共享。这充分体现了互联网开放性、普遍性、全球性和公有性的特点。

Internet 的网络架构被设计成分布式的体系，没有传统的集中管理和控制，是一个没有中心的自主式的开放组织。Internet 上是“不分等级的”，一台计算机与其他任何一台计算机处于同样的地位，双方可以平等的进行交互。Internet 上的发展强调的是资源共享和双赢的发展模式。

Internet 是一个自主的和自动调节的互联网，它允许使用不同存储技术、不同操作系统的计算机互联，它采用传输控制协议和网际互联协议 (TCP/IP) 实现不同网络互联的标准，成功地解决了不同硬件平台、不同网络产品和不同操作系统的兼容性问题。因此，互联网具有很好的兼容性和独立自主性。

Internet 与一般媒体相比，其信息可以更为方便地检索，信息传播过程也极为迅速。现代计算机存储技术的发展提供了近乎无限的存储空间，Internet 现已成为了一个涉及政治、经济、科研、文化、教育、体育、娱乐、广告和招商引资信息等各方面内容的全球最大的信息资源库。人们利用 Internet 可以传递各种媒体信息，使各个用户能共享声音、文字、图像、视频等信息。Internet 与传统的通信工具的主要区别在于它的高度智能化，能够进行智能处理，方便，快捷，便宜。它所提供的资源包罗万象，内容极其丰富，它的资源是动态变化的，不断有新的内容增添进来，一些旧的内容会被更新删除。

3．Internet 的管理机构

Internet 的发展和正常运转需要一些机构的管理，各种标准的形成也需要有专门的技术管理机构。

(1) Internet 工作委员会

Internet 工作委员会(Internet Activities Board，IAB)成立于 1980 年，属于非营利机构，负责技术的方针和策略的拟定，以及管理工作的导引协调，例如有关 TCP/IP 的发展、决定哪些协议能成为 TCP/IP 的一员、在何时可以成为标准，以及互联网的演进、网络系统与通信技术的研发等工作。在 IAB 之下，有研究小组（IERF，Internet Research Task Force）及工作小组（IETF，Internet Engineering Task Force）两个主要单位，并有一些小型指导群，共同进行设定标准及决定策略的工作。

(2)Internet 域名与地址管理机构

互联网域名与地址管理机构（The Internet Corporation for Assigned Names and Numbers，ICANN）承担了域名系统管理、IP 地址分配、协议参数配置以及主服务器系统管理等职能。该机构成立于 1998 年 10 月，是一个集合了全球网络界商业、技术及学术各领域专家的非营利性国际组织。这些服务最初是由互联网号码分配当局（Internet Assigned Numbers Authority，IANA）以及其他一些组织提供。现在，ICANN 行使 IANA 的职能。根据 ICANN 的章程规定，其设立了 3 个支持组织，从 3 个不同方面对 Internet 政策和构造进行协助、检查以及提出建议。这些支持组织帮助促进了 Internet 政策的发展，并且在 Internet 技术管理上鼓励多样化和国际参与。每家支持组织向 ICANN 董事会委派 3 位董事。这 3 个支持组织是：

地址支持组织（ASO），负责 IP 地址系统的管理。

域名支持组织（DNSO），负责互联网上的域名系统（DNS）的管理。

协议支持组织（PSO），负责涉及 Internet 协议的唯一参数的分配。

(3)IP 地址的分级管理

IP 地址资源的分配是逐级进行的。ICANN 将部分 IP 地址和 AS（Autonomous system）号码分配给大洲级的互联网注册机构（Regional Internet Registry，RIR）。RIR 负责该大洲范围内的 IP 地址和 AS 号码地址分配，登记注册。通常 RIR 会将地址进一步分配给区内大的 LIR/ISP，然后由他们做更进一步的分配。

全世界国际性的 IP 地址管理机构有 4 个，即 ARIN、RIPE、APNIC 和 LACNIC，它们负责 IP 地址的地理区域，如图 2-27 所示。

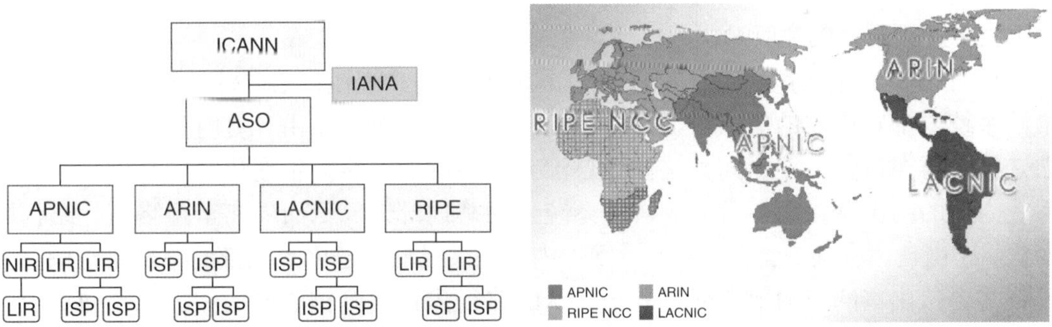

图 2-27 IP 地址管理体系和机构分布

其中美国 Internet 号码注册中心 ARIN（American Registry for Internet Numbers）提供的查询内容包括了全世界早期网络及现在的美国、加拿大、撒哈拉沙漠以南部分非洲的 IP 地址信息；欧洲 IP 地址注册中心 RIPE（Reséaux IP Européens）包括了欧洲、北非、西亚地区的 IP 地址信息；亚太地区网络信息中心 APNIC（Asia Pacific Network Information Center）包括了东亚、南亚、大洋洲 IP 地址注册信息；拉丁美洲及加勒比互联网络信息中心 LACNIC（Latin American and Caribbean Network Information Center）包括了拉丁美洲及加勒比海诸岛的 IP 地址信息。

中国的 IP 地址管理机构称为中国互联网络信息中心（China Internet Network

Information Center，简称 CNNIC），它是成立于 1997 年 6 月的非营利管理与服务机构，行使国家互联网络信息中心的职责。中国科学院计算机网络信息中心承担 CNNIC 的运行和管理工作。它的主要职责包括域名注册管理，IP 地址、AS 号的分配与管理，目录数据库服务，互联网寻址技术研发，互联网调查与相关信息服务，国际交流与政策调研，承担中国互联网协会政策与资源工作委员会秘书处的工作。

2.5.2　Internet 技术基础

1．Internet 的网络结构

表面上看来，Internet 与广域网差不多，都是覆盖范围很大的网络，但实际上这两个概念有很大的区别。广域网是一个相对独立的网络系统，具有连接紧密的结构，并且有一个专门的机构对整个网络进行管理和维护。而 Internet 是由成千上万个网络松散地连接而成的，这些网络可以是局域网，也可以是广域网，规模没有限定。Internet 不属于任何一个国家、部门、团体，也没有一个专门的机构对它进行统一的维护；任何一台计算机，任何一个网络，只要遵守共同的规则——TCP/IP，就可以连接到 Internet，成为互联网的一部分。因此，Internet 也被称为“网际网”。

各个国家或地区的网络是以网点（site）的形式联入 Internet 的。而在网点内部形成自己的内部结构，构成一个自治系统 AS（Autonomous system），也称为域。所谓的自治系统是指由一系列网关和网络组成的系统，它由一个独立的机构或组织进行管理，其拓扑结构、内部地址的建立与更新机制等内部操作都由该组织或机构自由选择。每个自治系统都有一个唯一的标识符，即自治系统号，当网关间交换路由信息时，相应的报文中便携带了网关所对应的自治系统号。

自治的含义有两个方面：一个是网络的拓扑结构和规模自治；另一个是路由自治。自治系统内部路由器的更新被认为是可信和可靠的，进行路由计算时先在自治系统之内，然后再在自治系统之间，这样当自治系统内部的网络发生变化时，只会影响自治系统内部的路由器，而不会影响自治系统外的其他部分，从而隔离了网络拓扑结构的变化。路由自治有两个含义，第一，网点内的网关具有自己网点内部的全部路由信息，并将需要传出本网点的数据通过一个默认的路径先传输到核心网关。第二，网点内的非核心网关要向核心网关报告内部的路由信息，使得来自网点外的访问能通过核心网关进入本网点，进而访问网点内相应的主机。

Internet 的网络层可以看作是一种相互关联的网络或自治系统的集合。没有真正的结构，但存在几个主要的骨干网。这些骨干网中最大的一个称为一级网络。每个骨干网都与它连接，进而到达其他骨干网。连接到骨干网上的是 Internet 服务提供商（ISP），它为家庭、企业、数据中心和服务器托管设施，以及为区域网络提供互联网接入服务。

互联网边缘的接入网络通过分层的 ISP 与互联网其他部分相连。拥有一级骨干网络的第 1 级 ISP（tier–1 ISP）处于最顶层，数量少、带宽高，组成互联网的主干网络，能够覆盖国家或国际线路（如 Sprint，AT&T 等）。1 级 ISP 之间可直接相连，不存在从属关系，都处于平等的地位。第 2 级 ISP 规模较小，常为区域网络的覆盖，拥有国

家或地区的骨干网络，可与多个 1 级 ISP 相连。两者的关系是：2 级 ISP 是其所连接的 1 级 ISP 的客户，1 级 ISP 是该客户的提供商，提供商向其客户收取费用。2 级 ISP 需要购买 1 级 ISP 的服务才能连向整个 Internet，但也有的 2 级 ISP 之间能够直接相连。第 3 层 ISP 或本地 ISP 是最靠近端系统的，它一方面向终端用户提供互联网接入服务，一方面向 2 级 ISP 购买带宽和服务。互联网终端用户通过 ISP 提供的接入网络访问 Internet。主流的接入网技术包括使用电话线、同轴电缆、光纤和无线网络等。组成 Internet 的网络结构概况如图 2–28 所示。

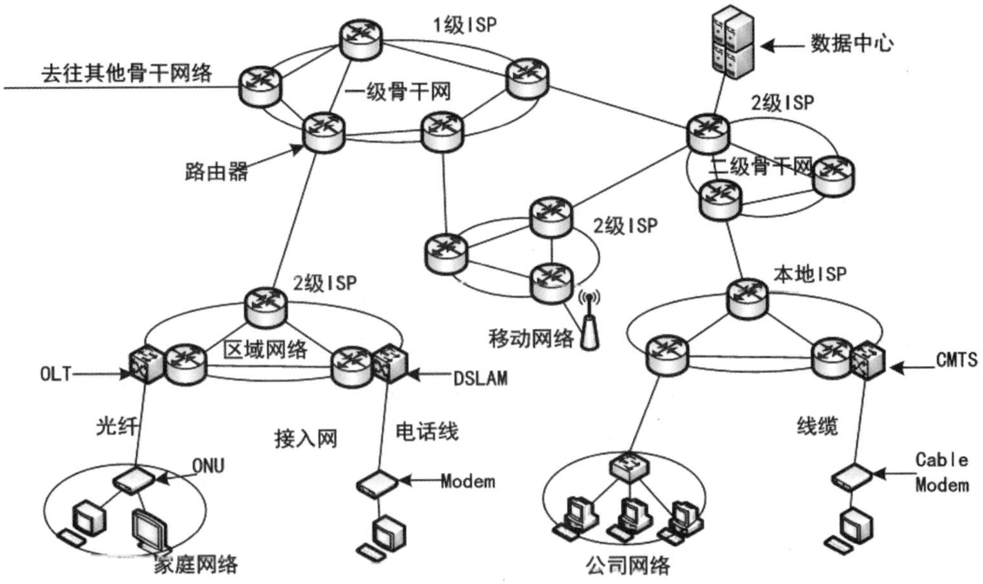

图 2–28 Internet 网络结构示意图

2. 网络互联技术

Internet 的最终目标是希望实现任意用户终端之间的通信，而且这种终端之间的通信应当不受任何地理距离位置的限制。对于用户而言并不需要了解通信过程实现的细节，即不需要了解通信涉及的底层网络技术，也不需要了解网络的互联结构。而 Internet 中存在着许多不同的网络，包括各种 PAN、LAN、MAN 和 WAN。大量的协议被广泛用于这些网络的各个层次。显然这样形成的互联网络不可能只采用一种底层的物理网络技术。

Internet 需要解决的一个重要问题就是屏蔽通信网络的异构性，为用户提供一种统一的通用通信服务。

Internet 的网际互联是基于 TCP/IP 协议实现的，对网络异构性的屏蔽都在 IP 层上提供。IP 层向高层提供一种统一的 IP 分组转发服务，从而对用户或应用程序屏蔽了互联网的硬件连接细节及拓扑结构。用户和应用程序只要使用一组约定的网络节点标识符，即 IP 地址，就可以利用互联网与其他用户进行通信。因此从用户的观点出发，互联网可以被看成一个单一的、抽象的虚拟网络，所有用户计算机都连接在这个单一的虚拟网络进行通信。这正是网络层上提供网际互联功能所带来的好处。

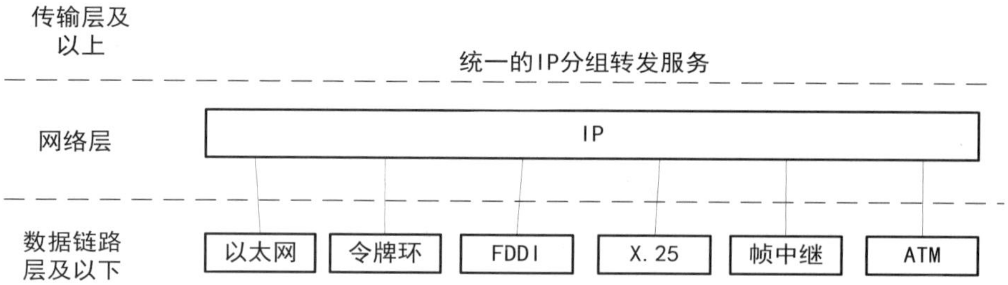

图 2-29 在网络层上屏蔽底层网络的细节

互联网中不同的底层网络在网络层上得到统一，需要考虑这些网络在网络层面的一些差异性。具体体现在：面向连接还是无连接；寻址方式是层次式还是扁平式；数据包的尺寸限制；是否支持广播或组播；是否提供服务质量；可靠性和安全性的差异，等等。从物理上看，解决异构网络之间的互联需要某种特殊的设备将不同的网络连接起来。这种专门用于网际互联的计算机设备称为互联网网关（gateway）。但是仅仅在物理上连接并不能提供网络互联功能，还需要网关计算机与其他计算机主机之间能够互相协作，实现跨网络的主机通信。为此，网关需要能够把一个分组从一个网络转发到另一个网络中去。这个过程中网关的主要功能是对分组进行选路，确定如何将分组转发到目的网络中。因此，在 TCP/IP 网络中的网关也称为路由器（router）。

如图 2-30 所示，路由器 R1 分别连接到网络 1 和网络 2，路由器 R2 连接到网络 2 和网络 3。对路由器 R1 来说，它必须能够在网络 1 中，捕获那些目的主机地址位于网络 2 中的分组，并将这些分组转发到网络 2 中；同样，R1 也必须将网络 2 中的分组转发到网络 1。因此，R1 必须了解它所连接的各个网络的结构信息才能进行正确的分组转发。

图 2-30 三个网络通过路由器互联

当网络进一步扩大，问题将变得更加复杂。在加入了网络 3 以后，为了支持网络 1 中的主机和网络 3 中的主机通信，R1 还需要了解网络 3 的结构信息。可见路由器除了需要了解其自身连接的网络的结构信息以外，还需要了解与其不相连接的网络的结构信息。这需要一系列复杂的路由协议来实现。

3．Internet 上的地址

Internet 是由许多不同的物理网络组成的网上之网，其中每一个小型网络都是由信道和节点组成。由于两个节点可能在同一个物理网络之中，也可能不在同一个物理网络之中，因此关键在于如何从源节点出发找到目标节点，这就是寻址问题。寻址问题主要涉及 Internet 的地址结构、有关地址的协议以及对寻址过程进行控制的路由机制。

在 IP 层中传输的协议数据单元是 IP 分组。IP 分组从源主机向目的主机传送，依据就是 IP 地址。IP 地址是 Interne 上独立的计算机唯一标识。通信时要利用 IP 地址来指定目的主机地址，就像电话网中每台电话机必须有自己的电话号码一样。

互联网是具有层次结构的，首先可以利用某种底层网络技术将主机互连起来构成网络，然后再利用路由器将不同的网络互连起来构成互联网。因此，互联网包括了两个层次，主机及主机所在的网络。与此对应，IP 地址也是层次化的结构。

> 一个 IP 地址分为两个部分，网络号和主机号。使用子网掩码来区分这两部分。

位于同一网络当中的所有主机将有一个共同的网络号。同样地，知道主机的 IP 地址网络号就可以确定主机所在的网络，可以用于 IP 分组的选路。区分一个 IP 地址中的网络号部分和主机号部分需要子网掩码（subnet mask）。子网掩码是由高位连续的一串比特 1 和低位连续的一串比特 0 构成。1 的位数代表了网络号的部分，0 的位数代表了主机号的部分。用子网掩码和 IP 地址进行按位“与”的操作即可得到主机所在的网络号。

每个 IPv4 地址占用 32 位，并被分为 A、B、C、D 和 E 五类，分别用 0、10、110、1110 和 11110 标识。IP 地址太长，而且不便于记忆，因而常用 4 个十进制数分别代表 4 个 8 位二进制数，在它们之间用圆点分隔，以 X. X. X. X 的格式表示，称为点分十进制计数法。A、B、C 是 3 类基本地址类型，都由 3 个部分 IP 数据组成：类型标志、网络标识符（NetID）和主机编号（HostID），见图 2-31。这 3 类基本地址类型的区别仅在于网络大小不同。D 类地址是一种多址广播地址格式，用 4 位的“1110”作为标志。E 类地址是为实验保留的地址。

	1	2	3	4
A类	0	网络标示符（7位）	主机编号（24位）	
B类	1 0	网络标示符（14位）	主机编号（16位）	
C类	1 1 0	网络标示符（21位）	主机编号（8位）	
D类	1 1 1 0	多点广播地址（28位）		
E类	1 1 1 1 0	实验保留地址		

图 2-31 五类 IP 地址

Internet 层次结构的地址管理也带来了一些缺陷。IP 地址中采用网络号作为选路的依据，那么 IP 地址就是针对网络的而不是指向主机的。根据每个物理网络对应一个唯一的网络号这一原则，当一台主机从一个网络移动到另一个网络时将不得不修改其 IP 地址，因此不具有移动和漫游的功能。上述分类的 IP 编址方法，还有另一个缺陷是地址的分配缺乏足够的灵活性。A、B、C 三类网络都规定了固定的可容纳主机数量。比如一个拥有 260 台主机的实际网络，分配一个 C 类网络（容量 255）是不够的，只能分配一个 B 类网络（容量 65535），这样大量的地址空间会被浪费。

解决上述问题可以采用以下两种思路：（1）使较大的网络地址可以被多个物理网络所共享，应用最广泛的方法是采用子网划分（subnetting）的编址方式；（2）一个物理网络可以使用多个小型网络（如 C 类网络）聚合而成，这就是所谓的超网（supernetting）编址方式。

子网划分主要通过可变长子网掩码（VLSM）来实现。子网掩码的作用是用连续 1 和 0 的比特位分别对应出 IP 地址的网络编号部分和主机编号部分，掩码中 1 的位数也可以用 IP 地址后加一个斜线和数字来表示，比如网络部分有 24 位，主机部分有 8 位的一个地址可以写成 128.207.16.0/24。根据实际网络规模可以灵活的使用不同长度的子网掩码：如一个 500 个节点的网络，可以分配一个 23 位的子网掩码（255.255.254.0 或在地址后加 /23）；而一个只有两台主机的网络用一个 30 位的子网掩码（255.255.255.252 或在地址后加 /30）就足够了，注意分配地址给主机的时候要避免主机号为全 0 或全 1 的情况。

超网寻址的概念与子网划分相反，是将多个连续的 C 类网络地址聚合起来映射到一个物理网络上，这样就可以使用这个聚合起来的 C 类地址的共同地址前缀作为其网络号。为了使聚合后的网络在路由表中只对应一个表项来简化路由计算和减少开销，引入无类型域间路由（Classless Inter-Domain Routing，CIDR）技术。例如一个 ISP 要分配三个 C 类网段给用户，如果不使用 CIDR 技术，ISP 的路由器的路由表中会有三条下连网段的路由条目，并且会把它们通告给 Internet 上的路由器；通过实施 CIDR 技术，路由器上可以把这三个网段 198.168.1.0，198.168.2.0，198.168.3.0 汇聚成一条路由 198.168.0.0/22。这样 ISP 路由器只向 Internet 通告 198.168.0.0/22 这一条路由，从而大大减少了路由表的数目，节省了路由器存储空间。

IETF 将整个 IP 地址空间中的一部分保留用于专用网络，称为私有地址（Private Address）。这些地址不会被地址管理机构分配给 Internet 中的网络和节点，只能在企业或机构自己建立的专用网内部使用。这种地址空间的隔离提供了一种安全手段防止内部网络遭受来自外部的入侵，而专用网络内的节点也需要在网络入口使用代理或 NAT（网络地址翻译）等机制来访问 Internet。

4．Internet 上的路由协议

Internet 是由一个个自治系统的互联组成的。自治系统内部可以根据自己的情况自行选择各种路由协议，与其他自治系统无关。即使是一个自治系统和其他的自治系统直接相连，也不会把自己内部的路由信息传递给别的自治系统。路由器可以分为内部路由器和外部路由器两种。属于同一个自治系统且交换路由信息的路由器成为内部邻居，使用的路由协议为内部网关协议（IGP，Interior Gateway Protocol）；属于不同的自治系统且交换路由信息的路由器称为外部邻居，它们之间的路由协议为外部网关协议（EGP，Exterior Gateway Protocol）。

内部网关协议可以使用不同的路由算法，早期的域内路由协议采用了距离矢量的设计思想，例如路由信息协议（RIP，Routing Information Protocol）。在小型系统中

该协议运作良好，但是随着网络规模的扩大它的性能不能满足要求。1990 年，一个链路状态路由协议开放最短路径优先（OSPF，Open Shortest Path First）成为标准。它借鉴了另一个称为中间系统到中间系统（IS–IS，Intermediate System to Intermediate System）的协议。两者大同小异，大多数路由器制造商都支持这两种协议，OSPF 更广泛地应用在公司网络，而 IS–IS 更多用在 ISP 网络。

在自治系统之间使用的外部网关协议与内部网关协议目标不同：自治系统内部的路由目标是尽可能有效地将数据包从源端传送到接收方；而域间路由则必须考虑大量政治、安全或经济方面的因素。实际系统中主要的外部网关路由协议是边界网关协议（BGP，Border Gateway Protocol）。BGP 系统的主要功能是和其他的 BGP 系统交换网络可达信息。网络可达信息包括列出的自治系统（AS）的信息和路径信息。这些信息有效地构造了 AS 互联的拓扑图并由此清除了路由环路，同时在 AS 级别上可实施策略决策。

5．Internet 上的域名服务

域名系统（DNS，Domain Name System）是 Internet 的一项核心服务，它作为将域名和 IP 地址相互映射的一个分布式数据库，能够使用户更方便地访问互联网，而不用记住能够被机器直接读取的 IP 数值串。域名与 IP 地址紧密联系在一起，如果把域名比喻成一个人的姓名，IP 地址就是他的身份证号码。

Internet 域名与地址管理机构（ICANN）专门负责顶级域名的管理。域名系统的数据库结构为一个倒立的树形结构，顶部是根，下设 .com、.edu、.gov、.mil、.priv 等分支，如图 2–32 所示。每个节点代表域名系统的域，域又可以进一步分成子域，每个域都有一个域名。在 DNS 中，域名是由不同级别的标记字符依次组成的，标记之间用“.”分隔。对于入网的每台计算机都有类似结构的域名，即：计算机主机名·机构名·网络名·最高层域名。比如域名“www.cuc.edu.cn”是由 www，cuc，edu，cn 共 4 个节点标识符组成，这些节点标识符通常称为标号，而每标号后面的各个标号称为域。在“www.cuc.edu.cn”中最低级的域为“www.cuc.edu.cn”，代表中国传媒大学主页所在的 Web 服务器；第三级域为“cuc.edu.cn”，代表中国传媒大学；第二级域为“edu.cn”，代表教育机构；顶级域为“cn”，代表中国。

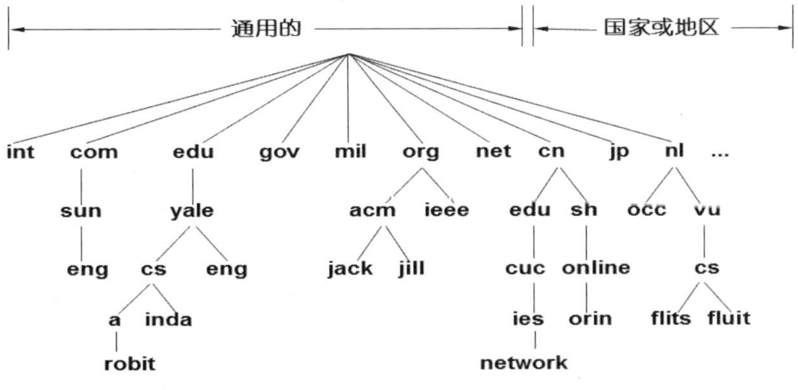

图 2–32 Internet 上的部分域名空间

Internet 对某些通用性的域名作了规定。例如，.com 是工商界域名，.edu 是教育界域名，.gov 是政府部门域名等等。此外，国家和地区的域名常用两个字母表示。例如，.fr 表示法国，.jp 表示日本，.us 表示美国，.uk 表示英国，.cn 表示中国，等等。由于 Internet 最初是在美国发源的，因此最早的域名并无国家标识。

域名的解析是通过域名服务器上的分布式数据库系统，由区域管理员划分区域边界，每个区域有一个或多个关联的域名服务器。一台域名服务器必须负责自己所管辖的所有主机的域名解析，也必须知道根域名服务器的 IP 地址。根服务器知道所有第一级域的域名服务器的位置；第一级域名服务器知道本域内的所有的二级域名服务器的位置；等等。收到域名查询请求后，根域名服务器提供该域名所在的第一级域名服务器的地址和名字，第一级再提供第二级的名字和地址，依次类推，直到得到最后的答案。

查询一个名字和找出其对应地址的过程称为域名解析。当解析器需要查询一个域名，就把该查询传递给一个本地域名服务器，如果需要查找的域恰好在该域名服务器管辖之下，则该域名服务器就返回权威资源记录。一个权威记录（authoritative record）是由管理该记录的权威部门提供，因此总是正确的。权威机构的权威性是相对缓存记录（cached record）而言的，缓存的记录有可能过时。

如果被查询域在本地域名服务器上找不到缓存记录，那么需要由本地域名服务器发起一次递归的查询过程。假设某台互联网上的主机要发一个分组到 mail.cuc.edu.cn，而本地域名服务器上没有相关域的缓存记录，那么本地域名服务器将会发送一个请求“寻找 mail.cuc.edu.cn 的 IP 地址”给 cn 的顶级域名服务器，该服务器知道 edu.cn 的域名服务器的地址并回复该请求；本地域名服务器再次向 edu.cn 域名服务器发送查询请求，该服务器知道 cuc.edu.cn 域名服务器，并用该信息回复；同样的，再次向 cuc.edu.cn 域名服务器请求 IP 地址的查询，最终得到 mail.cuc.edu.cn 这个域名的 IP 地址，并告知请求解析域名的主机。主机上的应用程序就可以直接利用这个 IP 地址与 mail.cuc.edu.cn 进行通信。整个查询过程中的各服务器都缓存中间的结果，例如本地域名服务器缓存了 mail.cuc.edu.cn 的地址，当同一个域中有其他主机请求该域名的查询，就可以直接回答用不着多次迭代发出请求，但缓存机制有时间限制以防止使用过期信息。

2.5.3 Internet 应用

1. 万维网

万维网（“World Wide Web”，亦作“Web”或“WWW”），是一个由许多互相链接的超文本（Hypertext）组成的系统，通过网页浏览器（Web browser）对其进行访问。在这个系统中，每个可用的资源，如文档、图像、视频、程序等都由一个全局“统一资源标识符”（Universal Resource Identifier，URI）进行标识和定位；这些资源通过超文本传输协议（Hypertext Transfer Protocol，HTTP）传送给用户。万维网并不等同互联网，万维网只是互联网所能提供的服务之一，是依靠着互联网运行的一项服务。它所使用的服务器称为WWW服务器或 Web 服务器，每个 Web 服务器都是一个信息源。遍布全球的 Web 服务器，通过链接把各种形式的信息无缝隙地集成在一起，构筑成密布全球的信息资源库。Web 浏览器则提供以页面为单位的信息显示。用户在自己的计算机上安装一个 Web 浏览程序和相应的通信软件后，只需要提出自己的查询要求，就可以轻松地从一个 Web 页面跳转到另一个页面，从一台服务器跳转到另一台服务器上，自由地漫游 Internet 世界了。用户无需关心这些文件存放在 Internet 上的哪台计算机中，具体到什么地方、如何取回这些信息都不需要用户参与。Web 页面中主要以文字与图片呈现信息，除此之外，还包括动画、音乐、程序等元素。目前，根据页面的生成方式，大致可以分为静态网页和动态网页两种。对于静态网页，访问者只能被动地浏览网站建设者提供的网页内容，网页内容不会发生变化，除非网页设计者修改了网页的内容。静态网页也不能实现和访问者之间的交互，信息是单向地从服务器流向浏览器。动态网页则是在页面中加入程序语句，使页面具有动态变化的能力，会根据用户的要求和选择而动态改变和响应。页面的内容和形式由程序自动生成和更新，不同的时间、不同的人访问同一网址时会产生不同的页面。

(1) 超文本传输协议（HTTP）

HTTP 协议是 Web 应用的核心，是浏览器与 Web 服务器之间的通信协议。HTTP 规定了浏览器和服务器之间传输的消息格式及各种控制信息的发送和处理请求的标准方式，从而定义了所有 Web 通信的基本框架。HTTP 协议通常承载于 TCP 协议之上，有时也承载于 TLS 或 SSL 协议层之上，即 HTTPS。默认 HTTP 的端口号为 80，HTTPS 的端口号为 443。

HTTP 协议为客户 / 服务器模式工作，永远都是客户端发起请求，服务器回送响应。HTTP 协议是一个无状态的协议，同一个客户端的这次请求和上次请求没有对应关系。一次 HTTP 操作称为一个事务，其工作过程可分为四步：

1）首先客户机与服务器建立连接。

2）建立连接后，客户机发送一个请求给服务器，请求方式的格式为：统一资源定位符（URL）、协议版本号，后边是 MIME 信息，包括请求修饰符、客户机信息和可能的内容。

3）服务器接到请求后，给予相应的响应信息，其格式为一个状态行，包括信息的协议版本号、一个成功或错误的代码，后边是 MIME 信息，包括服务器信息、实体信息和可能的内容。

4）客户端接收服务器所返回的信息，通过浏览器显示在用户的显示屏上，然后客户机与服务器断开连接。

如果在以上过程中的某一步出现错误，那么产生错误的信息将返回到客户端输出显示。HTTP 的实现简单快速，请求方法常用的有 GET、HEAD、POST。HTTP 允许传输任意类型的数据对象。由于 HTTP 协议简单，使得 HTTP 服务器的程序规模小，因而通信速度很快。

(2) 静态页面技术

网站的静态页面主要是通过 HTML 来实现的。HTML 指的是超文本标记语言（Hyper Text Markup Language），它是一种标记语言（markup language），标记语言是由一套标记标签（markup tag）构成，HTML 就是使用标记标签来描述网页的，不同的标签都有各自的样式来进行不同方式的显示。

HTML 文档包含 HTML 标签和纯文本，HTML 文档也成为网页，Web 浏览器的作用是读取 HTML 文档，并以网页的形式显示出它们。浏览器不会显示 HTML 标签，而是使用标签来解释页面的内容。

HTML 页面中应用 CSS（Cascading Style Sheet，级联样式表）来进行网页风格设计。比如，让链接字未点击时是蓝色的，当鼠标移上去后字变成红色的且有下划线，这就是一种风格。通过设立样式表，可以统一地控制 HTML 中各标识的显示属性。CSS 可以更有效地控制网页外观，精确指定网页元素位置，以及扩充创建特殊效果的能力。

(3) **动态页面技术**

动态页面技术可以分为服务器端实现的动态页面（如 JSP、ASP、PHP）和客户端实现的动态页面（如 JavaScript），以及两者综合的应用技术（如 AJAX）。

ASP 即 Active Server Pages，它是微软开发的一种类似 HTML、Script（脚本）与 CGI（公用网关接口）的结合体，它没有提供自己专门的编程语言，而是允许用户使用许多已有的脚本语言编写 ASP 的应用程序。ASP 的程序在 Web 服务器端运行，运行后再将运行结果以 HTML 格式传送至客户端的浏览器。因此，ASP 与一般的脚本语言相比更安全。ASP 的最大好处是可以包含 HTML 标签，也可以直接存取数据库及使用无限扩充的 ActiveX 控件，以简单的方式实现强大的交互功能。缺点是 ASP 技术不能很容易地实现在跨平台的 Web 服务器上工作。

JSP 即 Java Sever Pages，它是由 Sun 公司于 1999 年 6 月推出的，是基于 Java Servlet 以及整个 Java 体系的 Web 开发技术。JSP 和 ASP 在技术方面有许多相似之处，不过两者来源于不同的技术规范组织， ASP 一般只应用于 Windows 平台，而 JSP 则可以在 85% 以上的计算机上运行，而且基于 JSP 技术的应用程序比基于 ASP 的应用程序易于维护和管理。

PHP 即 Hypertext Preprocessor（超文本预处理器），其语法借鉴了 C、Java、Perl 等语言，但只需要很少的编程知识就能够使用 PHP 建立一个真正交互的 Web 站点。它与 HTML 语言具有非常好的兼容性，使用者可以直接在脚本代码中加入 HTML 标签，或者在 HTML 标签中加入脚本代码从而更好地实现页面控制。PHP 提供了标准的数据库接口，数据库连接方便，兼容性更强，扩展性强，可以进行面向对象编程。

JavaScript 是一种基于对象和事件驱动并具有相对安全性的客户端脚本语言。同时也是一种广泛用于客户端 Web 开发的脚本语言，常用来给 HTML 网页添加动态功能，比如响应用户的各种操作。JavaScript 是一种轻量级的编程语言，它是可插入 HTML 页面的编程代码。JavaScript 插入 HTML 页面后，可由浏览器执行。JavaScript 的出现使得网页和用户之间实现了一种实时性的、动态的、交互性的关系，使网页可以包含更多活跃的元素和更加精彩的内容。JavaScript 短小精悍，又是在客户机上执行，大大提高了网页的浏览速度和交互能力。同时它又是专门为制作 Web 网页而量身定做的一种简单的编程语言。JavaScript 使网页增加互动性，使规律性重复的 HTML 代码段简化，减少下载时间。JavaScript 能及时响应用户的操作，对提交表单做即时的检查，无需浪费时间交由服务器端的程序验证。

AJAX（Asynchronous JavaScript and XML）就是异步的 JavaScript 和 XML。AJAX 并不是新的编程语言，而是一种使用现有标准的新方法。AJAX 是服务器端脚本和客户端脚本综合应用，与服务器交换数据并更新部分网页的技术，无需重新加载整个页面；而传统的网页如果需要更新内容，必需重载整个网页面。通过在 HTML 页面中使用 Ajax，只需要双方指定一定的接口，页面可以向后台逻辑模块异步请求数据，并且局部刷新页面，这使得前端页面可以和后台逻辑模块完全分离出来，开发和维护都变得方便很多。

2. 电子邮件

互联网上的另一种普遍的应用是电子邮件（E-mail）。E-mail 使得用户能够电子化地创建、发送和接收信息。通过网络的电子邮件系统，用户可以用非常低廉的价格，以非常快速的方式，与世界上任何一个角落的网络用户联系。这些电子邮件可以是文字、图像、声音等各种方式。同时，用户可以得到大量免费的新闻、专题邮件，并实现轻松的信息搜索。

电子邮件系统的工作过程遵循客户——服务器模式。其中最主要的部件是用户代理（UA，User Agent）和邮件传送代理（MTA，Mail Transfer Agent）。UA 通常是一个用来发送和接收邮件的程序。它的主要功能是：发送邮件时，为用户准备报文、创建信封，并将报文装进信封，暂存起来；接收邮件时，UA 定期检查邮箱，若有邮件到来，就向用户发出一个通知。若用户打开信箱准备读取邮件，则显示一个清单，给出邮件的有关信息，包括发信人地址、主题、发送时间等；有些用户代理具有额外的用户接口，向用户提供可视化的交互服务。MTA 则相当于现实生活中的邮局，担任邮件传送工作。功能包括将暂存的邮件传送到 Internet 上以及将 Internet 上送来的邮件传送到客户端的邮箱中。除此之外，为了让用户能与子网外的用户通信，还必须有一台中继主机（Relay Host）或邮件网关（mail gateway）。

通常 Internet 上的个人用户不能直接接收电子邮件，而是通过申请 ISP 服务器的一个电子信箱，由 ISP 服务器负责电子邮件的接收。一旦有用户的电子邮件到来，ISP 服务器就将邮件移到用户的电子信箱内，并通知用户有新邮件。因此，当发送一条电子邮件给另一个客户时，电子邮件首先从用户计算机发送到 ISP 服务器，再经过 Internet，传送到收件人的 ISP 服务器，最后到收件人的个人计算机。ISP 主机起着“邮局”的作用，管理着众多用户的电子信箱。每个用户的电子信箱实际上就是用户所申请的账号。每个用户的电子邮件信箱都要占用 ISP 服务器上一定容量的硬盘空间，由于这一空间是有限的，因此用户要定期查收和阅读电子信箱中的邮件，以便腾出空间来接收新的邮件。

电子邮件系统使用了几种标准的协议完成邮件的收发。简单邮件传输协议（SMTP，Simple Mail Transfer Protocol）是 Internet 上各 MTA 之间的电子邮件传送协议，负责把邮件从一台机器传至另外一台机器。邮局协议（POP3，Post Office Protocol version3）和互联网报文存取协议（Internet Message Access Protocol）则负责把邮件从电子邮箱服务器传输到本地计算机。图 2-33 所示为一个电子邮件系统收发邮件的过程示意：用户

A通过用户接口使用UA(通常是一个邮件客户端程序)发出邮件到MTA(邮件服务器),使用 SMTP 协议;用户 A 注册的邮箱所使用的邮件服务器收到邮件后经过 Internet 发送邮件给用户 B 使用邮箱的服务器,同样使用 SMTP 协议;用户 B 通过 UA 接收邮件服务器上的邮件,使用 POP3 协议或 IMAP 协议。

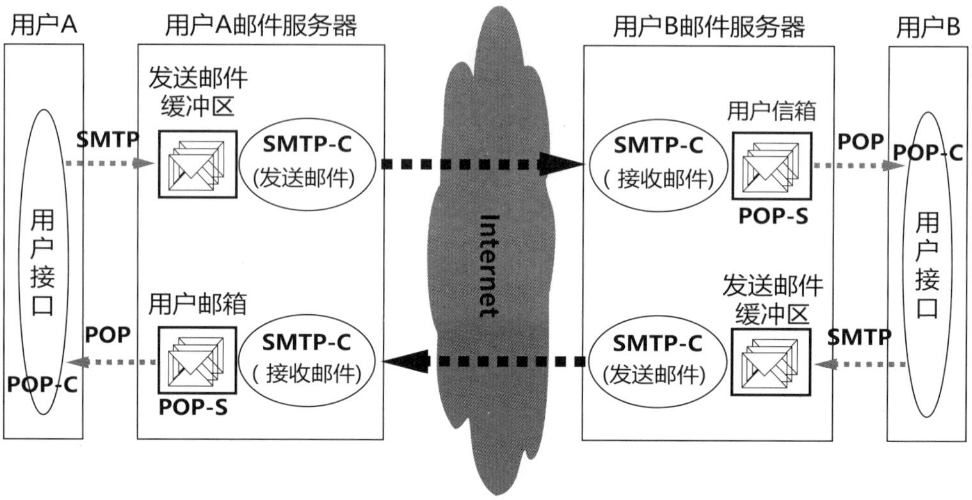

图 2-33 电子邮件系统示意

最初的电子邮件所使用的消息格式是 RFC822。RFC822 文档定义了邮件内容的主体结构和各种邮件头字段的详细细节,但是,其定义的邮件体部分使用 ASCII 字符,通常都只能用于表述一段普通的文本,而无法表达出图片、声音等二进制数据。为了适应互联网多媒体数据的传输,人们后来专门为此定义了多用途 Internet 邮件扩展协议(MIME, Multipurpose Internet Mail Extension)。MIME 协议用于定义复杂邮件体的格式,它可以表达多段平行的文本内容和非文本的邮件内容,例如,在邮件体中内嵌的图像数据和邮件附件等。另外,MIME 协议的数据格式也可以避免邮件内容在传输过程中发生信息丢失。MIME 协议不是对 RFC822 邮件格式的升级和替代,而是基于 RFC822 邮件格式的扩展应用。也就是说,RFC822 定义了邮件内容的格式和邮件头字段的详细细节,MIME 协议则是定义了如何在邮件体部分表达出的丰富多样的数据内容。

3. 互联网流媒体

互联网的普及和多媒体技术在互联网上的应用,迫切要求能解决实时传送视频、音频、计算机动画等媒体文件的技术。在这种背景下,产生了流式传输技术及流媒体。通俗地讲,所谓流媒体(Stream media)技术就是将声音、图像或动画等媒体文件从服务器向客户端实时连续传输时,用户不必等待全部媒体文件下载完毕,而只需延迟一小段时间,就可以在用户的计算机上播放,而文件的其余部分则由用户计算机在后台继续接收,直至播放完毕或用户中止操作。这种技术使用户在播放视音频或动画等媒体的等待时间成百倍地减少,而且不需要太多的缓存,节省了大量的磁盘空间。

互联网上的多媒体服务可以采用图 2–34 所示的三种方式。（a）中采用传统的下载播放方式，服务器端包含 Web 页面和存储在文件中的音频和视频，用户使用浏览器访问 Web 服务器，通过 HTTP 获得页面和媒体文件，客户端浏览器完全接收下来文件对象后交给播放器播放。（b）是采用顺序流式传输的媒体服务，浏览器访问 Web 服务器获得元数据并交给播放器，其中，元数据（metadata）是对信息资源进行描述的数据。播放器从元数据中得到资源的定位等描述，向服务器请求媒体资源。服务器使用 HTTP 提供音视频流，播放器可以边下载边播放。这种方式用户只能按流入的顺序播放已经下载的内容，而不能跳转至尚未下载的内容。优点是下载过程无损伤能保证播放质量，HTTP 协议兼容性好，不受防火墙影响等。不足之处在于不支持随机访问，不支持实况直播，对慢速连接而言，延迟比较严重。为解决 HTTP 协议不适应随机访问和网络带宽变化的问题，一些技术方案把整个流分割成大量小的、不同码率的片段，在元数据中包含其索引，根据需要用 HTTP 传输下载。典型的如苹果公司的 HLS（HTTP Live Streaming）协议等。（c）采用了专门的流媒体服务器和流媒体传输协议，可以根据当前的网络传输速度自动调整需要传送的数据量，缓存数据少，适合实时传送并支持随机访问，这种方式称为实时流式传输。缺点是实时传输协议有时在防火墙处受阻，播出质量受网络条件影响较大。

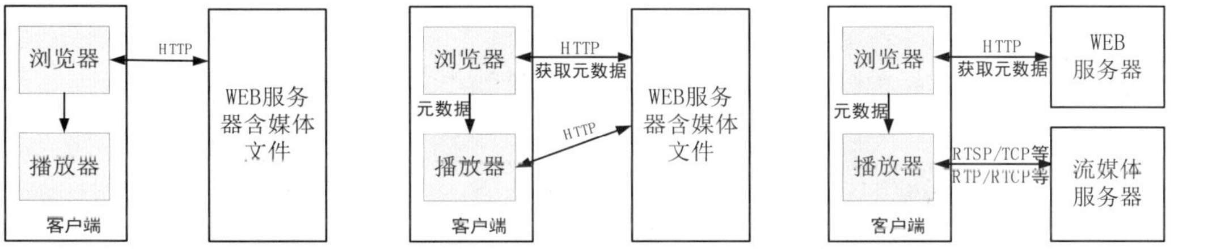

图 2–34 互联网媒体服务的三种方式

流式传输的实现需要合适的传输协议。TCP 包含较多的开销，故不太适合传输实时数据。在流式传输的实现方案中，一般采用 HTTP/TCP 等协议来传输控制信息，而用 RTP/UDP 来传输实时多媒体数据。

实时传输协议（RTP，Real time Transport Protocol）用以传输实时的音视频数据，1995 年 IETF 通过并成为推荐标准（RFC1889、RFC1890)。RTP 通常使用 UDP 来传送数据，但 RTP 也可以在 TCP 或 ATM 等其他协议上工作。和 RTP 捆绑一起的是实时传输控制协议（RTCP，Real time Control Protocol），用以同步一个 RTP 会话中的不同媒体流。在 RTP 会话中每个参与者周期性的向所有其他参与者传输 RTCP 控制分组，分组中含有已发送的数据包的数量、丢失的数据包的数量等统计资料，服务器利用这些信息动态地改变传输速率，甚至改变有效载荷类型。RTP 和 RTCP 配合使用，能以有效的反馈和最小的开销实现传输效率最佳化，因而特别适合传送网上的实时数据。

实时流协议（RTSP，Real Time Streaming Protocol）由 Real Networks 和 Netscape 共同提出，该协议定义了应用程序如何有效通过 IP 网络传送多媒体数据。RTSP（RFC

2326）是一个基于客户端/服务器的应用层协议，在体系结构上位于 RTP 和 RTCP 之上，起着对话和控制作用。RTSP 的请求主要有 DESCRIBE、SETUP、PLAY、PAUSE、TEARDOWN、OPTIONS 等等。例如 SETUP 可以确定 RTP/RTCP 使用的端口，PLAY/PAUSE/TEARDOWN 可以开始或者停止 RTP 的发送，等等，如图 2-35。RTSP 与 HTTP 相比，HTTP 请求由客户机发出，服务器做出响应；使用 RTSP 时，客户机和服务器都可以发出请求，即 RTSP 可以是双向的。流媒体各协议与 TCP/IP 协议栈关系如图 2-36 所示。

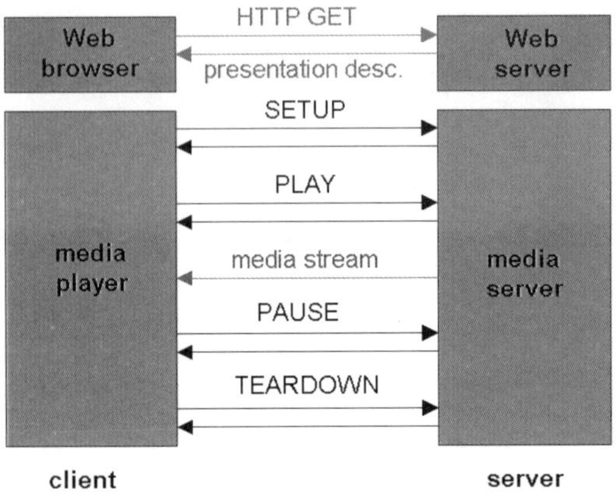

图 2-35 RTSP 的工作过程示意

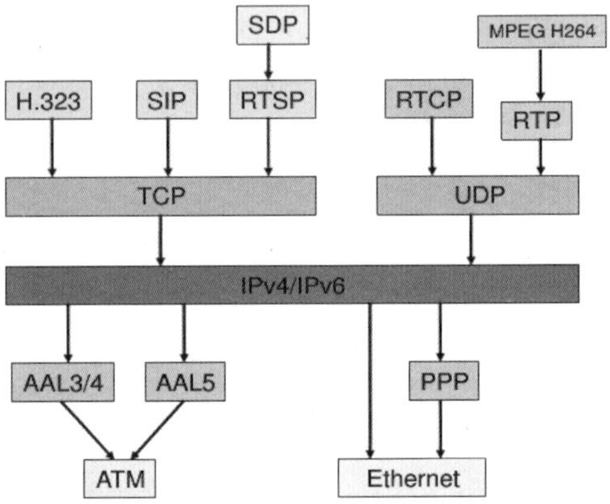

图 2-36 流媒体各协议与 TCP/IP 协议栈

其他与 RTSP 类似的媒体访问协议还有 Adobe Systems 公司为 Flash 播放器和服务器之间音频、视频和数据传输开发的 RTMP（Real Time Messaging Protocol），以及微软公司的 MMS（Microsoft Media Server Protocol）等等。

音视频资源数据量大，需要占用较大的带宽；同时音视频服务对网络的延迟、抖动等服务质量（QoS）提出更高的要求。在全球规模的 Internet 上，热点信息会有大量的用户访问，没有单个的服务器或站点能够应付如此庞大的需求，而且访问路径过长会加剧中间链路的拥塞，影响音视频服务的效果。如何才能让各地的用户都能够进行高质量的访问，并尽量减少由此而产生的费用和网站管理压力呢？在不改变互联网基本架构的情况下，比较现实的方法就是覆盖网（Overlay Network）技术：通过在现有的互联网中增加一层新的网络架构，在这层新的逻辑结构中优化内容的分发和传递，解决互联网网络拥挤的状况，提高用户所能获取服务或业务的服务质量。

一种覆盖网的体系结构称为内容分发网络（CDN，Content Distribution Network 或 Content Delivery Network）。CDN 通过部署内容的副本，把业务的服务点尽可能地延伸至网络边缘，也就是最靠近用户的地方，从而避免远距离的 IP 转发，减少互联网上的服务质量损伤。同时，CDN 也提供分布式的负载均衡，从而减少服务器端的瓶颈。CDN 相当于在现有互联网架构之上建立一个多层次的、分为中心和边缘的网络。边缘存储的是中心内容的副本或镜像，以及热点内容的缓存。业务内容根据需要和规划预先在 CDN 网络中的中心和各个边缘节点间复制、分发。用户对资源的访问会通过全局负载均衡技术被指引到离用户最近的、工作正常的边缘节点服务器上。这种重定向可以通过 DNS 实现，DNS 服务器会根据用户所处的网络位置，把欲访问的域名解析成最接近用户的边缘节点的 IP 地址。如果边缘节点服务器上没有用户需要的资源，则会根据配置自动从原始资源服务器或中心节点服务器抓取相应的内容并提供给用户。CDN 将服务能力和服务内容在网络上进行了分布，可以在一定程度上加速流媒体内容的分发，提高服务质量。但是 CDN 的缺点在于，其服务的扩展能力需要依靠不断部署新的分布节点，由此造成了 CDN 服务能力扩展的成本非常高，需要不断地投资。同时，用户访问是具有随意性，突发性等特点的，而传统 CDN 系统不具备弹性动态扩展的能力，难以从根本上提升系统的效率。

另一种覆盖网体系结构是对等网络（P2P，Peer to Peer）。P2P 技术将各个用户互相结合成一个应用层的网络，共享其间的带宽、共同处理其中的信息。P2P 工作方式中，每一个客户终端既是客户端又是服务器。采用 P2P 架构可以有效地利用大量普通计算设备的计算资源和带宽资源，将计算任务或存储数据分布到所有节点上，达到高性能计算、高 I/O 能力、高带宽和海量存储的目的。同时，由于 P2P 的特性，系统在大规模并发服务时具有优势，系统整体具备动态扩展能力，部署成本低，系统效率高，同时具有系统级的服务可靠性。P2P 的缺点在于：首先 P2P 系统天生具有可控性、可管理性差的特点，同时面临可用性问题，从整个系统而言，P2P 是可靠的，但是对于单个内容或者单个任务而言，P2P 是不稳定的，每个 Peer 具有随意性，随时可以退出系统，交换的内容随时可能被删除或者被终止共享；另外，传统 P2P 技术中 Peer 之间多是在覆盖网中寻找最优逻辑链路，而忽视运营商承载网架构和实际物理链路的情况，容易造成骨干网拥塞、网络流量风暴等损害电信运营商利益的问题。电信级可管理的 P2P 系统以及与 CDN 的融合是目前 P2P 内容分发技术的重要研究方向。

2.6 本章小结

本章主要介绍了计算机网络的基础知识，包括计算机网络的基本概念，计算机网络的体系结构，以及局域网、广域网和 Internet 技术等内容。

计算机网络是计算机技术和通信技术逐步发展，日益密切结合的产物。它是一个复杂系统，是硬件和软件的综合体。在不同的应用环境和物理设施之上，计算机网络的形态也是多种多样。随着技术发展和服务的需要，计算机网络经历了从面向终端的分布式系统到面向通信的自治系统互联，再到开放式标准化的体系结构等多个阶段。其应用也从简单的远程访问、资源共享等发展到现在的网络几乎无处不在，时时刻刻应用于生活的方方面面。

网络体系结构是计算机网络的基础。ISO/OSI 参考模型可以帮助大家认清网络系统结构在计算机网络中的重要地位，对于分析、设计网络各层的协议具有重要指导意义。互联网带来的对工业、科技乃至生活方式的变革不亚于工业革命对时代的影响，而 TCP/IP 体系结构正是构成互联网的基础和核心。它的应用高效、灵活，并且在实践中不断得到检验和更新。

局域网技术和广域网技术是网络技术中最重要的两大类。局域网具有较低的传输时延和误码率，投资少、部署灵活、使用方便，IEEE 802 委员会对此做出了积极的贡献。各种局域网技术中，以太网技术的应用最为广泛，发展最为迅速。其接口速率最高可达到百 G，覆盖范围也达到城域网的规模。广域网技术的更新换代也非常快，从 X.25 到帧中继，从 ISDN 再到 ATM，以及 MPLS、OTN、ASON 等新技术不断出现，推动着计算机网络向着更高速、更智能的下一代网络演进。

延伸阅读

（1） Internet history ：http://www.computerhistory.org/internet_history/

（2） The Cooperative Association for Internet Data

Analysis ： http://www.caida.org/home/

（3） CISCO' s project to forecast and analyze the growth and use of IP networks worldwide. http://www.cisco.com/en/US/netsol/ns827/networking_solutions_solution_category.html

习　题

1. 计算机网络的发展经过了哪几个阶段？各个阶段的特点是什么？
2. 计算机网络可以从哪几方面进行分类？主要的分类方法是什么？
3. 通信子网和资源子网的功能是什么？分别由什么组成？
4. 局域网、城域网和广域网的主要区别是什么？
5. 什么是网络协议？网络协议分层有什么好处？
6. OSI/RM 分为哪几层？各层的主要功能是什么？
7. 简述 OSI 模型和 TCP/IP 模型的主要区别？
8. 局域网中共享介质访问的控制方式主要有哪几种？
9. 交换式以太网相比经典以太网有什么优势？交换机处理分组转发的方式主要有哪几种？
10. 简述广域网交换节点路由转发的过程，以及层次路由的好处。
11. Internet 的地址结构是什么样的？子网划分和无类域间路由各是什么含义？有什么关系？
12. 什么是内部网关协议和外部网关协议？ Internet 上典型的内部网关协议有哪些？
13. 简述域名解析的过程。为什么 DNS 可以用作 CDN 上资源访问的重定向？
14. 动态网页技术有哪几类？对数据库服务器的访问适合用 JSP 还是 java script ？

第 3 章 SDH 技术

3.1 SDH 网概述

3.1.1 SDH 网的产生

在综合业务数字网中，需要把具有不同传输速率的各种信息，例如传输速率为 64kb/s 的电话，传输速率为 2Mb/s 以下的会议电视，传输速率为 4 ~ 34Mb/s 的电视节目等都复接在一起，放在同一根线路上进行传输。原来的准同步数字系列 PDH（Pseudo-synchronous Digital Hierarchy），是把由 30 路电话复接而成的基群信号 E1（传输速率为 2 .048Mb/s）逐步复接成二次群 E2（传输速率为 8 .448Mb/s）、三次群 E3（传输速率为 34 .368Mb/s）、四次群 E4（传输速率为 139 .264Mb/s）。如果想在天津把从北京传到上海的四次群中分出一个特定的基群信号 1，则应先把四次群分接成三次群，三次群分接成二次群，二次群再分接成基群。取出基群信号 1 后，还应在天津加上一个基群信号 1′，进行相反的，由基群到二次群、三次群、四次群的复接，才能继续向上海传送。可见，为了分出一个基群信号，就需要在天津设立很多分接和复接设备，不但增加了设备的成本，减少了系统的可靠性，还因为多次的分接和复接，使信号受到损伤。此外，PDH 还有一些其他的缺点，例如没有全世界统一的标准和规范，不便于进行国家间的互通和不同厂家产品的互换；没有足够的用于网络管理、操作和维护的比特，无法对网络进行分层管理和实现端对端的监控等等。

针对 PDH 的缺点，美国贝尔通信研究所提出了同步光纤网络 SONET（Synchronous Optical NETwork）的传输技术体制，并逐步成为美国的国家标准；1988 年，国际电报电话咨询委员会（CCITT）与美国国家标准化协会达成协议，将 SONET 修订为国际通用技术体制，重新命名为同步数字体系 SDH（Synchronous Digital Hierarchy），可应用于光纤、微波和卫星传输网络；CCITT 改编为国际电联标准部（ITU-T）后，进一步对有关建议进行了完善，为各国普遍接受。

3.1.2 SDH 的特点

SDH，是一种同步的数字传输网。所谓同步，是指其复接的方式采用同步复接，其各支路的低速信号是互相同步的。它的传输速率分级称为同步传递模块 STM（Synchronous Transport Module），其中 STM-1 的传输速率为 155.520Mb/s，STM-4

的传输速率为 622.080Mb/s，STM–16 的传输速率为 2488.320Mb/s，STM–64 的传输速率为 9953.280Mb/s 等。

SDH 网络是一个把支路信号复接、线路传输和信号交换功能融为一体的传输网，它由一个统一的网管系统对不同的网元进行管理，可以很方便地进行在线监测、动态维护，实现不同厂商设备的互通，提高网络资源的利用率，实现灵活、可靠和高效的网络运行和维护，降低管理、维护和运行费用。

同 PDH 相比，SDH 有很多突出的优点。

在 SDH 中，不同传输速率的数字信号的复接和分接变得非常简单，只需利用软件即可从高速信号中一次分出低速信号，既简化了操作步骤，又便于通信系统的扩容和升级，尤其适合于高速大容量的光纤传输系统。

SDH 的基本传输模块可以包容目前世界上几种主要的传输系列，便于各个国家的互通，也可兼容现有的 PDH。

SDH 对网络接点接口进行了统一的规范，可以在同一网络上使用不同厂家的设备，具有很好的横向兼容性。

SDH 设备是智能化的设备，又在帧结构中安排了丰富的、用于管理的开销比特（大约占信号的 5%，例如在 STM–1 中，每一帧的段开销、通道开销和指针共有 90 个字节，开销比特的速率为 $90 \times 8 \times 8000 = 5.76$Mb/s），使网络的运行、管理和维护（OAM）能力大大加强，加大了组网的灵活性，提高了网络的效率和可靠性。

虽然 SDH 设备的成本比 PDH 大约高 5% 左右，但其营运费仅为 PDH 的六分之一。综合考虑，SDH 的费用不到 PDH 的 70%，具有较好的经济效益。

SDH 支持异步转移模式（ATM）的交换方式，便于向宽带综合信息网过渡。

当然，SDH 也有一些缺点。例如，频带利用率较低。在 PDH 中，一个 139.264Mb/s 的四次群可以包容 64 个基群信号（2.048Mb/s），频带利用率为

$(64 \times 2.048) / 139.264 = 94\%$。

在 SDH 中，一个 155.520Mb/s 的 STM–1 只能包容 63 个基群信号，频带利用率为

$(63 \times 2.048) / 155.520 = 83\%$。

同样，PDH 中一个 139.264Mb/s 的四次群可以包容 4 个三次群信号（34.368Mb/s），频带利用率为

$(4 \times 34.368) / 139.264 = 99\%$。

在 SDH 中，一个 155.520Mb/s 的 STM–1 只能包容 3 个三次群信号，频带利用率为

$(3 \times 34.368) / 155.520 = 66\%$。

此外，还有技术比较复杂，以及由于大规模采用软件控制容易造成人为因素、计算机病毒等引起的网络故障等。

3.2　SDH 的一些基本概念

为了更好地理解 SDH 的基本原理，我们先介绍一些基本概念。至于一些有关设备的原理和用途，我们将在以后慢慢介绍。

3.2.1 SDH 的主要设备

在一个完整的 SDH 网中使用的设备可以分成三类，一种是交换设备（例如 ATM 交换机等）；一种是传送设备，用来对信号进行复接和传送；还有一种是用户网络设备（例如光纤数字分布接口 FDDI，分布队列双总线 DQDB 等）。在网络中使用的 SDH 特有的传送与交换设备，主要有终端复用器、分插复用器、交叉连接设备等。

1. 终端复用器（TM）

终端复用器是把多路低速信号复用成一路高速信号，或反过来把一路高速信号分接成多路低速信号的设备。

2. 分插复用器（ADM）

分插复用器是在输入的高速信号中分接（或插入）部分低速信号的设备。

3. 数字交叉连接设备（DXC）

数字交叉连接设备是具有一个或多个信号端口，可以对任意端口之间的信号进行可控连接（包括再连接）的设备，它兼有复用、配线、保护 / 恢复、监控和网管多项功能，其作用类似于交换机。

4. 再生器（RG）

再生器位于传输链路中途，是能够接收 STM–N 信号，并经过适当的处理，使信号按照规定的幅度、波形和定时特性继续向前传送的设备。

3.2.2 通道、复用段和再生段

在一个 SDH 网络中，终端与终端之间的链路称为通道；复用器与复用器（不管是终端复用器还是分插复用器）之间的链路称为复用段；再生器和其他网元之间的网络称为再生段。

图 3–1 表示一个由终端复用器、再生器和分插复用器组成的一个简单网络。其中三个终端之间组成三个通道；再生器和其他网元组成 4 个再生段；复用器之间组成 3 个复用段：第一个复用段由再生段 1 和 2 组成，第二个复用段由再生段 3 和 4 组成，分插复用器和终端复用器 3 之间的网络为第三个复用段。

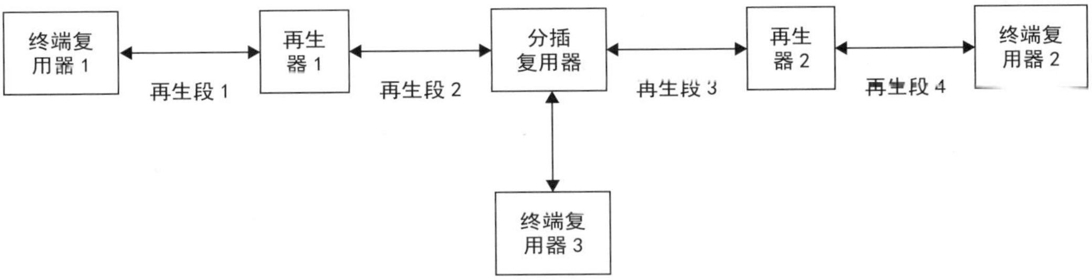

图 3–1 SDH 网络结构

3.2.3 SDH 的分层模型

类似于计算机网络，SDH 网也采用分层模型，便于进行设计和管理。SDH 网从上到下可以分成电路层、通道层和传输媒介层，其中通道层又分为低阶通道层和高阶通道层，传输媒介层又分为物理媒介层和段层，段层则由复用段层和再生段层组成。

电路层网络直接为用户提供通信服务，面向电路交换业务、分组交换业务、IP 业务、租用线业务和宽带综合业务等。其主要设备是交换机、交叉连接设备，以及 IP 路由器等。在呼叫的基础上，电路的建立和释放所需时间很短。

通道层网络支持一个或几个电路层网络，由各种类型的电路层网络共享，为电路层提供可支持不同类型业务所需的信息传输能力。通道层网络将电路层业务映射进复用段层的格式内。对于电路层网络节点，通道层的通道是透明的。通道层可分为低阶通道层和高阶通道层，分别提供不同等级的信息结构（称之为虚容器）。

传输媒介层网络支持一个或几个通道层网络，它与具体的传输媒质是光纤还是无线电信号有关。其中复用段层网络为通道层提供同步、复用功能，进行复用段开销的处理和传递；再生段层网络完成再生器之间或再生器与复用段终端之间的定帧、扰码、再生段误码监测和再生段开销的处理和传递；物理媒介层网络主要以光电脉冲形式进行比特的传送等。

3.2.4 开销和指针

在通信网络中，为了保证信息的正常、准确、灵活地传送，在传输业务信息之外，需要传输一些用于网络运行、管理和维护使用的多余字节，把它称为开销。在 SDH 中有三种开销：再生段开销 RSOH 主要用于再生段的管理，复用段开销 MSOH 主要用于复用段的管理，通道开销主要用于通道层的管理。

采用指针技术来实现复用时各支路信号的同步，是 SDH 的显著特点之一。所谓指针，是用来指示低速信号在高速信号中位置的一组二进制数。它也不属于传输业务信息，也应属于开销之列。在 SDH 中有 2 种管理单元指针 AU–4、AU–3 和 4 种支路单元指针 TU–11PTR、TU–12PTR、TU–2PTR 和 TU–3PTR。分别用来指示虚容器 VC–11、VC–12、VC–2、VC–3 和 VC–4 的位置。

3.2.5 复用单元

1．容器

容器（C）是用来装载各种速率信号的信息结构。在 SDH 中定义了五种标准容器 C–11、C–12、C–2、C–3 和 C–4，现有各种速率的信息经过适配后都可以装入其中。其中 C–11 的标称速率为 1.600Mb/s，用于装载 PDH 中北美和日本的一次群信息 T1（1.544Mb/s）；C–12 的标称速率为 2.176Mb/s，用于装载 PDH 中我国和欧洲的一次群信息 E1（2.048Mb/s）；C–2 的标称速率为 6.784Mb/s，用于装载 PDH 中北美和日本的二次群信息 T2（6.312Mb/s）；C–3 的标称速率为 48.384Mb/s，用于装载 PDH 中北美、日本的三次群信息 T3（44.736Mb/s）或我国和欧洲的三次群信息 E3（34.368Mb/s）；C–4 的标称速率为 149.760Mb/s，用于装载 PDH 中四次群信息 E4（139.264Mb/s）。

2. 虚容器

虚容器（VC）是用来支持 SDH 通道层连接的信息结构。由容器和通道段开销组成。容器输出的净负荷加上通道开销 POH 就组成相应的虚容器 VC–11（标称速率为 1.664Mb/s）、VC–12（标称速率为 2.240Mb/s）、VC–2（标称速率为 6.848Mb/s）、VC–3（标称速率为 48.960Mb/s）和 VC–4（标称速率为 150.336Mb/s）。

根据它们在复用中的不同地位，可以把容器分为低阶虚容器和高阶虚容器两类。在北美，VC–1、VC–2 属于低阶虚容器，VC–3 和 VC–4 属于高阶虚容器；在我国和欧洲，VC–1、VC–2 和 VC–3 属于低阶虚容器，只有 VC–4 属于高阶虚容器。相应地，在北美把提供 VC–1、VC–2 等低阶虚容器的通道层称为低阶通道层，把提供 VC–3 和 VC–4 等高阶虚容器的通道层称为高阶通道层；在我国和欧洲，则把提供 VC–1、VC–2 和 VC–3 的通道层称为低阶通道层，把提供 VC–4 的通道层称为高阶通道层。

3. 支路单元

支路单元（TU）是提供低阶通道层和高阶通道层之间适配的信息结构。由低阶虚容器和相应的支路单元指针组成。

在高阶虚容器中固定地占有规定位置的一个或多个支路单元的组合称为支路单元组（TUG）。

4. 管理单元

管理单元（AU）是提供高阶通道层和复用段之间适配的信息结构。由高阶虚容器和相应的管理单元指针组成。

在 STM–N 的净负荷中固定地占有规定位置的一个或多个管理单元的组合称为管理单元组（AUG）。

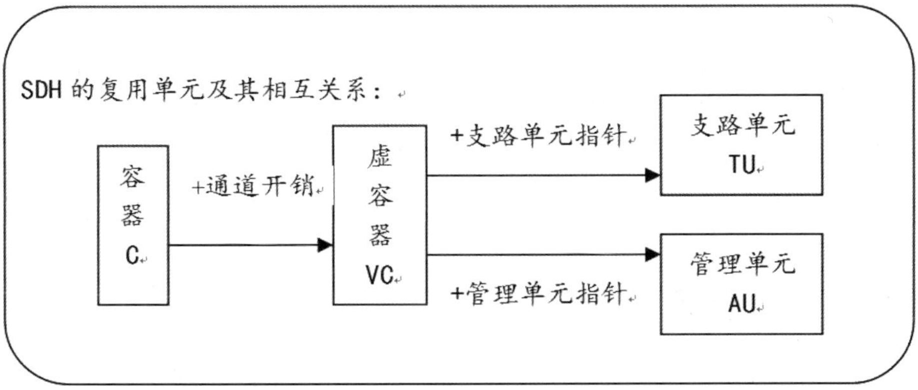

3.3 SDH 的复用

> 复用是把若干路低速信号合成为一路高速信号。SDH 采用净负荷指针复用技术，即把低速信号放在高速信号中用指针指示的特定位置，使低速信号的接入和取出变得非常容易。

SDH 的复用是在其帧结构的基础上进行的。因此，先介绍它的帧结构。

3.3.1 SDH 的帧结构

与电视信号是由一帧一帧的图像组成，每一帧的图像按照从左到右、从上到下的顺序进行扫描相类似，SDH 的帧结构是以字节（Byte，一般每个字节包含 8 个比特）为基础的矩形块状帧结构。在传输时也按照从左到右、从上到下的顺序传。其中 C–11、C–12 和 C–2 每秒传送 2000 帧，帧周期为 500 μs；C–3 和 C–4 每秒传送 8000 帧，帧周期为 125 μs 。

1．STM–1 的帧结构

图 3–2 是同步传输模块第一级（STM–1，传输速率为 155.520Mb/s）的帧结构示意图，它由 9 行、270 列，共 2430 个字节（19440 个比特）组成，我们把它称为 STM–1 的基帧。一个 STM–1 的基帧可以分成两个部分，右边 261 列属于信息净负荷区域，左边 9 列则是用于网络的运行、管理和维护的字节。在左边 9 列中，第 1 行至第 3 行属于再生段开销（RSOH），用于再生段层网络的运行、管理和维护；第 4 行为管理单元指针（AU PTR），用来指示信息净负荷在帧内的准确位置；第 5 行至第 9 行属于复用段开销（MSOH），它们用于复用段层网络的运行、管理和维护。在右边 261 列中，还有一列 9 个字节（即每一行从左边数的第 10 个字节）用于通道性能监视、管理和控制，称为通道开销（POH）。可见，真正用来传输的净负荷只是右边 9×260 个字节，它们组成了 SDH 网中的标准容器 C–4（因此，C–4 的速率为 9×260×8×8000=149.760Mb/s），加上通道开销后，成为相应的虚容器 VC–4。除了在 SDH 网络的边界外，虚容器 VC 总是保持其完整性，在网络中传送，因而每一帧中通道开销的 9 个字节也视为净负荷的一部分。

1	2	3	4	5	6	7	8	9	10	11 ~ 270
A1	A1	A1	A2	A2	A2	J0	*×	*×	J1	
B1	Δ	Δ	E1	Δ	O	F1	×	×	B3	
D1	Δ	Δ	D2	Δ	O	D3	O	O	C2	
AU PTR									G1	净负荷区
B2	B2	B2	K1	O	O	K2	O	O	F2	（260 字节 ×9 行）
D4	O	O	D5	O	O	D6	O	O	H4	
D7	O	O	D8	O	O	D9	O	O	F3	
D10	O	O	D11	O	O	D12	O	O	K3	
S1	Z1	Z1	Z2	Z2	M1	E2	×	×	N1	

图 3–2 STM–1 的帧结构

除了 STM–1 外，还有同步传输模块第二级 STM–4（传输速率为 622.080Mb/s）、第三级 STM–16（传输速率为 2488.320Mb/s）、第四级 STM–64（传输速率为 9953.280Mb/s）等，一般地记为 STM–N，其块状帧为 9（行）×270×N（列）个字节（19440×N 个比特）。它的段开销是由 STM–1 的段开销以字节交错间插方式构成的，但只把第一个 STM–1 的段开销完整保留，其余 N–1 个 STM–1 的段开销仅保留定帧字节 A1、A2 和比特间插奇偶校验 24 位码字节 B2，其他均略去。

2．其他容器的帧结构

ITU 规定的各种容器帧结构如下。

C–11 帧由 9 行 12 列组成，除去保留字节，每帧包含 4（3×9 – 2）= 100 个字节，每秒传送 2000 帧（帧周期为 500μs），标称速率为 100×8×2000 = 1.600Mb/s，用于装载 PDH 中北美和日本的一次群信息 T1（1.544Mb/s）。加上通道开销组成的虚容器 VC–11，再加上支路单元指针构成的支路单元 TU–11，其速率见表 3–1。

C–12 容器的帧频也是每秒传送 2000 帧（帧周期为 500μs），由 16 行 12 列组成，除去保留字节，每帧包含 4（4×9 – 2）= 136 个字节，对应的传输速率为 2.176Mb/s，用于装载 PDH 中我国和欧洲的一次群信息 E2（2.048Mb/s）。相应的虚容器 VC–12 和支路单元 TU–12 的速率也如表 3–1 所示。

C–2 帧每帧包含 4（12×9–2）=424 个字节，每秒传送 2000 帧，标称速率为 6.784Mb/s，用于装载 PDH 中的 T2（6.312Mb/s）。

C–3 的帧频为每秒传送 8000 帧（帧周期为 125μs）。每帧包含 3×84 个字节，传输速率为 48.384Mb/s，可以装载 PDH 中的 T3（44.736Mb/s）或 E3（34.368Mb/s）。

各复用单元速率（单位是 Mb/s）如表 3–1 所示。

表 3–1 复用单元速率

等级	11	12	2	3		4
有效负荷	1.544	2.048	6.312	34.368	44.736	139.264
周期或复帧周期 (μs)	500	500	500	125		125
帧频或复帧频率 (Hz)	2000	2000	2000	8000		8000
容器 C 结构	4(3×9–2)	4(4×9–2)	4(12×9–2)	84×9		260×9
容器 C 字节数	100	136	424	756		2340
容器 C 速率	1.600	2.176	6.784	48.384		149.760
虚容器 VC 结构	4(3×9–1)	4(4×9–1)	4(12×9–1)	85×9		261×9
虚容器 VC 字节数	104	140	428	765		2349
虚容器 VC 速率	1.664	2.240	6.848	48.960		150.336
支路单元 TU 结构	4(3×9)	4(4×9)	4(12×9)	85×9 + 3		
支路单元 TU 字节数	108	144	432	768		
支路单元 TU 速率	1.728	2.304	6.912	49.152		–
管理单元 AU 结构				87×9+3		261×9+9
管理单元 AU 字节数				786		2358
管理单元 AU 速率	–	–	–	50.304		150.912

除了在光纤介质中应用以外，SDH 也用于卫星和微波通信。在许多情况下，卫星和微波通信需要传输 155.520Mb/s 以下的信号，这就需要有相应的接口速率。为此，人们又规定了一个 51.840Mb/s 的接口速率（与北美 SONET 同步传输信号等级的 STS-1 一致），有时称之为 STM-0，专门用于卫星和中小容量微波接力系统。但它并不是 SDH 的一个等级，也不是网络接口的速率。它一共包含 9 行 90 列，810 个字节，除了相应的开销字节和塞入比特外，真正用于装载用户信息的容器速率为 9×84=756 个字节，即容器 C-3 的容量。

3.3.2 段开销字节

图 3-2 中各段开销字节的功能和用途如下。

帧定位字节 A1 的二进制码为 11110110，A2 的二进制码为 00101000，它们用于识别帧的起始位置。

再生段踪迹字节 J0 用来重复发送固定的端接入点标识符，使接收机能确认它与指定的发射机处于持续连接状态。

数据通信通路字节用来构成 SDH 管理网的传送链路；其中 D1 ~ D3 用于再生段终端之间的网络管理，速率为 192kb/s；D4 ~ D12 是用于复用段终端之间的网络管理，速率为 576kb/s。

公务字节 E1 和 E2 用于管理人员之间进行通信联络，其中 E1 用于本地公务通信，可以在再生器接入；E2 用于直达公务通信，可以在复用器终端接入。

使用者通路字节 F1 主要为网络经营者进行特定维护而提供的临时通路连接。

比特间插奇偶校验 8 位码（BIP-8）B1 和比特间插奇偶校验 24 位码（BIP-24）B2 用于进行误码监视。其中 B1 字节有 8 个比特，用作再生段误码自动监视；它采用偶校验的比特间插奇偶检验码，在发送端对扰码后的前一个 STM-N 帧的所有比特进行计算，计算结果置于扰码前该帧的 B1 字节位置；在接收端进行类似的计算，将计算的结果与 B1 所示的结果比较，结果不同说明有误码。而 B2 有三个字节，共 24 个比特，也采用偶校验的比特间插奇偶检验码，用作复用段误码自动监视。

自动保护倒换通路字节 K1 和 K2 的第 1 至第 5 个比特用于嵌入信令通路，进行自动保护。K2 的第 6 至第 8 个比特用于复用段远端缺陷指示，当接收端发现上游故障或正接收复用段告警指示信号 (MS-AIS) 时，就利用 K2 字节的后三个比特构成 110 码，向发送端回送。

同步状态字节 S1 的第 5 至第 8 个比特可以表示 16 种不同的状态，其中 6 种用于表示 SDH 的四种同步等级（分别同步于 G.811 主时钟信号、G.812T 从时钟信号、G.812L 从时钟信号和同步设备定时源 SETS 信号，有关时钟等级的定义见后面《SDH 的同步》一节）和两种比特图案（一种表示同步质量未知，另一种表示该段不应用于时钟同步），其余 10 种码留给各独立管理机构定义质量等级。

复用段远端差错指示字节 M1 用来传送比特间插奇偶校验 24 位码检出的误块数，指示复用段远端差错。

此外，Z1、Z2 为备用字节，尚未最后定义，Δ 是与传输媒质有关的字节，× 是为国内使用的字节，* 是不扰码字节，O 是保留给将来国际标准使用的字节。

3.3.3 管理单元指针和支路单元指针

在 SDH 中有两种管理单元指针 AU–4、AU–3 和 4 种支路单元指针 TU–3 、TU–2、TU–11 和 TU–12。在正常情况下，可以利用指针来指示净荷的位置，抵御网络中的频率抖动和漂移；在系统同步工作时，可以利用指针来进行相位校准；在系统异步工作时，可以利用指针来进行频率跟踪校准；在系统失步时，可以利用指针来进行频率和相位跟踪校准。

管理单元指针 AU–4 PTR 是用来指示净荷第一个字节在 STM–N 帧中的准确位置，以便接收端能够正确地分辨出来。在每一个 STM–1 帧中，管理单元指针位于第 4 列，共 9 个字节。用于指示虚容器 VC–4 位置的 AU–4PTR，其结构如图 3–3 所示。

H1	Y	Y	H2	1*	1*	H3	H3	H3

图 3–3 管理单元指针

其中字节 Y 表示 1001SS11（S 比特未规定），1* 表示 11111111；H3 是负调整机会，负调整时可以把净负荷存放在三个 H3 字节中；H1 和 H2 结合起来，看成一个字节，第 1 ～ 4 个比特为新数据标识 NDF（当 NDF 为 0110 时，表示净负荷没有变化；当 NDF 反转为 1001 时，表示净负荷有变化，要注意后 10 个比特表示其新位置的值），第 5 ～ 6 比特表示指针的类别；第 7 ～ 16 个比特（共 10 个比特，其中奇数比特称为 I 比特，偶数比特称为 D 比特）用来表示 1024 种不同的指针值。因为 AU–4 以 3 个字节为单位调整，故管理单元指针 AU–4PTR 只需有 783（$9\times261\div3$）个不同的取值，即可表示第一个字节 J1 在净负荷区中的位置。当外来信息速率（即 VC 中净负荷的速率）比 AU 帧速率低时，需要进行正调整（把某些信息比特改为塞入比特），5 个 I 比特反转，指针值加 1；当外来信息速率（即 VC 中净负荷的速率）比 AU 帧速率高时，需要进行负调整（把 H3 中的塞入比特变为实际的信息比特），5 个 D 比特反转，指针值减 1。指针值完成一次调整后，至少需要停 3 帧，才能进行新的调整。接收端对指针解码时，仅对连续三次收到前后一致的指针值解读，而忽略指针的其他变化。传送高清晰度电视等高速信号时，在一个 VC–4 中装不下，需要若干个 AU–4 级联成一个 AU–4–X c。这时第一个 AU–4 具有正常指针值，其余 AU–4 的指针值都为级联标志 ID，H1、H2 的 16 个比特为 1001SS1111111111。

支路单元指针有 TU–11PTR、TU–12PTR、TU–2PTR 和 TU–3PTR 四种，分别位于净负荷区内的不同位置，用来指示虚容器 VC–11、VC–12、VC–2 和 VC–3 在支路单元 TU 中的位置。

3.3.4 通道开销

不同虚容器的通道开销是不同的。低阶通道开销主要用于 VC 通道功能监视、报警状态指示和维护信号等；高阶通道开销还用于复用结构指示。下面具体介绍我国使用的三种虚容器 VC–3、VC–4 和 VC–12 的通道开销。

用于虚容器 VC–3/4 的通道开销有 9 个字节，分别位于图 3–2 STM–1 帧第 1 ~ 9 行的第 10 列。其中通道踪迹字节 JI 用来重复发送高阶通道接入点识别符，使接收端可以确认它与发送端是否处于持续的连接状态。通道 BIP–8 字节 B3 用于通道误块监视。信号标记字节 C2 用来指示虚容器 VC – 3/4 等的组成。通道状态字节 G1 用来将通道终端的状态和性能回传，以便对双向通道的性能进行监测。通道使用者通路字节 F2 和 F3 用于通道单元之间的通信。位置指示字节 H4 提供净负荷的位置指示。自动保护倒换通路字节 K3 中前四个比特用于高阶通道级保护，后四个字节作为备用。网络操作者字节 N1 用于高阶通道的串接监视。

虚容器 VC–12 的通道开销只有 4 个字节（图 3–2 中没有画出），V5 是组成复帧的第一个字节，其位置由 TU–12 指针来指示，用于误块监测、信号标记和指示通道状态；J2 用于指示通道踪迹，使接收端可以确认它与发送端是否处于持续的连接状态；N2 提供低阶通道的串接监视 (TCM) 功能；K4 的前四个比特用于低阶通道的自动保护，5 ~ 7 比特用于低阶通道的远端缺陷指示，最后一个比特备用。

3.3.5 SDH 的复用路线

SDH 的复用路线指明各低速信号如何复用成高速信号。在 ITU–T 建议的国际标准中，从一个低速信号复用为高速信号的路线可以有多条，但同一个国家或地区的复用路线应该是唯一的。我国采用的复用路线如图 3–4 所示。

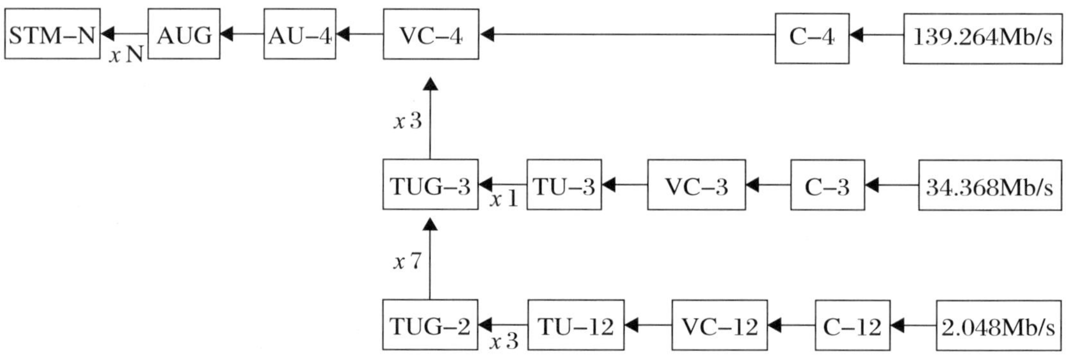

图 3–4 我国的复用路线

图中最右边是我国采用 PDH 的有效负荷 E–1（2.048Mb/s）、E–3（34.368Mb/s）和 E–4（139.264Mb/s），经过码速调整后可以把它们装入 SDH 中相应的标准容器 C–12、C–3 和 C–4 中，容器输出的净负荷和通道开销 POH 则组成相应的虚容器 VC–12、VC–3 和 VC–4。在我国，VC–12 和 VC–3 属于低阶虚容器，VC–4 则属于高阶虚容器。虚容器的包封速率与 SDH 网络同步，因而也互相同步，但不同虚容器中装载的信息不一定同步。除了在 SDH 网络的边界外，虚容器在传输中总是保持完整不变，可以作为一个独立的实体随时插入和取出。低阶虚容器和支路单元指针（TU–nPTR）组成相应的支路单元

（TU － n）和支路单元组（TUG）；高阶虚容器（VC–n）和管理单元指针（AU–nPTR）则组成管理单元 AU － n 和管理单元组（AUG），并进而组成 STM–1 和 STM–N。

从图 3–4 可以看出，63 个 E–1（2 Mb/s）可以复接成一个 STM–1，3 个 E–3（34 Mb/s）也复接成一个 STM–1。反过来，一个 STM–1 可以提供 63 个 2 Mb/s 或 3 个 34 Mb/s，而一个 34 Mb/s 通过 PDH 又可提供 16 个 2 Mb/s，故一个 STM–1 通过 E3 只能提供 48 个 2 Mb/s，显然是不经济的，故一般不在 SDH 干线上开 34 Mb/s 口。若有 34 Mb/s 的信息需要在 SDH 干线上传输，可以先利用 PDH 把它复接成 139Mb/s，直接装入虚容器 C–4 中，再复用成 STM–1，则一个 STM–1 可以提供 4 个 34 Mb/s，或 64 个 2 Mb/s，显然要经济得多。

3.3.6 SDH 的复用过程

为了将具有不同速率的各种信号装入 SDH 帧结构的净负荷区，完成低速信号的复用，需要经过映射、定位和复用三个过程。

1. 映射

映射是在 SDH 边界处，将各种低速支路信号与虚容器同步，并装入虚容器的过程。映射后的虚容器成为可以独立传输、复用和交叉连接的实体。

按照映射是否同步，可以分为异步映射和同步映射。异步映射不要求与网络同步，同步映射则要求与网络同步。按照映射信号是否有块状帧结构，又可把同步映射分为字节同步映射和比特同步映射两类。每一类又可按照其净负荷在高阶虚容器中是浮动还是锁定进行分类。浮动模式的净负荷在支路单元 TU 内的位置不固定，依靠支路单元指针来指示其起点位置。锁定模式的净负荷在支路单元 TU 内的位置固定，不需要支路单元指针，具有更高的传输效率。浮动模式具有锁定模式的所有功能，且具有更大的网络灵活性和简单的接口，在很多场合都可取代锁定模式。同时考虑同步、异步和浮动、锁定，在实际中存在异步映射、浮动的字节同步映射、锁定的字节同步映射、浮动的比特同步映射和锁定的字节同步映射这五类映射方式。

我国的 PDH 接口主要有一次群 E1（2.048Mb/s）、三次群 E3（34.368Mb/s）和四次群 E4（139.264Mb/s）。在接入 SDH 时，四次群只能采用异步浮动映射；三次群可以采用异步映射，也可采用浮动的比特同步和浮动的字节同步映射；一次群则可采用全部五类映射。但比特同步几乎不用。

映射时先要经过码速调整，把具有不同速率的信号变为与标准容器速率相同的信号，才能装入标准容器中。将要传输的净负荷装入容器 C–n 后，还应加上相应的通道开销（POH），才能形成虚容器。

码速调整有正码速调整和正 / 零 / 负码速调整两种方式。当输入的净负荷小于容器的标称速率时，可以增加塞入比特，这种码速调整称为正码速调整。反过来，当输入的净负荷大于容器的标称速率时，应采用负码速调整，即在调整控制比特 C 的控制下，把一部分塞入比特（称为调整机会比特 S）变为信息比特，增大容器的信息容量。

例如，每一个 C–12 容器的 136 个字节（1088 个比特）中有 1023 个信息比特 I，

8 个用于通信的开销比特 O，49 个固定的塞入比特 R，3 个调整控制比特 C1，3 个调整控制比特 C2，2 个调整机会比特 S1 和 S2。S1 和 S2 可以是塞入比特，也可以是信息比特。则每个 C–12 容器中最少有 1023 个信息比特，最多有 1025 个信息比特，相应的速率为 $1023 \times 2000 = 2.046$Mb/s 至 $1025 \times 2000 = 2.050$Mb/s。当输入的净负荷正好等于容器的标称速率，不用进行码速调整（或称为零码速调整），就可装入容器，称为同步装入。输入的净负荷小于容器的标称速率时，可以进行正码速调整。反过来，当输入的净负荷大于容器的标称速率时，则应采用负码速调整，即用调整控制比特 C1、C2 控制调整比特 S1 和 S2，使其变塞入比特为信息比特，增大容器的信息容量。当多数 C1 都是 0 时，表示 S1 是信息比特；当多数 C1 都是 1 时，表示 S1 是塞入比特；S2 也同样由 C2 来控制。如果要装入的净负荷速率为 2.049Mb/s，可使 2000 帧中一半帧的 S1 和 S2 都装入信息比特，另一半则只让 S1 装入信息比特，S2 装入塞入比特。

2．定位

为了在接收端能够准确地得到发送端所传输的信息，需要确定虚容器 VC 帧的起点在净负荷中的位置，这个过程就称之为定位。定位是利用指针来进行的。前面已经说过，H1、H2 两个字节的后 10 个比特用来表示指针值。因为在虚容器 VC–4 的净负荷中有 $9 \times 261 = 2349$ 个字节，则净负荷的第一个字节 J1 可以有 2349 个不同的位置，规定一次调整三个字节，则减少为 $2349/3 = 783$ 个不同的位置，指针值只需有 783 个不同的值（0 ~ 782）就可以了。在发生相位偏差使 VC 帧的起点浮动时，指针值也随之变化，总是指出 VC 帧起点的准确位置。在 SDH 同步或异步工作时，指针起着不同的作用：网络同步工作时，指针用来进行同步信号间的相位校准；网络失去同步时，指针进行频率和相位的校准；网络异步工作时，指针用来实现频率的跟踪、校准。指针还可以用来容纳网络中的频率抖动和漂移，容纳帧速率上的差异。

3．复用

这里的复用是狭义的复用，是指在图 3–4 的复用路线中把支路单元 TU–12（或支路单元组 TUG–2）、TU–3（或支路单元组 TUG–3）编入高阶虚容器 VC–4 或把管理单元 AU–4（或管理单元组 AUG）编入 STM–N，并加入段开销的过程，而不是整个的复用路线。由于经过指针处理后，各虚容器已经互相同步，故这里的复用是同步复用。复用方法是把各支路信号进行字节交错间插，组成一个新的包含各支路信号的数据流。但要注意，我们在前面已经说过，当由 N 个 STM–1 复用成 STM–N 时，STM–N 的净负荷是由 STM–1 的净负荷以字节交错间插方式构成的，但 STM–N 的段开销只把第一个 STM–1 的段开销完整保留，其余 N–1 个 STM–1 的段开销中仅保留定帧字节 A1、A2 和比特间插奇偶校验 24 位码字节 B2，其他均略去。

3.4 SDH 网的基本网元

SDH 网是由一些基本网元（NE）组成，利用光纤、微波和卫星进行同步信息传输、复用、分插和交叉连接的网络。

> SDH 的基本网元主要有终端复用器（TM）、分插复用器（ADM）、数字交叉连接设备（DXC）和再生器等，以及一些相应的网管软件。

3.4.1 SDH 复用设备

我们已经说过，所谓复用，是把几路低速信号合成为一路高速信号的过程。在 SDH 网中，低速信号的复用是采用同步复用技术来进行的。进行复用的设备主要有终端复用器（TM）和分插复用器（ADM）。

1．终端复用器（TM）

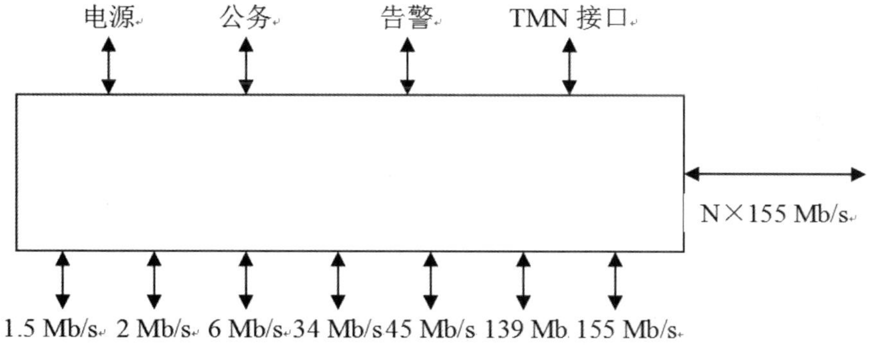

图 3–5 终端复用器

图 3–5 是 STM–N 终端复用器功能的示意图。除了一个主路 N × 155Mb/s 接口外，还有 1.5、2、6、34、45、139 和 155Mb/s 等支路接口，把它用于网络终端，可以把原来应用于不同国家和地区，不同传输速率的低速信号复接成 N × 155Mb/s 的高速信号（或反过来把高速信号分接为低速信号）。终端复用器还能完成光电转换、频谱搬移的功能，并具有很高的通道管理能力。它可以替代 PDH 网中数量很多的、分立的逐级复用设备和光电转换器件，通过一个终端复用器即可从光信号中分接出所需的特定速率的低速电信号，既降低了费用，又增加了系统的可靠性。图中的终端复用器还有必需的电源、公务通信、告警、TMN（电信管理网）等接口。

2．分插复用器（ADM）

图 3–6 是 STM–N 分插复用器功能的示意图。分插复用器用于网络的中间，它与终端复用器的区别是同时有高速信号的主路输入、输出端口，它具有从主路输入的高速信号中灵活地分出或向主路输出的高速信号中灵活地插入任意低速信号的能力。从结构上看，它实际是将数字复用和数字交叉连接功能集合在一起，同时具有二者的功能。在实际应用中可以用它来代替 PDH 网的分插复用器，具有节省成本、增加可靠性的优点，也可以把两个 STM–N 接口作为主用和备用接口，用它来代替终端复用器。

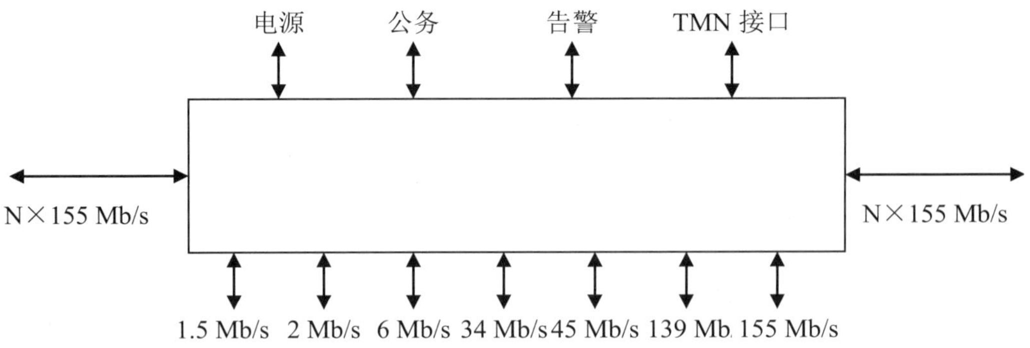

图 3–6 分插复用器

3.4.2 数字交叉连接设备（DXC）

数字交叉连接设备是具有一个或多个信号端口，可以对任意端口之间的信号进行可控连接（包括再连接）的设备。它兼有复用、配线、保护 / 恢复、监控和网管等多项功能，具有尺寸小、可靠性高的特点。它实际是一种列交换机，利用外部编程命令即可实现交叉连接。

应用于 SDH 网的数字交叉连接设备称为同步数字交叉连接设备（SDXC）。它工作在同步状态，可以在端口之间提供虚容器 VC 之间的透明连接，这些 VC 中包含着各种速率的信号以及它们的混合体；SDXC 还具有较强的控制和管理功能，增强了网络的自愈能力。近年生产的数字交叉连接设备一般都可工作在 PDH 或 SDH 环境，即已把 SDXC 包含在 DXC 之内。同 ATM 交换机相比，SDXC 适用于少量业务通过，多数业务下路的场合；而 ATM 交换机则适用于多数业务通过，少量业务下路的情况。

SDXC 的交换对象是多个电路组成的电路群（其速率可以从 2Mb/s 到 155Mb/s，典型交换口的数量为 16 ~ 1024，而数字交换机只能交换 64kb/s 的话音信号，交换口数量为 1000 ~ 100000），它可以提供经济的上下业务能力，其交换矩阵由外部操作系统控制，具有较大的网络灵活性和网络管理能力。

3.4.3 再生器

再生器是位于传输链路中途，能够接收 STM–N 信号，并经过适当的处理，使信号按照规定的幅度、波形和定时特性继续向前传送的设备。

传统再生器具有整形 (Reshaping)、再定时 (Retiming) 和再生 (Regenerating) 的 3R 功能。除此之外，SDH 再生器还要对再生段开销进行处理，对复合线路信号进行分接和复接处理，因而比传统再生器复杂，与 SDH 终端设备类似。主要任务是对信号进行光电转换、开销处理、扰码、定时提取、判决处理、性能监视等。

在再生器中，帧定位字节 A1、A2 不经过扰码和校正，进行全透明传输；B1 用于确定故障再生段的位置；公务字节 E1 提供公务语音通信连接；数据通信通路字节 D1 ~ D3 用于 SDH 的网络管理。

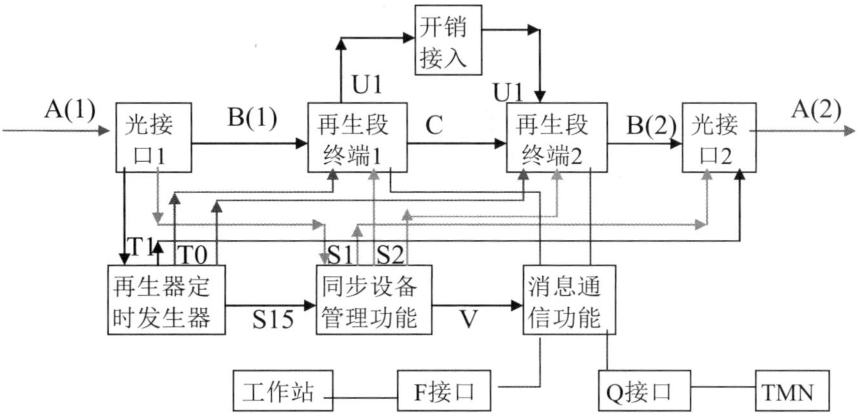

图 3–7 再生器模型

图 3–7 是再生器模型方框图。从光纤输入的光信号经过参考点 A(1) 进入光接口 1，进行光电变换，并对所得的电信号进行定时提取、判决处理，再送入参考点 B(1) 和再生段终端 1，提取的定时信号经过参考点 T1 进入再生器定时发生器。在光接口 1 检测到的信号失效条件分别经过参考点 S1 和 B(1) 报告给同步设备管理功能模块和再生段终端 1。

从 B(1) 输入的经过再生和符合要求的 STM–N 数据和相关定时信号在再生段终端 1 恢复帧定位，并对 STM–N 数据进行解扰处理，提取再生段开销字节，送入开销接入单元，剩下的带有定时信号的 STM–N 定帧信号经参考点 C 输入再生段终端 2。

再生段终端 2 的主要任务是插入再生段开销字节。这些段开销字节可以是它自己产生，也可能来自开销接入单元，或者来自消息通信功能单元，还可能直接由再生段终端 1 提供。当再生段终端 1 出现信号丢失或帧丢失时，再生段开销字节中，定帧字节 A1、A2 和再生段踪迹字节 J0 由本地产生，公务字节 E1 和使用者通路字节 F1 从开销接入单元索取，数据通信通路字节 D1 ~ D3 则来自消息通信功能单元。如果再生段终端 1 处于帧失步状态，但尚未出现信号丢失或帧丢失时，则所有的段开销字节都可以不由本地产生，而全部由其他单元转接。此外，再生段终端 2 还要对数据进行扰码处理，使数据流中不能出现过多的连零或连一，便于后面的再生段准确定时。这样，在参考点 B(2) 得到的就是完全合乎规格的 STM–N 信号。

光接口 2 的任务是将参考点 B(2) 的电信号转换成参考点 A(2) 处满足所要求的传输性能和网络性能的光信号，实际是一台光发射机。

同步设备管理功能单元不但对再生器的工作进行管理，还负责与其他 SDH 网络单元和电信管理网交换管理信息。

再生器定时发生器用来产生定时信号。开销接入单元接入开销字节 E1、F1，消息通信功能单元提供开销字节 D1 ~ D3。F 接口是再生器与工作站相连的接口，Q 接口是再生器与电信管理网（TMN）的接口。

3.5 SDH 的误码及相位特性

我们知道，误码是衡量网络语义透明性的指标，时延是衡量时间透明性的指标，当时延发生变化时，数字信号的相位也就发生变化。SDH 的相位特性实际是描述这种时延的变化对系统传输性能的影响。其中变化频率高于 10Hz 的相位变化称为抖动，低于 10Hz 的相位变化则称为漂移。抖动和漂移在产生机理、特性和对网络的影响等方面都有所不同。本节我们将从数学上分析 SDH 网络中误码和抖动、漂移产生的原因，以及分布和积累特性。

3.5.1 误码产生的原因及改善

在 SDH 系统中，引起误码的主要原因有内部误码机理和外部干扰两类。

内部误码机理包括各种噪声（例如光电检测器的散弹噪声、雪崩倍增噪声和放大器的热噪声等），由虚焊、金属老化、空气潮湿、灰尘或油脂积累等引起的高阻抗连接，传输中定时信号的损伤，光纤色散造成的码间干扰等引起的误码。

这些因素互相独立，具有随机性，引起的误码绝大多数是单比特误码。因而可以采用长期平均误码率一个参数来描述这一部分误码的特性。

例如美国专家在连续 94 天的测量中发现，其中 92 天发生的误码秒中，有 99.64% 的误码秒是单比特误码；另外两天虽然发生了突发性误码，但也有 65% 的误码秒是单比特误码。

另一方面，雷电、人体身上的静电、太阳辐射、高压电器的开、关等，都会对 SDH 系统产生电磁干扰，引起突发性误码。例如，太阳辐射会使同步卫星一年两次出现 5 ~ 10 分钟的严重误码；高压开关可能瞬间干扰甚至淹没传输信号而出现大量误码。突发性误码是成群出现的，在短时间内对系统传输性能有较大的影响。

为了减少由于内部误码机理引起的噪声，一个主要途径是改善光接收机的信噪比。对于采用 PIN 场效应管的光接收机，可以减少输入端的总电容，或增加场效应管的跨导，适当增加反馈电阻等。对于采用雪崩光电二极管（APD）的光接收机，最好采用 InGaAs 雪崩光电二极管来代替 Ge 雪崩光电二极管，也可调整最佳雪崩增益，以降低噪声。此外，采用分布反馈激光器可以消除模式分配噪声，采用外调制器可以消除啁啾效应，适当选择光发射机的消光比，改善光接收机的均衡特性，减少定位抖动等都可改善内部误码性能。

为了抵消外部电磁干扰的影响，可以改善结构设计和布线设计，并留有必要的余地；提高施工工艺水平，加强屏蔽，减少损耗；采用性能优良的滤波器，改善接地和静电泄漏通道，提高系统的抗电磁干扰和静电放电能力等。

通过上述措施，可以把一般再生段的平均误码率降低到 10^{-14} 以下，基本处于无误码运行状态。

3.5.2 误码的分布

内部误码机理引起的随机性误码，和突发干扰引起的突发性误码，其误码分布是不同的。

1．随机性误码的分布

内部误码机理产生的随机性误码，是单比特误码，误码的出现是互相独立的，具有独立增量性的特点；系统中出现的误码数只与测量时间长度有关，而与测量时间的起点无关，具有平稳性的特点；单比特误码本身，在一段极小的时间内只出现一个误码，也具有普通性的特点。因此，随机性误码的分布服从泊松分布，可以采用长期平均误码率来描述其误码特性。按照泊松分布，若在一次试验中出现误码的概率（即长期误码率）为 p，则在重复试验次数 n 充分大，p 很小时，n 次试验中出现 k 个误码的概率为

$$P(k)=\lambda^{k}e^{-\lambda}/k! \qquad (3\text{–}1)$$

其中

$$\lambda = np$$

是泊松分布的平均值和方差。设传输速率为 B，在 T_0 时间内传输的码元数 $n = BT_0$，则其平均值和方差为

$$\lambda = BT_0p \qquad (3\text{–}2)$$

可见，只需长期平均误码率一个参数，即可描述其分布特性（平均值和方差）。

设传输速率为 64kb/s，在 1s 内（$T_0 = 1s$）无误码（$k = 0$）的概率为

$$P(0)=\lambda^{0}e^{-\lambda}/0! = e^{-BT0p} = e^{-64000p}$$

则误码秒的概率

$$ES\% = 1 - e^{-64000p} \qquad (3\text{–}3)$$

按照严重误码秒的定义，在一秒内的误码率应大于 10^{-3} 以上，即大于 64 个误码。类似地，在 1s 内小于、等于 64 个误码的概率为

$$\sum_{k=0}^{64}P(k) = \sum_{k=0}^{64}\lambda^{k}e^{-\lambda}/k! = \sum_{k=0}^{64}(64000p)^{k}e^{-64000p}/k!$$

则严重误码秒的概率

$$SES\% = 1 - \sum_{k=0}^{64}(64000p)^{k}e^{-64000p}/k! \qquad (3\text{–}4)$$

2．突发性误码的分布

外界干扰引起的成群出现的突发性误码，不具有独立增量性、平稳性和普通性的特点，其分布不是泊松分布。但若以误码群为单位，我们发现，误码群出现的概率是符合泊松分布的。在每一个误码群中，单个误码的出现也符合泊松分布，可称之为复合泊松分布，或钮曼分布，或 A 型传染病分布。

设每秒平均误码群数为 m_1，每个误码群内平均误码数为 m_2，则在 T_0 时间内出现 t 个误码群的概率

$$P(t)=m_1^{t}e^{-m_1}/t!$$

设第 t 个误码群中有 k 个误码的概率为 $P_t(k)$，则突发误码中 T_0 时间内出现 k 个误

码的概率为

$$P(k)=\sum_{t=0}^{\infty}P(t)\,P_t(k)=\sum_{t=0}^{\infty}[m_1{}^t e^{-m_1}/t!]\,P_t(k)$$

当 t=1 时，只有一个误码群，其误码的出现服从泊松分布，即

$$P_1(k)=m_2{}^k e^{-m_2}/k!$$

当 t=2 时，设其中一个误码群有 i 个误码，另一个有 k–i 个误码

$$P_2(k)=\sum_{i=0}^{k}P_1(i)\,P_1(k-i)=\sum_{i=0}^{k}[m_2{}^i e^{-m_2}/i!][m_2{}^{k-i}e^{-m_2}/(k-i)!]$$

$$=e^{-2m_2}\{\sum_{i=0}^{k}1/[i!(k-i)!]\}\,m_2{}^k=e^{-2m_2}(2m_2)^k/k!$$

其中

$$\sum_{i=0}^{k}k!/[i!(k-i)!]=2^k$$

当 t=3 时，

$$P_3(k)=\sum_{i=0}^{k}P_2(i)\,P_1(k-i)=\sum_{i=0}^{k}[(2m_2)^i e^{-2m_2}/i!][m_2{}^{k-i}e^{-m_2}/(k-i)!]=e^{-3m_2}(3m_2)^k/k!$$

利用数学归纳法可以证明，

$$Pt(k)=e^{-tm_2}(tm_2)^k/k!$$

则

$$P(k)=\sum_{t=0}^{\infty}[m_1{}^t e^{-m_1}/t!][(tm_2)^k e^{-m_2 t}/k!]$$

$$=[m_2{}^k e^{-m_1}/k!]\sum_{t=0}^{\infty}[t^k(m_1 e^{-m_2})^t/t!] \tag{3–5}$$

其平均值为

$$E(\xi)=\sum_{k=0}^{\infty}kP(k)=\sum_{k=0}^{\infty}[km_2{}^k e^{-m_1}/k!]\sum_{t=0}^{\infty}[t^k(m_1 e^{-m_2})^t/t!]$$

$$=\sum_{t=0}^{\infty}[e^{-m_1}(m_1 e^{-m_2})^t/t!]\sum_{k=0}^{\infty}[k(m_2 t)^k/k!]$$

而

$$\sum_{k=0}^{\infty}[k(m_2t)^k/k!]=\sum_{k=1}^{\infty}[k(m_2t)^k/k!]=\sum_{k=1}^{\infty}[(m_2t)^{k-1}/(k-1)!]m_2t$$

$$=m_2t\sum_{k=1}^{\infty}[(m_2t)^j/j!]=m_2te^{m_2t} \tag{3–6}$$

则

$$E(\xi) = \sum_{t=0}^{\infty}\{[e^{-m_1}(m_1e^{-m_2})^t/t!]\,[m_2te^{m_2t}]\}$$

$$= \sum_{t=0}^{\infty} e^{-m_1}m_2tm_1{}^t/t!] = e^{-m_1}\,m_1m_2\sum_{t=1}^{\infty} m_1{}^{t-1}/(t-1)!]$$

$$= m_1m_2\,e^{-m_1}\,e^{m_1} = m_1m_2 = BT_0p \qquad (3\text{–}7)$$

类似地，可求出方差为

$$D\xi = \sum(x_k - E\xi)^2 P(k) = m_1m_2(1+m_2) \qquad (3\text{–}8)$$

当 $k=0$ 时，

$$P(0) = [m_2{}^0e^{-m_1}/0!]\sum_{t=0}^{\infty}[t^0(m_1e^{-m_2})^t/t!]$$

$$= e^{-m_1}\sum_{t=0}^{\infty}[(m_1e^{-m_2})^t/t!] = e^{-m_1}\,e^{m_1e^{-m_2}} = e^{-m_1(1-e^{-m_2})}$$

则传输速率为 64kb/s 时，误码秒的概率

$$ES\% = 1 - e^{-m_1(1-e^{-m_2})} \qquad (3\text{–}9)$$

严重误码秒的概率

$$SES\% = 1 - \sum_{k=0}^{64} P(k) \qquad (3\text{–}10)$$

其中

$$P(0) = e^{-m_1(1-e^{m_2})}$$

$$P(k) = [m_2{}^ke^{-m_1}/k!]\sum_{t=0}^{\infty}[t^k(m_1e^{-m_2})^t/t!] \qquad (3\ \ 5)$$

3.5.3 误码的积累

在 SDH 系统中，整个网络的误码是各部分误码的叠加，或称之为误码的积累。当各部分的误码分布已知时，总的误码分布是单个分布的离散卷积。

1．内部误码机理形成误码的积累

设 SDH 两个数字段均服从泊松分布，其分布和参数分别为

$$P_1(k)=\lambda_1{}^k e^{-\lambda_1}/k!$$

$$P_2(j)=\lambda_2{}^j e^{-\lambda_2}/j!$$

$$\lambda_1 = BT_0p_1$$

$$\lambda_2 = BT_0p_2$$

整个网络出现 $i=k+j$ 个误码的概率，为其离散卷积，则

$$P(i)=\sum_{k=0}^{i}P_1(k)\cdot P_2(i-k)=\sum_{k=0}^{i}(\lambda_1^k e^{-\lambda_1}/k!)\cdot[\lambda_2^{i-k}e^{-\lambda_2}/(i-k)!]$$

$$=[e^{-(\lambda_1+\lambda_2)}/i!]\sum_{k=0}^{i}[(i!\lambda_1^k\lambda_2^{i-k})/k!(i-k)!]$$

$$=[e^{-(\lambda_1+\lambda_2)}/i!][\lambda_2^i+i!\lambda_1\lambda_2^{i-1}/(i-1)!+i!\lambda_1^2\lambda_2^{i-2}/2(i-2)!+\cdots\cdots+\lambda_1^i]$$

$$=[e^{-(\lambda_1+\lambda_2)}/i!][\lambda_2^i+i\lambda_1\lambda_2^{i-1}+i(i-1)\lambda_1^2\lambda_2^{i-2}/2+\cdots\cdots+\lambda_1^i]$$

$$=\lambda_3^i e^{-\lambda_3}/i! \qquad (3\text{–}11)$$

其中

$$\lambda_3=\lambda_1+\lambda_2=BT_0P_1+BT_0P_2=BT_0(P_1+P_2)=BT_0P_3 \qquad (3\text{–}12)$$

说明两个服从泊松分布的误码积累后仍是泊松分布，总的平均误码率为各自平均误码率之和。

2. 突发性误码的积累

设 SDH 两个数字段均服从复合泊松分布，其分布和参数分别为

$$P_1(k)=[m_2^k e^{-m_1}/k!]\sum_{t=0}^{\infty}[t^k(m_1e^{-m_2})^k/t!]$$

$$P_2(j)=[n_2^j e^{-n_1}/k!]\sum_{s=0}^{\infty}[s^j(n_1e^{-n_2})^j/s!]$$

其相应的母函数为

$$\Psi_1(r)=\sum_{k=0}^{\infty}p_kr^k=\sum_{k=0}^{\infty}[m_2^k e^{-m_1}r^k/k!]\sum_{t=0}^{\infty}[t^k(m_1e^{-m_2})^t/t!]$$

$$=\sum_{t=0}^{\infty}[(m_1e^{-m_2})t/t!]\sum_{k=0}^{\infty}[(m_2tr)^k e^{-m_1}/k!]$$

$$=\sum_{t=0}^{\infty}[(m_1e^{-m_2})^t/t!]e^{m_2tr-m_1}$$

$$=\sum_{t=0}^{\infty}[m_1^te^{-m_2t(1-r)}e^{-m_1}/t!]$$

$$\Psi_2(r)=\sum_{s=0}^{\infty}[n_1^se^{-n_2s(1-r)}e^{-n_1}/s!]$$

$P_1(k)$ 和 $P_2(j)$ 叠加的母函数

$$\Psi_3(r)=\Psi_1(r)\Psi_2(r)=\sum_{t=0}^{\infty}\sum_{s=0}^{\infty}[m_1^te^{-m_2t(1-r)}e^{-m_1}/t!][m_1^te^{-m_2t(1-r)}e^{-m_1}/t!]$$

其对应的分布函数

$$P_3(i)=(1/i!)\left(d^i\Psi_3(r)/dr^i\right)|_{r=0}$$

$$=\sum_{t=0}^{\infty}\sum_{s=0}^{\infty}[(m_1^t e^{-m_2 t}e^{-m_1})(n_1^s e^{-n_2 s}e^{-n_1})/(t!s!i!)]\left(d^i/dr^i\right)e^{(m_2 t+n_2 s)r}|_{r=0}$$

$$=e^{-(m_1+n_1)}\sum_{t=0}^{\infty}\sum_{s=0}^{\infty}[(m_1^t/t!)(n_1^s/s!)e^{-(m_2 t+n_2 s)}(m_2 t+n_2 s)^i/i!] \qquad (3\text{–}13)$$

其中

$$\left(d/dr\right)e^{(m_2 t+n_2 s)r}|_{r=0}=(m_2 t+n_2 s)$$

$$\left(d^2/dr^2\right)e^{(m_2 t+n_2 s)r}|_{r=0}=(m_2 t+n_2 s)^2$$

………………

这说明它们的叠加不再是复合泊松分布。但当 $m_2 \approx n_2$ 时，即两个数字段的突发指数相同时，

$$P_3(i)=e^{-(m_1+n_1)}\sum_{t=0}^{\infty}\sum_{s=0}^{\infty}(m_1^t n_1^s e^{-m_2(t+s)}/t!s!)[m_2(t+s)]^i/i!$$

$$=[e^{-(m_1+n_1)}m_2^i/i!]\sum_{t=0}^{\infty}\sum_{s=0}^{\infty}[m_1^t n_1^s e^{-m_2(t+s)}(t+s)^i/(t!s!)]$$

$$=[m_2^i e^{-(m_1+n_1)}/i!]\sum_{j=s}^{\infty}\sum_{s=0}^{\infty}[m_1^{j-s}n_1^s e^{-m_2 j}/(j-s)!s!]j^i$$

$$=[m_2^i e^{-(m_1+n_1)}/i!]\sum_{j=s}^{\infty}e^{-m_2 j}j^i\sum_{s=0}^{\infty}[m_1^{j-s}n_1^s/(j-s)!s!]$$

$$-[m_2^i c^{-(m_1+n_1)}/i!]\sum_{j=s}^{\infty}e^{-m_2 j}j^i[(m_1+n_1)^j/j!]$$

$$=[m_2^i e^{-(m_1+n_1)}/i!]\sum_{j=0}^{\infty}[(m_1+n_1)^j e^{-m_2 j}j^i/j!] \qquad (3\text{–}14)$$

可视为复合泊松分布。总分布的突发指数仍为 m_2，但平均误码群数为两个平均误码群数之和（m_1+n_1），其均值

$$E(\xi)=(m_1+n_1)m_2=m_1m_2+n_1m_2=BT_0(p_1+p_2)=BT_0p_3 \qquad (3\text{–}15)$$

说明总的平均误码率为各自平均误码率之和： $p_3=p_1+p_2$

但这个结论在一般情况下是不成立的。

3.5.4 抖动的产生和影响

在 SDH 中，复用设备和数字交叉连接设备内有内部时钟，且工作在同步方式，输出的光信号基本是无抖动的，但经过多个再生器传输后抖动要逐步积累。因此，SDH 系统的抖动主要来自包含多个再生器的线路系统，但也有来自复用器或来自 SDH 系统的边界。

1. 线路系统的抖动

线路系统的抖动主要是由再生器产生的。在再生器产生的抖动中，有的是各个再生器各自独立产生的互不相关的随机性抖动，也有的是各个再生器产生的彼此相关的系统性抖动。系统性抖动中，许多与信号图案有关，又称为图案相关抖动。两部分抖动的产生机理和积累规律是不同的。

随机性抖动可能是由于热噪声、量子噪声、模分配噪声、雪崩光电二极管的雪崩噪声以及反射噪声等引起信号波形发生随机畸变而产生的，也可能是定时滤波器失谐产生随机的相位调制引起。

系统性抖动是由于再生器本身存在的各种缺陷造成定时信号的相位变化形成的。例如码间干扰的存在和增大，使信号通过非线性元件后产生输出脉冲峰值位置的随机偏移，就形成了定时抖动；由于信号脉冲具有一定的宽度，它的频谱在时钟附近有一段倾斜的连续谱，其倾斜度随传输信息的变化而变化，这就会对定时信号形成相位调制而产生抖动；当限幅器的门限漂移后，加到限幅器上的信号与门限产生不同的交叉点，使输出脉冲位置随输入信号变化，会形成抖动；在传输速率较高时，光脉冲的周期变短，激光器的有限通断时间对传输信号的影响随传输信号的不同而不同，也会形成抖动。

典型 SDH 再生器的随机性抖动均方根值约为 0.5°~1.5°，系统性抖动均方根值约为 0.5°~3.5°，总的抖动均方根值约为 1°~4°，或 0.003~0.01UI（1UI 为 360°）。由于系统性抖动较大，一般主要考虑系统性抖动。

2. 复用器抖动

在 SDH 的复用器中，支路信号的同步是采用指针调整的方式来进行的。对于低速信号，一次调整一个字节，将产生 8UI 的相位跃变；对于 140Mb/s 的高速信号，一次调整三个字节，将产生 24UI 的相位跃变。带有这些相位跃变的数字信号通过有限带宽的电路时，将会产生很长的相位过渡过程，形成复用器抖动。复用器抖动与设备是否同步，以及同步的方式有关。在正常同步工作时，由内部时钟的滤波特性和同步定时基准输入的性能来决定。在交叉连接设备和分插复用器中，高频时钟可能是由低频时钟倍频得到的，则低频时钟的抖动会在高频时钟上得到线性扩大，形成抖动倍增。

3. SDH 网边界的抖动

在 SDH 网的边界，PDH 信号向 STM - 1 的映射是通过加入塞入比特的方式来进行的。在输出端则去掉这些塞入比特和开销，由此出现的空隙就会形成抖动。在 SDH 的非正常工作模式中，失去定时基准后将产生较为频繁的指针调整，也会引入较大的相位抖动。

4. 抖动的影响

抖动的存在会损伤网络的性能。例如模拟信号经过编码后变成的数字信号，在接收端解码后出现的相位抖动会形成抖动噪声，使输出端恢复的模拟信号失真；在再生器中，抖动使有效判决点偏离接收眼图中心，降低再生器的信噪比余度，甚至出现误码；输入复用器中缓存器的数字信号抖动过大时，还会造成缓存器的溢出或取空，产生滑动损伤。

各类不同业务对抖动的容忍度是不同的。数字语音信号能容忍较大的抖动，彩色电视容忍的抖动就要小得多，仅为语音信号的千分之一左右。

3.5.5 相同再生器级联时的线路抖动积累

前已述及，线路系统的抖动分为各个再生器产生的互不相关的随机性抖动，和各个再生器产生的彼此相关的系统性抖动。随机性抖动和系统性抖动的积累规律不同。下面分别进行研究。

1. 系统性抖动的积累

设有若干个相同的再生器级联，第 N 个再生器的输出抖动电压为 U_N，其中一部分是从第 N － 1 个再生器输入的抖动电压 U_{N-1}，经第 N 个再生器传递到输出端的；另一部分是第 N 个再生器自己产生的系统性抖动电压。把后者折合到第 N 个再生器的输入端，设为 U_S。我们定义抖动传递函数 H(f) 为总的输出抖动电压和总的输入抖动电压（包括从第 N － 1 个再生器输入的抖动电压和第 N 个再生器自己产生的，折合到输入端的抖动电压）之比。因为从第 N － 1 个再生器输入的抖动电压 U_{N-1}，和第 N 个再生器自己产生的系统性抖动电压 U_R 彼此相关，它们之间的叠加应满足线性叠加规律（即电压叠加规律），则

$$U_N = (U_{N-1} + U_s)H(f) \qquad (3\text{–}16)$$

$$U_1 = U_sH(f)$$

$$U_2 = (U_1 + U_s)H(f) = U_s[1 + H(f)]H(f) = U_s H(f)[1 - H^2(f)]/[1 - H(f)]$$

若 $U_{N-1} = U_s H(f)[1 - H^{N-1}(f)]/[1 - H(f)]$ 成立，

则
$$U_N = (U_{N-1} + U_s)H(f) = U_s\{1+H(f)[1 - H^{N-1}(f)]/[1 - H(f)]\}H(f)$$
$$= U_s H(f)[1 - H^N(f)]/[1 - H(f)] \qquad (3\text{–}17)$$

对于任意的 N 都成立。因为功率与电压平方成正比，则第 N 个再生器的输出抖动功率谱密度

$$\Phi_N = k|U_N|^2 = k|U_s|^2|H(f)|^2|1 - H^N(f)|^2/|1 - H(f)|^2$$
$$= \Phi_s\{|H(f)|^2[|1 - H^N(f)|]^2/|1 - H(f)|^2\}$$

总的系统抖动功率

$$P(N) = J_s^2(N) = \Phi_s\int_{-\infty}^{\infty}\{|H(f)|^2|1 - H^N(f)|^2/|1 - H(f)|^2\}df \qquad (3\text{–}18)$$

设 $H(f) = re^{j\theta}$

代入上式得：

$$J_s^2(N) = \Phi_s\int_{-\infty}^{\infty} r^2(f)\,\frac{[1 - r^N(f)\cos N\theta(f)]^2 + r^N(f)\sin^2 N\theta(f)}{[1 - r(f)\cos\theta(f)]^2 + r^2(f)\sin^2\theta(f)}\,df$$

可见，系统性抖动的积累不但与抖动传递函数的幅频特性 r(f) 有关，也与其相频特性 θ(f) 有关。

当定时滤波器采用单调谐电路且无失谐时，抖动传递函数为一阶低通滤波器函数，即

$$H(f) = 1/(1+jf/B) \qquad (3\text{–}19)$$

其中 B 为抖动传递函数的 3dB 带宽，则

$$|H(f)|^2 = B^2/(B^2+f^2)$$

$$1 - |H(f)|^2 = f^2/(B^2+f^2)$$

将（3–19）式代入（3–18）式，计算积分得抖动均方值：

$$J_S^2(N) = J_S^2(1)\{2N-(2N-1)!/[2^{N-1}(N-1)!]^2\}$$

均方根值

$$J_S(N) = J_S(1)\sqrt{\{2N-(2N-1)!/[2^{N-1}(N-1)!]^2\}}$$

在 N 充分大时，

$$J_S(N) \approx J_S(1)\cdot\sqrt{(2N)} \qquad (3\text{–}20)$$

可见，当抖动传递函数为一阶低通滤波器函数时，系统性抖动的积累速率与再生器数 N 的平方根 ($\sqrt{N}$) 成正比。

当抖动传递函数为二阶低通滤波器函数时，传递函数

$$H(f) = f_0^2/[f_0^2 + j2\xi\cdot f_0 f - f^2] \qquad (3\text{–}21)$$

其中 ξ 是阻尼系数。ξ 越大，损耗越大。当 $\xi < 0.707$ 时，输出抖动大于输入抖动，则具有抖动增益。将（3–21）式代入（3–18）式积分，可得

$$J_S(N) \approx J_S(1)\cdot\sqrt{N} \qquad (\xi \geqslant 0.707) \qquad (3\text{–}22a)$$

$$J_S(N) \approx J_S(1)\cdot[\sqrt{N} + e^{bN}/N^{-\frac{3}{4}}] \qquad (\xi < 0.707) \qquad (3\text{–}22b)$$

可见，抖动传递函数为二阶低通滤波器函数时，系统性抖动的积累速率与一阶低通滤波器函数类似，与再生器数 N 的平方根 ($\sqrt{N}$) 成正比。

2. 随机性抖动的积累

与系统性抖动类似，我们设第 N 个再生器的输出抖动电压为 U_N，从第 N − 1 个再生器输入的抖动电压为 U_{N-1}，第 N 个再生器自己产生的随机性抖动电压折合到其输入端为 U_R，抖动传递函数为 H(f)。因为从第 N − 1 个再生器输入的抖动电压 U_{N-1}，和第 N 个再生器自己产生的随机性抖动电压 U_R 互不相关，它们之间的叠加应满足功率叠加规律（不像系统性抖动那样满足电压叠加规律）

$$U_N^2 = (U_{N-1}^2 + U_R^2)|H(f)|^2 \qquad (3\text{–}23)$$

$$U_1^2 = U_R^2|H(f)|^2$$

$$U_2^2 = (U_1^2 + U_R^2)|H(f)|^2$$

$$= U_R^2[1 + |H(f)|^2]|H(f)|^2 = U_R^2|H(f)|^2[1 - |H(f)|^4]/[1 - |H(f)|^2]$$

若 $U_{N-1}^2 = U_R^2|H(f)|^2[1 - |H(f)|^{2N-2}]/[1 - |H(f)|^2]$ 成立，

则 $U_N^2 = (U_{N-1}^2 + U_R^2)|H(f)|^2$

$$= U_R^2\{1 + |H(f)|^2[1 - |H(f)|^{2N-2}]/[1 - |H(f)|^2]\}|H(f)|^2$$

$$= U_R^2|H(f)|^2[1-|H(f)|^{2N}]/[1-|H(f)|^2] \quad (3\text{–}24)$$

对于任意的 N 都成立。则第 N 个再生器的输出抖动功率谱密度

$$\Phi_N = k|U_N|^2 = k|U_R|^2|H(f)|2[1-|H(f)|^{2N}]/[1-|H(f)|^2]$$
$$= \Phi_R\{|H(f)|^2[1-|H(f)|^{2N}]/[1-|H(f)|]^2\}$$

总的系统抖动功率

$$P(N) = J_R^2(N) = \Phi_R\int_{-\infty}^{\infty}\{|H(f)|^2[1-|H(f)|^{2N}]/[1-|H(f)|]^2\}df \quad (3\text{–}25)$$

设 $H(f) = re^{j\theta}$

代入上式得

$$J_S^2(N) = \Phi_S\int_{-\infty}^{\infty} r^2(f)\{[1-r^{2N}(f)]df/[1-r^2(f)] \quad (3\text{–}26)$$

可见，随机性抖动的积累仅与抖动传递函数的幅频特性 r(f) 有关，与其相频特性 θ(f) 无关。

当定时滤波器采用单调谐电路且无失谐时，抖动传递函数为一阶低通滤波器函数，即

$$H(f) = 1/(1+jf/B) \quad (3\text{–}19)$$

将（3–19）式代入（3–25）式，计算积分

$$J_R^2(N) = \Phi_R\int_{-\infty}^{\infty}\{|H(f)|^2[1-|H(f)|^{2N}]/[1-|H(f)|^2]\}df$$

$$= \Phi_R\int_{-\infty}^{\infty}\{[B^2/(B^2+f^2)]+[B^2/(B^2+f^2)]^2+\cdots\cdots+[B^2/(B^2+f^2)]^N\}df$$

而当 N ⩾ 2 时，

$$\Phi_R\int_{-\infty}^{\infty}[B^2/(B^2+f^2)]^N df$$

$$= \Phi_R B^{2N}\{f/[2B^2(N-1)(B^2+f^2)^{N-1}]\Big|_{-\infty}^{\infty}+[(2N-3)/2B^2(N-1)]\int_{-\infty}^{\infty}[df/(B^2+f^2)^{N-1}]\}$$

$$= \Phi_R[(2N-3)/(2N-2)]\int_{-\infty}^{\infty}\{B^{2(N-1)}df/(B^2+f^2)^{N-1}\} = \cdots\cdots$$

$$= \Phi_R\{[(2N-3)(2N-5)\cdots\cdots5\cdot3\cdot1]/[(2N-2)(2N-4)\cdots\cdots6\cdot4\cdot2]\}\int_{-\infty}^{\infty}\{B^2df/(B^2+f^2)\}$$

$$= J_R^2(1)(2N-3)!/[2^{2N-3}(N-1)!(N-2)!] \quad (3\text{–}27)$$

利用斯特林公式，在 N 充分大时，

$$N! \approx [\sqrt{(2\pi N)}](N/e)^N$$

于是，得

$$J_R^2(N) \approx J_R^2(1)\cdot\sqrt{N}$$

$$J_R(N) \approx J_R(1) \cdot N^{1/4} \quad (3\text{-}28)$$

可见，当抖动传递函数为一阶低通滤波器函数时，总的随机性抖动均方根值随再生器数目的四次方根增加，比系统性抖动的平方根要慢得多。

类似地，当抖动传递函数为二阶低通滤波器函数时，

$$H(f) = f_0^2/[f_0^2 + j2\xi \cdot f_0 f - f^2] \quad (3\text{-}29)$$

其中 ξ 是阻尼系数。ξ 越大，损耗越大。当 $\xi < 0.707$ 时，输出抖动大于输入抖动，则具有抖动增益。

当再生器的数量很多时，可以求出

$$J_R(N) \approx J_R(1) \cdot N^{1/4} \quad (\xi >> 0.707) \quad (3\text{-}30a)$$

$$J_R(N) \approx J_R(1) \cdot N^{3/8} \quad (\xi = 0.707) \quad (3\text{-}30b)$$

$$J_R(N) \approx J_R(1) \cdot e^{bN} \quad (\xi << 0.707) \quad (3\text{-}30c)$$

其中常数

$$b = 1/[1-(1-2\xi^2)^2]$$

可见，在阻尼系数 ξ 较大时，随机性抖动均方根值随再生器数目的增加速率与再生器数目的四次方根成正比，比系统性抖动要慢。

3．定位抖动的积累

前面讲的都是数字信号本身的相位变化引起的抖动。除此之外，还有一种定位抖动，即输入的数字流和恢复的时钟之间的动态相位差，又称为相对抖动。它也有随机性抖动和系统性抖动两种。

通过数值积分可知，当抖动传递函数没有抖动增益（$\xi > 0.707$）时，系统性定位抖动随再生器数目增加而减少，随机性抖动则随再生器数目增加而呈指数增加；当抖动传递函数有抖动增益（$\xi < 0.707$）时，系统性定位抖动和随机性抖动都随再生器数目增加而呈指数增加，且以随机性抖动为主。

4．指针调整引起的抖动积累

在 SDH 网中，指针调整并不使 STM-N 信号产生抖动。但由于每次恢复 PDH 净荷都会产生较大的抖动，当多个 SDH 岛经过 PDH 串联时，这种抖动会积累。特别是 34/45Mb/s 以上的净荷，抖动积累按指数规律增长。必须严格控制每一网元产生的指针调整次数。

3.5.6 抖动的减少

抖动会影响网络的性能，必须设法减少抖动。其中减少线路系统抖动是保证网络性能的关键之一。

1． 线路系统抖动的减少

线路系统抖动的减少可以有减少单个再生器的抖动，控制抖动传递函数的形状和改变抖动积累方式等。

单个再生器的抖动减少可以通过减少各种定时电路失谐、门限漂移、均衡不良等缺陷，减少各类噪声的幅度等来实现。但有的因素需要进行综合考虑。例如定时恢复电路的 Q 值较高时，定时滤波器的带宽窄，有利于减少输出抖动，但却减少了输入抖动容限的频率范围，因而需要进行综合考虑。当前单个再生器的输出抖动均方根的典型值为 0.003UI ~ 0.01UI。

因为抖动传递函数 H(f) 决定于定时滤波器的幅频特性 U(f)，为了控制抖动传递函数的形状，需要控制定时滤波器的幅频特性，避免出现带内波纹。为此，应选择阻尼系数远大于 0.707，一般可取为 4 ~ 6 之间。此外，滤波器幅频特性对中心不对称时，相应抖动传递函数会出现增益，还要注意幅频特性曲线的对称性。

采用扰码器也可使各个再生器产生的系统性抖动分量的相关性减弱，改善系统性抖动积累特性。

在 SDH 端机中还常常使用抖动减少器来改善系统抖动性能。所谓抖动减少器实际是一个带缓存器的带宽很窄的锁相环。带抖动的输入时钟通过窄带锁相环后，得到较纯的时钟频率，再用它从缓存器中读出存入的信息，即可得到抖动较小的信号。实际上，在再生器中需要处理再生段开销，在解复用和再复用过程中有多个锁相环，形成了自然的抖动减少器，改善了线路系统的抖动。

2. SDH 网的边界抖动的减少

在 SDH 网的边界，需要解同步器来平滑去掉塞入比特和开销后出现空隙而形成的抖动。一种解同步器是利用带宽小于 10Hz 的窄带锁相环对指针调整引起的相位跃变直接进行滤波。但计算表明，若阻尼系数 $\xi = 5$，锁相环闭环带宽为 3Hz，其峰峰抖动值为 1.43UI，总的输出抖动很可能超过 1.5UI 的极限。可见，单独采用锁相环很难保证 SDH 边界的抖动指标。

如果采用扩散技术，先将指针调整引起的大的相位跃变暂时存储起来，然后再慢慢泄漏出去，即可减小其抖动。基本方法是采用一个带宽 100Hz 的普通锁相环，其控制电路使指针调整的影响在时间上扩展。它实际等效于一个窄带数字锁相环和一个模拟锁相环的结合，前者将 8 比特（或 24 比特）的相位跃变扩散成 8 个（或 24 个）1 比特的相位跃变（这种过程称为相位扩散或比特泄漏），后者则对 1 比特相位跃变进行过滤，以进一步减小指针调整时发生的抖动。

3. 复用器抖动的抑制

复用器抖动主要与同步性能有关。要减少抖动，可采用主备用时钟的无损伤倒换，或利用单独的网络传送 SDH 同步定时信号，对抖动时钟进行严格滤波等方法。

3.5.7 漂移的产生

如前所述，漂移是数字信号相对其理想位置的长时间偏移，形成频率低于 10Hz 的相位变化。其结果是使输入信号不能被正确识别，出现误码。

引起漂移的一个主要原因是，由于环境温度变化，使激光器和光缆特性（包括激光波长、光缆的长度、光缆的群折射率等）发生变化，进而引起传输信号延时的变化。引起漂移的另一个原因是由异步映射造成指针调整与网同步结合产生的漂移。但只要选取容量合适的缓存器，对低频段的抖动和漂移进行合理规范，对网关的解同步器作合适的设计后，此项漂移可控制在较低的水平。引起漂移的第三个原因是由时钟噪声和相位瞬变，这往往是最重要的一种漂移。这种漂移主要是基准主时钟引起。由于基准主时钟的漂移频率太低，不易被锁相环或声表面波滤波器滤除，在光缆中传输时又叠加了线路造成的漂移。这个合成漂移传给从时钟，使基准时间产生漂移，也相当于信号产生了漂移。

设光缆长度为 L，光波长为 λ，在真空中的传输速率为 c，光纤芯线的折射率为 n_1，则光纤的群折射率

$$N_1 = n_1 + \lambda(dn_1/d\lambda) \tag{3-40}$$

光信号的传输时延

$$\tau = LN_1/c \tag{3-41}$$

它随时间的变化就是信号的漂移。这个变化可由光缆长度 L 的变化或群折射率 N_1 的变化引起。

光缆长度 L 的变化来自环境温度 θ 的影响，群折射率 N_1 的变化则与温度和光波长 λ 的变化有关。可见漂移决定于环境温度 θ 和光波长 λ。设数字比特流的时隙宽度为 T，第 n 个比特的上升沿应在 nT 处出现，该时刻的漂移为

$$W_N(nT)=\frac{d\tau}{dt}\bigg|_{t=nT}=\left[\frac{\partial\tau}{\partial\theta}\frac{d\theta}{dt}+\frac{\partial\tau}{\partial\lambda}\frac{d\lambda}{dt}\right]_{t=nT}=W_{\theta N}(nT)+W_{\lambda N}(nT) \tag{3-42}$$

其中

$$W_{\theta N}(nT)=\left[\frac{L}{c}\frac{\partial N_1}{\partial\theta}\frac{d\theta}{dt}+\frac{N_1}{c}\frac{dL}{d\theta}\frac{d\theta}{dt}\right]_{t=nT} \tag{3-43}$$

是由于光缆温度 θ 变化引起的漂移，

$$W_{\lambda N}(nT)=\left[\frac{L}{c}\frac{\partial N_1}{\partial\lambda}\frac{d\lambda}{d\theta_l}\frac{d\theta_l}{dt}\right]_{t=nT} \tag{3-44}$$

是由于激光器波长偏移引起的漂移，其中 θ_l 是激光器温度。

3.5.8 漂移的积累

由于映射和比特塞入引起的漂移积累规律与相应的抖动积累规律相同，从略。我们这里只讨论光缆传输系统引起漂移的积累。

光缆对于漂移的传输是全透明的，即漂移传递函数为 1，不存在漂移增益。这就使漂移的积累比抖动积累要简单得多。

同抖动一样，在光缆传输系统中的漂移也有系统性分量和随机性分量两种。它们分别是由于光缆温度变化引起的漂移和激光器温度变化引起的漂移。

1. 光缆温度变化引起的漂移

环境温度变化引起光缆温度变化在一个地区内都是相同的，光缆温度变化引起的

漂移 $W_{\theta N}$ (nT) 可视为完全相关的系统性分量。因为系统性分量按线性叠加，经 N 个再生段积累的系统性漂移均方根值

$$\sigma_S(N)=\sigma_{S1}+\sigma_{S2}+\cdots\cdots+\sigma_{SN} \tag{3-45}$$

其中 σ_{S1} 是第一个再生段的系统性漂移均方根值，对于光缆温度 θ 变化引起的漂移，

$$\sigma_{S1}=\sqrt{[E(|W_{\Theta 1}(nT)|^2)]} \tag{3-46}$$

利用（3–43）式，得：

$$E(|W_{\theta 1}|^2)=[\frac{L}{c}\frac{\partial N_1}{\partial\theta}+\frac{N_1}{c}\frac{dL}{d\theta}]^2E(\left|\frac{d\theta}{dt}\right|^2) \tag{3-47}$$

其中 L 是再生段长度。假设光缆温度以一天为周期按正弦规律变化，θ_{p-p} 是一天中光缆温度变化的峰峰值。对于正弦变化，峰峰值相当于均方根值的 $2\sqrt{2}$ 倍，则：

$$\sqrt{E(\left|\frac{d\theta}{dt}\right|^2)}=\frac{1}{2\sqrt{2}}\theta_{p-p} \tag{3-48}$$

将（3–47）和（3–48）代入（3–46）得：

$$\sigma_{S1}=\frac{\theta_{p-p}}{2\sqrt{2}}[\frac{L}{c}\frac{\partial N_1}{\partial\theta}+\frac{N_1}{c}\frac{dL}{d\theta}] \tag{3-49}$$

在实际工程计算中，常常引入光缆漂移常数 K_f（其值大约为（30 ~ 85）ps/km℃，）

$$K_f=\frac{1}{c}\frac{\partial N_1}{\partial\theta}+\frac{N_1}{cL}\frac{dL}{d\theta} \tag{3-50}$$

则（3–49）式变为

$$\sigma_{S1}-\frac{\theta_{p-p}}{2\sqrt{2}}K_f\bullet L \tag{3-51}$$

因为 σ_S 按线性叠加，总长为 L′ 的 SDH 链路包括 L′ /L 个再生段，总的光缆漂移线性叠加为 σ_{S_1} 的 L′ /L 倍，即

$$\sigma_S(N)=(L'/L)\ \sigma_{S_1}=(\theta_{p-p}/2\sqrt{2})K_fL' \tag{3-52}$$

2. 激光器温度变化引起的漂移

因为各个再生器中激光器的温控电路独立工作，由于激光器温度变化引起激光波长变化形成的漂移各不相干，属于随机性分量，应服从均方根规律叠加。这时，经 N 个再生段积累的随机性漂移均方根值

$$\sigma_R(N)=\sqrt{[\sigma_{R_1}^2+\sigma_{R_2}^2+\cdots\cdots+\sigma_{R_N}^2]} \tag{3-53}$$

其中 σ_{R_1} 是第一个再生段的随机性漂移均方根值，

$$\sigma_{R_1}=\sqrt{[E(|W_{\lambda 1}(nT)|^2)]} \tag{3-54}$$

同样假设激光器温度以一天为周期按正弦规律变化，则其峰峰值 θ'_{p-p} 应为均方根值的 $2\sqrt{2}$ 倍。类似地，利用（3–44）式可得：

$$\sigma_{R1}=\frac{\theta'_{P-P}}{2\sqrt{2}}\left[\frac{L}{c}\frac{\partial N_1}{\partial\lambda}\frac{d\lambda}{d\theta_l}\right] \tag{3-55}$$

引入激光器漂移常数（其量纲也是 ps/km.℃）

$$K_L=\frac{1}{c}\frac{\partial N_1}{\partial\lambda}\frac{d\lambda}{d\theta_l} \tag{3-56}$$

实测表明，激光器漂移常数 KL 与激光器的结构和工作波长有关。1310nm 的法布里－柏罗激光器的 K_L 为 0.64 ps/km℃，1550nm 的分布反馈激光器的 K_L 为 3ps/km℃。利用 K_L 可把（3–55）式化为

$$\sigma_{R1}=\frac{\theta'_{P-P}}{2\sqrt{2}}K_L\cdot L \tag{3-57}$$

因为 σ_R 按均方根叠加，总的激光器漂移为

$$\sigma_R(N)=\sqrt{[(L'/L)\sigma_{R_1}2]}=(\theta_{P-P'}/2\sqrt{2})K_LLL' \tag{3-58}$$

3．光缆传输系统的总漂移

光缆传输系统的总漂移 σ 为 σ_S 和 σ_R 的均方根叠加，即

$$\sigma(N)=\sqrt{[\sigma_S^2(N)+\sigma_R^2(N)]}=(1/2\sqrt{2})\sqrt{[(\theta_{P-P}K_fL')^2+(\theta_{P-P}'K_L)^2LL']} \tag{3-59}$$

利用（3–59）式即可求整个光链路的漂移。例如，设光缆总长为 6000km，平均再生段长度为 100km，DFB 激光器的温度变化 θ_{P-P}' 为 1℃ / 天，采用直埋方式时光缆温度最大变化 θ_{P-P} 为 2℃ / 天，取光缆漂移系数 K_f 为 50ps/km℃，激光器漂移系数 K_L 为 3ps/km℃，代入（2–46）式得：

$$\sigma(N)=(1/2\sqrt{2})\sqrt{[(2\times50\times6000)^2+(1\times3)^2\times100\times6000]}=0.2\mu s$$

主要决定于光缆的漂移（这里激光器的漂移比光缆漂移小几万倍）。如果采用架空光缆，某些地区光缆温度最大变化 θ_{P-P} 可达 20℃ / 天，相应的日峰峰漂移值也可增大 10 倍。因此，为了控制漂移指标，对架空光缆的使用应进行必要的限制，长度不能太长。

3.6 SDH 的接口参数

3.6.1 光接口参数

SDH 网中光接口参数是指参考点 S 处光发射机的参数、参考点 R 处光接收机的参数和参考点 S、R 之间光通道的参数。规定这些参数的目的是在最极端的光通道衰减和色散条件下也能使每个再生段的误比特率不劣于 1×10^{-10}。对于采用光纤放大器的系统，STM-64 的单路系统，以及波分复用系统，则要求误比特率不劣于 1×10^{-12}。

表 3-2 是没有光纤放大器时 STM-16 光接口的参数规范。其他的光接口参数可参见有关的国家标准，或其他相关书籍。

表 3-2 STM-16 光接口参数规范

项目		单位	数值					
标称比特率		Mb/s	2488.320					
应用分类代码			I－16	S－16.1	S－16.2	L－16.1	L－16.2	L－16.3
工作波长范围		nm	1266–1360	1260–1360	1430–1580	1280–1580	1500–1580	1500–1580
发送	光源类型		MLM	SLM	SLM	SLM	SLM	SLM
	最大方均根谱宽	nm	4	–	–	–	–	–
机在	最大－20dB 谱宽	nm	–	1	<1	1	<1	<1
	最小边模抑制比	dB	–	30	30	30	30	30
S 点	最大平均发送功率	dBm	－3	0	0	+3	+3	+3
	最小平均发送功率	dBm	－10	－5	－5	－2	－2	－2
特性	最小消光比	dB	8.2	8.2	8.2	8.2	8.2	8.2
	衰减范围	dB	0–7	0–12	0–12	0–24	10–24	10–24
SR	最大色散	ps/nm	12	NA	*	NA	1200–1600	*
点光通道	光缆在 S 点的最小回波损耗（含有任何活接头）	dB	24	24	24	24	24	24
特性	SR 点间最大离散反射系数	dB	－27	－27	－27	－27	－27	－27
接收	最差灵敏度	dBm	－18	－18	－18	－27	－28	－27
机在	最小过载点	dBm	－3	0	0	－9	－9	－9
R 点	最大光通道代价	dB	1	1	1	1	2	1
特性	接收机在 R 点的最大反射系数	dB	－27	－27	－27	－27	－27	－27

说明：NA 表示不作要求。

国家标准中的应用分类代码，字母I表示局内通信（传输距离最多不超过2公里），S表示短距离局间通信（局间再生段距离在15公里左右），L表示长距离局间通信（局间再生段距离在40公里以上）；字母后的第一个数字表示STM的等级，1代表STM–1，4代表STM–4等等；第二个数字表示工作波长和光纤类型，1和空白表示工作波长为1.31μm，所用光纤为G.652光纤；2表示工作波长为1.55μm，所用光纤为G.652光纤或G.654光纤；3表示工作波长为1.55μm，所用光纤为G.653光纤；5表示工作波长为1.55μm，所用光纤为G.655光纤。例如L－16.2表示长距离局间通信传输STM–16的数字信号，工作波长为1.55μm，所用光纤为G.652光纤或G.654光纤。

ITU–T在其建议书G.652、G.653、G.654和G.655中分别定义了4种不同设计的单模光纤。其中G.652光纤是目前大量使用的普通单模光纤；G.653光纤是色散位移光纤，它在1.55μm波长处的色散近似为零；G.654光纤称为截止波长移位的单模光纤，其设计重点是降低1.55μm处的衰减，它的零色散位置仍在1.31μm附近，1.55μm处的色散为18ps/(nm·km)，它主要用于海底通信光缆或其他超长再生段；G.655光纤也是一种色散位移光纤，但其零色散波长不是1.55μm，而在1.57μm或1.51～1.52μm附近，这就使1.55μm附近保持一定的色散值，避免发生多波长传输的四波混频现象，适用于密集波分复用系统。

光源类型中，MLM表示多模激光器，LED表示发光二极管，SLM表示单模激光器。

最大方均根谱宽σ描述发光二极管和多模激光器光脉冲能量的集中程度；最大－20dB宽度用来描述单模激光器光脉冲能量的集中程度，它定义为光传输主模中比最大峰值功率电平低20dB的两个波长之差。

单模激光器在动态调制时也会出现多个纵模，如果边模的功率太大，就会使模分配噪声超标，造成系统误码。最小边模抑制比描述系统对边模的抑制程度，定义为在反射最严重时，全调制主模的平均光功率电平与最大边模光功率电平之差的最小值。

平均发射功率是在发射机发送伪随机序列信号时在参考点S测得的平均光功率。

光源的消光比定义为在反射最严重时，全调制传号（1）平均光功率电平与空号（0）平均光功率电平之差。消光比较大时，可减少功率代价；但太大时又会使偏置电流减小，使附加频率调制线宽增加，还会使激光器的抖动增加。在长距离传输时，一般要求消光比为10dB，在短距离传输时，一般要求为8.2dB。

光通道衰减范围中的下限是为了防止光接收机过载的最小衰减，上限是为了保证光接收机收到足够的光功率，以满足信噪比的要求。若对光通道衰减范围规定得太大，则会对光发射机和光接收机提出过高的要求；若对光通道衰减范围规定得太小，则使再生段的距离太短，增加再生器的数量；两者都会使系统的成本升高，因而要全面进行考虑。

最大色散值是为了保证光纤数字传输系统的性能，在参考点S和R之间光信号的色散值（色散常数与传输距离的乘积）的极大值。由它和色散常数（单位长度的色散）可以确定由于色散限制使光纤再生段的最长距离。最大光通道代价是由于色散引起的光功率代价。多数系统的最大光通道代价都是1dB，它所对应的光通道色散值即为光通道的最大色散值。

光接收机的最差灵敏度是为保证在参考点 R 处达到误码率为 10^{-10} 所需要光接收机的最小光功率电平。

光接收机的最小过载点是为达到误码率为 10^{-10} 所能容许光接收机的最大光功率电平。

3.6.2 电接口参数

在短距离（网元之间的传输距离小于 70m）或低速率的情况下，可以直接用电缆来传输 SDH 信号，因而也规定了相应的电接口参数，但它只适用于 STM – 1 等级。

主要的电参数包括比特率及其容差、输入输出口的过压保护、接口标准码型等。STM 的各个等级都有一定的标称速率，也容许有一定的误差。例如 STM–1 标称速率为 155.520Mb/s，规定速率容差为 $\pm 20\times 10^{-6}$，实际速率可以在 155.51689Mb/s 至 155.52311Mb/s 之间。输入输出口的过压保护，要求能够经受 10 个标准闪电脉冲的袭击而不损坏设备。接口标准码型规定为传号反转码 CMI，以与 PDH 兼容。

3.7 SDH 自愈网

自愈网就是在网络出现故障后，能在用户感觉不到的极短时间内自动恢复所传输业务的网络。

一般说来，网络的保护可以分为提供物理设施保护和提供逻辑通路保护两大类。物理设施的保护是利用专门的备用光纤传输设施来保护，例如下面要讲的线路保护倒换和自愈环，逻辑通路保护则是利用系统中的备用容量来保护，例如下面提到的 DXC 保护等。

不同的用户和不同的业务对网络保护时间的要求是不同的。普通居民用户能忍受 30 分钟的业务恢复时间，银行的自动提款机则要求在 50ms 内恢复业务。

据统计，当业务中断时间在 20 ~ 200 ms 之间时，交换业务的连接丢失概率小于 5%，对业务的影响不大；当业务中断时间达到 2s 时，电路连接、专线业务、拨号业务都将丢失连接；当业务中断时间达 10s 时，数据调制解调器将超时；当业务中断时间超过 10s 时，所有通信会话都将丢失连接；当业务中断时间超过 5min 时，数字交换机将严重阻塞。因此，我们可以规定业务中断时间的两个门限：50ms 和 2s。第一个门限可以满足绝大多数业务的要求；第二个门限又称为连接丢失门限（CDT），中继传输和信令网可以保持稳定，数据会话协议不超时，电话用户有一个短暂的通话间歇，图像通信可能发生几秒钟的图像冻结，但多数人能勉强容忍。

3.7.1 线路保护倒换

网络保护的方法很多，线路保护倒换是一种最简单的方式。所谓线路保护倒换，就是采用一条备用的线路，在主线路出现故障时，在 50ms 时间内自动将信号切换到备用线路上，以恢复业务。

线路保护倒换又可分为 1 + 1 保护和 1∶n 保护两类。

1 + 1 保护简称为并发优收，即在主线路和备用线路上都传送相同的信号，接收端挑选信号质量最好的一路来接收。1: n 保护是 n 条通信信道共享一条保护信道。在正常情况下，保护信道也可传输信息（例如测试信号或优先级较低的信息），当一条通信信道出现故障时，保护信道立即转为传输该路通信信息，而把它原来传输的信号丢弃。

当 n=1 时，1∶1 和 1 + 1 一样，都是一条通信信道备用一条保护信道；它们的区别在于，1∶1 中的保护信道不传输信号，而 1 + 1 中的保护信道和通信信道传输相同的信号。

线路保护倒换方式的保护具有明显的不足。如果采用备用光纤保护，在整条光缆都被切断时，备用光纤也断了，根本无法保护；如果采用不同路由的光缆保护，所需成本又太高；而且这种方式对于网络节点的故障无法提供保护。

3.7.2 环型网保护方式的分类

在 SDH 网中，常常采用环型自愈网的方式来进行保护。即把各个 ADM 节点组成一个环型，在某段线路或某个网元出现故障时，利用 ADM 的智能，寻找替代路由，为所传输的信息提供保护。

按照保护是在通道还是在复用段内进行可以分为通道倒换环和复用段倒换环。在通道倒换环中，一般采用 1+1 保护。在正常情况下，业务光纤和备用光纤都传输相同的信号，接收端根据光纤中传输信号的质量进行通道倒换。在复用段倒换环中，一般采用 1∶1 保护。在正常情况下备用光纤是空的，当网络出现故障时在业务光纤和备用光纤之间形成一个连接，构成新的传输环路。

按照业务信号是沿一个方向还是两个相反的方向传输，可分为单向环和双向环。单向环的优点是技术简单，不需要相互控制的协议，倒换时间短，在多点失效的情况下恢复业务的概率较高。双向环的优点是管理方便，两个传输方向上的时延相等，在保护通道上可以传输额外信号，且在倒换后故障段不会有业务信号传输，便于进行修复。

按照两个节点之间的光纤数量至少是两根还是四根，可分为二纤环和四纤环。

同时考虑以上三种分类，可以组成八种自愈环型网，但常用的只是二纤单向通道倒换环、二纤双向通道倒换环、二纤单向复用段倒换环、四纤双向复用段倒换环和二纤双向复用段倒换环等。下面我们仅介绍二纤单向通道倒换环和二纤单向复用段倒换环的倒换原理。其他几种从略。

3.7.3 二纤单向通道倒换环

二纤单向通道倒换环的结构如图 3–8 所示。从图中可以看出，在各节点之间至少有两根光纤，一根称为业务光纤 S，一根称为保护光纤 P。在任一节点，都采用“发端桥接，收端倒换”的原则。即将要发送的业务信号同时送往两根光纤，在环路中沿相反方向传输；这两个不同方向的业务信号到达接收端后，要经过一个转换开关，只挑选一个质量最好的信号接收。在正常情况下，接收 S 光纤传来的信号，但当某一处出现故障，例如图中 B、C 之间的光纤被切断时，在 C 端接收不到沿业务光纤 S 顺时针传来的 A 端信号，C 端的转换开关则在极短的时间内倒向保护光纤，接收沿保护光纤 P 逆时针传来的 A 端信号，使业务不致中断。在故障排除后，转换开关又返回原来位置。

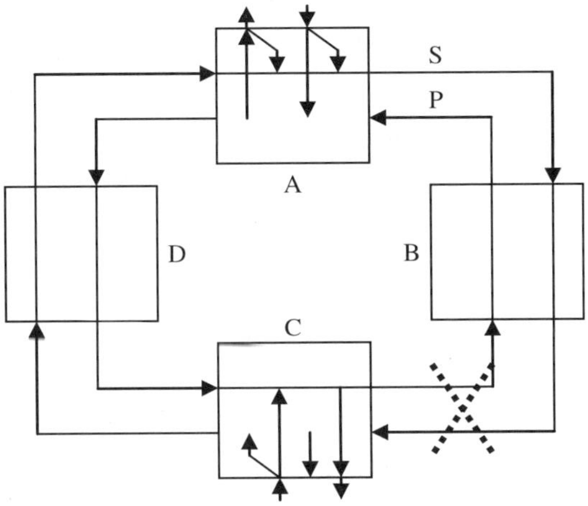

图 3–8 二纤单向通道倒换环

3.7.4 二纤单向复用段倒换环

二纤单向复用段倒换环的结构如图 3–9 所示。它也有一根业务光纤 S 和一根保护光纤 P。不同的是，在每个节点的每根光纤链路上都有一个保护倒换开关，而且正常情况下保护光纤中没有信号传输，接收端只接收业务光纤中传输的信号。但当某一处出现故障，例如图中 B、C 之间的光纤被切断时，在 C 端接收不到沿业务光纤 S 顺时针传来的 A 端信号，故障点两端的两个节点 B 和 C 中的转换开关则在极短的时间内把业务光纤 S 和保护光纤 P 连接起来，构成一个新的环路，C 端可接收沿保护光纤 P 逆时针传来的 A 端信号，使业务不致中断。在故障排除后，转换开关又返回原来位置。

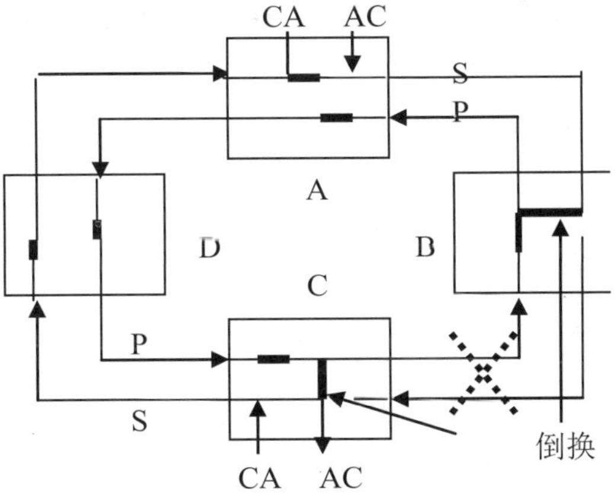

图 3–9 二纤单向复用段倒换环

3.7.5 各种环型自愈网的比较

不同的环型自愈网具有不同的特点，适用于不同的情况。

1. 网络业务容量

二纤单向通道倒换环和二纤单向复用段倒换环中每个节点的业务都在整个环内传送，因而网络的业务容量就等于每个节点的业务容量 STM–N。

四纤双向复用段倒换环每个业务只在部分路由中传输，光纤的其他部分还可传输别的业务，使网络业务容量大大增加。若系统有k个节点，业务仅在相邻节点之间传输时，网络业务容量最多可达到节点业务容量 STM–N 的 k 倍。

二纤双向复用段倒换环只能利用一半的时隙，其最大业务容量只是四纤双向复用段倒换环的一半。

2. 成本

由于四纤双向环的设备和光纤都是二纤单向环的两倍，在传输速率相同的情况下，四纤双向环的成本也大约是二纤单向环的两倍。但四纤双向环的业务容量较大，比较单位业务容量的成本，四纤双向环不一定高。一般说来，双向环较经济，但当节点数很小时，单向环较经济。

3. 厂家产品兼容性

二纤通道倒换环容易满足多厂家产品兼容性的要求，其他则不易满足。

4. 复杂性

从控制协议和操作维护各方面的难易程度来看，二纤单向通道倒换环最简单，业务恢复时间也最短。二纤双向复用段倒换环的控制功能最复杂，其 CPU 的逻辑控制步骤大约是四纤双向复用段倒换环的十倍。

5. 保护级别

复用段保护以复用段级别上的故障为基础，通道保护可在网络支路级别上进行保护，有选择地只保护某些重要通道，较为经济灵活，且保护特性与网络拓扑无关。表 3–3 是几种自愈环主要特性的比较。

表 3–3 自愈环的主要特性

项目	二纤通道倒换环	四纤双向复用段倒换环	二纤双向复用段倒换环
基本容量单位	VC12/3/4	AU–4	AU–4
倒换时间（ms）	30	50	50 ~ 200
初始成本	低	高	中
应用场合	用户网、中继网	中继网、长途网	中继网、长途网

3.7.6 DXC 保护

在业务量很大的长途网中，常常采用 DXC 保护。其网络拓扑是网孔型，利用交叉连接设备 DXC 的智能来进行保护。当某处光缆被切断时，DXC 可迅速找到替代路由，并恢复业务，但恢复业务的时间一般要几秒至几分钟。这种方式的可靠性更高，备用用量较小，但成本也相应地较高。有时也可采用环形网保护和 DXC 保护相结合的保护方法，取长补短。例如把若干个环形网连接在 DXC 上，数据可以从一个环流向另一个环。

3.8 SDH 网的同步

在数字通信传输网中，接收端对数据流的解码对时钟的依赖性很大。若接收端时钟与发送端时钟的频率和相位误差太大，就会出现大量的误码。接收端与发送端时钟一致的问题称为同步问题。尽管 SDH 网可以通过指针调整功能而工作在异步状态，但指针调整太大，会使抖动指标不符合要求，出现严重误码秒损伤。因此，SDH 的同步问题也不能忽视，应要求整个网络的同步。

3.8.1 网络节点时钟的同步方法

一个同步网络，要求在任何情况下都能把高精度、高稳定性的同一时钟信号送往每一个网元，使各节点时钟之间相互同步。节点时钟之间的同步，可以采用主从同步、相互同步和混合同步等多种方法。

1. 主从同步

> 采用主从同步时，每一个网络内有一个高精度的主时钟，用它来控制多个一级从时钟，再用每个一级从时钟来分别控制多个二级从时钟……，形成树型结构。各个从时钟的频率和相位通过锁相环锁定到上一级时钟上，最后实现全网同步。

主从同步的优点是组网灵活，控制简单，网络的稳定性较好，对从时钟的要求不高。缺点是对基准主时钟要求较高，对网络故障比较敏感，一旦主时钟出了问题，容易造成整个网络的混乱。为了增加网络的可靠性，可以采用主时钟与同步分配网络的多重备份。例如设立一个副时钟，平时由主时钟来控制，在主时钟出现问题后改由副时钟对整个网络进行控制。因为每一个从时钟都可从至少两个链路获取定时信息，可避免同步链路故障造成的伤害。

2. 相互同步

> 在相互同步方式中，各交换节点都有一个精度较高的时钟，相互进行控制。也可以使各节点时钟都受全球卫星定位系统（GPS）等的控制。

这种方式适合于网孔型网络。由于各时钟频率和相位的变化可以相互抵消，使网络频率的稳定性高于节点时钟。这种方式对节点时钟的要求比主从同步中的主时钟要低，设备较便宜；对同步分配链路故障也不敏感。缺点是其网络稳定性不如主从同步方式。

3. 混合同步

混合同步是上面两种同步方式的结合。例如可以采用高级节点时钟之间相互同步，而低级节点则采用主从同步方式与高级节点同步。

3.8.2 SDH 同步网

为了保证 SDH 传送网络的同步，需要建立一个 SDH 同步网。所谓同步网，是为网络中各个网元提供定时基准信号的网络，它由相互同步的网络节点时钟和连接这些节点的链路组成，它不参与用户业务的传输，但它是保证传送网正常工作的必要条件。

SDH 同步网可分成网络同步（NS）层、同步分配（SD）层和复用段（MS）层。NS 层是 SD 层的客户，提供基准主时钟至各个时钟之间的连接，负责同步网的自动配置和保护倒换；SD 层把定时信息从高等级时钟向低等级时钟（或同级时钟）传送，在同步网产生故障时，可以自己提供定时信号；MS 层透明地传输 SD 的定时信息，在同步网产生故障时不能自己产生供同步用的定时信息。

3.8.3 从时钟的工作模式

SDH 网的同步性能决定于主时钟的精度、定时参考信号的传输链路的性质以及各网元中获取定时参考信号的接收时钟的性能。一般基准主时钟的性能都可满足国际标准的要求，故同步性能主要决定于后面两个因素。采用 PDH 传输链路时，传输途中引起的抖动和漂移不会超过 1 微秒，符合从时钟对接收信号质量的要求；但如果采用卫星传输链路，每天的信号漂移可达 1.8 毫秒，不符合定时信号的要求。

为了提高系统的可靠性，主从同步方式要求所有节点的时钟都至少可以从两条同步路径获取定时，而且不同的同步路径最好由不同的路由提供。即使这样，在一个实际的 SDH 网中，同步状态仍然不可能绝对良好，实际的工作不是总处于理想状态。常见的工作模式有以下三种。

1. 正常工作模式

这时，各从时钟都与输入的基准时钟信号同步。只是由于基准时钟信号在传输过程中出现的相位噪声和从时钟控制环中的噪声，会影响从时钟的同步。这时可能出现的不同步只表现为各站点时钟之间存在着相位差（而不会出现频率差），只需通过偶然的指针调整，即可实现同步。

2. 保持模式

当从外界输入的定时基准信号丢失时，从时钟可以利用定时基准信号丢失之前存储的最后频率信息作为定时基准进行工作，使从时钟频率在相当长的时间内与基准信号的差别很小，满足系统的同步要求。这种工作方式称为保持模式。保持模式可以应付长达几天的基准信号丢失故障，增加了系统的工作可靠性。但工作于保持模式的时钟与基准时钟信号之间存在着频率差，会引起连续的指针调整。除了系统中专门设置的从时钟外，一些 SDH 设备（例如数字交叉连接设备等）也具有这种保持模式功能。

3．自由运行模式

当从时钟的定时基准信号记忆也全部丢失时，从时钟完全没有外部时钟基准信号作为参考，只能依靠自己内部的振荡器进行工作。这种模式称为自由运行模式。在自由运行模式中，从时钟频率与基准频率之差就更大了，更容易引起连续的指针调整。当时钟精度达不到 ITU–TG.81s 规定的指标（4.6×10^{-6}）时，SDH 网进入异步工作模式，不能传输有效数据，而只能发出告警指示信号（AIS），提醒技术人员进行维修。

3.8.4 SDH 网的同步状态

SDH 网络可能会处于不同的同步状态。在采用主从同步方法时，若各个从时钟和网元时钟都工作于正常模式，所有时钟都与基准主时钟同步，整个网络处于同步状态。这是单个网络运行区域内的正常工作状态。在混合同步方法中，各时钟分别跟踪于标称频率相同，而实际频率或相位略有差别的不同主时钟（例如各个主时钟跟踪于全球卫星定位系统的不同卫星），形成几个不同的同步网，边界网元会出现频率差或相位差，出现指针调整，则整个网络处于伪同步状态。这是由若干个网络联网后组成的大网正常工作状态。若网络中部分时钟处于保持模式或自由运行模式，整个网络将处于准同步状态。由于 SDH 网络中时钟的精度较高，各时钟之间的差别可通过指针调整来弥补，网络仍可继续工作。但如果丢失同步的网络节点是执行异步映射功能的输入网关，可能导致网络持续指针调整，恶化同步性能。当网络中出现很大的频率偏差（大于 4.6×10^{-6}）时，网络处于异步状态，不能传输有效数据，只能发出告警信号。

3.8.5 网元的定时方法

SDH 网提供了三种不同的网元定时方法。一是依靠外部定时源定时，例如 PDH 网同步中的 2048kHz 和 2048kbit/s 同步定时源等；二是用内部定时源定时；三是从接收信号中提取的定时信号来定时。从接收信号中提取的定时信号来定时的方法又可分为环路定时、通过定时和线路定时三种，故总共有五种定时方法。

环路定时、通过定时和线路定时如图 3–10 所示。图中用粗线表示用户数据信号，用细线表示定时信号。

在图 a 所示的环路定时中，网元的每个发送信号都由相应的输入信号中提取的定时信号来同步。例如向左边发送的信号利用从左边来的接收信号来定时。在图 b 所示的通过定时中网元由同方向终接的输入信号中提取定时信号，并利用它对发送信号和分路信号进行同步。例如要取出从右边输入的信号，以及要向左边发送的信号，都利用从右边输入的信号来定时。图 c 所示的线路定时中所有发送信号的定时信号都由特定的输入信号中提取。例如图中向左边、右边发送的信号，以及从左边、右边输入信号中取出的支路信号都利用左边的输入信号来定时。

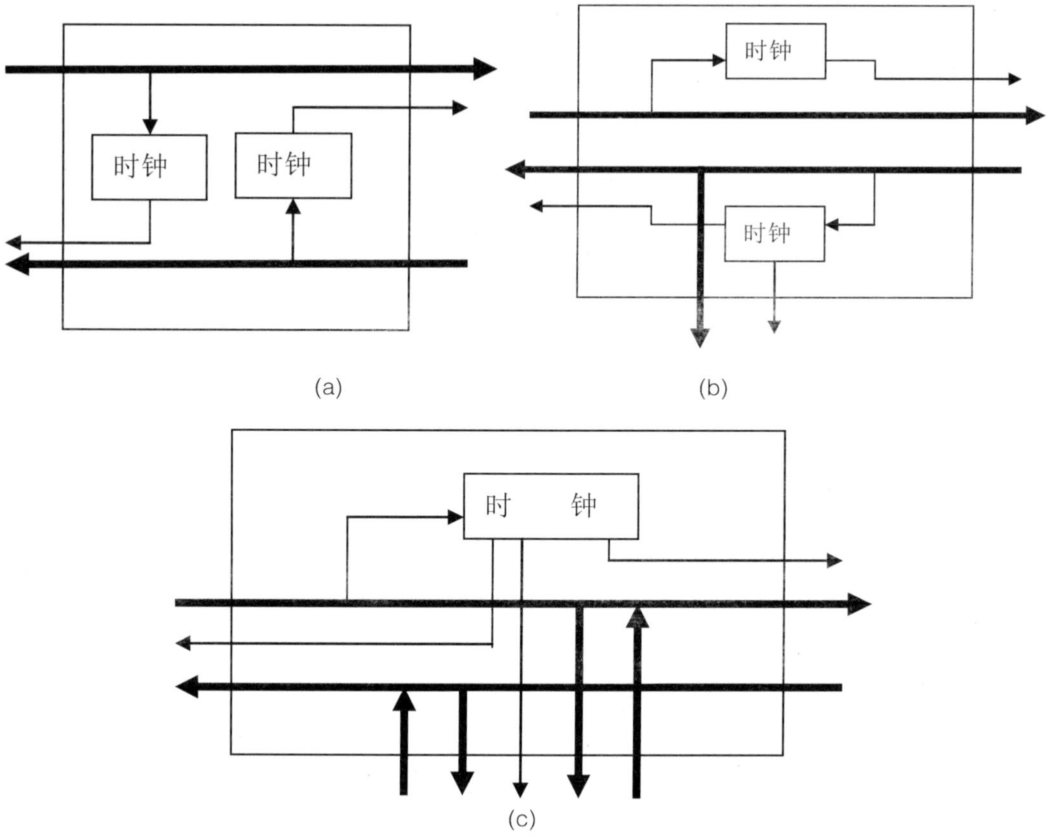

图 3-10 利用接收信号定时

一个网元常常同时采用两三种定时方法。对复杂程度不同的网元，采用的定时方法不同，对内部定时源精度的要求也不同。

3.9　本章小结

本章讲述了 SDH 的基本网元、复用单元、帧结构、误码及相位特性、接口参数、自愈网和同步。要求读者重点掌握描述 SDH 的复用，自愈环的保护和主从同步原理，会计算误码率指标等。

延伸阅读

（1）ITU-T Recommendation G.707（1996），同步数字体系（SDH）网络节点接口

（2） ITU–T Recommendation G.803（1997），基于同步数字体系（SDH）的传送网体系结构

（3） GB / T15409–94，同步数字体系信号的帧结构

（4） GB / T15940–95，同步数字体系信号的基本复用结构

习　题

1. SDH 有哪些基本网元？其主要作用是什么？

2. SDH 有些什么样的基本复用单元？并说出它们之间的关系。

3. SDH 的帧结构由哪几部分组成？各有什么作用？

4. 把一个 2.048Mb/s 的业务从 PDH 的四次群和从 SDH 的 STM – 1 中分出有什么不同？各需要经过什么过程？

5. 如何把 2.049Mb/s 的数据装入容器 C–2？

6. 设系统长期测量中出现误码的概率为 $p_e = 10^{-8}$，计算传输速率为 2.048Mb/s 时出现误码秒的概率。

7. 设系统长期测量中出现误码的概率为 $p_e = 1.2 \times 10^{-8}$，求传输速率为 2.048Mb/s 时出现严重误码秒的概率。

8. 已知两个再生器内部误码机理引起的长期平均误码率分别为 $P_{e_1} = 1.1 \times 10^{-8}$ 和 $P_{e_2} = 9.3 \times 10^{-9}$，求它们级联后，速率为 2.048Mb/s 的数字信号在 1s 时间内出现 2 个误码的概率。

9. SDH 光接口的参数指的是什么位置的参数？光通道的衰减为什么不能太大，也不能太小？

10. 画出二纤单向通道倒换环的示意图，并说明其保护原理

11. 画出二纤单向复用段倒换环的示意图，并说明其保护原理。

12. 说明主从同步和相互同步的原理和特点。

13. SDH 从时钟有哪几种工作模式？

第 4 章 异步转移模式

异步转移模式（ATM）是可用于宽带综合业务数字网的一种传输和交换方式。1988 年，CCITT 把异步转移模式（Asynchronous transfer mode，ATM）推荐为宽带综合业务数字网的信息传送方式，并把它定义为“一门基于非信道化的高速数字链路的交换技术”。由于它具有很大的灵活性，能够适应不同速率、不同突发度的，实时和非实时业务的要求，可以实现多种业务在同一个网络中的传输和交换，并保证服务质量，在当时被认为是一种最有前途的宽带传输与交换技术。

近年来，随着 IP 技术的发展与广泛应用，ATM 技术已经不能适应形势的需要，其作为宽带主流技术的地位已逐渐被宽带 IP 技术所替代。但它的一些基本概念（如信元、虚通道、虚通路等），特别是它采用的一些基本技术，如硬件交换、合理的排队方式、服务质量（QOS）的保证等，已被宽带 IP 或其他技术所采用或吸收，并会在一些未来的技术中继续保留。故我们仍然把它作为一种宽带技术来作简要介绍。

同步与异步：在上一章讲的 SDH 是同步数字系列，这里的 ATM 是异步转移模式，它们是否正好相反？实际上，这里的“异步”不是指传输码流的异步（与 SDH 相反），而是指各数据分组（即下面讲的信元）动态地占有信道，各支路的数据分组在传输链路中不一定周期性地出现。与 ATM 相反的，是数字电话中的同步转移模式（STM）联网协议。在那里，每一支路信号（即使当时没有有用的信号需要传输）始终占用一个带宽固定、时隙固定的通道，在传输链路中周期性地出现。

4.1 ATM 的基本原理

4.1.1 ATM 信息的传输方式

ATM 是在电路交换和分组交换的基础上发展起来的。我们知道，面向连接的电路交换采用固定时隙的同步复接方式，只能支持一种速率的交换，但它的交换速率大，时间透明性好（时延小）；而无连接的分组交换可以支持多种速率的交换，且语义透明性好，具有一定的检错和纠错能力，但时延较大，交换速率也受到限制。在 ATM 网中，采用分组方式来传输信息，同时又具有电路交换的优点，采用面向连接的方式工作，以提高处理速率，降低信息传输的时延。

1. 信元

ATM 网中传输信息的基本单元被称为“信元”，由信头和净荷两部分组成，共 53 个字节，可以满足端到端时延小于 24ms，时延抖动小于几百 μs 的要求。其中 5 个字节的信头负责传输虚通路信息、信息优先级、维护与纠错信息等控制信息，48 个字节的净荷传输用户业务信息。

信元长度的确定：一般说来，使用固定长度的分组，可以预测排队时延和网络的总时延，使交换机的结构较简单，性能更可靠。故当时选择固定长度的信元。随着大规模集成电路的发展，长度不等的分组也可进行高速率的交换，并具有效率高、成本低的特点，如果今天再确定信元的结构，完全可以采用可变长度的分组，以提高传输效率。信头的长度由其承担的任务来确定，净荷的长度则应由传输效率、交换速率、时延和设备复杂度等方面综合考虑。当时欧洲倾向于采用 32 个字节的净荷，美、日则建议采用 64 字节，CCITT 在这两种方案的基础上进行折中，取净荷长度为 48 个字节。

2. 信头差错控制（HEC）

在 ATM 网络中，净荷的差错交给终端去处理，但信头的差错保护必须由网络来承担。否则，信头差错不纠正，会导致错误的路由，引起信元的丢失和（或）误插。即使是信头中一个比特的错误也会造成整个信元的差错；如果信元再误插到别的终端，则会造成两个信元的差错；两者都引起错误倍增。因而需要网络对信头差错进行保护。

为了进一步研究错误倍增问题，我们先来分析差错出现的原因。在信元传输过程中出现的差错有突发噪声引起的大量误码和随机噪声引起的单个误码。前者使信头和净荷都出错，没有引起错误倍增；后者引起的误码如果出现在信头，就会引起信元的丢失和误插，出现错误倍增。

设信元的信头长度为 h，净荷长度为 i。若网络的误码率为 B，则一个误码出现在信头的概率为 Bh/(h+i)，出现在净荷的概率为 Bi/(h+i)。

当信头中的错误既未发现又未纠正时，可能同时出现信元的丢失和误插，则两个终端收到的两个信元净荷全部出错，总的误码率为

$$B_1 = 2i\,Bh/(h+i) + Bi/(h+i) = iB(2h+1)/(h+i) \tag{4-1}$$

错误倍增系数

$$M_1 = B_1/B = i(2h+1)/(h+i) \tag{4-2}$$

将 5 个字节的信头长度 h=40 个比特，和 48 个字节的净荷长度 i=384 个比特代入，得信头中的错误既未发现又未纠正时的错误倍增系数

$$M_1 = i(2h+1)/(h+i) = 73.4$$

当信头中的错误发现但不能纠正时，我们将出错的信元丢弃，则只出现信元的丢失，

而不会误插，这时总的误码率为

$$B_2 = i\,Bh/(h+i)+ Bi/(h+i) = i\,B（h + 1）/（h+i） \quad（4–3）$$

错误倍增系数

$$M_2 = B_2/B = i（h + 1）/（h+i） \quad（4–4）$$

将信头长度 h=40 个比特，净荷长度 i=384 个比特代入，得信头中的错误发现而未纠正时的错误倍增系数

$$M_1 = i（h + 1）/（h+i） = 37.1$$

当信头中的错误发现并纠正时，终端将收到正确的净荷，这时总的误码率为

$$B_3 = 0Bh/(h+i)+ Bi/(h+i) = i\,B/（h+i） \quad（4–5）$$

错误倍增系数

$$M_3 = B_3/B = i/（h+i） = 0.91$$

没有出现错误倍增。

因此，我们希望能够完全纠正信头中的错误。但要实现完全纠错需要很大的开销，既增加了系统的复杂度和传输成本，又降低了信息传输的效率。实际上，在发生突发性错误时，常会出现一系列的误码，造成信头和净荷都出错，把信头错误纠正以后，向接收端传送一个错误的净荷，反而增加了错误的可能性，还不如在检出信头错误后，把整个信元直接丢弃，没有必要再纠错。另一方面，如果单比特错误发生在信头，净荷一般不会再出现误码；把信头错误纠正以后，可以降低错误倍增系数。因此，我们在单比特错误发生时采用纠错方式，而在突发性错误发生时则采用检错方式工作。这就是自适应检错 / 纠错方式。

在自适应检错 / 纠错方式中，正常情况下系统采用纠错方式对单比特错误进行纠正；当纠正一个错误后，立即转为检错方式，继续发现信头错误，说明是突发性误码，即将整个信元丢弃；如果不再发现信头错误，说明是单比特误码，系统又转为纠错方式。这样，对于随机出现的单比特错误，系统把它纠正，保证信息的正确传输；对于突发错误，信头和净荷都会出现连续的误码，系统把它们全部丢弃。否则，如果始终工作在纠错方式，突发误码时只纠正信头中一个误码，其他误码并没有纠正，会导致错误的路由引起信元丢失和误插，出现错误倍增。

在自适应检错 / 纠错方式中，一般采用 BCH 码来进行信头差错保护。它在 k 个有用信息比特之外增加 r 个冗余比特，用于检错和纠错，使总的比特数变为 n = k + r。选择不同的 r，具有不同的检错和纠错能力。表 4–1 给出总比特 n 不同时，对不同的有用比特数 k，可以纠正的错误比特数 t。表 4–2 表示在需要保护的有用比特数为 32、40 和 48 时，冗余比特数 r 为 6、7、8 时可以检出多比特错误的比例。

表 4–1 可纠错比特数

总比特数 n	有用比特数 k	冗余比特数 r	可纠错比特数 t
31	26	5	1
	21	10	2
	16	15	3

续 表

总比特数 n	有用比特数 k	冗余比特数 r	可纠错比特数 t
63	57	6	1
	51	12	2
	45	18	3
127	120	7	1
	113	14	2
	106	21	3

表 4–2 可检出多比特错误的比例

冗余比特数 r		6	7	8
有用比特数 k	32	48%	74%	89%
	40	36%	68%	84%
	48	23%	62%	81%

如果需要保护的有用比特数不正好是表 4–1 中的数，必须把它按更高的有用比特数来对待。例如有用比特数为 48 时，若需要纠正 1 个比特的错误，把它按 57 个比特对待，需要 6 个冗余比特。但用于多比特检错时，只能检出 23% 的错误。故我们选择 8 个冗余比特，使其不仅能纠正单比特错误，还能检出 81% 的多比特错误。

具体说来，ATM 对信头差错的保护采用循环冗余校验的方法。发送端将信头的前 4 个字节共 32 个比特形成的多项式乘 8，再除以生成多项式 x^8+x^2+x+1，所得余数即为 8 比特的 HEC，组成信头的第五个字节。接收端则对信头的前 4 个字节重新进行循环冗余校验，所得余数与第五个字节相同，说明信头正确。否则，则说明信头在传输过程中出现错误。如果这时工作在纠错状态，则进行单比特纠错；如果这时工作在检错状态，则不进行纠正，只是把它丢弃。

3. 信元定界

ATM 网络中最基本的信息单位是信元，这些信元排成首尾相接的比特流在线路上传输。接收端首先必须把串行传输的比特流分成一个个信元，才能进行进一步的处理。这就需要进行信元定界，确定信元信头的第一个比特。信元定界的基本方法是利用信头差错控制字节 HEC 来进行的。接收端对连续比特流中任意 32 个比特进行循环冗余校验，所得余数与后面 8 个比特的 HEC 相同，则可认为找到了正确的信头。考虑到在连续比特流中信头以外的其他部分也可能存在相同的关系，一般需要在连续若干个 53 字节中的前 5 个字节都满足这样的关系，才可以认为真正找到了信元的边界。

信元定界中有三种工作状态：搜索态、预同步态和同步态。接收端开始处于搜索态，发现一个正确的 HEC 后就进入预同步态。按此边界再计算下一个信元，若连续发现 δ 个正确的 HEC，则进入同步态；若发现一个错误的 HEC，则返回搜索态。在同步态下，系统将不断进行循环冗余校验，进行差错控制。若连续 a 次发现 HEC 错误，则认为丢失了信元的边界，重新回到搜索态。显然，δ 越大，找到的信元定界越准确，但花费的时间越长，效率越低；a 越大，发现丢失信元边界所花的时间越长，但结论越正确。因此，需要选择合适的 δ 和 a 值。ITU–Y 规定，在一个纯粹的 ATM 信元传输系统中，取 δ = 8，a = 7。这样，即使在非常恶劣的传输条件下，一个 STM–1 传输系统的比特差错率为 10^{-4}，系统出现丢失同步的概率也小于每年一次。由于 ATM 交换机的强大计算能力，在丢失同步以后，经过似乎“漫长”的搜索态、预同步态后，重新恢复同步态所需的时间仅为 28μs 左右。

4．虚通路与虚通道

在 ATM 网络中，通信开始时，要在发送端和接收端之间建立起一个虚连接，并把该虚连接的标志（号码）记入所有信元的信头，以后就按该虚连接传送，既节省了信元在交换机寻址的时间，也使各信元到达接收端的先后顺序不发生改变（即具有时间透明性），不用重新排队。

ATM 中的虚连接包括虚通路（VC）和虚通道（VP）两类，在信头中分别由虚通路标志（VCI）和虚通道标志（VPI）两部分标识。例如某一业务在某一段链路中的传送是通过虚通道 2 中的虚通路 3 来进行的，则在信头中的虚通道标志为 2，虚通路标志为 3。这里的虚通路是在网络端点之间的一种逻辑联系，是复用、交换和传送信元的通路（之所以称为“虚”，是当用户没有信元传送时，其他用户也可以占用其带宽）。而虚通道则是具有相同端点的一组虚通路的组合。多段 VC 链路衔接成虚通路连接 VCC，多段 VP 链路衔接成虚通道连接 VPC。虚通道像一个复杂大网中的虚拟子网，半永久地占有网络资源。这就使虚通道的设立简化了大网的资源管理。在一个 ATM 干线网中，最多允许的虚通道数是 4096 个，每个虚通道内最多有 64k 条虚通路。

虚通道的设立还可提高主干网的交换效率。这是因为有的交换机可以只对虚通道进行交换，即把一个虚通道内的所有虚通路全部交换到另一个虚通道中，其中的所有虚通路都不改变自己的 VCI 值。由于虚通道是半固定连接的，这种交换不需要复杂的信令处理，可以达到几十 Gb/s 的吞吐量。

4.1.2 ATM 的统计复用

在电话通信中采用的是同步时分复用方式，用户一旦接通电路，在挂断之前就将永远占用信道，即使是用户不说话的静默状态亦然，这时网络传输信源发出的空闲比特，使网络资源的利用率很低。为了提高网络资源的利用率，在快速电路交换方式中，只有说话时才占用资源，在静默状态时，网络资源分配给其他用户使用，提高了网络资源的利用率。

ATM 的复用采用异步时分的统计复用方式。任何业务的各个不同支路的信元流汇集到一起后，先要在一个缓冲器内排队，按照到达的先后和信息的优先级逐个输出到传输线路，形成首尾相接的信元流。在信元流中，来自同一信源的信元之间没有固定的关系，信息只是按信头中的标志来加以区分。这种复用方式称为异步时分复用，又称为统计复用。在 ATM 中，采用异步时分复用，根据需要来分配资源，使每个支路都不占有固定的带宽，即使是通话正在进行，其发送的信元之间也可以传送其他用户的信元，这就进一步提高了网络利用率，使资源得到了最大限度的利用。而且还可以同时传输不同速率的信息。

当所有支路都没有信元输入时，线路上就会填充以未分配信元（未分配信元和空闲信元都不包含用户信息，都是为了使传输速率相适配而插入的。但未分配信元是由 ATM 层产生的，在 ATM 层和物理层都能见到它；空闲信元是物理层产生的，在 ATM 层看不到它）。如果各支路的信元同时到达，超过缓冲器的容量，则按信元的优先级，首先丢掉优先级低、不太重要的信元，尽量减少对业务的影响。一般网络设计使缓冲器的容量满足设计速率的要求，保证信元丢失率在 10^{-9} 以下。

4.1.3　ATM 信元的交换

因为同一个业务包含的所有信元都选择同样的虚通路，故在 ATM 网络中，交换节点完成的只是虚通路之间的交换。

设一个交换节点有 M 条输入复用线和 N 条输出复用线，输入复用线和输出复用线之间通过空分矩阵的连接，由当前信元信头中的虚通道和虚通路标记来控制。在交换节点中，只有有用的信息被交换（空闲信元和未分配信元在入口处消失，不被交换，这是异步时分复用的一个优点）。若虚通道 A 中的虚通路 B 由输入复用线 E_i 进入交换节点，经过空分矩阵到达输出复用线 S_j 后，变为虚通道 C 中的虚通路 D（这个翻译工作是由节点中存储的路由表来完成的），信头标记也作相应的修改。

当有多条输入复用线上的信元要去同一条输出复用线时，为了避免信元丢失，在输出复用线的入口处设立了缓冲存储器，供信元排队用。

与分组交换网不同，在 ATM 交换节点中，只对信头进行差错校验，对净荷是否出现差错根本不予过问（这个任务留给终端去完成），因而大大提高了交换速率。如果直接进行 VP 交换，把一条虚通道中的所有虚通路一次全部交换到另一条虚通道中去，交换速率就更高了。

4.2　ATM 的分层结构

同计算机网络类似，ITU–T 也定义了宽带综合业务数字网的协议参考模型，如图 4–1 所示。它包括三个面（用户面、管理面、控制面）和四层（物理层、ATM 层、ATM 适配层和高层），各层又可细分为若干层。不同的层具有不同的功能，由不同的设备来处理。物理传输链路只关心物理层；交换机则处理物理层和 ATM 层；而 ATM 适配层（AAL）则只由终端处理，在物理传输链路和交换机内都是透明传输的。

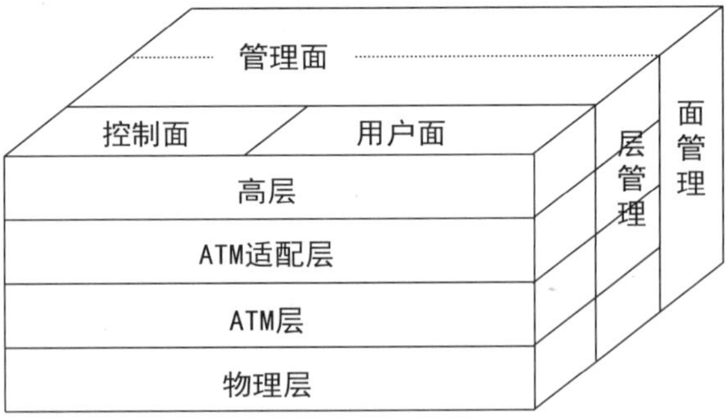

图 4–1 ATM 协议参考模型

图 4–1 中的用户面提供用户信息传送、流量控制和差错恢复机制。它采用分层结构传送数据、话音、图像等用户信息，及与业务有关的协议等；控制面负责网络连接的建立和拆除，负责网络的管理，它也采用分层结构传送信令信息，提供呼叫和连接的控制功能；管理面用于网络维护和执行操作功能，其中的层管理采用分层结构，用于各层内部的管理，即实现网络资源和协议参数的管理，以及操作维护（OAM）信元流的处理；面管理不分层，用于各层之间管理信息的协调和管理，实现与整个系统有关的管理功能。

同 OSI 七层模型相比，ATM 网络的物理层和 ATM 层与 OSI 模型的物理层对应；ATM 适配层（AAL）和 OSI 模型的数据链路层的 MAC 子层相对应；高层则和 LLC 子层以上的各层对应。

4.3 ATM 的服务质量

能够有效地保证服务质量，是 ATM 技术的最主要特征之一，也是其他网络技术向 ATM 借鉴的一种主要技术。ATM 采用规定服务等级，对不同服务等级的业务分配不同的带宽，采用不同的质量保证措施；对业务流量进行有效的控制；在网络出现拥塞时，及时采取措施，减少拥塞的影响，使网络尽快恢复正常。

4.3.1 ATM 的服务质量

1. 描述服务质量 QOS 的参数

从用户的角度讲，QOS 是业务的质量要求；从网络的角度讲，QOS 是网络的整体性能。QOS 的参数可分为与呼叫控制有关的参数和与信息传递有关的参数两大类。

与呼叫控制有关的参数包括连接接受的概率、连接建立时延、连接释放时延等。这些参数描述终端发出呼叫时，网络能否接受这个呼叫，成功建立一条连接；以及呼叫发出到连接建立所需要的时间；通信结束到拆除连接所需要的时间等。

与信息传递有关的参数包括带宽控制、传输延迟、误码特性、流量控制、抖动控制和实时特性等。不同的服务质量正是通过这些参数来描述的。用户和网络管理部门可以就这些参数进行协商，规定网络必须满足或超过的最低性能。

峰值信元速率 (PCR) 是发送方计划发送信元的最大速率，它等于网络传送两个相邻信元所需的最短时间的倒数。

峰值持续时间，又称突发容差（BT），它是发送端可以维持峰值速率的最长时间。ATM 论坛规定了 0.5 秒、0.75 秒、1.25 秒和 1.5 秒几个标准值。

可持续信元速率（SCR）是发送方期望的或需要的长期平均信元速率。

最小信元速率（MCR）是发送方可以接受的最小信元速率。如果网络管理部门不能提供这个速率，就应拒绝接受连接。

信元错误率（CER）是传送到接收端的，至少有一个比特错误的信元所占的比率。

信元丢失率（CLR）是发送的信元没有到达接收端和在实时业务中到达得太晚而变得无用的信元所占的比率。

信元误插率（CMR）是发送的信元被错误地传输到错误目的地的信元所占的比率。

信元传输延迟（CTD）是信元由发送端到达接收端所需要的时间。信元传输延迟的平均值则称为平均 CTD。

信元延迟变化（CDV）描述信元到达接收端时间的均匀性，是信元延迟时间变化的最大值。在实时业务中，超过 CDV 到达的信元属于无效信元，自动被丢弃。

信元延迟变化容差（CDVT）说明信元的发送时间可以有多大的变化。它是在用户网络接口被网络观察到的信元偏离规定到达时间的最大偏离值。这个指标不用网络和用户进行协商，而由网络自己指定。

2. 五种不同的业务

ATM 包括五种不同的业务。

固定比特率业务 CBR 的特点是带宽恒定，峰值速率 PDR 和平均速率 SCR 相同。例如数字电话、非压缩数字电视等，都属于固定比特率业务。对于这类业务，网络不进行错误检查和数据流控制，但必须保证确定的时延和时延抖动。相应的服务质量指标主要为信元传送延迟 CTD、信元延迟变化 CDV、信元错误率 CER 和信元丢失率 CLR 等。

可变比特率业务 VBR 为用户提供可变带宽服务，传输速率随信号的不同而改变（快速运动图像的码率高，动画片的码率低）。

其中实时可变比特率业务 rt-VBR 提供实时的可变带宽服务，例如会议电视等交互式的视频压缩业务。相应的服务质量指标主要为峰值信元速率 PCR、可持续信元速率 SCR、峰值持续时间 BT、信元延迟变化容差 CDVT、信元传送延迟 CTD、信元延迟变化 CDV、信元错误率 CER 和信元丢失率 CLR 等，特别是信元传送延迟 CTD 和信元延迟变化 CDV 等，要严格加以控制。

非实时可变比特率业务 nrt-VBR 提供非实时的可变带宽服务。相应的服务质量指标主要为峰值信元速率 PCR、可持续信元速率 SCR、峰值持续时间 BT、信元延迟变化容差 CDVT、信元传送延迟 CTD、信元错误率 CER 和信元丢失率 CLR 等。但其值没有 rt–VBR 那样严格，对信元延迟变化 CDV 也不敏感。

可用比特率业务 ABR 主要为那些非实时的，对时延和吞吐量没有特殊要求的数据通信服务，不规定 QOS 参数。但用户可以规定信元丢失率 CLR、峰值信元速率 PCR 和最小信元速率 MCR。它使用的是网络的冗余带宽，不影响网络的其他业务，实际传输的速率应介于 PCR 和 MCR 之间。ABR 中存在一种关于拥塞的反馈机制，网络随时向用户反馈网络的可利用速率。网络的性能依赖于终端对网络可用带宽的响应速度。在网络不忙时，用户可以得到更高的带宽，以更高的速率发送数据；在网络较忙时，网络则通知用户降低发送速度，这就提高了网络带宽资源的利用率。例如用户申请了 5Mb/s 的带宽，这在任何时候都是可以保证的；在网络不忙时，用户甚至可以得到 10Mb/s 的带宽，但网络对这一点不做承诺。

不确定比特率业务 UBR 中，网络不做承诺，也没有关于拥塞的反馈。它的最小信元速率 MCR 为零，对时延要求不高，对时延变化不敏感。在 UBR 中，用户发送的所有信元都会被网络接受，但不保证服务质量，甚至不保证一定能够传递；在网络拥挤时，UBR 信元将会首先被丢弃。互联网上传输的 IP 流，文件传输、电子邮件就属于这种业务。UBR 不规定 QOS 指标，其流量特性主要为峰值信元速率 PCR 和信元延迟变化容差 CDVT 等。

4.3.2 保证服务质量 (QOS) 的基本措施

ATM 网络采用了许多措施来保证服务质量。本节我们先讲一些基本的措施，流量控制和拥塞进行控制放在 4.3.3 和 4.3.4 再介绍。

ATM 在信头中设置了优先级比特，根据重要性把信元划分成若干类，在发生拥塞时首先丢弃优先级别较低的信元，这就可以保证优先级别较高信息的传输。

ATM 还采用合理的排队方法和硬件交换方式，提高了交换速率，降低了交换时延和时延抖动，也就减少了信元的丢失，提高了传输质量。

尽管 ATM 的交换系统可以得到 10^{-8} ~ 10^{-9} 的信元丢失率，这对绝大多数业务完全可以满足要求。但对一些特殊的业务，例如传输银行数据，却要求 100% 的准确，还需要采取一些特殊的措施。由于银行数据这一类业务，对实时性要求不高（时延在几百 ms 到 1s 之间，对业务无明显的影响），我们可以采用传统的自动请求重发（ARQ）协议或快速传输协议（XTP），对丢失或出错的信息进行重传，以保证传输的正确性。

对于一些对实时性要求较高的数据业务和图像业务，不允许进行重传，则可以采用较为复杂的前向检错（FED）和（或）前向纠错（FEC）方法。典型的前向检错方法基于信元顺序编号，通过使用模 N 的顺序号，可以检出 N － 1 个连续信元丢失。由于单个信元中的 BCH 码不能检测出信元丢失，前向纠错技术必须在多个信元中实现 BCH 码。但直接在多个信元中实现 BCH 码需要大量的开销比特，我们可以采用比特（信元）交织和 BCH 编码相结合的方法，使信息比特和纠错比特在不同的信元中传送，以降低开销比特。

采用分层编码方式也可为服务质量的提高作出贡献。所谓分层编码，是把要传输的信息划分成不同的层。不同的层对应不同的质量，对错误的敏感度也不同。例如可以把图像信号分成低分辨率、中等分辨率、高分辨率和超高分辨率四层，相应的传输速率和对错误的敏感度越来越高。到达终端后，每一高层将利用低层的信息来构造符合该层质量要求的图像。用于监视的图像，只需低分辨率一层即可；可视电话和会议电视需要低分辨率和中等分辨率两层；标准电视节目需要低分辨率、中等分辨率和高分辨率三层；高清晰度电视则需要上面所有四层。图像信号的分层，可以通过离散余弦变换（DCT）、子带编码（sub–band coding）等方式来进行。

分层编码的优点之一是可以实现不同业务的终端的兼容性，例如可以利用普通数字电视接收机来接收数字高清晰度电视节目，也可以反过来用数字高清晰度电视机来接收普通数字电视节目。

分层编码的另一个优点是可以有效地解决网络造成的信元丢失问题。表 4–3 是在不同传输速率和不同误比特率、不同信元丢失率时，出现比特错误和信元丢失的平均间隔时间。由它可以看出，传输速率越高，发生误码和信元丢失的可能性越大。因为低层的分辨率、清晰度和传输速率更低，发生错误的机会较小，更不容易出错。同时，由于低层的传输速率较低，还很容易通过不太复杂的前向纠错控制（FEC）来得到保护，这种保护所增加的开销比特也不多。既保证了最低限度的质量，传输效率降低得也不多。这时，尽管高层容易出错，但高层出现错误以后，接收端仍然可以依靠正确的低层信息来提供质量较低的信息，避免通信的完全中断。

表 4–3 出现比特错误和信元丢失的平均间隔时间

传输速率		64kb/s	256kb/s	1.5Mb/s	10Mb/s	45Mb/s	135Mb/s
误比特率	10−6	16.0s	3.9s	0.7s	0.1s	22.0ms	7.4ms
	10−9	4.3h	65.0min	11.0min	1.7min	22.0s	7.4s
	10−12	6.0 月	1.5 月	7.7 天	1.2 天	6.2h	2.1h
信元丢失率	10−6	1.7h	25.0min	4.3min	38.0s	8.5s	2.8s
	10−8	6.9 天	1.7 天	7.1h	1.1h	14.0min	4.7min
	10−10	1.9 年	5.8 月	1.0 月	4.4 天	1.0 天	7.9h

4.3.3　ATM 的流量控制

为了保证服务质量，ATM 网络还采用一些方法对网络中的流量进行控制。

1. 连接允许控制（CAC）

用户向网络发出呼叫请求时，要提交业务的流量特性和服务质量要求，网络根据当前网络资源的分配和实际的占用情况，确定在发送端、接收端和所有网络节点能否满足用户的流量和质量要求。如果能够满足，则接纳用户的请求，建立相应的虚连接，并分配相应的资源，确定用户入网的流量。如果不能满足，可与用户协商，降低一些要求；如果不能协商一致，则拒绝用户的请求。只有用户实际输入的流量符合约定时，网络才保证其服务质量。这就防止了过多信息的输入，防止拥塞的发生。

2. 使用参数控制（UPC）

由于用户在申请资源时可能低估了自己的需求，或者是用户设备出现故障，使其传送数据时超出它们预定的资源，甚至有的用户可能故意少报需求以减少它们的费用。为了防止这些用户的流量超过约定而引起网络的拥塞，必须在用户网络接口对流量进行监控，这就是使用参数控制(UPC)。UPC 的任务是监测每条虚连接的流量，发现不符合约定时，直接把它们丢弃，或者先对超过规定的信元打上标记，一旦网络发生拥塞，首先丢弃这部分信元，即可减轻网络拥塞的程度。

3. 业务成形

业务成形是在保证业务质量的前提下，采取一些必要的措施，降低峰值信元速率和最大突发长度等，改变连接的流量特性，使其更接近流量合同，避免拥塞的发生。例如发送端以峰值速率产生信元时，在被送入网络前，先进行缓存，使信元离开缓存器的速率小于它们到达缓存器的速率（但应大于平均速率，否则会使队列变得不稳定），即可降低峰值信元速率。需要注意的是，这种峰值信元速率的降低，是以加大数据的时延为代价的。对于那些对时延敏感的业务，成形时要十分小心，峰值速率的降低要在时延特性被满足的前提下进行。

4. 控制信元的使用

ATM 采用显式速率流量控制，控制信元（即资源管理信元 RM）承载返回信源的流量控制信息，用较高优先级的通道（约占网络容量的 3%）在网络中传送。运行速度比局域网中的 TCP 流量控制快 100 ~ 1000 倍；即使网络中用户数据发生了拥塞，RM 也能以很快速率传输。RM 向信源报告网络的可用带宽、拥塞状态等信息，使发送端能够据此调整其流量特性。

4.3.4 ATM 网的拥塞控制

如果网络中的实际流量超过网络的容量，就会发生拥塞，各网元（如交换机、交叉连接设备、集中器等）不能达到建立连接时所承诺的服务质量或不能接纳新的连接请求。拥塞发生的原因，一是由于信息流的突发性；二是网络本身出现了故障。由于 ATM 网中传送的数据流是各种不同业务信息综合而成的，其流量特性十分复杂，使其更容易造成拥塞。因此，在 ATM 网中必须十分注意拥塞控制。

1. 选择性信元丢弃

在网络发生拥塞时，先丢弃优先级较低的信元，特别是那些违反流量合同的信元，以减少拥塞。如果在送入 AAL 层的业务数据单元（SDU）中包括多个信元，丢掉一个后，整个 SDU 可能无法恢复，则可以丢掉整个 SDU，拥塞控制的效果会更好。

2. 拥塞信息指示

拥塞的控制有时需要整个网络协调行动。拥塞信息指示即是把一处发生的拥塞及时地传递给网络的其他部分，以便采取措施协助对拥塞的控制，例如终端可以适当降低发送流量等。

拥塞信息指示的方法有端节点估算、明确前向拥塞通告（EFCN）和明确后向拥塞通告（EBCN）等。

在端节点估算机制中，发送端定期发送带时间标记的探测信元，接收端据此估算网络中的单程时延，即可确定是否有拥塞发生。当有拥塞发生时，立刻通知发送端降低其发送速率。

明确前向拥塞通告（EFCN）机制中，每个节点都监视其干线的队列。当干线队列大小达到预先规定的门限值时，通过该节点的所有信元都被标记；接收端根据被标记信元的数量判断是否真的发生了拥塞。如果真的发生了拥塞，就通知源节点放慢速度，减少网络的拥塞。

明确后向拥塞通告（EBCN）机制中，每个节点都监视其干线的队列。当干线队列大小达到预先规定的门限值时，该节点即通过一定专门的信元通知所有相关节点关于拥塞的各种信息，使它们以及与它们相连的源节点放慢速度，减少网络的拥塞。

4.4 ATM 交换技术

ATM 交换技术是 ATM 网最主要的技术之一，在通信网和计算机网络中得到了广泛的应用。

4.4.1 ATM 交换的基本原理

在 ATM 交换技术之前，主要的交换方式是电路交换和分组交换两种。

> ATM 交换技术综合了电路交换和分组交换的优点。它采用类似于电路交换的呼叫连接控制方式，在呼叫时预留资源，增强了流量控制和拥塞控制的能力；它像分组交换那样，每个信元可以独立传输，但又像电路交换那样，采用面向连接的方式工作，减少了时延；它同分组交换一样，利用异步时分的统计复用技术，去掉了电路交换中同步转移模式的缺点，提高了网络的利用率，且可以交换不同速率的各种业务；它利用分组交换中的存储转发方式，动态使用网络资源，可用于不同的业务；但它采用短的分组（信元），像电路交换那样在交换节点不进行差错控制，进行透明传输，避免了分组交换中时延较大的缺点；它还简化了分组交换中的通信规程，采用硬件进行交换处理，提高了交换机的处理能力，其交换容量可达数百 Gb/s。总之，ATM 交换技术，保留了电路交换处理简单、时延小的优点，又继承了分组交换适配灵活、网络利用率高的长处。

ATM 交换机中包含了许多交换单元，交换单元的基本任务是把任一入线上的任一虚通路中的信元交换到任一出线上的任一虚通路中去。这种交换包括空间交换和时间交换。所谓空间交换，是把信元从一条线路转移到另一条线路中，即进行路由选择。所谓时间交换，是把信元从一个时隙变到另一个时隙。这种时隙的转换是靠信头的翻译来完成的。

由于线路上信元的出现是随机的，有可能出现多条入线上的信元同时要求转移到同一条出线的情况，即发生碰撞。为了避免碰撞时引起的信元丢失，在交换节点设立了缓冲存储器，供信元排队用。

总之，ATM 交换必须具有路由选择、信头翻译和排队三大功能，并满足如下要求：

- 能够交换小到几 kb/s，大到几百 Mb/s 的各种不同速率的业务信息，总吞吐量大于 5Gb/s，以适合宽带传输系统的要求。
- 能够提供一点到多点的广播方式的通信，以满足一部分分配业务的要求。
- 内部连接拥塞和信元的丢失、误插应尽量少（丢失率应为 10^{-8} ~ 10^{-11}，误插率则在 10^{-11} ~ 10^{-14} 之间），保证用户业务的通信质量。
- 交换时延在 10 ~ 1000 μs 以下，时延抖动在几百 μs 以下。
- 应具有良好的扩展性，便于交换机的扩容。

4.4.2 ATM 交换机的分类

按照交换机使用的范围，可以把 ATM 交换机分成用于公用网的交换机和用于专用网的交换机。

公用网交换机又可分为接入交换机、节点交换机和交叉连接设备三类。接入交换机位于 ATM 网络的边缘，用于将各种非 ATM 业务（例如普通电话、局域网、窄带 ISDN 等）接入 ATM 网络。它的交换容量一般不高，主要完成统计复用，将业务数据适配成标准速率的 ATM 信元流，识别业务信令，并将它转换成 ATM 信令等。节点交换机需要进行 VC/VP（虚通路 / 虚通道）交换，交换容量较大，有较强的网络管理和维护能力，但只有标准的 ATM 接口，只处理 ATM 信令。交叉连接设备在主干网中进行虚通道交换，不需进行信令处理，交换速率很高，有强大的网络管理和维护功能。

用于专用网的交换机有专用网交换机和 ATM 局域网交换机。专用网交换机相当于公用网的节点交换机，具有专用的用户网络接口（UNI）和网络节点接口（NNI），有较强的网络管理和维护功能。ATM 局域网交换机的作用类似于公用网中的接入交换机，把局域网业务连入 ATM 网中，解决了在面向连接的 ATM 网中实现无连接业务的问题。

4.4.3 ATM 交换系统的功能模块

> ATM 交换系统主要包括入线处理、控制单元、出线处理和交换单元等四个功能模块。

1. 入线处理

入线处理模块的任务主要有以下几个方面。

因为 ATM 交换机是以信元为单位进行电信号的交换，而在光纤线路上传递的是代

表一个个比特的连续的光脉冲串。因此，入线处理部件首先要进行光电转换，把一个个光脉冲变成一个个电信号组成的比特流，再进行信元定界，分成一个个的信元。

在信元流中，还包含一些为了速率适配在物理层加入的空闲信元、在 ATM 层加入的未分配信元，以及在传输过程中发生信头错误的信元。这些信元是不需要进行交换的。这就需要入线处理部件把它们丢弃。

入线处理部件还要进行信元类型分离，将 VC 和 VP 级的管理 (OAM) 信元交给控制单元，将用户信息信元交给交换单元。

2. 控制单元

控制单元的任务是，在收到建立虚信道连接的信令信元后，向交换单元发出控制信息，建立和拆除 VC 和 VP 连接，把确定 VCI、VPI 的信元转移到特定的出线。其主要功能有信令处理、资源管理、操作维护控制和外设控制等。它接受用户的呼叫、分配网络资源、建立和拆除 VP 和 VC 连接，处理管理信元，管理用户流量。在进行 UNI 和 NNI 应答时，发出信令信元，供用户 / 网络执行。其质量指标有每分钟能处理的呼叫个数、同时能够处理的最大呼叫个数、连接被接纳的概率、呼叫建立时间、呼叫释放时间等。

3. 交换单元

交换单元是交换机中完成入线和出线之间信元交换的核心部分，完成信头转换、路由标签的产生和删除、信元的复接和分接等处理功能。它由若干个（小交换机则可能只有一个）基本交换单元组成。基本交换单元的容量较小，一般小于 16×16（即只有 16 条入线和 16 条出线）。

4 出线处理

与入线处理模块的作用相反，出线处理模块需要将用户信息信元流、管理信元流、信令信元流复合，并在 ATM 层填充未分配信元，在物理层填充空闲信元，使信元速率与线路传输速率一致。出线处理部件还要将信元转换成传输媒体要求的帧格式，进而转变成光信号，送入传输媒体中传输。

4.4.4 基本交换结构

基本交换单元的结构有空分、时分、总线和令牌环四种形式。

1. 空分交换结构

如图 4–2 所示，一个空分交换结构有 m 条入线和 n 条出线，在 m×n 个交叉点上各有一个开关。利用开关的闭合，可把特定的入线和出线接通。但当多条入线的信元都要去往同一条出线时，会发生冲突。因此，空分交换结构需要解决两个问题，一是从多条入线中，选出一条特定的入线，使该入线的信元优先进入出线；二是其他没有选中的入线上的信元，要先缓存，避免丢失。

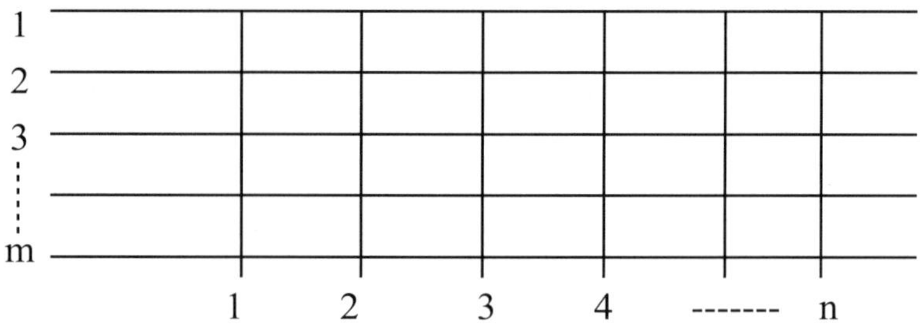

图 4-2 空分交换结构

1）入线的选择策略

入线上信元选择的先后顺序，可以采用随机选取的方法。这种方法实施简单，但在负载较重时无法保证实时业务的要求。

也可以事先把各条入线划分成确定的优先级，每次都按照其优先级先后选取。这种方法实施简单，但对各条入线不公平，不能对不同业务满足不同传输质量的要求。

还可采用轮换优先级的方式，各条入线轮换获得被优先选取的机会。这种方法保证了公平性，但实施起来比较复杂，也不能保证实时业务的要求。

也可以根据各个不同缓存器的状态来确定选择的先后顺序。例如在采用输入缓存方式时，先选择缓存器较满的入线，避免出现缓存器的溢出。这种方法可以降低信元丢失，但实施较复杂，也不能保证实时业务的要求。

最后一种方式是信元状态确定法。先选择重要的信元，例如传输实时业务的信元。这种方法可以提高服务质量，满足实时业务和其他不同等级业务传输的要求。

2）阻塞信元的缓存

没有被选中的信元，先要存入缓存器中。按照缓存器设置在输入端、输出端和交叉点处，有三类缓存方式。

输入缓存在每条入线上设置一个缓存器，没有被选中到出线的输入信元都先存入缓存器中。当出线有空时，在缓存器中的信元按一定顺序输出。如果采用先入先出缓存器，则可能出现队头堵塞。即当一个输入缓冲器的队头未被放行时，它后面的信元只能在缓存器内等待，即使它要去的出线闲着也不能进入出线。如果采用随机缓存器，选择出线空闲的信元，也可能选出多个到达同一出线的信元，仍然会出现堵塞。如果将每个输入缓存器分成 n 个区，把去往不同出线的信元分别存储在不同的区，即可避免队头堵塞，但对系统的运算速度和缓存器的容量要求较高。

输出缓存把缓存器设置在出线上，可以完全避免队头堵塞，但可能存在输出缓存冲突。即当几条入线的信元都同时进入一个出线缓存器时，会出现缓存器访问冲突。解决的方法，一是将交换速率提高为原来的 m 倍，使希望到达同一条出线的多个信元（极限情况时有 m 个信元）分时到达出线缓存器，可以解决输出缓存冲突问题，但技术上难度较大；二是把每一个输出缓存器分成 m 个区，每条入线的信元分别存储在其中一个区中，减少了运算速度，但对存储量要求较高。

交叉点缓存是用 $m \times n$ 个缓存器来代替 $m \times n$ 个闭合开关。每一个输入信元分别存入缓存器中，由仲裁机构确定哪一个信元优先输出。这种方式也减少了计算量，但缓存器的利用率较低。

2. 时分交换结构

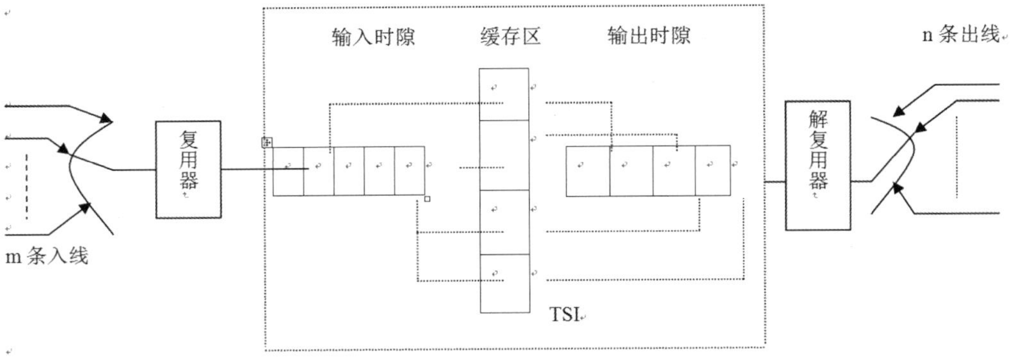

图 4-3 时分交换结构

时分交换机构包括输入时隙、输出时隙和时隙交换子（TSI）三个部分，如图 4-3 所示。

输入时隙数和输入线路数相同，每个输入时隙中包括传输信息和输出线路编号。在有的输入时隙中包含多个输出线路编号，标明该时隙中的信息需要同时送往多条出线，即具有多播功能。

输出时隙数和输出线路数相同，每个输出时隙中包括传输信息和输入线路编号。与输入时隙不同，所有的输出时隙中都只有一条输入线路编号，但不同的输出时隙中的输入线路编号可能相同。

时隙交换子本质上是一个缓存器。它从输入线路中某一时隙中写入数据，再向时隙中标明的输出时隙读出该数据。这就起到了交换作用。

PCM 电路交换也采用时分交换方式，但它的路由选择是在连接建立时完成的。从输入时隙到缓存器写入顺序的判断任务不大。而 ATM 时分交换中，输入线路中特定位置传输的信息并不属于固定的连接过程，需要逐个进行写入顺序的判断，这就要求 ATM 交换机具有较高的计算能力。另一方面，PCM 电路交换中交换的是字节，而 ATM 时分交换中交换的是由 53 个字节组成的信元，这就要求 ATM 交换需要较大的存储容量。

与空分交换结构类似，由时隙交换子同时去往同一条出线的信元可能超过一个，也会发生出线冲突。解决出线冲突的方法有两种。一是分区法，即把缓存器分成若干个区，分别对应不同的出线；各个不同的区存储来自各条入线、去往同一条出线的信元，然后再依顺序向输出时隙读出，即可避免出线冲突。二是共享法，即不对缓存器进行分区，去往不同出线的信元都可任意写入；执行读出操作时，将当前输出时隙编号转变为对应信元的 VPI/VCI 值，交换系统根据该标识值在缓存器中查找相应的信元，并将其填入相应的输出时隙。相比之下，分区法比较简单，但存储空间的利用率较低。有的存储区已经溢出，造成信元的丢失时，另外一些存储区可能还空着。与此相反，共享法对存储器的利用率较高；但在高速交换时，要从缓存器中选出合适的信元，需要很大的计算量。

3．总线交换结构

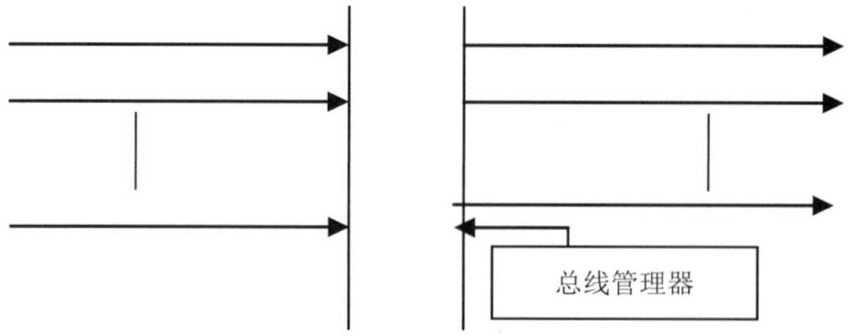

图 4–4 总线交换结构

总线交换结构的示意图如图 4–4 所示。图中也有 m 条入线和 n 条出线。ATM 交换机将时隙分给不同的入线，入线把信息放在规定的时隙内，发送到总线上。出线连续监听信元中的 VPI/VCI 值，与自己相一致的就接收。同样，如果多条入线信元都要去往同一条出线，必须设立输出缓存，进行排队。在图 4–4 所示的总线结构中，要求总线速率为入线速率的 m 倍。为了减轻总线的负担，可以采用多总线方式，让每条入线使用一条总线，避免了总线冲突，也省去了总线管理器。由于每一条出线都同各条总线相连，需要出线控制电路作缓存和信头判决工作，出线负担比较重。也可把信头判决功能交给入线处理来完成；出线处理只解决缓存和出线冲突问题。从略。

4．令牌环交换结构

令牌环交换结构中，m 条入线和 n 条出线都与环形网相连。令牌环为每条入线分配时隙，入线利用相应的时隙把信元送上环路。各出线对环路上的信元进行 VCI/VPI 判断，符合自己的要求即把它接收下来。在令牌环交换结构中，如果不把时隙固定分配给特殊的入线，而且让出线在信息接收后，立即将时隙置空送回环路，反复使用，可使令牌环的传输效率超过 100%。

4.4.5 ATM 交换的排队方式

前已述及，在 ATM 交换单元中，同时到达的信元需要在缓冲器中排队，以免形成冲突。设入线与出线数都是 N 条，根据缓冲器的位置，可以有多种排队方式。

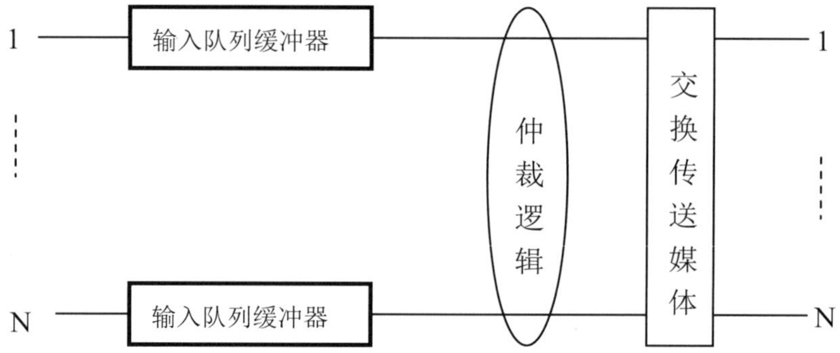

图 4–5 输入队列方式

1. 输入排队方式

输入排队方式如图 4–5 所示。在这种方式中，每一条入线上都有一个缓冲器，供等待出线的信元排队用。至于哪一个信元先进入出线，则由仲裁机构决定。仲裁机构确定出线顺序的原则，可以按照先来后到的顺序，也可以根据各入线队列的长度，让最长队列的第一个信元先出。这种方式所需缓冲器的速率和容量不用太大。但它容易发生队头堵塞，当一个缓冲器的队头未被放行时，它后面的信元只能等待，即使该信元的出线早就闲着也不行。这会导致交换单元的吞吐量下降到理想输出时的 58%，而且时延也加大了。

2. 输出排队方式

输出排队方式如图 4–6 所示。在这种方式中，每一条出线上都有一个缓冲器，供等待出线的信元排队用。在同一个出线缓冲器中的信元按顺序输出，不需要设立仲裁机构。这种方式的技术简单，易于实现，不存在队头堵塞，但要求输出缓冲器的写入速率是输入端口速率的 N 倍，具有较大的存储容量。为了减少存储器的容量，可采用共享输出排队方式，即把每条出线上各个信元的净荷都放在各出线共享的中央存储器中，而只是用信元净荷在中央存储器中的存储位置和信头来排队（甚至还可以把信头也放在中央存储器中，而只用信元位置来排队），以提高存储器的利用率。

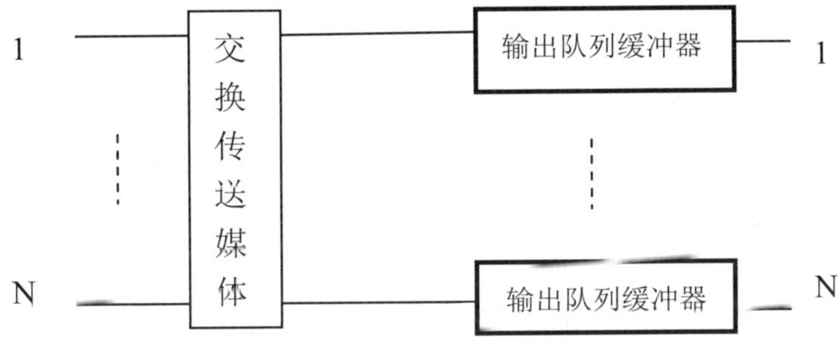

图 4–6 输出队列方式

3. 中央排队方式

中央排队方式如图 4–7 所示。在这种方式中，在交换结构的中央设一个缓冲器，供所有的入线和出线使用。N 条入线的所有输入信元都存入中央缓冲器，根据路由表选定信元的出线。这种方式的缓冲器利用率最高，但控制逻辑复杂，缓冲器的写入速率应是入线速率的 N 倍，缓冲器的读取速率应是出线速率的 N 倍。

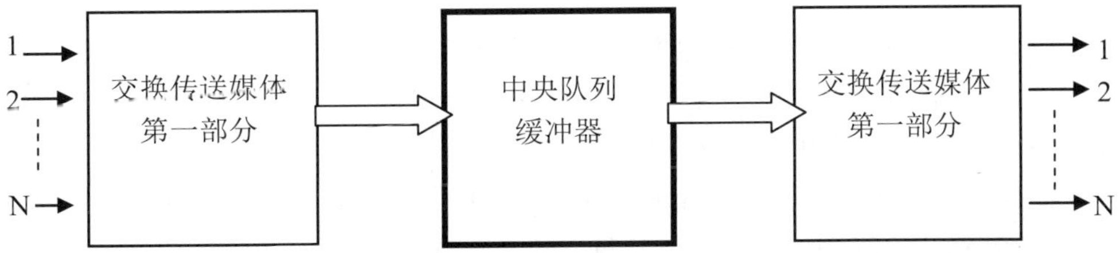

图 4–7 中央队列方式

此外，还有输出－输入排队方式、重环回排队方式等，从略。

采用不同的排队方式，交换机构的吞吐量不同，所需要缓冲器的容量不同，信元的时延不同，发生拥塞的概率和信元的丢失率不同，实现广播通信的难易也不同，需要根据实际的需要灵活选择。由于输出排队方式和中央排队方式的吞吐量大，排队时延小，缓冲器利用率较高，易于实现点对多点的通信，成为许多交换机的首选排队方案，得到广泛的应用。

4.5 不同排队方法的数学分析

在上一节，我们对不同排队方法的性能进行了定性的研究，在这一节，我们将对它进行一些具体的数学分析。下面我们首先介绍一些概率论和排队论的基础知识，然后根据 ATM 排队系统的统计特性对各种主要的排队模型进行数学分析。

4.5.1 排队论的基础知识

为了研究不同排队方法的性能指标，我们在这里介绍一些排队论的基础知识。

1．排队论的基本概念

排队论是研究、处理随机服务系统排队现象的一门科学。其任务是考察服务系统随机现象的规律，建立数学模型，为正确地设计与有效地运营服务系统提供必要的科学依据。在排队论研究的服务系统中，提出服务要求的对象称为“顾客”，实现服务的工具、设备和人员称为“服务机构”。对于一个随机服务系统来说，顾客总是要求服务机构越大越好，使其能尽快地接受服务。但服务机构太大，运营成本又太高。排队论正是研究在满足顾客需要、提供优质服务的前提下，如何合理设计与控制系统，使之最为经济的问题。

排队论研究的问题可以分为两类：一是在服务机构设立之前，根据顾客输入过程和服务过程的要求，结合对系统性能指标的规定，对服务机构规模进行最优设计；二是对已有的服务系统进行最优控制。

2．排队系统的结构

排队系统由输入过程、服务机构和排队规则三部分组成。

1）输入过程

输入过程主要研究顾客到达的规律。不同的输入过程具有不同的顾客源数（可能是有限数，也可能是可数的无限数，或不可数的无限数），不同的到达类型（单个到达，或成批到达）和不同的时间间隔分布。其中时间间隔可以用 [0，t] 内到达的顾客数 N(t) 来描述，也可以用连续两个顾客到达的时间间隔 $X_n=T_{n+1}-T_n$ 来描述（其中 T_n 是第 n 个顾客到达的时刻）。有下列几种常见的输入过程。

定长输入 D。即每隔一个确定的时间间隔 α 到达一位顾客。这时，顾客到达时间

间隔 Tn 的分布函数为

$$F(X_n)=P(X_n \leqslant t)=\begin{cases} 0, & t<\alpha \\ 1, & t \geqslant \alpha \end{cases}$$

最简单流 M。这时，顾客到达时间间隔 Xn 服从负指数分布，

$$F(X_n)=P(X_n \leqslant t)=\begin{cases} 1-e^{-\lambda t}, & t \geqslant 0 \\ 0, & t<0 \end{cases}$$

即 t 时刻到达系统的顾客数服从泊松分布，顾客数 Nt=k 的概率为

$$P(N_t=k)=(\lambda t)^k e^{-\lambda t}/k!$$

一般独立输入 GI。独立随机变量相互独立，且具有相同的分布、相同的均值和方差。

2）服务机构

服务机构包括服务台的个数、接受服务的方式（单个服务或成批服务）、服务时间的分布等。类似于输入过程，服务时间的分布也有定长分布 D、负指数分布 M 和一般独立分布 G 等，其分布函数也完全类似。

3）排队规则

排队规则说明顾客按什么样的顺序接受服务。一般有以下几种规则。

损失制。当一个顾客到来时，若所有服务台都被占满，顾客就自动消失。适用于等待空间为零的情况。例如一个旅馆的床位全部满员时，后来的顾客就自动离开。

等待制。当一个顾客到来时，若所有服务台都被占满，顾客就自动排队等待。适用于等待空间无限的情况。这时，可以采用先来先服务、后来先服务（例如从仓库内取货）、随机服务（例如乘客在停车场随机选乘出租汽车）和优先权服务等。

混合制。是前两种休制的混合，适用于等待空间有限的情况。例如队长有限制（队长在一定限度以内时，顾客排队等待，否则自动离开）、等待时间有限制（等待时间超过一定限度时，顾客自动离开）、逗留时间有限制（包括等待时间和接受服务时间在内的逗留时间超过一定限度时，顾客就自动离开）等。

3．排队模型的表示法

一般的排队模型按输入过程（最简单流用 M 表示，定长输入用 D 表示，顾客到达时间间隔为 k 阶爱尔郎分布用 E_k 表示，一般独立输入用 GI 表示）、服务时间分布（服务时间为负指数分布用 M 表示，定长服务用 D 表示，服务时间为 k 阶爱尔郎分布用 E_k 表示，一般服务时间分布用 G 表示）、服务台个数 S、等待空间（或系统容量）k（若无限制则不用表示）、顾客源数 f（若无限制则不用表示）的顺序列出，中间用斜线 / 隔开。若顾客源数和系统容量为无限，服务台数为有限时，服务规则为等待制排队模型；若系统容量等于服务台数，且小于顾客源数时，服务规则为损失制排队模型；若顾客源数大于系统容量、且有限的系统容量大于服务台数时，服务规则为混合制排队模型。例如 M/G/3/3 表示输入过程为最简单流、一般服务时间分布、3 个服务台、系统容量为 3、顾客源数无限的损失制排队系统；M/M/3 表示输入过程为最简单流、服务时间为负

指数分布、3 个服务台、系统容量和顾客源数无限的等待制排队系统；M/D/1 表示输入过程为最简单流、定长服务、1 个服务台、系统容量和顾客源数无限的等待制排队系统；D/M/2/5 表示输入过程为定长输入、服务时间为负指数分布、2 个服务台、系统容量为 5、顾客源数无限的混合制排队系统等。

4. 排队模型的指标

描述排队模型的指标主要有以下几个。

队长 L 和等待队长 L_q。队长是指在系统中正在接受服务和等待接受服务的顾客总数。等待队长 L_q 则是系统中等待服务的顾客数。队长是一个随机变量，应知道其分布规律、平均值等。在设计时总是根据队长超过某一数值的概率来确定等待空间的大小。

等待时间 W_q 和逗留时间 W。从顾客到达时间到其开始接受服务时间的时间间隔为等待时间；从顾客到达时间到其接受服务结束时间的时间间隔称为逗留时间。如果顾客在系统中逗留时间超过某个数值的概率太大，就应适当增加服务台的数量。

有效到达率 λ_e。单位时间内平均进入（而不是到达）服务系统的顾客数称为系统的有效到达率。对于等待制，所有到来的顾客都不自动离开，因而有效到达率 λ_e 就等于平均到达率 λ。

损失率。在损失制和混合制中，到达顾客中自动离去的比例，称为系统的损失率。由此还可求出单位时间内平均损失的顾客数。

5. 排队模型的几个公式

1）顾客在系统中逗留时间的期望值

$$W=W_q+1/\mu \tag{4-6}$$

其中 Wq 是顾客在系统中等待时间的期望值，μ 是单位时间内受到服务顾客的平均数，$1/\mu$ 是每位顾客的平均服务时间。即逗留时间等于等待时间加服务时间。

2）系统中队长的期望值

因为顾客的有效到达率 λ_e 是单位时间进入系统的顾客数；顾客逗留时间的期望值 W 是顾客在系统中的平均逗留时间，则队长的期望值（等待服务与接受服务的平均顾客数）等于在平均逗留时间内到达的顾客数：

$$L=\lambda_e W \tag{4-7}$$

3）系统中等待队长的期望值

类似地，等待队长的期望值（等待服务的平均顾客数）等于在平均等待时间到达的顾客数：

$$L_q=\lambda_e W_q \tag{4-8}$$

其中 λ_e 是顾客的有效到达率；W_q 是顾客等待时间的期望值。(4–7) 和 (4–8) 称为李特尔公式。

6. M/D/1 排队模型

M/D/1 表示输入过程为最简单流、定长服务（即服务时间为确定的常数 $1/\mu$，方

差 σ^2 为 0）、1 个服务台、系统容量和顾客源数无限的等待制排队系统。可以证明，M/D/1 系统中队长的期望值

$$L=\rho+\{\rho^2/[2(1-\rho)]\} \quad (4\text{–}9)$$

等待队长的期望值

$$L_q=\rho^2/[2(1-\rho)] \quad (4\text{–}10)$$

顾客在系统中逗留时间的期望值

$$W=1/\mu+\rho^2/[2\lambda(1-\rho)] \quad (4\text{–}11)$$

顾客在系统中等待时间的期望值

$$W_q=\rho^2/[2\lambda(1-\rho)] \quad (4\text{–}12)$$

4.5.2 ATM 排队系统的统计特性

若 n_k 为 k 时刻系统内逗留的信元数；a_k 为 (k，k+1) 时间间隔内到达系统的信元数；q_k 为 k 时刻系统内等待的信元数，它等于逗留信元数减去一个正在接受服务的信元，即

$$q_k=\begin{cases} n_k-1 & n_k\geqslant 1 \\ 0 & n_k=0 \end{cases} \quad (4\text{–}13)$$

因为 k+1 时刻系统内逗留的信元数 n_{k+1}，等于 k 时刻系统内逗留的信元数 n_k 加上 (k，k+1) 时间间隔内到达系统的信元数 a_{k+1}，再减去一个正在接受服务的信元，即

$$n_{k+1}=\begin{cases} n_k-1+a_{k+1} & n_k\geqslant 1 \\ a_{k+1} & n_k=0 \end{cases} \quad (4\text{–}14)$$

利用（4–13）式，可将它表示为

$$n_{k+1}=q_k+a_{k+1} \quad (4\text{–}15)$$

则它们对应的生成函数之间满足：

$$G_n(z)=G_q(z)G_a(z) \quad (4\text{–}16)$$

利用生成函数的定义：

$$G_n(z)=\sum_{n=0}^{\infty} z^n p_n \quad (4\text{–}17)$$

得：

$$\begin{aligned} G_n(z) &= \sum_{n=0}^{\infty} z^n p_n = p(n=0)+p(n=1)z+p(n=2)z^2+\cdots\cdots \\ &= p(0)+p(1)z+p(2)z^2+\cdots\cdots \\ &= p(0)+z[p(1)+p(2)z+\cdots\cdots] \end{aligned}$$

$$G_q(z)=\sum_{q=0}^{\infty} z^q p_q = p(q=0)+p(q=1)z+p(q=2)z^2+\cdots\cdots$$

因为由（4–13）式，q=0 对应于 n=0 和 n=1，q=1 对应于 n=2，q=2 对应于 n=3……，则：

$$G_q(z)=p(q=0)+p(q=1)z+p(q=2)z^2+\cdots\cdots$$

$$= p(n=0) + p(n=1) + p(n=2)z + \cdots\cdots$$
$$= p(0) + p(1) + p(2)z + \cdots\cdots$$

于是，

$$G_n(z) = p(0) + z[G_q(z) - p(0)] \quad (4\text{–}18)$$

其中 $p(0) = p(n=0)$ 是系统中逗留信元数为零的概率。因为系统的利用率（负荷）ρ 为系统中至少有一个信元的概率，即：

$$p(0) = 1-\rho \quad (4\text{–}19)$$

将 (4–18) 代入 (4–16) 得等待信元数的生成函数

$$G_q(z) = p(0)(z-1)/[z-G_a(z)]$$
$$= (1-\rho)(z-1)/[z-G_a(z) \quad (4\text{–}20)$$

即可由到达信元的统计特性，得到系统内等待信元（排队信元）的统计特性。

4.5.3 输出排队

设 ATM 系统有 N 条入线和 N 条出线，则由一特定入线到任一特定出线的概率为 1/N。设有效信元在一个信元时间内到达某一入线的概率为 p（p 也就是系统的平均利用率，即负荷），则到达某一特定出线的概率为 p/N。于是，在一个信元时间内，从 N 条入线来的 N 个信元中有 i 个信元到达某一输出队列的概率

$$p_i = C_N^i(p/N)^i(1-p/N)^{N-i} \quad (i=0，1\cdots\cdots N) \quad (4\text{–}21)$$

由（4–17）式，其对应的生成函数为

$$G_a(z) = \sum z^i p_i = \sum C_N^i z^i (p/N)^i(1-p/N)^{N-i} = \sum C_N^i(pz/N)^i(1-p/N)^{N-i}$$

它即是二项式展开公式，于是

$$G_a(z) = (1 - p/N + pz/N)^N \quad (4\text{–}22)$$

在 $N\to\infty$ 时，利用洛必大法则可求

$$\lim_{N\to\infty} G_a(z) = \lim_{N\to\infty}(1 - p/N + pz/N)^N = e^{-p(1-z)} \quad (4\text{–}23)$$

它正好是泊松过程的生成函数。这说明输出队列系统的行为在 $N\to\infty$ 时可精确表示为一个泊松过程。

下面我们计算输出排队系统中系统的负荷、等待队长、平均等待时间。

按照前面的定义，系统的负荷是系统中至少有一个信元的概率。在这里，它实际上也是在一个信元时间内平均到达的信元数。下面我们就来证明这个结论。因为生成函数的一阶导数在 z=1 的值就是对应随机变量的均值，故平均到达的信元数

$$\rho = E(A) = G_a'(z)|_{z=1} = N(1 - p/N + pz/N)^{N-1}(p/N)|_{z=1} = p$$

即系统的负荷等于有效信元到达的概率。例如负荷为 0.8 时，说明输入信元中有 80％的有效数据，另有 20％的空信元。在交换系统中这些空信元将被丢弃而不写入队列。

将 (4–22) 式代入 (4–20) 式，得等待信元数的生成函数

$$G_q(z) = (1-p)(z-1)/[z-G_a(z)]$$
$$= (1-p)(z-1)/[z-(1 - p/N + pz/N)^N] \quad (4\text{–}24)$$

因为随机变量的期望值就是其对应生成函数的一阶导数在 z=1 时的值，故平均等

待队长（也就是等待信元数的期望值）

$$L_q = E(Q) = G_q'(z)|_{z=1} = [(N-1)/N][p^2/2(1-p)] \quad (4\text{–}25)$$

根据李特尔公式，平均等待队长

$$L_q = \lambda_e W_q \quad (4\text{–}8)$$

其中 $\lambda_e = \lambda$，是单位时间进入系统的有效信元数，这里的单位时间就是一个信元时间，最多进入一个信元，可见 λ_e 即为有效信元到达的概率 p。因而可得信元在系统中的平均等待时间

$$W_q = L_q/p = [(N-1)/N][p/2(1-p)] \quad (4\text{–}26)$$

利用 (4–26) 式画出在 N=2、N=4 和 N= ∞ 时，信元的平均等待时间和系统负荷之间的关系，如图 (4–8) 所示；

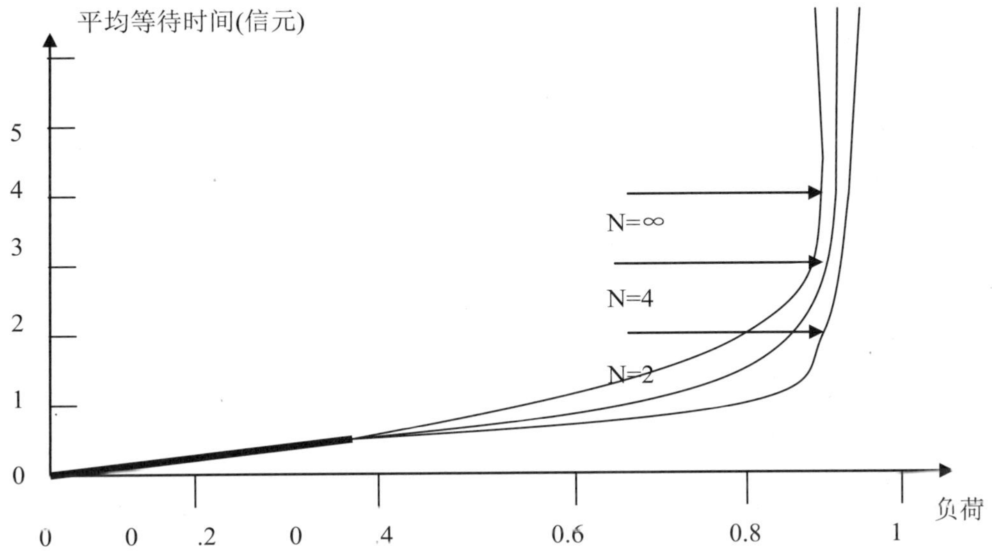

图 4–8 输出队列的平均等待时间

从图中可以看出，交换机构的出线数 N 对平均等待时间的影响很小；当负荷小于 0.85 时，平均等待时间较小，平均队列长度仅几个信元，所需存储器的容量较小，交换单元有较好的控制性能；但当负荷大于 0.85 时，平均等待时间将呈指数增长，系统性能将急剧恶化，故我们一般把系统负荷控制在 0.85 以内。

4.5.4 输入排队

在输入排队系统中，每一条入线排一个队列，则 N 条入线有 N 个排头信元。若其中有 j 个信元要去同一条出线 i，在一个信元时间内只有一个信元被选中（其概率仅为 1/j），其他去往该条出线的 j–1 个排头信元都要被堵塞，只能排在输入缓冲器中。记第 n 个信元时间内因为同是去往出线 i 被堵塞的信元数为 B^i_n，第 n – 1 个信元时间内因为同是去往出线 i 被堵塞的信元数为 B^i_{n-1}，第 n 个信元时间内因为其他排头去往 i 以外的出线，在排头新出现的去往出线 i 被堵塞的信元数为 A^i_n（显然，在 n–1 时刻被交

换的信元数为$\sum A^i_n$），则有

$$B^i_n = \max(B^i_{n-1} - 1 + A^i_n,\ 0)$$

如果不发生堵塞，则 N 个信元都要被交换，但在 n–1 时刻有 B^i_{n-1} 个信元被堵塞，则在 n–1 时刻被交换的信元数也为

$$L_n = N - \sum B^i_{n-1} \tag{4–27}$$

在稳态下的值为

$$L = N - \sum B^i \tag{4–28}$$

设每条输出链路的负荷为 ρ，则稳态下总的交换信元数为

$$L = N\rho \tag{4–29}$$

由 (4–28) 和 (4–29) 式得：

$$\sum B^i = N(1-\rho) \tag{4–30}$$

在输出队列问题中曾经证明过，输出队列系统的行为在 $N\to\infty$ 时可精确表示为一个泊松过程，这个结论对输入排队系统仍然成立，其排队过程可以用 M/D/1 来描述。由 (4–10) 式，M/D/1 排队系统系统中等待队长的期望值

$$L_q = \rho^2/[2(1-\rho)]$$

它即是稳态过程下每一条链路的平均堵塞量

$$\overline{B} = \overline{\sum B^i/N} = (1-\rho) \tag{4–31}$$

于是，在 $N\to\infty$ 时，输入排队系统有

$$\rho^2/[2(1-\rho)] = (1-\rho)$$

解此二次方程，即得在 $N\to\infty$ 时，输入排队系统中交换机中每条链路的最大负荷

$$\rho = 2-\sqrt{2} = 0.586 \tag{4–32}$$

N 为有限值时，负荷更小。因而输入排队系统比起输出排队系统大于 85% 的负荷，性能要差很多。

4.5.5 中央排队

中央排队方式中，在交换结构的中央设一个缓冲器，N 条入线的所有输入信元都存入中央缓冲器，根据路由表选定信元的出线。其基本原理与输出排队方式相同，因而中央排队的平均等待时间也与输出排队系统相同。

由于多个队列共享一个缓冲器，使缓冲器的利用率更高，但缓冲器的写入速率应是入线速率的 N 倍，缓冲器的读取速率应是出线速率的 N 倍，且需要更为复杂的控制逻辑按先进先出的原则完成所有出线上的交换。

因为缓冲器的容量越大，可存储的信元数越多，信元丢失的概率越小；同样，负荷越大，在相同时间内到达的信元数越多，信元丢失的概率也越大；可见，信元丢失的概率与缓冲器的容量、系统的负荷有关。在中央排队系统中，所需缓冲器的容量大小可按 N 个单独输出队列的卷积来计算。利用计算结果，可画出在负荷为 0.8 和 0.9 的情况下，信元丢失率与平均每条输出链路缓冲器容量大小的关系如图 4–9 左边两条线所示。为了便于比较，我们也画出在负荷为 0.8 和 0.9 的情况下，输出排队系统中信元丢失率与每条输出链路缓冲器容量大小的关系曲线如图 4–9 右边两条线所示：

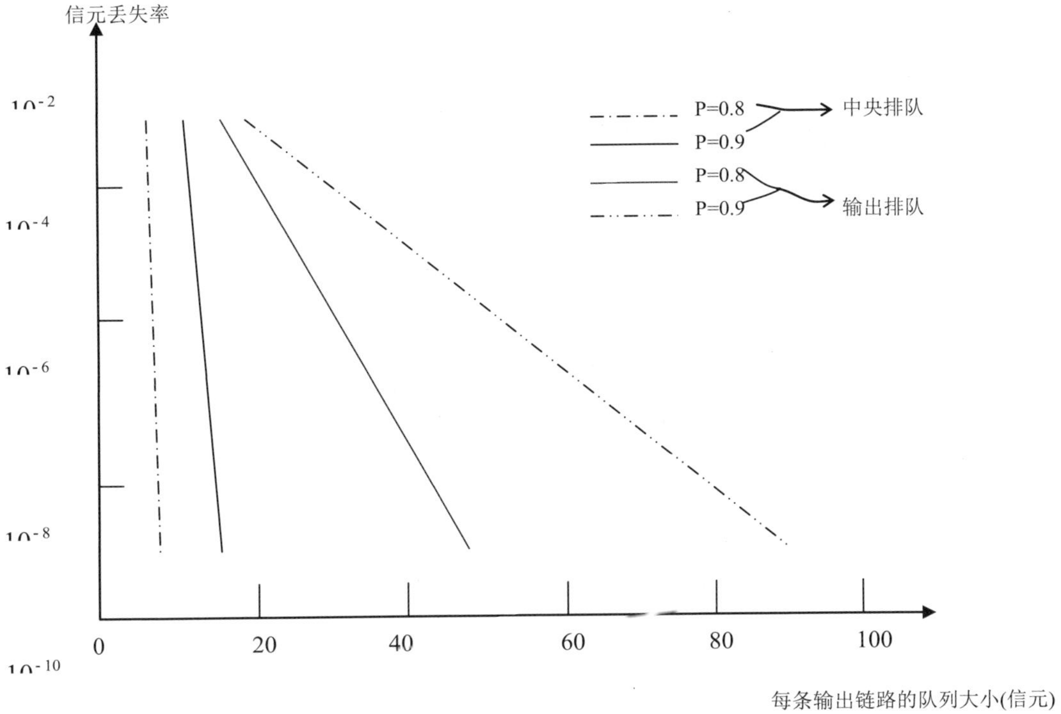

图 4–9 中央和输出排队的信元丢失率 (M/D/1 模型)

显然，在信元丢失率相同的情况下，中央排队系统比输出排队系统所需的缓冲器容量要小得多。例如，在负荷为 0.8，保证信元丢失率小于 10^{-8} 时，输出排队系统中每条输出链路上的缓冲器至少需要 40 个信元的长度，而中央排队系统所需的缓冲器容量平均到每条输出链路，只有约 8 个信元。说明这时中央排队系统的容量减少率为 0.2，或者说中央排队系统得到的增益因子为 5。这个增益是由于统计复用而得到的。显然，出线数 N 越大，增益因子也越大。例如在负荷为 0.8，信元丢失率为 10^{-9} 的情况下，N = 16 时，增益因子为 5；N = 32 时，增益因子增大为 7。反过来，当 N 较小时，增益因子小于 2，中央排队的优势也就不明显了。

4.5.6 计算机仿真

前面的解析结果是在进行了某些假定（例如假定 $N \to \infty$）的情况下作出的，而且只求出了一些有限的结论。如果我们考虑足够多的情况，则解析模型非常复杂。现在一般采用计算机仿真的方法来研究排队模型。研究表明，输入排队的最大负荷较小，输出排队和中央排队的负荷较大；在负荷相同的情况下，中央排队所需的缓冲器容量较小，与前面得出的结论相同。

4.6 本章小结

尽管 ATM 作为宽带主流技术的地位已被宽带 IP 技术所替代，但它的一些基本概念和技术，仍会在一些未来的技术中继续发挥作用。本章讲述了 ATM 的基本原理、分层结构、服务质量和交换技术。ATM 受到广泛推崇和被其他技术借鉴的主要是保证服务质量和它的交换技术，这两部分即是本章的重点。

习 题

1. 为什么说 ATM 技术融合了电路交换和分组交换的特点？
2. ATM 信元都包括哪几个部分？
3. 在 ATM 网中是如何实现信元定界的？
4. 设 ATM 信元的信头错误被发现但未被纠正，求其错误倍增系数。
5. 什么叫虚通路？什么叫虚通道？它们之间存在着什么样的关系？
6. 一个纯 ATM 网络的时延包括几个部分？各由什么因素决定？
7. ATM 业务可以分成哪四类？各有什么特点？
8. 在 ATM 中是采取哪些措施来保证服务质量的？
9. ATM 交换有哪几项任务？并具体说明。
10. ATM 交换系统基本功能结构包括哪些功能模块？
11. ATM 交换机的排队方式有哪几种？

第 5 章 宽带 IP 技术

5.1 宽带 IP 的基本知识

5.1.1 宽带 IP 网的概念

宽带 IP 网，包括两个基本的概念，一是宽带，二是 IP。所谓宽带，是指传输网络的交换机、干线通信线路、用户接入线路和用户终端都是宽带的。通常宽带干线的带宽要求为 622Mb/s 以上，用户接入线路的带宽要求为 2Mb/s 以上。所谓 IP，是说在网络中传输的是遵守 IP 协议的数据包。因此，宽带 IP 网，就是在其中高速传输 IP 数据包的通信网络。除了宽带和 IP 两个基本概念以外，宽带 IP 网实际还暗含了广域网的概念，即宽带 IP 网应是一个范围比较大的网。

第一代互联网中传输的是 IP 数据包，但其传输速率太低，通常只有十几 kb/s，因而它不是宽带 IP 网；ATM 网的传输速率很高，但它上面传送的是 ATM 信元，不是 IP 数据包，也不是宽带 IP 网；一个纯粹的计算机局域网，虽然传送的是 IP 包，传输速率也比较大，但由于其范围较小，我们也不把它称为宽带 IP 网；至于电话网，既不是宽带，又不是传送的 IP 数据包，当然不属于宽带 IP 网；传统的模拟有线电视网，传送的是模拟电视信号，也不是宽带 IP 网。但是，如果我们利用有线电视光纤网中的富裕光纤组建一个高速的计算机城域网，就可通过有线电视网实现较大范围的计算机联网或接入互联网，在其中传输遵守 IP 协议的高速数据信号，就组成宽带 IP 网。

与计算机局域网中传输的数据信号相同，宽带 IP 网提供点到点的无连接的数据报传输机制，传输一些长短不一的数据报。由于 IP 网协议的开放性，除了利用 IP 网来传输计算机数据信号外，还可以用来传输符合 IP 协议的数字视频和数字音频信号，进行多媒体通信，使其得到更为广泛的应用。

5.1.2 高速 IP 交换

在传统的意义上，交换和路由选择是不同的。路由是一个网络的概念，我们说一个数据分组从‘a’通过一定路由到‘b’，实际上是通过至少一个路由器从‘a’到‘b’，路由器选择路由所依据的三层地址（例如 IP 地址）是全网唯一的；而交换是一个节点的概念，指数据从节点的一个端口传送到另一个端口的过程，所依据的是二层地址，在网络中并不具有唯一性。传统的交换机被称为第二层交换机，它具有较高的交换速率和较大的吞吐量，但智能化程度较低，无法改变或分割网络，面临地址受限、分支树环路和广播风暴等问题。

1996 年，Ipsilon 公司在 IP Over ATM 的框架中推出了 IP Switching 协议，第一次提出了 IP 交换的概念和相应的技术。紧接着 Cisco 公司提出了标记交换（Tag Swtich）、IBM 公司提出了 ARIS（Aggregate Route-based IP Switch）等技术。1997 年，IETF 成立一个工作组，经过多次商讨，MPLS(Multi protocol Label Switching) 应运而生，作为全世界通用系列标准，进一步完善了高速 IP 交换技术。

高速 IP 交换，有时也称为第三层交换技术、多层交换技术、高速路由技术。它把 IP 层的智能化路由选择功能与 ATM 层的高速交换功能结合起来，大大提高了系统的交换速率和吞吐量。这种高速 IP 交换的思路和技术，不仅可以采用在 IP Over ATM 中，也可以用于其他宽带 IP 网络，甚至下一代网络中。

IP 交换的基本思路是，将路由的计算与包的转发分开，采用分布式选路的结构，在路由器中加入纵横式背板，用硬件 ASIC 电路来实现包的转发，这就可以将路由器的包转发速度提高到导线传送的速度。这种线速路由器一般称之为路由交换机或交换路由器。

IP 交换机主要由一个高速的交换矩阵和一个交换机控制器组成。交换矩阵的一个 ATM 接口与 IP 交换机控制器的 ATM 接口相连接，用于控制信号和用户数据的传送。交换机控制器采用的控制协议是通用交换机管理协议 GSMP，允许它完全控制交换矩阵的功能，完成 IP 的直接交换。

5.1.3 宽带 IP 的主要技术

宽带 IP，主要用于建设骨干网（例如国家干线网，省级干线网等）和城域网。

目前建设骨干网应主要采用密集波分复用技术的光传送网 OTN（Optical Transport Network）。

OTN 在子网内部完全采用光技术来实现复用、选路、传送和监视，各个子网可以通过 3R 再生器连接，从而构成一个大的光网络。也就是说，在子网的边界还需要进行光电变换（这就是与全光网的区别）。可见，OTN 实际是作为全光网实现之前的一种过渡。OTN 采用密集波分复用技术，在一根光纤内可传输 256 个波长以上，每个波可传输 10 ~ 40Gb/s。这种技术可以支持多种协议，灵活传送 SDH、ATM 和 IP 业务，保护倒换的时间比 SDH 的 50ms 还短，缺点是价格较贵。随着各种业务类型和业务量的增加，光纤短缺将越来越普遍，使 OTN 的应用越来越迫切。

宽带城域网除了也采用光传送网以外，还可以采用以下几方面的技术。

1. 基于以太网的城域网。是普通以太网、快速以太网向速率更高，网络范围更大的升级换代，具有以太网的结构简单、成本低廉的特点。包括高速以太网和弹性分组环等。

高速以太网的网络结构简单，设备成本低（比 SDH 方案低一半），扩展性好，很容易与 TDM 和 SDH 网络连接；但传送话音和图像业务时不能保证服务质量，在出现故障时也不能快速恢复。

弹性分组环 RPR 提供了空间复用技术和统计复用功能，其带宽利用率比 TDM 网络提高 3 到 4 倍，可以支持 1G 或 2.5Gb/s 的数据传输；它具有电信级的可靠性，恢复时间为 50ms；能提供多等级、可靠的业务分级和 QOS 机制；还具有成本低、易管理、与以太网兼容、支持传统业务等优点。适合于以数据为主、TDM 业务为辅的网络环境，可以作为中小城市组网的手段。但它仅支持环网结构和相对简单的网管系统。

2. 基于 SDH 的多业务平台 MSTP。它利用 SDH 网络来传输 IP 数据包，可以方便有效地支持分组数据业务，实现从电路交换网到分组网的过渡，而 SDH 与 RPR 的结合更是增强了它对数据业务的支持。它的设备生存能力强（恢复时间为 50ms，可靠性达 99.999%），有利于传输话音业务；但把不同业务映射进 SDH 帧的过程复杂，在动态带宽方面缺乏灵活性，网络效率不高；容量配置费时，费用也较贵，主要用于已有 SDH 网络的地方。在 MSTP 上实现 RPR，可以将两者的优势结合起来。

3. 基于 IP Over ATM 的技术。利用 ATM 网络来传输 IP 数据包，主要代表是 MPLS。适用于多业务电信环境和服务质量要求较高的 IP 业务，但成本较高。

城域网最大的特点是多样性。上面每种技术在成本、链路传输速度、拓扑结构、最大传输距离、使用介质、采用协议等方面都有许多不同，各有优缺点，都有其应用空间。我们应根据城市规模、业务类型、用户分布，并充分考虑与业务层的配置关系、两个层面的协调，发挥网管系统的作用等选取合理的技术，真正实现城域网内灵活的电路调度和端到端管理。

5.2 高速以太网

当 ATM 技术在上世纪 80 年代末出现以后，人们普遍认为，它是建立宽带网络的最佳方案。但由于成本等方面的原因，ATM 的发展非常缓慢，而以以太网为基础构建的互联网却得到了飞快的发展。这是因为以太网在成本、可扩展性和易用性等方面都具有明显的优势。以太网的价格低廉，速率可以从 10Mb/s 到 10Gb/s 平滑升级，且安装容易，具有良好的互通性。这就使它迅速得到了广泛的应用和普及。目前，以太网已由单纯的数据业务迅速地发展成为集话音、视频、数据为一体的综合业务体系。

自 IEEE 1982 年公布以太网协议后，以太网的发展经历了粗缆总线、细缆 10Base5、星形双绞线 10BaseT 的 10M 以太网，100BascTX、100BaseT4、100BaseFX 的 100M 快速以太网，短波长光传输 1000Base-SX、长波长光传输 1000Base-LX 、五类线传输 1000BaseT 的千兆以太网等阶段，2002 年 7 月 18 日 IEEE 通过了 802.3ae，万兆以太网正式诞生。千兆以太网和万兆以太网的传输速率极高，达到 10^9 b/s 以上，我们统称之为高速以太网。

高速以太网具有很宽的带宽和较好的业务质量保证 QOS，已成为最有发展潜力的宽带技术之一，使以太网从单纯的桌面连接技术发展成城域网的骨干技术。以太网向万兆速率的发展，和在 MPLS、QOS、VPN 等业务支撑体系上的不断完善成熟，为以太网迅速占领城域网市场，支撑 IP 综合业务的发展扫清了障碍。利用高速以太网作为骨干网，以快速以太网和以太网作为其外围网络，即可构成宽带 IP 网。这种宽带 IP 网只运行 IP 协议， 采用逐包转发的路由交换机进行交换，与 ATM 骨干网相比，具有更加优越的性能价格比，已成为宽带城域网建设中的主流组网技术之一，使过去曾经风光一时的 ATM 局域网和 FDDI 城域网已逐渐退出历史舞台。

> 由普通以太网发展而来的高速以太网具有很宽的带宽和较好的业务质量保证 QOS，成为城域网的骨干技术之一。它只运行 IP 协议， 采用逐包转发的路由交换机进行交换，具有更加优越的性能价格比。

5.2.1 千兆以太网的组成

千兆以太网的网络元件主要是中继器和交换机。中继器是在一条路径上通信的单向流量设备，它只再生信号，并把所有数据重新传输至所有与它相连的端口；中继器不需解码和读取分组，因而时延很小，端到端的时延仅为传输 20 比特的时间；中继器的存储空间很小，可能成为网络的瓶颈；中继器在共享环境下工作，容易发生冲突，浪费带宽。

交换机是在很多端口都能同时发送和接收数据的多向流量设备，不会发生冲突；在全双工运行下，每个端口的等效带宽是线路带宽的 2 倍；它的智能化程度很高，不仅复原信号，而且利用地址滤波把数据包送至所要求的目的地；交换机需要读取和处理分组，时延较大；交换机可以通过拆分冲突区来扩展网络的范围。在相同端口数量的情况下，交换机的价格约是中继器的 4 ~ 5 倍。

千兆以太网也分全双工和半双工这两种模式。其中半双工模式使用中继器，通过传统以太网的载波侦听多点接入 / 冲突检测 (CSMA/CD) 协议来解决介质访问冲突的问题，适用于共享式介质连接。全双工操作模式由 802.3x 协议定义，支持交换机到交换机、交换机到终端之间的点对点连接。发送和接收分别使用两条独立的信道，不会发生冲突，无需 CSMA/CD 协议，数据能在任何时候发送和接收。

5.2.2 全双工中继器

全双工中继器是运行于全双工模式下的中继器，它不需要放入冲突区中，没有链路长度的限制；它比传统的中继器具有更高的性能和更强的灵活性。

全双工中继器同时收发分组，是利用每个端口上的小 FIFO（先进先出）缓冲器来进行的。当一个分组到达端口后，立即被存入 FIFO 缓冲器，随后按到达的先后顺序送入中继器的内部总线，再被复制至所有其他端口，发送出去。当几个分组同时到达，无法分清先后时，则认为发生了一个冲突。由内部硬件中的逻辑判决电路随机判决谁优先接入总线。当缓冲器将满，到达高位标志时，该端口的 MAC 就通知发送设备停止分组的发送，直到缓冲器的缓存到达低位标志，再通知发送设备恢复发送数据。在全双工中继器中也可以采用优先级判决，使缓冲器中存储的优先级较高的分组，优先送往中继器的内部总线。

全双工中继器采用非对称流量控制方式。即只有中继器向终端设备，而不能由终端设备向中继器发送流量控制信息。这是因为全双工中继器同时向所有连接发送一个分组，如果中继器应一个终端设备的请求停止发送数据，则全部通信过程都将停止。终端设备若跟不上网络流量的需要，只能被迫丢弃一些帧。

5.2.3 载波扩展

共享介质型以太网采用 CSMA/CD 机理，要求网络在最坏情况下的环路延时不能大于最短帧的传输时间。在传输速率为 10Mb/s 的以太网中，为了保证发送端用户在传送一个最短的帧后即可判断冲突是否发生，收发用户之间的最大距离为 2km。如果超过 2km，则不能在传输一帧的时间内发现冲突，使冲突不能避免。

对于快速以太网，网络速度提高为原来的 10 倍，为了也能保证在传送一个最短的帧后即可判断冲突是否发生，收发用户之间的最大距离相应缩小为原来的 1/10，即 200m。对于千兆以太网，网络速度又提高了 10 倍，收发用户之间的最大距离，按理又要再缩短 1/10，只有 20m。显然，建设这样的网络是没有意义的。于是，802.3z 工作委员会提出一种“载波扩展”的方法，即把最短帧长度由 64 字节变为 512 字节（小于 512 字节的帧将填充空比特），以 1000 Mb/s 的速度在 200m 的范围内传输一个来回即可检测出冲突是否发生。这样，采用铜线的千兆以太网也可保证 200m 的网络范围。如果采用多模光纤，可达 550m，采用单模光纤，则可达 5000m。

5.2.4 分组突发

载波扩展扩大了网络的范围，但却造成了带宽的浪费。如果用户信息完全是由 64 字节的帧组成，每一帧都要填充 448 个字节的空比特，使千兆以太网的有效速率降为 120 Mb/s。由于绝大多数以太网的平均帧长为 200 ~ 500 字节，经过载波扩展的千兆以太网有效速率为 390 ~ 977 Mb/s，不能充分发挥其带宽优势。为了提高千兆以太网的效率，还可采用一种“分组突发”的方法。“分组突发”把若干帧的数据组成一个分组。在每一个分组中，只在其中第一个帧采用载波扩展，填充空比特；而把其他帧组成分组突发发送，减少所需填充空比特的数目。分组突发的长度具有一定的限制：任何一个分组突发最多包含 13 个帧；如果一个帧的长度超过 1500 字节，后面就不再累加其他帧。因此，如果所用的帧长都是 64 字节，一个突发的长度为 $64 \times 13 = 832$ 字节；如果初始帧的长度超过 1500 字节，一个突发只包含一个帧，最大长度为 1518 个字节；如果第一个帧的长度为 1499 字节，第二个帧长为 1518 字节时，该突发的长度为 3017 个字节。采用分组突发后，完全传输 64 字节帧的网络利用率由分组突发前的 10%提高到了 40%。此外，由于分组突发不需要在每一帧都填充空比特，也降低了发生冲突的概率，相应地提高了网络的吞吐量。

分组突发仅适用于共享媒质或半双工网络。对于可以同时收发数据的全双工链路，当所有传输节点都遵守 802.3x 和 802.3z 规范时，采用缓冲分配器，利用 802.3x 定义的流量控制原理，即使在 1 ~ 2km 的光纤链路上，也可以使千兆以太网的利用率达到 100%。在全双工千兆以太网中，每个端口都可同时收发数据，不会发生冲突，链路长度与最短帧的传输时间无关，仅受媒质本身局限性的限制。因此，采用单模光纤，可以构造 100km 以上的千兆以太网。

5.2.5 虚拟冲突

采用 CSMA/CD 技术的以太网，在传送话音和视频业务时遇到了困难。这是因为它在最大时延、时延的变化、带宽的保证、透明性和优先级特性等方面不能满足传输质量的要求。例如时延的变化，不适于传输实时业务；一个带宽没有保证的网络，不能预知它可支持多少个实时业务，无法规定各个发送节点在一次传输循环中最多能发送多少数据。

为了在成本较低的共享式以太网中也能传输多媒体业务，Nbase 公司提出了虚拟冲突技术。虚拟冲突的关键在于限制冲突时间，保证在涉及冲突的站中有一个站能成功地传输一个好帧。在虚拟冲突中，以太网采用星型结构，即在网络中只有一个中继器在中央，各站点发送的数据必须经过中继器才能传到其他站点。虚拟冲突规定，中继器只把第一个到达的帧复制，传向其他端口；而把其他帧丢弃；如果有几个帧同时到达，则需要进行选择；每个站点在发现冲突后应立即停止发送，并在接收其他站点成功传输的帧以后 12 字节的帧间隙（IFG）后再次发送。为了避免离中继器最近的帧反复捕捉信道的不公平现象，对于没有采用载波扩展的以太网，规定每一个站点成功传输了一帧以后，必须等待 76 字节（64 字节的环路延迟加 12 字节的帧间隙）。下面我们用一个简单的例子来说明虚拟冲突的实施过程。

设站点 A 发出的帧先到达中继器，中继器把它复制，传向其他所有端口。在收到此帧之前，站点 B 也发出一帧，被中继器忽略。B 站通过侦听知道发生了冲突，停止发送，并在接收了 A 站成功发送的第一帧后等待 12 字节的帧间隙时间，再次发送；A 站在成功发送了第一帧后，必须等待 76 字节的时间，才能发送第二帧。这就保证 B 站发出的帧比 A 站发出的第二帧先到中继器，可以成功传送。

同原来的 CSMA/CD 相比，虚拟冲突中，第一个到达中继器的帧总是可以正常传输（在 CSMA/CD 中，发生冲突的帧都不能传输），冲突所耽误的时间完全被它利用；因为冲突没有被传输的帧，只需等待 12 字节的帧间隙时间，而不像 CSMA/CD 那样，需要随机等待一段最长可以为 65547 个字节的时间。故虚拟冲突大大提高了网络的传输效率。

CSMA/CD 中，在最坏的情况下，A 站发出的帧即将到达 B 站时，B 站也发出一个帧，只有等 B 站发出的这个帧到达 A 站后，A 站才能发现冲突。因此，发现冲突的时间至少需要一个最短帧（64 字节）从 A 传到 B，再从 B 传到 A 所需要的时间，这就是环路延时。在虚拟冲突中，最坏的情况是 A、B 两站发出的帧同时到达中继器，中继器判决 A 帧传输，B 帧发生冲突，则 B 站认定冲突的时间是最短帧由 A 站到达 B 站的时间。

因此在虚拟冲突中，为了能够发现冲突，只需要求端到端时延小于 64 字节的传输时间，而不像 CSMA/CD 那样，要求环路时延小于 64 字节的传输时间。折合成环路时延，虚拟冲突的冲突窗变为 128 字节，比 CSMA/CD 扩大一倍，相应的网络直径也扩大一倍。在不采用载波扩展时，快速以太网的直径由 250m 扩大为 500m；采用载波扩展时，扩展帧长可由 512 字节变为 256 字节，网络的传输效率可大大提高。

虚拟冲突还可实现优先级机制。对于那些对延迟比较敏感的信息，可以赋予它较高的优先级。使它可以在成功发送第一个帧仅 12 字节的帧间隙后，立即发送下一帧（不需等待 64 字节的环路时间），保证它是第一个到达中继器的帧，一定能正确传输。这就可保证实时视频和音频信号的传输质量。

5.2.6 千兆以太网标准

1998 年 6 月，IEEE802.3 委员会正式发布了千兆以太网标准，即 IEEE802.3z 和 IEEE802.3ab。在 OSI 的七层模型中，千兆以太网标准只涉及物理层和数据链路层，以及媒质的功能。IEEE802.3z 采用单模或多模光纤作为传输介质，IEEE802.3ab 则采用高档双绞线作为传输介质。

1. 数据链路层

数据链路层安排数据的发送和接收，控制接入物理媒质。它通常被划分为媒介访问控制子层（MAC）和逻辑链路控制子层（LLC）。最主要的是 MAC，其功能有信息帧的封装和拆卸、帧寻址、帧收发、链路管理、帧差错控制等。它把数据单元放入帧中，决定如何发送和接收数据，并保证数据通过媒质传输的可靠性。

以太网的帧长为 64 ~ 1518 个字节，其帧结构中目的地址（DA）和源地址（SA）各有 6 个字节，分别由设备生产厂家识别符（OUI）和设备个体识别符两部分，各 3 个字节组成。帧长 / 类型字段有 2 个字节，如果其数值小于 1500，它表示的是分组实际的长度；否则，它表示帧中协议的类型。数据字段承载用户数据和其他内部信息，长度在 46 ~ 1500 个字节之间。如果用户数据大于 1500 个字节，需要拆装成两个以上的包；如果用户数据小于 46 个字节，需要填充空字节。帧校验序列(FCS) 又称为循环冗余校验，有 4 个字节，用来检验是否出现误码。

千兆以太网有三种不同的 MAC 地址。单级地址的目的地址只有一个。广播地址把所有网络设备都列为它的目的地址。多级地址只把分组发到那些需要它们的有限的终端用户，这些用户的集合组成了一个多级组（虚拟子网）。希望加入该多级组子网的终端用户可通过 GARP（组地址分辨协议）向那些把它们与分支树相连的设备登记注册。所谓分支树是由路由器组成的一种单路由的网络结构。尽管在任意两个设备之间不止有一条物理连接，但在分支树中只有一种可能的通路，因而不会形成环路。在一般的网络中，数据在所有的中继器、路由器中都会被复制，送往与之相连的所有设备；但在分支树中，数据流只在分支树的分支处才被复制，传向已注册的终端用户。

因为用户可以在不同的情况下随意改变它们之间的关系，分支树的结构也随之发生动态的变化。在一个虚拟子网中，帧结构比图 2-14 增加了两个字节的 E 型（指明每个虚拟子网的会员身份）和两个字节的优先级。当一个用户希望从一个多级组退出，加入另一个多级组时，只需要在网络管理者的计算机上移动或改变一个图标，即使是用户的物理地址发生了变化也不会影响其多级组成员的身份。

2. 物理层

物理层具有编码、解码、载波监听和链路监测功能。它规定了传输所用的光、电信号，线路状态，时钟界限，数据编码以及数据发送和接收所需的全部电路。它又分为物理编码子层（PCS）、物理媒介相关子层、物理媒介独立子层和媒质相关接口 (MDI) 等。

物理编码子层负责发送数据的实际编码，使数据成为适合在所使用的物理媒质中传播的形式。它要在以太网的帧中加入一些用于网络传输的附加信息，组成“包”。这种附加信息又称为“预示”，其长度为 8 个字节，连同帧长，每个包长为 72 ~ 1526 字节。8 个字节的预示中，第一个字节 SPD，标志着预示的开始；最后一个字节为帧开始符（SFD），指示 MAC 帧即将开始；其余 6 个字节为字头，主要是帧中所含数据的介绍。千兆以太网中还有另外两个部件，一是包终止符（EPD），附在帧校验序列后；另一是发送空字节的包间隙（IPG）。以太网的 IPG 规则规定两个包之间的 EPD 和 IPG 之和最少为 12 个字节。

千兆以太网中采用的编码过程为 8B/10B 编码。PCS 从 MAC 中得到的是 8 比特的数据组，要把它重新编码成 10 比特的数据组。这样做的好处，一是可以提供更多的编码组合，用以表示帧的开始、结束和设备间的控制指令；二是规定了某些合法的组合，保证传输的正确性，也有助于时钟同步；三是可以选择 1 和 0 数量大体相等的组合，实现传输脉冲的直流平衡。

物理媒介相关子层又称为串行 / 并行变换器，负责把物理编码子层输出的并行传输的数据转换为串行传输的数据，或进行相反的过程。

物理媒介独立子层即是光收发机，负责把电信号变为光信号，或反过来把光信号变为电信号。

千兆以太网可以采用单模光纤、多模光纤或铜线作为传输介质。1000BaseSX 采用芯径为 62.5 和 50 μm 的多模光纤和 850nm 的光收发机，覆盖范围分别为 300m 和 500m，其价格较为便宜，适合在建筑物综合布线系统中作为网络骨干。广泛应用于校园网的 1000BaseLX 在采用 50 μm 的多模光纤和 850nm 的光收发机时，传输距离为 500m；在采用 10 μm 的单模光纤和 1310nm（或 1550nm）的光收发机时，覆盖范围在 5000m 以上。目前，许多公司开发了 GBIC 光接口设备和光收发机，其传输距离可以扩展到上百千米，因而可以应用于城域网中。而 1000BaseCX 采用 150Ω 的平衡屏蔽双绞线电缆（STP），所支持的线路长度仅 25m，但传输速率高（达 1.25Gb/s）、屏蔽性能好，可用于数据中心的服务群连接。1000BaseT 利用 4 线对的 5 类 UTP 电缆，从分线盒到网络节点间的距离为 100m，网络直径为 200m。它需要进行串行编码，要求增加信号的功率，编 / 解码要求的硬件更复杂，还需要更加复杂的接收机。适用于大楼综合布线系统中楼层内和楼层间的主干通信。

5.2.7　万兆以太网

万兆以太网的物理层（PHY）和 OSI 模型的第一层（物理层）一致，负责建立传输介质（光纤）和 MAC 层的连接，而 MAC 层相当于 OSI 模型的第二层（数据链路层）。

万兆以太网可以用于局域网，也可以用于城域网。由于局域网和城域网在时钟抖动、比特差错率、QOS 等方面有不同的要求，因而制定了两种不同的物理层标准，但 MAC 层是相同的。为了提高传输速率，万兆以太网不再运行 CSMA/CD 协议，其传输介质一般不采用电缆与双绞线，主要采用光纤。因此，万兆以太网只采用全双工方式工作。当物理介质采用多模光纤时，传输距离为 40km；采用单模光纤时，可达 300km。通过不同的编码方式或波分复用提供约 10Gbit/s 的传输速率，线路误码率达 10^{-12} 以下。

用于局域网的万兆以太网采用以太网的帧格式，传输速率为 10Gb/s（可以是 1 路 10Gb/s 的信号，也可以是 10 路 1Gb/s 的信号复用），相应的标准有 10GBASE – X、10GBASE – R 等。其中 10GBASE – X 中有工作在 1300nm 波长附近，间隔为 25nm 的 4 对激光收发器，进行波分复用，每一对收发器的传输速率为 3.125Gbit/s（其中数据流速度为 2.5Gbit/s）。10GBASE – R 是一种使用 64B/66B 编码（不是在千兆以太网中所用的 8B/10B）的串行接口，数据流为 10.0Gbit/s，因而产生的时钟速率为 10.3Gbit/s。

用于城域网的万兆以太网的 MAC 层采用 SDH 的帧格式，传输速率为 9.585Gb/s，需要在物理子层进行以太网帧向 SDH 帧的映射，相应的标准有 10GBASE – W 等。10GBASE – W 与 SDH 的 STM–64 兼容，其时钟为 9.953Gbit/s，数据速率为 9.585Gbit/s。从以太网帧到 STM–64 帧格式的映射减少了许多不必要的开销，简化了 SDH 帧结构等。同时，信号不是从低速率逐级复用成高速率流，而是直接映射到 STM–64 的净负荷中。为了在定帧过程中方便查找下一个帧位置，在万兆以太网帧中添加了 2 个字节的长度域和 8 个字节的 HEC 域，MAC 帧头由原来的 8 个字节变为 10 个字节。

与千兆以太网相比，万兆以太网增强了物理层的网络管理和维护，可在物理线路上实现保护倒换。

万兆以太网在设计之初就考虑到城域骨干网的需求，其万兆（10G）的带宽能够满足城域骨干网的需求，其传输距离足够满足城域网的覆盖。采用万兆以太网作为城域网骨干可以省略骨干网设备的 POS 或者 ATM 链路，不仅可以简化网络，实现端到端的以太网帧连接，还可以节约成本，提高网络性价比，每端口的价格只是 SDH 的几分之一。

同千兆以太网相比，万兆以太网的速率提高了 10 倍，信息传输的时延大大减少，还可以支持大型信息流的传输。采用万兆以太网可以降低布线及网络投资成本，支持较长距离的高带宽以太网连接，创建高速虚拟网，消除企业网络骨干的瓶颈现象，拓展宽带应用，提高语音、视频和数据的应用水平，顺利开展视频、话音、流媒体、远程教学、资源共享等各种网络应用，提供包括组播服务、身份认证以及网络性能保障等在内的高带宽、高性能的多项服务。

当然，由于万兆以太网还处于发展阶段，仍然存在着一些缺点和不足。例如一个 10 GE 端口的价格比普通 GE 端口要高得多，在带宽得不到充分利用的情况下，会造成投资的浪费；万兆以太网的 QoS 性能还有待提高，等等。

5.3 IP Over ATM

5.3.1 IP与ATM的结合

IP网和ATM网是两种不同的网络，具有不同的特点。IP采用无连接、端到端的TCP / IP协议；它具有统一的寻址体系，网络扩展性强；它结构简单，价格低，开销小，其层次结构具有包容性和开放性，容易实现异型网络互连，几乎可以运行在任何一种数据链路高层。但其路由器加专线的传统组网模式，存在逐跳寻址与转发问题，不能保证QOS；现有路由器的寻址速度低，吞吐量小，IP的地址转换协议（ARP）和选路方式可能导致网络内的广播风暴，产生路由器处理能力的瓶颈效应；路由协议对跳数的限制也限制了网络规模和路由器端口的数量。而ATM是一种面向连接的信息复用和交换技术，具有话音、图像和数据的各种业务综合能力，从局域网到广域网的各种网络综合能力，以及传输、复用、交叉连接和交换的技术综合能力等；它将信息划分成固定长度的信元，通过预先建立好的通路进行传输；它可为不同等级的业务提供相应的QOS，为不同的传输提供不同类型的服务；具有端到端的、完善的流量控制和拥塞控制，灵活的动态带宽分配和管理等种种优点。但ATM采用的是信令协议，与其他网络的互联互通能力较差；且价格昂贵，开销太大，使其发展非常缓慢。

可见，ATM与IP具有不同的优势。如何使它们的优势互补，既发挥TCP/IP协议的开放性和应用的广泛性，又利用ATM速度快、容量大和可以支撑多种业务的能力，是人们迫切希望解决的问题。

IP Over ATM，利用ATM技术来承载IP信号，正是希望把两者的优点结合起来，通过在路由器之间引入ATM交换机，减少以往过多的路由器跳数所产生的开销，解决传统路由器的瓶颈问题，更有效地传送IP业务。但ATM是一种面向连接的技术，IP是面向无连接的技术；ATM和IP各有自己的地址结构、寻址方式、选路功能和相应的信令，给IP与ATM的结合造成较大的困难。

IP Over ATM的技术主要有局域网仿真（LANE）、CIPOA (Classical IP Over ATM)、ATM支持多协议MPOA (MultiProtocol Over ATM)、IP交换、标记交换和多协议标记交换（MPLS）等。前三种称为IP与ATM重叠模型，后三种称为IP与ATM融合的集成模型。

重叠模型将IP当成一个网络与ATM网络互联，不更改ATM网络的协议模块，而将IP协议重叠在ATM上运行，IP的路由功能仍由IP路由器来实现（其中MPOA不需要传统的路由器），且需要定义两套地址结构及选路协议，两套维护和管理功能。ATM系统既要分配IP地址，也要分配ATM地址，所有在ATM网络上工作的协议均需地址解析协议，实现MAC地址（或IP地址）与ATM地址之间的映射。

集成模型把 ATM 层看成 IP 层的对等层，把 IP 层的路由选择功能和 ATM 层的交换功能结合起来，使 IP 网络获得 ATM 的交换功能，提高了传输速率。它们把 ATM 单元实体与 ATM 网络地址分配策略和路由选择协议分离，ATM 网络实体采用与 IP 协议完全相同的协议体系和地址分配策略，ATM 系统仅需标识 IP 地址，网络不再需要 ATM 的地址解析规程。

下面我们主要介绍重叠模型中的 MPOA 和集成模型中的 MPLS。

5.3.2 ATM 支持多协议（MPOA）

ATM 论坛制定的 ATM 支持多协议（MultiProtocol Over ATM，即 MPOA），是在 ATM 的框架上实现点到点的网络层连接，支持多种协议、多种网络的一种技术。它有效地把网桥、路由器和 ATM 网结合，综合了 CIPOA 和局域网仿真的优点，可支持多种网络协议，能将 IP 地址直接映射为 ATM 地址，支持可变长度的最大传输单元。它利用虚拟路由器和交换路由器的概念，实现 ATM 主机与主机或 ATM 主机与传统局域网之间点到点的网络层连接，在主机间建立直接的 ATM 虚电路，为 ATM 设备提供直接的 ATM 连接，可以减少时延和处理开销，解决了 CIPOA 和局域网仿真存在的路由瓶颈问题。

1. MPOA 的组成

在 ATM 网络上实现 MPOA，只需在 ATM 交换机上增加相应的 MPOA 卡和软件，设置一个 MPOA 服务器来实现地址解析和映射即可。

MPOA 采用客户 / 服务器模式。客户是 MPOA 的边缘设备 ED（Edgc Device）或具有 MPOA 功能的局域网仿真主机（称为 MPOA 主机），服务器是与 ATM 网连接的路由选择服务器。客户和服务器通过局域网仿真互相连接，互相通信。客户负责转发数据包，服务器负责提供路由信息。可见，MPOA 同时提供了第二层的数据交换和第三层的路由选择两项功能。

边缘设备 ED 又称为多层交换机，它介于传统局域网和 ATM 局域网仿真之间，在网络层和其他协议层把传统的局域网接入 ATM，在传统的网络接口和 ATM 接口之间转发数据帧，进行局域网和 ATM 网络之间数据帧的转换，实现两个网络之间的数据互通。对每一个子网，边缘设备有多个传统局域网的接口和通向局域网仿真客户 LEC 的局域网仿真接口。

MPOA 主机能够实现 MPOA 功能，执行位于网络层的 MPOA 协议，并与 ATM 网连接的 ATM 网络接口卡。MPOA 主机之间可以互相通信，也可通过边缘设备与传统局域网通信。

MPOA 服务器是下一跳解析协议 NHRP(Next Hop Resolution Protocol) 路由选择服务器。它与边缘设备一起完成路由选择；并支持多址发送功能；还对网络层、MAC 层与 ATM 地址进行维护，完成网络层地址到 ATM 地址之间的映射，在两个互相通信的端点之间建立虚电路。

2．MPOA 的路由技术

在传统的局域网互联技术中，依靠路由器来进行不同子网之间的路由选择，常常形成一个瓶颈。而在 MPOA 中，不同子网之间的路由选择，不再需要传统的路由器，而由虚拟路由器和交换路由器来提供。

虚拟路由器由路由选择服务器与 MPOA 边缘设备组成。在 MPOA 中，把传统路由器具有的路由选择和数据包转发这两个功能在逻辑上分开，放置在网络的不同部分：路由选择由路由服务器实现，数据转发功能由 MPOA 的边缘设备，也即由客户来承担。这样，路由服务器和 MPOA 的边缘设备就组成了一个虚拟路由器。虚拟路由器不仅完成同一个子网之间的数据通信，也支持不同子网之间的数据转发。通过虚拟路由器的作用，在不同子网之间的通信不需借助于外部路由器，克服了这种外部路由器所造成的瓶颈。这也是 MPOA 比局域网仿真或 CIPOA 的优越之处。

MPOA 的虚拟路由器通过 NHRP 协议来实现。NHRP 建立在传统的 IP 模式上，用逻辑非广播多点访问子网（NBMA）概念来代替 CIPOA 中逻辑 IP 子网（LIS）的概念。NBMA 允许多个设备连接到同一个网络中，但不易实现多个设备之间的信息广播。

MPOA 的交换路由器是具有一定交换能力的路由器。它由 MPOA 服务器、ATM 交换机构和边缘设备组成。其中 MPOA 服务器完成传统路由器处理卡的功能；ATM 交换机构完成传统路由器背板的功能；边缘设备完成传统路由器接口卡的功能。

3．MPOA 数据流的传送模式

MPOA 中数据流的传送有两种不同的模式：

一是直通方式，这种方法只对每一数据流的第一个数据包进行路由地址处理和转发，并为后续数据包建立交换虚连接 SVC。以后的数据包沿 SVC 直通传送，不再经过路由器，从而将数据包的转发速度提高到第二层交换的速度。它不仅可以在同一个子网内部建立 SVC，也可以在不同的子网间建立直接的 ATM SVC。

当直通路由不存在时，MPOA 采用默认方式，MPOA 客户通过局域网仿真发送数据。这时，客户间的路由可能经过多个外部路由器转发。

4．MPOA 的特点

MPOA 是一种功能强大的网络层解决方案。它将路由器的功能集成到 ATM 交换机中，使交换机具有路由功能，变成交换路由器。通过使用 MPOA 协议，可以在任意两台主机间建立跨越 ATM 网络的直接连接，消除了传统路由器“多跳”带来的网络性能的下降，大大提高了网络的吞吐量。

MPOA 的优点是易与现有的网络实现互通。它将路由器的功能分散，可降低成本，增加容量。由于 MPOA 的客户和服务器都通过软件实现，具有良好的灵活性和扩展性。虚拟路由器简化了对网络的管理，易于建立较大范围的内部虚拟网。此外，其网络层的接入可实现服务质量 QOS。

MPOA 的不足之处，除了和 CIPOA 一样传输速率较低外，还因为它需要一个路由服务器，一旦路由服务器出故障，就会造成全局瘫痪。当网络拓扑结构变化而路由服务器又搞不清时，需要重头做起。它对组播业务的支持仅限于逻辑子网内部，子网间的组播还需要传统路由器。

5.3.3 MPLS 技术

多协议标记交换 MPLS（Multi–Protocol Label Switching），是 IETF 在 Cisco 公司标记交换的基础上,并吸收了IBM公司的基于集中路由的IP交换方案ARIS的某些优点，于 1997 年提出的。它最初是用来提高路由器转发速度的一种高速交换技术，现在已成为宽带 IP 网络中流量工程、虚拟专用网，以及下一代网络的重要技术，被认为是最具前途的主干宽带 IP 网技术之一。它利用现有 ATM 网络的硬件设备，在 IP 中加入了连接的概念，在无连接的 IP 网络中创建连接性网络，使 IP 具有和 ATM 类似的特征，可以提供流量控制和 QOS 保证，同时又克服了 ATM 的一些缺点，为 Everything Over IP 创造了条件。MPLS 具有大规模电信网络所要求的各种属性，实现保证 QoS 的快速交换。已被接纳为 ITU–T 的标准草案，作为 ATM 承载 IP 的建议。

1. 基本概念

标记 Label：一个长度固定，位数较短，用于标识某一类包的数字信号。短是为了易于处理，可以用索引直接引用。它不包含拓扑信息、只在相邻的两个节点之间具有局部意义，与全网无关，便于各个节点自行分配。

等价转发类 FEC：MPLS 把数据流按照某种规则进行分类，具有相同转发处理方式（目的地相同、使用的转发路径相同，服务等级相同）的数据流集合称为等价转发类 FEC。FEC 可以是某些地址前缀的集合，也可以是某个主机地址。

标记交换路由器 LSR：支持 MPLS 并负责第三层转发分组和第二层标记交换分组的设备。它运行传统 IP 路由协议，并执行控制协议，以与邻接设备协调 FEC/ 标记的绑定信息。该路由器可以是一个传统交换机扩充 IP 选路，或将一个传统路由器升级支持 MPLS。

标记边缘路由器 LER：连接内、外部网络并在 MPLS 域间转发分组的传统路由器。它也可以与内部 MPLS LSR 通信，以交换 FEC/ 标记关联信息。它不需要特别的硬件，而是作为交换机软件的一个附加特性来实现。原有的路由器可以通过软件升级，使其具有标记边缘路由器的功能。

标记分发协议 LDP：它是 MPLS 的控制协议，提供了标记交换路由器和其他标记交换路由器或标记边缘路由器交换标记信息的方法。

标记交换路径 LSP：数据流从入口到出口的交换式路径。同一个 FEC 的数据流经过的 LSP 是相同的，目的是采用一个标记交换转发机制转发一个特定 FEC 的分组。

标记转发信息库 LFIB：保存在一个 LSR(LER) 中的连接表。包含有 FEC/ 标记关联信息和关联端口以及媒质的封装信息，如入口端口、入口标记、下一跳 LSR、FEC 标识符（如地址前缀）、标记操作（Replace，Push，Pop）、出口标记、出口端口、出口链路层封装（如 ATM）等。

2.MPLS 的相关协议

MPLS 是一种支持多协议的技术，它可以在多种链路协议上运行。当标记交换以 ATM 或帧中继作为其链路层协议时，就借用 ATM 和帧中继的封装，标记也相应地采用 VPI/VCI 或 DLCI；当标记交换的链路层是完全不具备标记信息的 FDDI、Ethernet 或 PPP 时，则应加上额外的封装 shim。shim 位于第二层和第三层之间，可应用于任何链路层协议之上。它包含一个 20bit 的标记数值、一个 3bit 的 COS（服务等级）数值、一个 1 比特的堆栈指示符和一个 8 比特的 TTL(Time To Live，生存期)数值。

MPLS 网络通过标记分发协议 LDP 完成标记信息的分发。网络路由信息来自一些共同的路由协议，如开放最短路径优先（OSPF）、边界网关协议（BGP），根据路由信息决定如何完成标记交换路径（LSP）的建立。

3.MPLS 的基本原理

MPLS 的宗旨就是要集成标签切换转发的高性能和网络层路由的灵活性和扩展性。它把路由选择功能转移到网络边缘；把效率更高、结构更简单的交换功能放在核心网络中；把数据链路层交换的性能特点与网络层的路由选择功能结合在一起，使得服务提供商能适应业务量不断增长的状况，并为不同的服务提供有利环境，而无需改变现有的网络底层结构。

一个 MPLS 网络由标记交换路由器 LSR 组成的核心网和与之相连的若干标记边缘路由器 LER 组成。

标记边缘路由器负责把两个不同类型的网络连接起来，其结构比核心标记路由器要复杂。传统局域网的数据进入以后，入口 LER 把数据包拆开，按照包头中的目的地址，计算好路由，以确定通向目的地的 LSP；标记分配协议 LDP 则根据计算结果及 MPLS 路由转发表分发标记，并将对应的 LSP 标记插入到信头中，使加上标记后的数据包在 MPLS 网络中快速传输。当 IP 包到达出口 LER 时，标记被 LER 分离，数据包被送入用户。

MPLS 的核心设备 LSR 实际是一台增强功能的 ATM 交换机。它在现有 ATM 交换机的基础上，增加开放最短路径优先协议 OSPF、边界网关协议 BGP 和标记分配协议 LDP 等，使其具有路由器的功能。它采用索引的方式，利用硬件来快速查找所需的路由，使其吞吐量比千兆路用交换机更大。它维护一个转发方向的映射表，根据入分组中的“标记”检索交换机内部的转发信息库，使用转发信息库给定的出口信息完成该分组的转发。由于 LSR 只负责转发数据包，不需要打开包头，不需要计算路由，因而具有更快的转发速度。

标记交换机由转发部件和控制部件两部分组成：控制部件通过在 LSR 间运行的路由协议来获取路由信息，利用 LDP 获得相应的标记信息，并根据这些信息构造 FIB。在信息发生改变（如拓扑变化）时，控制部件还负责对 FIB 进行动态更新。转发部件根据分组中携带的标记信息和 LSR 中保存的 FIB 完成分组的转发。转发部件要完成一个操作流程：从分组中抽取标记，在 FIB 中检索匹配的信息条目，根据条目中的出口信息进行转发。

4. MPLS 路由技术

MPLS 有两种路由机制，逐跳路由和显式路由。

逐跳路由：逐跳路由即传统路由，此时 MPLS 使用普通的动态路由算法由每一跳的 LSR 决定下一跳的路由。发生故障的路由修复和下一跳的改变都由本地决定和完成。MPLS 之所以保留这种路由，一方面是考虑到网络的向下兼容性；另一方面是考虑到安全过滤设备需要路由环节。在 MPLS 中，只有在建立标记交换路径和标记转发时才使用逐跳方式。

显式路由：显式路由在 LSP 建立过程中使用流量工程技术或网管配置来明确指出 LSP 使用的路由，每一个 LSP 不是由某个下一跳 LSR 决定，而是由入口 LSR 决定，不必使用动态路由算法。事实上，一条显式路由确立的路径可以看成一个单向的 VC。由于路由只是少数节点完成，所以非常灵活，在路由的计算中可以加入各种约束条件，并可以进行统一路由规划，进行业务量控制。

5. MPLS 的优点

同其他 IP Over ATM 技术相比，MPLS 具有许多明显的优点。

一是它减少了网络复杂性，兼容现有各种主流网络技术，支持 Ipv4 和 Ipv6 等多种网络层协议，支持 X.25、ATM、帧中继、PPP、SDH、DWDM 等多种网络，可与任何现有的下层协议协同工作，把不同的网络传输技术统一在 MPLS 平台上，保证多种网络的互联互通。

二是它可以采用不同厂家的产品，横向兼容性较好。

三是它把 ATM 交换机和 IP 路由器设备合而为一，将标记的分配和发布与 ATM 网络路由协议相结合，可以从表的对应位置快速找到所需的路由，具有更高的效率。

四是能解决虚拟专用网（VPN）扩展问题和维护成本问题，支持单播、多播等多种路由选择技术，可以通过路由选择使各条线路、各个设备的负荷实现基本平衡，减少了拥塞的可能。

五是可以利用 ATM 的高速交换能力和 QOS 保证，在提供 IP 业务时能确保 QoS 和安全性，但又避免了 ATM 复杂的信令，降低了网络成本。

六是 MPLS 具有流量工程的新功能。它把 MPLS 应用于一对入口和出口 LSR 之间配置的多条路径，允许入口 LSR 把流量分配到不同的 LSP 上。在理想状态下，可令入口交换机使用全部网络资源，在到同一出口的不同路径上公平地装载流量。

5.4 IP over SDH

IP over SDH，又称为 Packet Over SDH（POS）或 PPP Over SDH，它是在局域网技术基础上发展起来的一种广域网技术，是以 SDH 网作为 IP 数据网的物理传输网络，在 SDH 网上直接运行 IP 业务。它通过高级数据链路控制协议 HDLC 和点对点协议 PPP 对 IP 数据包进行封装，映射进 SDH 的传输帧中，送入光纤传输。它实际上是路由器加专线的传统组网模式，交换机广泛采用千兆路由交换技术，无需 ATM 即可实现 IP 业务的交换，因而具有结构简单、传输效率高的特点。它可以提供数据、语音、视频等综合传输业务，各种宽带多媒体业务可以直接在宽带 IP 网上运行，形成一个真正的综合业务网。

> IP over SDH 主要是由大容量的高速路由器经高速光纤传输通道连接而成的广域骨干网，其底层接入网络通常是千兆以太网、HFC 网等资源共享型网络。它虽然是一个无连接的网，但可以提供端到端的高速实时通信业务，并较好地保证 QOS。

5.4.1 IP Over SDH 协议

IP Over SDH 的网络体系结构由物理层、数据链路层和网络层组成。物理层遵守 SDH 传输网标准，数据链路层遵守点对点协议 PPP 和高级数据链路控制协议 HDLC，网络层遵守 TCP/IP 协议。

1. PPP 协议

点到点协议 PPP 最初是作为在点到点链路上进行 IP 通信的封装协议，它提供了串行点到点链路上传输 IP 包的方法，定义了 IP 地址的分配和管理、异步和同步封装、网络协议复用、链路配置、链路质量测试和差错检测规范等。它适用于采用调制解调器、HDLC 串行链路、SDH 和其他物理层的多协议成帧机制，提供差错测试、功能协调、帧头压缩、任选可靠传送 HDLC 帧等功能。

PPP 协议包括三个组成部分：一是对多种协议数据的封装方法，二是链路控制协议 LCP，三是网络控制协议 NCP。

PPP 协议对 IP 数据包的封装需要两个步骤：一是将 IP 包封装进 PPP 帧中，二是将 PPP 帧放入 SDH 的帧结构中。它采用高级数据链路控制规范 HDLC 的帧格式，提供多协议封装、数据帧定界、差错控制和链路初始化控制等功能。

LCP 协议用于建立、配置、检测、维护和终止点到点连接。它包括用于建立和配置链路的链路建立帧；用于终止链路的链路终止帧和用于管理和维护链路的链路维护帧。LCP 的工作过程包括四个步骤，一是建立链路和协调配置，二是检测链路质量，三是配置网络层协议，四是关闭链路。

网络控制协议 NCP 用于建立和配置不同的网络层协议。

2. 高级数据链路控制协议 HDLC

同 PPP 协议一样，HDLC 也属于数据链路层协议。它规定了三种通信操作方式：

1) 正常响应方式中，只有当主站探询从站后，从站才可发送信息帧和控制帧，适用于多点结构。

2) 异步响应方式允许从站不经主站探询就可发送信息帧和控制帧，适用于点对点对称结构。

3) 异步平衡方式在链路两边的站点具有相同的功能，适用于平衡结构。

同其他协议相比，HDLC 具有如下的特点：

1) 信息报文和监控报文都以统一的帧格式进行传输，用统一的标识符作为帧的分界符，控制简单。

2) 信息报文可以是任意的字符码或任意的比特串，不会影响链路的监控操作，具有很好的传输透明性。

3) 报文数据和控制数据都采用循环冗余校验方式，可靠性高。

4) 在通信中不必等到对方应答就可发送下一帧，传输速度快，效率高。

3. 简化数据链路协议 SDL

在 PPP/HDLC 协议模型中，需要监视每一个输出、输入字节，经常要进行“填充”与“去填充”操作，在高速运行时，其带宽管理变得很复杂。于是，朗讯公司提出了替代 PPP/HDLC 协议的简化数据链路协议 SDL。

同 HDSL 相比，SDL 协议简化了数据链路，可以对同步或异步传送的变长数据包进行高速定界，适用于传输速率在 2.5Gb/s 以上，点到点的高速 SDH 网络上的 IP 传输，可以用于 IPv4 或 IPv6 协议，有可能提供链路层的 QOS 和复用功能。

5.4.2 网络系统结构

IP Over SDH 的网络系统结构由物理传输层、IP 骨干层和多业务接入层组成。

物理传输层采用 SDH 或密集波分复用技术，构成高可靠的宽带传输网。

IP 骨干层采用直接在 SDH 上传送 IP 包或采用千兆交换路由器技术，构成宽带的骨干交换平台。

多业务接入层可根据用户要求采用基于有线电视双向传输光纤同轴混合网的技术，或基于综合布线的以太网接入技术，或基于电话网的 XDSL 接入技术，或基于无线的宽带接入技术，以及光纤到家、DDN 专线、窄带综合业务数据网等其他技术。

5.4.3 网络解决方案

在 SDH 中，让网络端的分插复用器通过千兆交换路由器与互联网相连，一些分插复用器通过千兆交换路由器和路由交换机与用户群相连，即可组成 IP Over SDH 系统。用户可以通过局域网、HFC 网或电话网、DDN 专线、帧中继等各种不同的方式接入到同一个 SDH 网中。采用局域网接入的用户，通过路由器与路由交换机相连；利用 Cable Modem 接入用户的 HFC 网，还需要 Cable Modem 前端系统（CMTS）进行数字信号的调制解调，才能与路由交换机相连；利用电话 Modem 接入用户的公用电话网需要接入服务器与路由交换机相连；接入局域网用户的 DDN 专线和帧中继也需要路由器同路由交换机相连。

5.4.4 IP 包的传输过程

在 IP over SDH 网中，IP 数据包直接在 SDH 光缆网上运行。把 IP 包映射进 SDH

的帧结构，一共需要两个步骤：一是将 IP 包封装进 PPP 帧中，二是将 PPP 帧放入 SDH 的虚容器。PPP 帧在虚容器中边界对齐，逐行排放。但因为 PPP 帧长可变，允许其跨越虚容器的边界。

具体过程是，它使用链路适配协议（例如具有多协议封装、差错控制和链路初始化控制等功能的 PPP 协议），把 IP 数据包插入到 PPP 帧中的信息段，采用 HDLC 帧格式进行数据帧的定界，再按字节同步的方式，由 SDH 的通道层的业务适配器映射进 SDH 的净荷中，经过 SDH 的段层加上相应的开销，装入一个 SDH 帧中，沿 SDH 网传输。

IP 网本来是采用路由器进行路由选择。原来的路由器采用总线型和集中处理器方式，其包转发速率小于 0.5Mb/s，远远满足不了宽带 IP 网的需求，因此需要克服路由器包转发速度太慢造成的瓶颈问题。在 IP over SDH 网中，把第三层的智能化路由选择技术和第二层的 ATM 快速交换技术结合起来，作为一个综合部件一起工作，使网络在速率和智能两方面都达到最佳状态。既得到非常高的交换速率（千兆以太网交换机具有 60Gb 以上的内部带宽，比路由器 1Gb/s 的带宽要大得多；包转发率超过 1000 万 pps，大大超过路由器的几十万 pps 的转发速率）和极低的时延（14 ~ 40μs），又增加了网络的稳定性和可靠性。

5.4.5 基于 SDH 的多业务传输平台

SDH 本来是用来传输电话业务的，对于传输 IP 数据包并不十分合适。这是因为 IP 数据包的带宽与 SDH 的虚容器不匹配，很难区分不同种类的 IP 业务；SDH 的固定速率等级不容易扩展，其开销也不适于 IP 环境；多层协议堆栈的采用增加了头开销，降低了网络的传输效率等。为此，人们采用了一些新技术：例如采用虚容器的级联技术弥补速率间的不匹配，提高其带宽的利用率；采用通用成帧规程 GFP 或 SDH 的链路接入协议 LAPS 等链路层协议，有利于高速 IP 业务的传送；建设多业务传输平台 MSTP（Multi-Service Transmission Platform）来代替 SDH 网络中功能单一的 ADM 和 DXC，在同一平台上提供各种不同的业务等。

1. 多业务传输平台 MSTP 的特点

MSTP 在一个单一的平台上，支持大量接口，把原来以太网、帧中继和 ATM 等传送的多种不同业务通过 VC 级联等方式映射进不同的 SDH 时隙，进行业务量的整合，既可以通过传统方式传送 TDM 业务，又可以通过 VLAN、汇聚、透明传输、GFP 封装等有效管理网络的带宽，实现带宽的共享。

MSTP 将 2 层或 3 层的功能作为 SDH 附加功能来支持，它对 2 层或 ATM 层的处理都与 SDH 处理相分离，但都可以映射到 SDH 的 VC 时隙进行重组。它除了具有 SDH 功能外，还具有 2 层 MAC 层功能和 ATM 功能。它可以方便有效地支持分组数据业务，实现从电路交换网到分组网的过渡，适合支持混合型业务量特别是以 TDM 业务量为主的混合型业务量，同时可以保证网络管理的统一性。MSTP 满足 SDH 节点的所有基本功能，至少支持 ATM 业务（及其统计复用和 VP/VC 交换处理功能）或以太网业务中的一种。对于以太网业务，它保证对 IEEE802.1q 等二层协议和 Ipv4、IPv6 等三层协议透明；对于在 SDH 上传送数据包的 POS（Packet Over SDH）业务，MSTP 能提供三层处理或交换功能。

对 IP 等动态业务进行动态传输，通过统计复用提高带宽的利用率，使平均业务流几乎可以占用全部可用带宽。

可以针对不同的业务选择最佳的传输方式，具有业务分级 COS 和保证服务质量 QOS 的能力。

可以利用 SDH 的保护恢复能力，提高网络的可靠性。

既支持第 1 层的电路交换和复用，又支持第 2 层基于信元的分组和第 3 层的智能路由选择。

把 SDH 设备和第 2、3、4 层的分组设备集成在一起，节省空间，简化电路指配，加快了业务提供速度。

MSTP 设备的集成度很高，既可以把 ATM 边缘交换机、IP 边缘路由器、终端复用器 TM、分插复用器 ADM、交叉连接设备 DXC 和波分复用设备 WDM 结合成一个物理实体，也可以把同一套系统的多个 ADM 集成在一起，大大提高其端口密度（例如由原来的单接口盘 8 路 E1，提高到 63 路）。

2. VC 级联技术

MSTP 采用 VC 级联技术来实现以太网同 SDH 的速率适配。例如用 VC–12 的级联与以太网的 10Mb/s 或 100Mb/s 速率适配，利用 VC–4 的级联来承载 1000Mb/s 这样的大容量数据信号。级联可以分为相邻级联和虚级联：相邻级联是在同一个 STM–N 中，把 X 个相邻的 VC–4 级联成一个整体 VC–4–Xc，进行高速率传输；而虚级联则是把不同的 STM–N 中的 VC–4（甚至可能具有不同的路由）级联成一个虚拟的大结构 VC–4–Xv 传输。相比之下，虚级联中每个 VC–4 的传输路径可能不同，实现起来的难度比相邻级联更困难一些。

3. 以太网的传输方式

MSTP 中以太网的传输可以采用透传方式或二层交换方式。透传方式是指来自以太网接口的信号不经过二层交换，直接映射进 SDH 的虚容器中，再通过 SDH 设备进行点对点传输；二层交换方式则是在用户侧的以太网接口与网络侧的 VC 通道间实现基于以太网链路层的数据帧交换。其中透传方式的用户带宽和安全隔离要求容易得到保证，适合于有质量要求的数据专线业务；缺点是不具有端口汇聚等功能，灵活性与带宽利用率较低。二层交换方式则可以实现带宽共享和端口汇聚能力，组网比较灵活，带宽利用率较高，每端口的成本较低，但用户的带宽不太容易得到保证。

5.4.6 IP over SDH 的特点

同 IP over ATM 相比，IP over SDH 去掉了 ATM，让 IP 包直接在 SDH 干线网上传输，网络体系结构简单，技术比较成熟，IP 包的封装效率高，对 IP 路由的支持能力强，传输效率更高，可用带宽能提高 25% ~ 30%；由于减少了网络的复杂性，更适于组建专门承载 IP 业务的数据网络。此外，它还便于实行广播方式的通信，便于利用 SDH 的自愈环，提高网络的稳定性和可靠性。但它不支持 IP 以外的其他网络层协议，所支持的业务不够全面。

关于传送实时业务时保证服务质量 QOS 的问题，现在已经得到了较好的解决，基本达到了 ATM 和帧中继的水平。一是传输带宽提高以后，为 QOS 的实现提供了可能；二是在第三层交换机中，加上能保证提供分类服务和保证不同质量的一系列路由协议，就可以为 IP 包提供端到端的连接，为传送实时业务保证 QOS。

5.5 IP over Optical

IP over Optical 又称为 IP 优化光学网络。它不必采用 SDH 的时分复用技术，而让高速 IP 数据包直接在光纤上运行。实际上，采用光纤传输的校园网， 其 IP 数据包就直接在光纤上运行，只是这里的传输速率更高、覆盖范围更大、传输距离更长罢了。为此，IP over Optical 采用了高速的路由选择与交换和密集波分复用技术。

IP over Optical 不必采用 SDH 的时分复用技术，而让高速 IP 数据包直接在光纤上运行，因而具有更高的效率。

5.5.1 单波长的 IP over Optical 网络

单波长的 IP over Optical 网络主要是采用千兆交换路由器组建而成的。目前的高速路由交换机的交换速率已经达到 60Gb/s 以上，甚至几个太位。利用它就可组成单波长的、传输速率达 10Gb/s 的宽带 IP 网络。

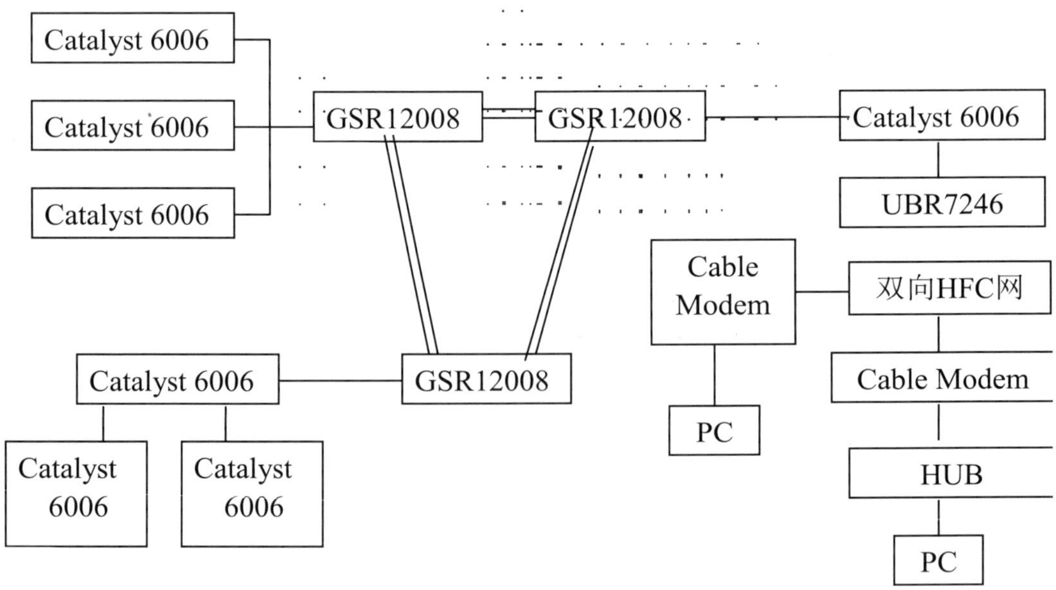

图 5-1 有线电视宽带数据网解决方案

图 5–1 是一个有线电视宽带数据网的解决方案。千兆交换路由器 GSR12008 直接架构在光缆上，组成双环状的环型骨干网。GSR12008 具有 10 ~ 40Gb/s 的交换容量，可以接 28 个 STM – 1 或 7 个 STM – 4 端口；接入交换机采用千兆以太网交换机 Catalyst 6006，具有电信级的可靠性，和 32 ~ 256Gb/s 的交换容量，并提供高性能的 3 层交换功能；用户网采用双向 HFC 网，通过 Cable Modem 接入。Cable Modem 前端 CMTS 采用 Cisco 公司的 uBR7246。

5.5.2 多点链路汇聚（MPLA）技术

多点链路汇聚 MPLA（Multi Point Line Assemble）技术是在千兆以太网交换技术的基础上，将多条物理链路汇聚捆绑在一起，形成一条宽带宽的逻辑链路，以提高骨干网的可用带宽和可靠性，增强网络的灵活性，降低网络的复杂性，具有很高的性价比。

在采用 MPLA 技术之前，即使我们把两台千兆以太网交换机的多个千兆位交换物理端口直接连通，也不能形成一条高速率的通道。这是因为，我们为了避免出现环形拓扑，必须按照生成树协议，封锁其他所有通道，只留下一条可用链路。采用 MPLA 技术以后，可以把多至 8 条的链路捆绑在一起，同时用于传输，即可在两台交换机之间形成一条 8Gb/s 的高速通道。这些通道都处于激活状态，可以共同分担流量负载，进一步提高网络的性能。MPLA 还具有很高的容错性能，当网络核心的某条链路或某台交换机出现故障时，它会动态地引导数据流绕开发生故障的部件，故障恢复的时间一般不超过 2s。

MPLA 可以在第二层支持多种协议，避免了对高层上的各种复杂协议进行配置和调试的麻烦。MPLA 采用以太网数据分组格式，利用统一的数据单元进行传输，避免了不同格式数据包之间的转换，使系统的复杂性降低。

5.6 IP over DWDM

5.6.1 波分复用的基本原理

光的波分复用（WDM）将不同波长的多个光源独立进行调制，让其在同一条光纤中传输，可使光纤中传输的信息容量提高几倍至几十倍，在密集波分复用系统中，甚至可提高上千倍。

在波分复用系统中，发送端有 N 个发出不同波长光的激光器，分别进行调制后，利用光的复用器（又称为合波器）合起来，耦合进一根光纤中传输。在接收端再利用光的解复用器（又称为分波器），把这 N 束波长不同的光载波分开，分别送至相应的光检测器，得出各自的信息。

在 WDM 中，各子信道的光波长间隔较大，约为 10nm 数量级。各个波长独立工作，互相兼容，完全可以采用不同的调制方式和不同的传输速率，有的波长可以用来传输模拟信号，另外的波长也可以用来传输数字信号，使用起来非常方便，具有很高的灵活性。

5.6.2 密集波分复用（DWDM）

密集波分复用（DWDM）的光载波之间的波长间隔在1nm以下，可以容纳更多的光载波。我们知道，在光纤的1.31μm窗口中低损耗区为1.26μm ~ 1.36μm，带宽约100nm，在1.55μm窗口中低损耗区为1.48μm ~ 1.58μm，带宽也是100nm。在这200nm带宽范围内，如果采用波长间隔小到0.1nm（对应的频率间隔为12GHz）的密集波分复用技术，则在200nm范围内可以安排2000个光载波；若每一光载波传输500套电视节目，则在一根光纤中可以传输100万套电视节目。如果采用特殊加工的光纤，可以低损耗传输1.26μm ~ 1.65μm之间的所有光载波，所传输的信息还会更多。

由于密集波分复用光载波的间隔很小，在WDM系统中采用的光波分复用器件已不能满足要求，需要采用分辨率更高的技术。例如采用多级马赫－曾德尔干涉仪组成的可调谐滤光器，采用精确的稳频和频率锁定技术，采用阵列式激光器和大范围可调谐激光器，采用相干光技术等。

5.6.3 IP over DWDM

IP over DWDM，也称为光因特网或光互联网，实际是采用密集波分复用技术的IP over Optical。它使路由设备直接与光纤相连，被高速IP数据包调制的多个光载波直接在光纤上传送，通过路由器选择路由。它去掉了ATM层和SDH层，是真正的数据链路层网络。

目前，IP over DWDM利用现有的光传送网和高速路由器实现点到点的IP传输；以后则要开发全新的线路接口，去掉收发端的光电转换，实现多种速率的随机接入和多点传送。

同IP over SDH相比，IP over DWDM用密集波分复用（DWDM）技术来代替SDH的时分复用技术，去掉了昂贵的SDH复用设备。同IP over ATM相比，它利用交换速率为1Gb/s ~ 1Tb/s的高速路由交换机直接对IP数据包进行交换，既降低了成本（路由交换机比ATM交换机要便宜），又避免了IP包和ATM信元之间转换的麻烦。它充分利用了WDM的巨大带宽和高速路由交换机的高速交换能力，在IP层和光学层之间优化流量配置，实现保护恢复、QOS和网络管理功能。

IP over DWDM的分层模型如图5–2所示。其中数据网络层负责数据的处理和传送，主要设备有交换机和路由器等；光网络层负责提供数据的传输光通道，主要设备有光纤、光放大器和波分复用终端等；适配层负责数据网络层和光网络层之间的适配，具体的适配功能有数据网络层的操作管理和维护（OAM）字段，适配到光网络层的操作管理和维护（OAM）字段，数据网络层的特定协议呼叫映射到光网络层相应的信令消息等。

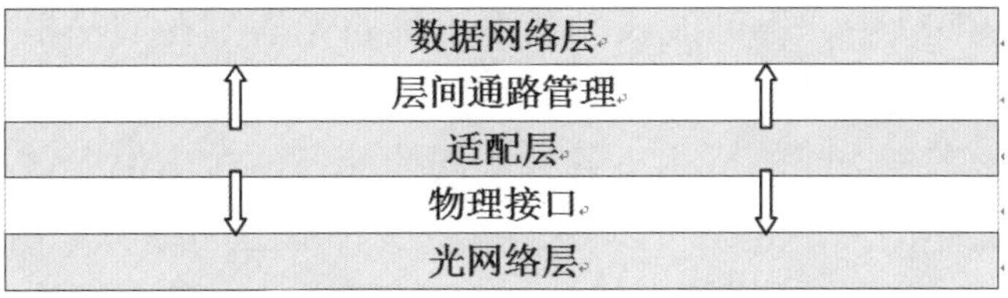

图 5–2 IP over DWDM 的分层模型

IP over DWDM 的协议栈包括 IPv4、IPv6 等 IP 层协议，IP 适配层协议（具有 IP 多协议封装、分组定界、差错控制和 QOS 控制等功能），光通路层协议（具有业务适配、带宽管理、连接性证实等功能），WDM 光复用段协议（具有带宽复用、线路故障检测、保护切换和网络维护等功能）和 WDM 光传输段协议（具有带宽传输、光放大器故障检测和主备倒换等功能）等。

IP over DWDM 的基本结构是用 DWDM 分插复用技术将不同波长的光耦合进光纤或从光纤中解耦，再将不同波长的光携带的信息送给交换机或路由器。图 5–3 是 IP over DWDM 的网络结构，图中由四个光交叉连接设备 OXC 组成一个网状网，将若干个（图中画出了两个）光分插复用器 OADM 环网连接起来。用户网、IP 路由器和 DWDM 终端则通过 OADM 接入到网络之中。图中各有一个 ATM 网络和 SDH 网络通过 OADM 接入，则构成 DWDM 上的 ATM 网或 DWDM 上的 SDH 网。

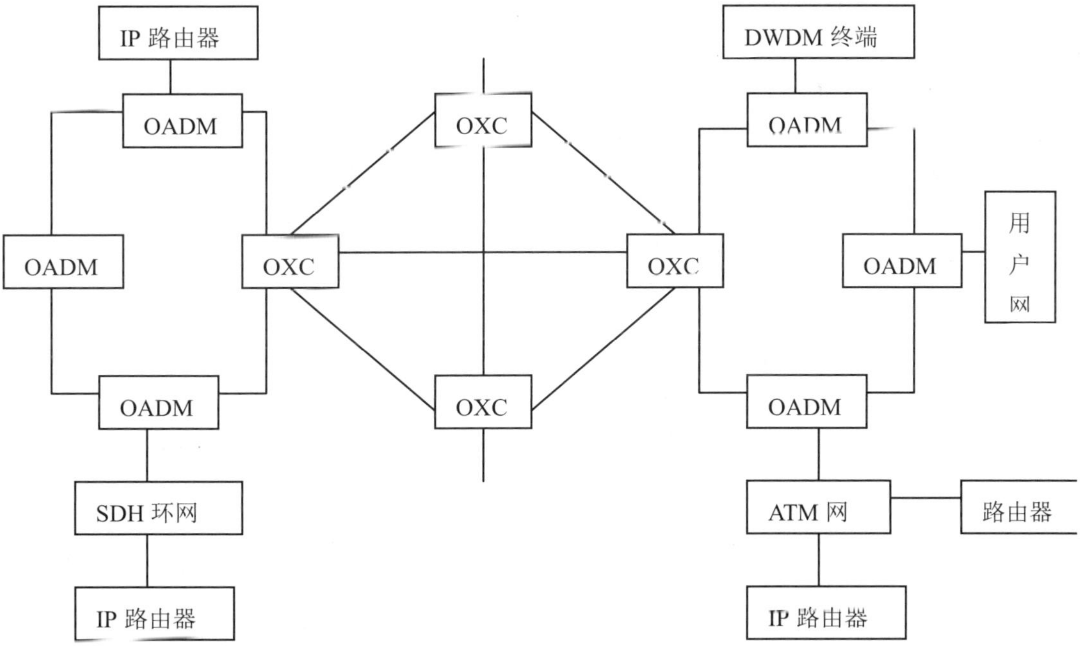

图 5–3 IP over DWDM 的网络结构

为对网络进行灵活控制，光分插复用器和光交叉连接设备应是可编程的，可用软件进行控制，可以在两个节点之间提供全部波长信道的连接。

在 IP over DWDM 中，不同波长，互不干扰的光信号在同一根光纤中传输，具有很高的带宽，大大提高了光纤的利用率。DWDM 对各种传输速率、各种数据格式和各种调制方式的信息完全透明，可用于各种不同的业务，在一根光纤上同时传输视频、音频、数据等多媒体信息，这就可以真正实现多种业务的综合。由于 IP over DWDM 省去了价格昂贵的 ATM 交换机和大量的 SDH 复用设备，骨干网的成本可降低 95% 以上，系统成本比传统电路交换网要低 1 ~ 2 个数量级。DWDM 与现有通信系统完全兼容，也支持未来的宽带业务网和网络的升级，因而具有极高的优越性和巨大的发展前景。

目前 DWDM 的技术还有待进一步成熟和完善，光信号的监视、光通路的保护切换，以及光网络的管理配置都还有许多问题需要进一步解决。

5.7 弹性分组环技术

为了弥补以太网的不足，人们研制了光以太网。这是一种在光纤上运营的智能以太网，也属于 IP over Optical 的范畴。光以太网可以对用户的不同要求和配置进行分类，采用不同的管理和控制策略，基本上达到了电信级管理和运营的水平。光以太网的解决方案中，万兆以太网已在 5.2.7 作了介绍，本节将介绍弹性分组环技术 (RPR)。RPR 技术可以支持更细致的带宽颗粒，网络成本较低，可以承载突发性的 IP 业务，同时支持语音传送，有比较好的带宽公平机制和拥塞控制机制。网络管理者可以利用源节点发送数据包的速率来控制上游节点和下游节点的速率，还允许在无拥塞的情况下把环上任意两个节点之间所有的带宽分配给这两个节点。它比 SDH 的固定电路系统更加灵活，同时又比点到点的以太网更加有效。

弹性分组环包括动态分组传输（DPT）技术和弹性分组传输（RPT）技术等。

5.7.1 动态分组传输（DPT）技术

动态分组传输（Dynamic Packet Transport，DPT）技术是 Cisco 公司提出的一种弹性分组环技术，它可以用于各种校园网、城域网和广域网中，利用再生器可以进行超长距离的连接。它将 IP 路由选择技术与光纤环网技术相结合，使 IP 包直接在光纤上传输，不仅提高了带宽利用率，还具有丰富的多业务接入能力和网络的自愈能力。

1. DPT 的网络结构

DPT 的分层模型一共有三层：最上一层（数据网络层）的主要设备是交换路由器，其任务是负责数据的处理和传送等；最下一层（光网络层）是由光纤组成的双环网，负责提供数据的传输光通道；中间一层（适配层）负责数据网络层和光网络层之间的适配。

DPT 网络由位于各节点的交换路由器、线路插卡（或端口适配器）和沿正反两方向传送的光纤（可以采用单模光纤或多模光纤）组成。一般把顺时针方向的光纤环称为外环，逆时针方向的光纤环称为内环。当沿外环传输数据时，可利用内环来传输控制信息；反之，沿内环传输数据时，可利用外环来传输控制信息。其中控制信息的优先级最高，可以保证得到优先传输。与 SDH 中一个环专门用于备用不同，这里两个环都传输信息，就充分利用了带宽，可用带宽是相应 SDH 的两倍。与其他采用统计复用的 TDM 环不同，DPT 没有时隙，没有预留带宽和预留连接，其统计复用使业务的携带能力最大化。

DPT 环的物理接口速率很高，可以是 155Mb/s、622Mb/s、2.4Gb/s 或 10Gb/s，能够满足各种高速应用。主干环网的各个节点又可分别组成二级环网、三级环网、用户环网等。DPT 可以在 SDH 网、WDM 网，甚至在裸光纤上运行。即使是一些节点连接 SDH 设备，一些节点连接 WDM 设备，一些节点间只有裸光纤连接组成的一个 DPT 双纤环，仍然可以正常工作。

在 1 个 DPT 环中，最多可连接 256 个千兆位的高速交换路由器，比 SDH 环所能连的网元数要多很多。无中继的两个 DPT 节点之间距离超过 100km。距离再远时，还可以采用 IP 再生器或 SDH 再生器。因此，我们可以利用 DPT 技术建设传输速率很高、地理范围很广的通信环网。

2. 空间重用协议 SRP

DPT 采用空间重用协议 SRP（Spatial Reuse Protocol），具有空间可重新利用的特性。在 SDH 网络中，两个路由器间固定分配一定带宽的通道，即使这两点间没有业务传送，这个通道也不能被其他节点使用。利用 SRP，在 A、B 两点间没有业务传输时，其通道可以用于传送 A、C 间或其他需要的站点间的业务。

SRP 是一种 MAC 层的协议，可用于以太网、SDH 或 DWDM 系统的物理层上。它将链路上的资源分为若干通路，每一通路上的业务流与其他通路完全隔离。当源节点按照分配的带宽发出的数据包被分配给特定的通路后，就可顺利传输而不会受到其他数据包的竞争。每一个 IP 数据包都按照其分配的带宽和路径来传输。到达接收端后，目的节点接收完数据包后立即将其删除，不让它继续在网络中传输，将其原来占用的带宽分配给其他数据包。为了避免接收点发生故障后，数据包在 DPT 环上无限循环，SRP 还给每个数据包规定了一定的生存时间。

SRP 协议的核心是所谓的“空间重用公平算法”，通过控制每个源节点的发送速率和环上的总速率，使所有节点都能得到环带宽的合理部分，在不影响其他节点业务的情况下，可以使用超过其合理部分的带宽。如果各节点发送的数据量之和超过系统的带宽，各节点会自动发送带宽限制信息，公平地减少发送流量。例如，在一个 622Mb/s 的 DPT 环路中，有五个相继连接的站点 A、B、C、D、E，如果只有 B、C、D 三个站点向站点 E 发送 200Mb/s 的数据包，总的数据量为 600Mb/s，不超过环路流量 622Mb/s，则 SRP 不限制各节点的流量。甚至于当其中一个站点发送的数据量太小时，另两个站点还可加大其发送的数据量。但如果站点 A 也经过站点 B、C、D 向 E 发送 200Mb/s 的流量，则在 D、E 间的流量就超过环路流量。这时，站点 D 就会向 C 发送带宽限制信息，C 也相应地向 B、B 也相应向 A 发送带宽限制信息，直到使各节点发送的带宽都收敛为公平的 155Mb/s 为止。

SRP 具有复用、可升级、快速保护倒换、多播和优先级功能，还可在 SDH 的级联净荷中识别出各 IP 分组，提供各层的状态和配置信息，以及性能管理、连接管理、会话管理、配置管理和保护恢复等。

3．DPT 的帧格式

DPT 帧是在传统的 MAC 帧前加了一个 SRP 头组成。SPR 头共 2 个字节：生存时间 TTL 有 8 个比特，当一个分组被送上 DPT 环时，其 TTL 值至少应为环上总节点数的 2 倍；环标识 RI 只有 1 个比特，0 表示分组传向外环，1 表示分组传向内环；分组类型 MODE 有 3 个比特，表示分组的性质，是 ATM 信元还是控制分组等；优先级 PRI 有 3 个比特，表示 8 个等级；奇偶 P 只一个比特，用以表示前 15 比特的奇偶性。

DPT 环可以采用单播方式，也可进行广播发送。单播时业务数据帧的目的地址是唯一的，被接收站点接受后，随即被删去（如果目的节点出现故障，则由源节点删除）；广播时目的地址为 0，被所有站点接收，回到源端时再被源端删除。但控制分组却不同，控制分组是优先级最高的分组（优先级标识为 111），也采用单播方式传送，源地址是发送该控制分组的源地址，但目的地址为 0，它总是被相邻站点接收并转发。

DPT 的智能保护倒换类似于 SDH 的复用段保护倒换，它无需 SDH 设备，既可对光纤断裂等故障进行保护，也可对节点失效进行保护。同 SDH 的复用段保护倒换相比，DPT 的智能保护倒换可支持上百个节点组成的环，远大于 SDH 的 16 个节点；它还具有完善的 CRC 校验检错机制，可靠性更高；尽管它不需要预留保护带宽，提高了传输效率，但其倒换的速度更快。

4．DPT 的特点

1）带宽利用率高。在 SDH 网中，需要为保护倒换预留带宽，而在 DPT 环中，两根光纤上的带宽都可充分应用，使 DPT 环的带宽利用率是 SDH 网络的两倍。DPT 中各节点之间传送的业务可以在两根光纤之间进行统计复用，使带宽利用率进一步提高。

2）具有良好的兼容性。DPT 技术是建立在波分复用 WDM 光纤通路上的一种先进技术，且兼容传统的时分复用技术，可以用在 SDH 网上，也可以直接用在裸光纤上，也可以在 1 个 DPT 环上同时采用这几种传输通路。例如在某几个节点之间采用裸光纤，另外一些节点之间采用原来已经有了的 SDH 链路等。这就使 DPT 网络可以用于新建的波分复用光纤网，也可以用于 SDH 网的升级换代，给网络营运者以多样的选择。

3）具有全网的公平性。DPT 环网中，每个节点可以控制由上游节点发出的流经本节点的业务速率。通过这种控制，使其他节点数据流的传输速率与本地上载数据流速率达到相对平衡，保证相邻节点之间的数据量不会差别太大。它还采用 SRP 公平算法，为数据包动态选择路由，可以使网络中传输的业务分配得更加均匀。

4）具有强大的保护倒换和业务恢复能力。它采用智能保护切换（IPS）技术，可以在 1、2、3 层提供主动的链路性能监视，在故障发生后的 50ms 内恢复 IP 业务。由于 IPS 不依赖于 SDH 的开销字节，这种保护倒换可以应用于裸光纤或 WDM 这样的非 SDH 环境。

5）提供即插即用功能。DPT 在全网范围内设置唯一的、永久性的 MAC 地址；能够迅速地在网内删除旧的节点，插入新的节点；能够自动发现新的节点，提供地址映射，为新节点的 IP 包自动选择路由等。

6）支持广播业务。由于采用环形拓扑，DPT 还可以高效地支持多播和广播业务。

5.7.2 弹性分组传输（RPT）技术

除 DPT 外，LUMINOUS、SYNARC 等公司也提出了一种新的弹性分组传输技术 RPT（Resilient Packet Transport），其性能比 DPT 又有了较大的提高，是一种全新的 IP Over Optical 技术。它除了具有第三层路由转发功能外，还具有千兆以太网的经济性，SDH 的时延和抖动指标高，以及环网的保障、恢复功能，具有 DPT 的空间重用特性，完全可以支持传统的语音、图像业务，承载具有突发性的 IP 业务，是适用于中小型城域网的很好的技术。

1. RPT 的基本原理

同 DPT 一样，RPT 网络也是一种双纤环型网。任意两个站点之间也可以同时沿正反两方向传送信号，2.5Gb/s 的双向环可以同时传送 5Gb/s 的业务。与 DPT 不同的是，用户数据信号与其控制信号都沿一个方向在一条光纤中传输，而不像 DPT 那样位于不同的环中。这样，RPT 完全可以省掉一根光纤组成单纤网，但传输的数据量要减半。同样，RPT 也没有时隙，没有预留带宽和预留连接，统计复用大大提高了线路的效率。

RPT 环的物理接口速率更高，可以支持 1G b/s 或 2.5Gb/s 的数据传输，可以同时采用 WDM 技术，得到更大的数据传输速度。

RPT 也采用空间重用协议 SRP，目的节点接收完数据包后立即将其删除，不让它继续在网络中传输，其原来占用的带宽可以分配给其他数据包。为了避免接收点出故障后数据包在 DPT 环上无限循环，SRP 给每个数据包规定了一定的生存时间。

RPT 提供自动保护倒换功能。这种保护倒换可能有两种方式：其中“环回方式”类似于 SDH 的复用段保护，即在出现故障时，靠近故障的节点将数据流环回到另一条环上，通过长距离到达接收端；而“绕开方式”则选择另一条路径到达接收端。

RPT 能够提供高等级的同步和电信级的 TDM 专线服务。其同步时钟是从高等级时钟源或线路上获取。在环的中心机房设一主一备两个基准时钟，每隔 125μs 就在两条环路上插入 8 比特控制信息（即时钟信号），以最高优先级分组方式发布，且互为备份，保证整个环内（几百公里的范围内）的所有节点在任何情况下都能保持同步。

RPT 主要提供高速率的数据业务，但也可以灵活配置，为某些用户提供低速率服务。所有以太网口的接入速率都可设置为最低 32kb/s，并按 64kb/s 步进。

RPT 也可提供广播或多播业务。这时每个节点收到数据包后只需简单地往下转发即可，而不像 POS 网络那样需要大量复制该数据包。

2. RPT 的编码

RPT 采用双模式编码：标准以太网的 48 比特物理地址编码或 8 比特的逻辑地址编码。当网络处于环初始化、一个新的节点加入或保护切换发生等“自动拓扑识别”状态时，应运行 48 比特的物理地址编码方式；当网络拓扑状态稳定时，则运行 8 比特逻辑地址编码，可大大提高寻址和转发速度，将每节点的交换时延降低到 11 ~ 12μs，保护切换可以在 16ms 内完成。8 比特的逻辑地址编码意味着一个 RPT 环最多可有 254 个节点（另外 2 个备用）。

3.RPT 的 QOS

基于 RPT 协议的交换机还可以提供类似于 TDM 一样的专线等服务类别，并进行 QOS 的设置。除了传送控制信令的最高优先级外，RPT 将业务分成 4 个等级，一个比一个能优先得到良好的服务，分别得到不同的服务质量。

等级最高的是快速传送 EF 级，具有严格的时延和抖动保障机制，以及同步机制，可以传送话音、实时视频和虚拟专线等恒定速率的业务（类似于 ATM 中的固定比特率业务 CBR）。由于在每一个节点都是优先进行处理，所以其吞吐量有保障，帧丢失极少，时延和抖动极小，保护倒换的时间小于 20ms。有时当 EF 级别的信息到某一节点时，该节点正忙，则需要等待一小段时间，出现少许的抖动。但网络可以预测这种抖动的大小，通过给没有产生抖动的数据包增加相应的时延来消除抖动。试验表明，即使在传送话音时，网络上正好有大量的数据业务，话音业务也不受其影响。

第二等级是保障传送的 AF1 级，其速率可变，吞吐量也有保障，帧丢失少，时延小，抖动可变。一般用于要求有承诺带宽，无突发性的图像或数据业务。

第三等级是保障传送的 AF2 级，其速率可变，吞吐量可超量配置，但不敢保证，帧丢失较多，对时延和抖动无要求。一般用于要求有承诺带宽和突发性的业务。

最低的等级是尽力而为传送的 BE 级，其吞吐量毫无保障，帧丢失多，对时延和抖动也无要求，主要用于上网等数据业务。

为了切实保证 EF、AF1 的带宽和 AF2 的承诺带宽需要，这三部分的总带宽之和在配制时不能超过网络的单向带宽。这样，即使在光纤链路中断被倒换时也能保证他们的需要，而 AF2 的突发部分和 BE 业务只能利用剩下的部分带宽。

4. RPT 的特点

同其他技术相比，RPT 最大的特点是具有以太网的经济性，网络带宽的利用率很高，又可保证话音等的传送质量，是一种相当好的技术。

同 SDH 相比，RPT 的带宽可以统计复用，在保证语音传输的同时，也支持突发的数据业务；SDH 中用于保护倒换的带宽，在 RPT 中得到了充分的利用。SDH 最多可连接 16 个路由器，而 RPT 却可连接 254 个。

同千兆以太网相比，RPT 的可靠性和扩展性更好，速率也更高（可达 10Gb/s 以上），可以满足大型运营商的要求，还可以得到更高的服务质量。

同 POS（Packet Over SDH）相比，RPT 直接把 IP 数据包适配在光纤上，无需进行 IP 包的拆分与重组，避免了协议的复杂性和过高的包头开销，提高了带宽利用率和交换机的处理能力，降低了设备的成本。

同 DPT 相比，RPT 更先进。例如 RPT 有完善的同步机制，严格的时延和抖动保障，可以提供 DPT 不支持的传统话音业务；RPT 可以组成单纤环，而 DPT 则不能；RPT 具有更好的保护机制；比 DPT 更节约带宽，等等。

5.8 光传送网

目前，传送网已经经历了三代：基于 T1/E1 的第一代数字传送网，基于 SDH 的第二代数字传送网和基于 OTN 的第三代数字传送网。随着网络业务的激增，对骨干网带宽、传送能力和性能提出了的更高的要求，基于 SDH 的第二代数字传送网已经显得力不从心，即使是采用了 WDM 技术，也存在波长（子波长）业务调度能力差、组网能力弱（以点到点连接为主）、故障定位困难，保护能力不强等问题。在这种情况下，光传送网 OTN 应运而生，逐渐成为传送网发展的主要方向。

理论上讲，全光网是一种更好的技术，但考虑到目前光器件的技术水平和价格因素，人们不得不暂时放下对全光网的追求，将 OTN 作为全光网实现之前的一种过渡。

> 光传送网在子网内部完全采用光技术来实现复用、选路、传送和监视，但在子网的边界还需要进行光电变换（这就是与全光网的区别）。各个子网可以通过 3R 再生器连接，从而构成一个大的光网络。

5.8.1 OTN 的分层结构

OTN 的分层结构如图 5–4 所示。显然，它在 SDH 的物理层和电复用层之间增加了光层。而光层又分为光信道层 OCH、光复用段层 OMS 和光传输段层 OTS。其中 OCH 为各种不同格式的用户安排连接、分配波长和选择路由，处理光信道开销，提供光信道监测功能；OMS 保证相邻两个波长复用设备之间多波长光信号的完整传输，为多波长信号提供网络功能，处理光复用段开销，提供光复用段监测功能；OTS 为光信号在不同类型的光纤上提供传输功能，确保光传输段适配信息的完整性，实现光放大器或光中继器的检测和控制功能。

电路层
电通道层
电复用段层
光信道层
光复用段层
光传输段层
物理层

图 5–4 OTN 的分层结构

5.8.2 OTN 的网元设备

OTN 的网元设备主要有光终端复用设备 OTM、光交叉连接设备 OXC 和光分插复用设备 OADM。

图 5–5 是一个 OTM 的示意图，需要上路的各个波经过复用器合成一路进入光纤，反向传输的光信号则可通过解复用器分出。当然其中也还需要光放大器、光监控等。OTM 中也可配置波长变换器，在需要的时候改变传输波长。

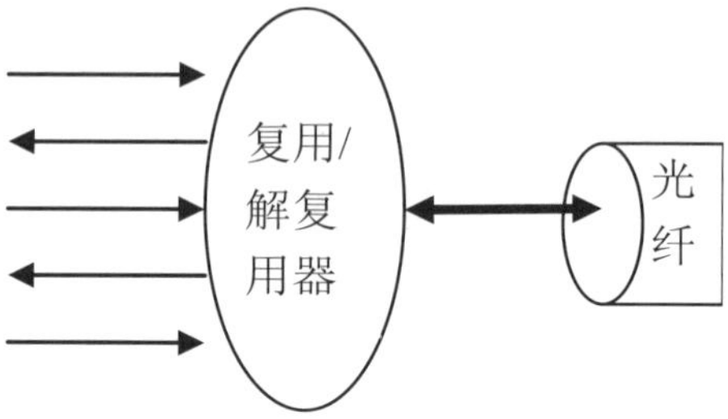

图 5–5 OTM 示意图

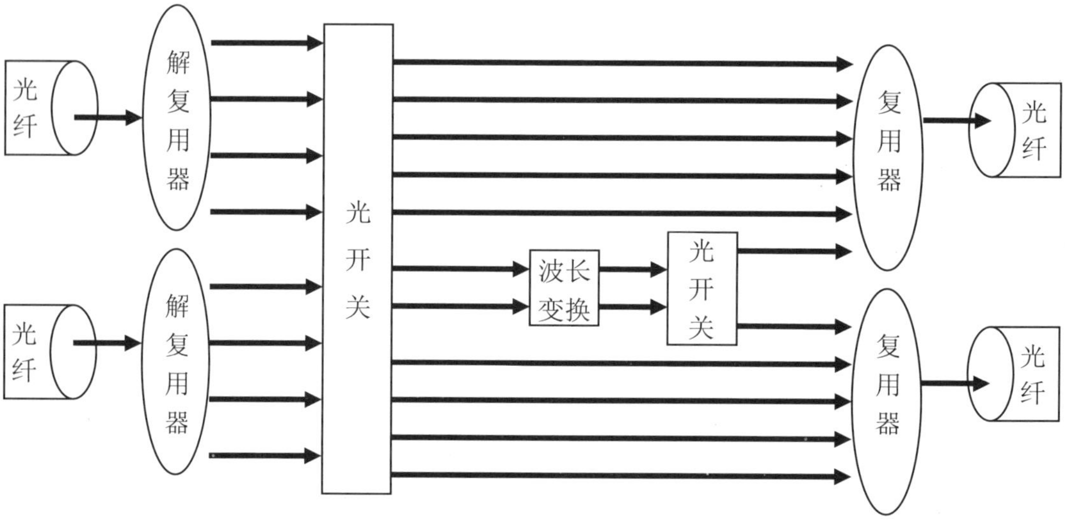

图 5–6 节点共享波长变换器交换机构

OXC的主要功能是交叉连接、本地上下路、连接和管理、波长变换、端口指配、组播、广播等，可进行光纤束（由多根光纤组成）级、光纤级、波带级、波长级和时分级的交换。目前最常用的是波长级的交换，若采用波长通道，则要求光通道在不同的波长复用段中采用同一波长，容易造成连接损失；而虚波长通道具有波长变换功能，光通道在不同的波长复用段中可以采用不同的波长，降低了阻塞的概率，但由于波长变换器的成本太高，很难为每一个波长通道都配置波长变换器。图 5–6 是一个单向上下路的节点共享波长变换器交换机构的示意图。从光开关输出的任意一路波长都可智能地寻路到波长变换模块，进行波长变换，但每一次处理的波长数是有限的，图中可同时处理的波长数为 2。在图 5–6 中增加另一个方向的模块，即可实现双向上下路。

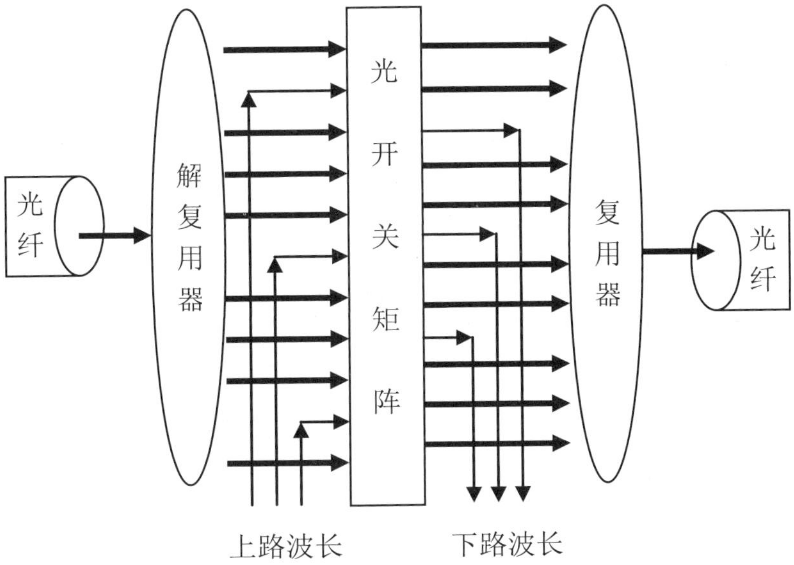

图 5–7 基于复用器、解复用器和光开关矩阵的 OADM

OADM 可以从主路光纤中上下路某一波长。图 5–7 是一个基于复用器、解复用器和光开关矩阵的 OADM 示意图。这种 OADM 具有端口指配功能，可将任意波长下路到任意端口。

还有一种可重构光分插复用器 ROADM，可以将任意数量的波长交叉调度到任意的上下路端口或任意的输出输出方向上，灵活进行波长调度、动态重构、同时具有分插复用和交叉连接的功能。

5.8.3 OTN 网络

像 SDH 一样，OADM 也可以组成自愈环，当网络发生故障时，可以在 50ms 内进行保护倒换。保护的方式可以是“并发优收”的 1+1 通道层保护，也可以在复用段层或通道层采用保护信道不传信号的 1∶1 保护。其形式与 SDH 自愈环类似，不再赘述。也可以利用 OXC 或 ROADM 组成更为复杂的网状网。

OTN 技术的最大优势是提供大颗粒带宽的调度与传送。是否采用 OTN 技术，取决于主要调度业务带宽颗粒的大小。一般说来、国家干线，省内干线和大城市传送网核心层调度的主要颗粒在 Gb/s 及以上，可优先采用优势和扩展性更好的 OTN 技术来构建。

图 5–8 是宁夏广电网络 OTN 组网示意图。该 OTN 网由配置有波长变换器的波分复用终端设备 (OTM)、光分插复用设备 (OADM)，以及光线路放大设备 (OA) 和色散补偿光纤 (DCF) 等组成 40x10Gbit/s DWDM 双纤（G.652 单模光纤）双向系统。各信道中心频率从 192.1 至 196.0THz，相邻信道间隔为 100GHz。各节点支持对 ODU0、ODU1、ODU2 的颗粒封装，并具备 STM–1、STM–4、STM–16、STM–64、GE 等端口。可以把 155Mbit/s ~ 2.5Gbit/s 之间的任意速率封装进 2.5G 或 10G，也可把 4 × 2.5G、8 × GE 封装为 10G，实现业务的灵活部署。

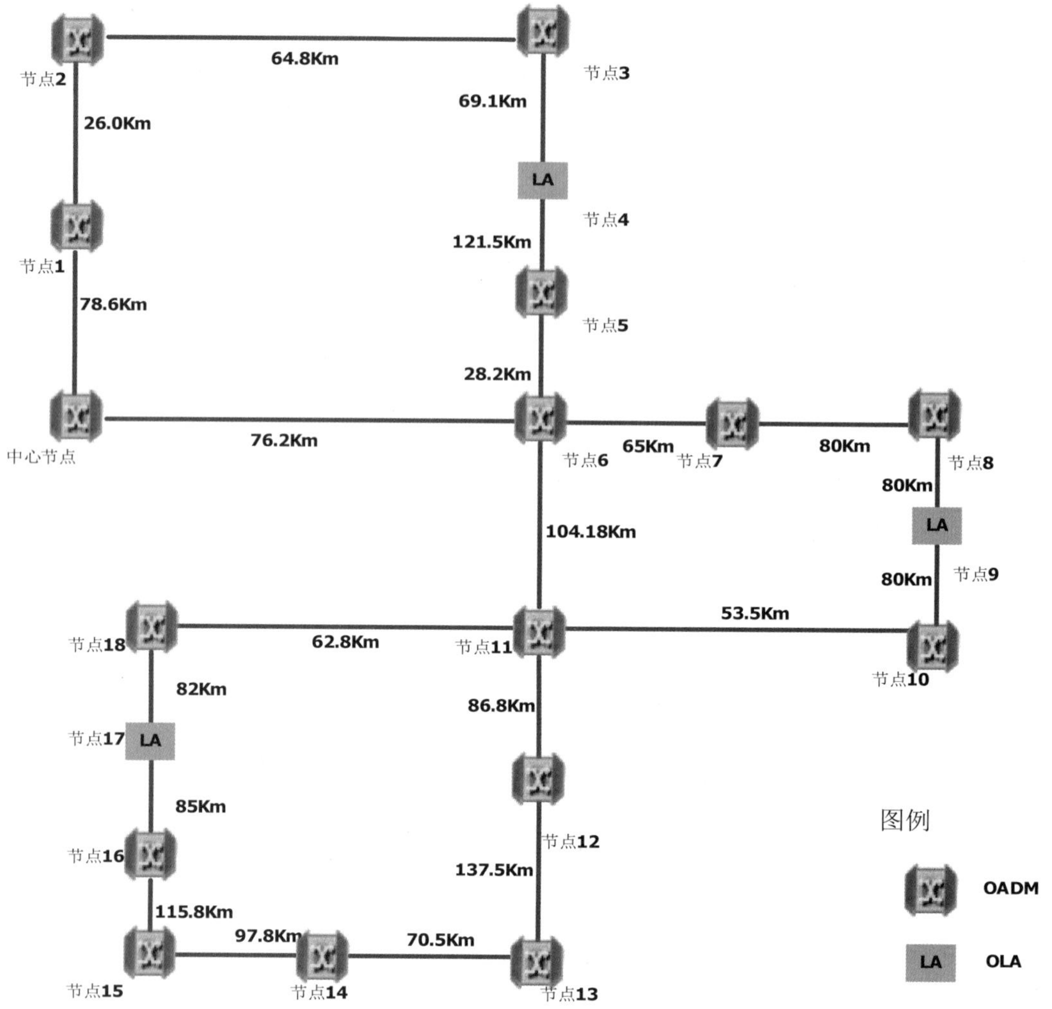

图 5-8 宁夏广电网络 OTN 组网示意图

5.8.4 OTN 的主要优势

1. OTN 具有完全的向后兼容性，可以建立在现有的 SDH 管理功能基础上，可以支持 SDH、ATM、以太网等多种客户信号的映射和透明传输；

2. OTN 处理的基本对象是波长级业务，结合了光域和电域处理的优势，可以提供巨大的传送容量、完全透明的端到端波长 / 子波长连接，实现大颗粒的带宽复用、交叉和配置，是传送宽带大颗粒业务的最优技术。其电层带宽颗粒为光通路数据单元 ODUO(1Gb/S)、ODU1(2.5Gb/s)、ODU2(10Gb/s) 和 ODU3(40Gb/s)；光层的带宽颗粒为波长，采用 40 个波长时，总带宽可达 1600G，大大提升了高带宽数据客户业务的适配能力和传送效率。前向纠错 (FEC) 技术的采用，显著增加了光层传输的距离。同时，OTN 的引入也节约了大量的光纤资源。

3. OTN 提供光层互联的规范，以及子波长汇聚和疏导能力，端到端的连接和组网能力。光通路 (OCh) 层的 OTN 帧结构大大增强了该层的数字监视能力。配合其他协议可支持带宽按需分配（BOD）、灵活的服务质量（QoS）及光虚拟专网（OVPN）等功能。

4. OTN 提供更为灵活的基于电层和光层的业务保护功能，如基于 ODUk 层的光子网连接保护 (SNCP) 和共享环网保护、基于光层的光通道或复用段保护等，达到电信级的保护。

5. OTN 是在传统的波分技术基础上加入了智能光交换功能，可以通过数据配置实现光交叉而不用人为跳纤，大大提升了波分设备的可维护性和组网的灵活性。

5.9 软交换

软交换（Softswitch）技术是近几年的一个热门话题，被认为是下一代网络 NGN 的核心技术之一。

> 根据国际 Softswitch 论坛 ISC 的定义，软交换技术是基于分组网，利用程控软件提供呼叫控制功能和媒体处理相分离的设备和系统。

5.9.1 软交换的主要优势

软交换网吸收了 IP、ATM、IN（智能网）和 TDM 的优点，形成分层、全开放的体系架构，使业务完全独立于网络，便于灵活、有效地实现业务的开发和提供。和传统的电路交换网相比，软交换网有以下优势。

1）软交换的体系结构是开放的，可编程的。软交换网是一个基于开放协议的分组网络，能方便地实现各种异构网络的互通。

2）软交换通过在呼叫控制层与业务层间采用统一、公开的 API 接口来实现业务提供和网络控制的分离，便于新业务的快速提供。使得业务和应用的开发有更大的灵活性，从而能满足用户不断变化的通信需求，使网络具有更强的可持续发展能力。

3）软交换通过呼叫控制与承载连接的分离，便于在承载层采用新的网络传送技术。

4）软交换通过承载与接入的分离，便于各种现有网络技术的接入。

5）软交换允许网络运营商从不同的制造商那里购买最合适的网络部件来构建自己的网络，而不必受制于一家公司的解决方案。

5.9.2 软交换网络的体系结构

软交换网络的体系结构如图 5-9 所示。

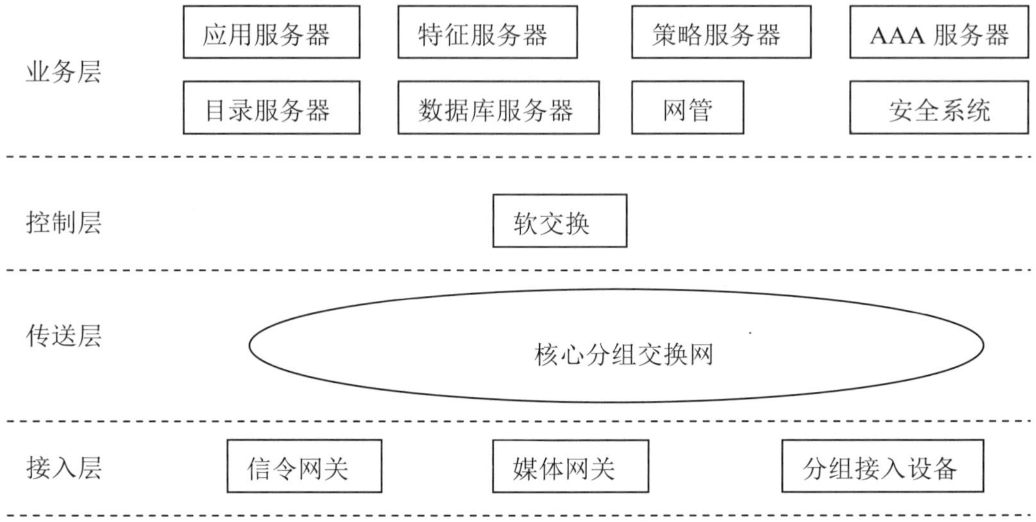

图 5-9 软交换网络的体系结构

在该体系结构中，网络从纵向划分成 4 层：接入层、传送层、控制层和业务层，各层之间采用标准化接口。

1. 接入层

接入层负责将各种不同的网络和终端设备的业务量进行集中，接入软交换体系结构。接入层设备包括各种不同的网络、终端设备以及各种网关设备。

信令网关（SG）提供七号信令网和分组网之间信令的转换。媒体网关（MG）负责将各种终端和接入网络接入核心分组网络，主要用于将一种网络中的媒体格式转换成另一种网络所要求的媒体格式。分组接入设备（PAD）为用户提供多种类型的业务接入，如模拟用户接入、不对称数字用户线接入、局域网接入等。

2. 传送层

传送层多采用基于分组的传送方式，对各种不同的业务和媒体流提供公共的传送平台。

3. 控制层

控制层完成呼叫控制、路由、认证、资源管理等功能，其主要实体为软交换设备。

4. 业务层

业务层在呼叫控制的基础上向最终用户提供各种增值业务，同时提供业务管理和网络管理功能。该层的主要功能实体包括应用服务器、特征服务器、策略服务器、

AAA(验证、授权和计费)服务器、目录服务器、数据库服务器、网管(负责网络的管理)及安全系统(提供安全保障)等。

5.9.3 软交换的主要功能

1. 呼叫控制和处理功能

软交换设备可以为基本呼叫的建立、维持和释放提供控制功能，包括呼叫处理、连接控制、智能呼叫触发检出和资源控制等。

2. 协议功能

软交换是一个开放的、多协议的实体，因此必须采用标准协议与各种媒体网关、终端和网络进行通信，这些协议包括：H.248、SCTP 、ISUP、TUP、INAP、H.323、RADIUS、SNMP、SIP、M3UA、MGCP、BICC、PRI、BRI 等等。其中对于 H.248，软交换应既支持文本编码方式，也支持二进制编码方式。

3. 业务提供功能

软交换应能够支持 PSTN/ISDN 交换机提供的业务，包括基本业务和补充业务；可以与现有智能网配合；可以与第三方合作，提供多种增值业务和智能业务。

4. 业务交换功能

包括呼叫控制功能和业务控制功能 (SCF) 之间进行通信所要求的一组功能。例如：业务控制触发的识别以及与 SCF 间的通信，管理呼叫控制功能和 SCF 之间的信令，按要求修改呼叫 / 连接处理功能，在 SCF 控制下处理智能网业务请求，业务交互作用管理等。

5. 互通功能

通过信令网关实现分组网与现有七号信令网 SS7 的互通。

6. 资源管理功能

对系统中的各种资源进行集中管理，如资源的分配、释放和控制等。

7. 计费功能

8. 认证与授权功能

与认证中心连接，将所管辖区域内的用户、媒体网关信息送往认证中心进行认证与授权，以防止非法用户 / 设备的接入。

9. 地址解析功能

软交换设备可以完成电话号码地址至 IP 地址、别名地址至 IP 地址的转换功能，同时也可完成重定向的功能。

10．语音处理功能

控制媒体网关是否采用语音压缩，是否采用回声抵消技术，可以向媒体网关提供不同的语音包缓存区，以减少抖动对语音质量带来的影响。

5.9.4 软交换网的应用

软交换的核心竞争力主要在软件方面，它既可以作为独立的 NGN 网络部件，分布在网络的各处，为所有媒体提供电话网的基本业务和补充业务，在核心网络实现语音和数据业务的统一承载和交换；也可以与其他增强业务节点结合，形成新的产品形态。

在电路领域，软交换和媒体网关和信令网关相结合，完成控制转换和媒体接入转换，提供现有的 PSTN 网中的基本业务和补充业务。

在电路－分组领域，软交换可与分组终端进行互通，实现分组网与电路网的互通。

在智能网领域，软交换与媒体网关相结合，提供各种智能业务，并可与应用服务器配合，提供各种新的增值业务和补充业务。

目前软交换网络提供的业务仍主要是在语音业务方面，且提供的增值业务功能也很有限，软交换网业务的发展和完善仍需要设备供应商、运营商、内容服务提供商的努力，仍有一段漫长的路要走。

5.9.5 软交换网络建设中应注意的问题

1．安全问题

包括网络安全和用户数据安全两个方面。

网络安全是指必须在 IP 网上采用合适的安全策略，保证软交换网络中的媒体网关、软交换机、应用服务器设备不会受到非法攻击。用户数据安全是指用户的签约信息和通信信息不会被非法的第三方窃取和监听。

2．QoS 服务质量保证

为保证软交换网的业务服务质量，必须要求软交换的 IP 承载网支持“Diff serv”（区分服务）等必要的服务质量保证策略。软交换机也能够根据语音、数据、视频的业务特性为用户所申请使用的业务分配特定的网络资源。

3．IP 地址

软交换网中的各网元设备均需要有专门的设备 IP 地址，若软交换网提供本地直接接入用户的业务，还需要为每一个用户分配一个 IP 地址。公有地址和私有地址的选用既要考虑网络访问效率因素，又要综合考虑网络安全因素；动态地址和静态地址的选用既要考虑拥有的地址资源、地址使用效率，又要考虑对开放业务的影响。

5.10 光交换

目前成熟的宽带网络中，一般采用光传输与电子交换技术。在光纤中传输的是光信号，但在各个交换节点却只能对电信号进行交换。例如在 ATM 交换机中，光信号先要在入线处理部件被变为电信号，再组装成 ATM 信元，在交换单元进行交换以后，还要在出线处理部件，把电信号再变成光信号。

这种光传输与电交换结合的方式至少有两个严重的问题：

一是存在电子交换的瓶颈，限制了宽带网络技术的进一步发展。采用波分复用技术后，在一根光纤内至少可以传输 200 × 10Gb/s 的信息，但电子交换的速率，无论是 ATM 交换机，还是高速路由交换机，不管是采用 CMOS 技术，射频耦合技术，还是砷镓化合物技术，都无法超过 10Gb/s 的极限。这样，高速传输的信息到达节点后，要排很长的队等待交换，必然形成网络的拥塞与丢包。

二是需要反复的光电转换，必然对信号造成一定的损伤。同时，反复的光电转换还需要许多光电转换器件，无疑也提高了网络的成本。

为了解决这些问题，人们自然想到了光交换，即在各个交换节点直接对光信号进行交换，而省去光电转换的环节。这不仅可以减少光电转换造成的损伤，减少系统的成本，而且可以提高交换速度。这就使全光交换成为未来交换技术的发展方向。

> 光传输与电交换结合的方式存在电子交换速率的瓶颈，且需要反复的光电转换，会对信号造成一定的损伤，也提高了网络的成本。光交换在各个交换节点直接对光信号进行交换，省去光电转换的环节，不仅可以减少光电转换造成的损伤，减少系统的成本，而且可以提高交换速度。

同电子交换技术类似，光交换机也应由交换与控制两部分组成。交换部分可以采用空分、时分、波分等交换技术，控制则可以通过电或直接通过光来进行。由于光逻辑器件的研制还未实现有效的突破，故目前的光交换机在控制部分都采用电信号控制的方式进行。可以采用比光控制缓慢的电子技术对光交换进行控制，主要原因是在空分或波分复用的光交换矩阵中，不要求对每个分组都进行路由选择控制，而只在建立和释放连接时才采用电子方式对交换矩阵进行控制。虽然这种电子控制的技术响应速度慢，不能进行分组级的控制，难以适应未来超高速交换的要求，但它的技术比较成熟，足以满足目前的需要。当然，未来的控制必须以光计算和光存储技术为基础，直接对光分组头进行处理。

在光交换技术中，除了不能采用光信号控制以外，也还有许多问题亟须进一步完善。例如光信号的放大和再生、光信号的计算和存储、光信号的处理等。此外，还需要建立全光信号的运行、监控和管理系统。

下面我们按照光交换的方式，分别介绍空分、时分、波分和自由空间等各种交换方式的原理及主要元器件。

5.10.1 空分光交换

空分光交换是通过机械光开关、电光开关和半导体光放大器（SOA）光开关等对不同光纤中传输的光信号进行的交换。一个任意的空间光开关可以通过 2×2 等基本空间光开关的不同组合来实现。图 5–10 是 4 个 2×2 空间光开关组成的 1 个 4×4 空间光开关的示意图。

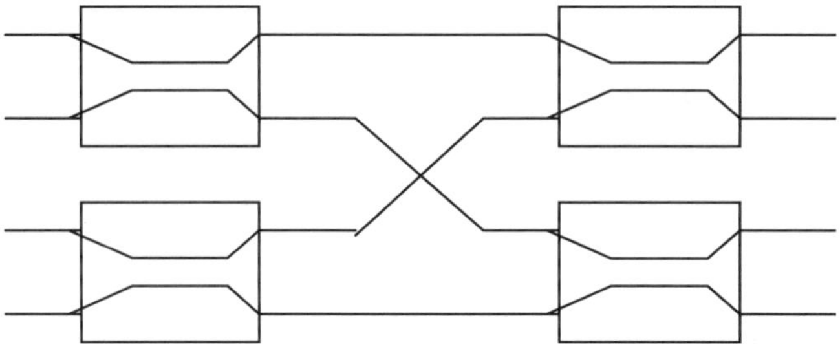

图 5–10 4×4 空间光开关

5.10.2 时分光交换

时分光交换把输入端某一时隙中的光信号转到另一时隙。一般由空间光开关和光纤延时线组成，如图 5–11 所示。图中先用 1 个 1×N 空间光开关把时分复用的时隙在空间上分隔开，再使它们按照要求，经过不同的光纤延时线延时，最后用一个 N×1 空间光开关复用在一起输出。这就把光信号从一个时隙交换到另一个时隙上了。例如，N=3 时，若原来位于第 1 个时隙的光信号 A，延时 4 个时隙，原来位于第 2 个时隙的光信号 B 和原来位于第 3 个时隙的光信号 C，都延时 1 个时隙；则经过时分光交换后，光信号 B 位于第 1 个时隙，光信号 C 位于第 2 个时隙，光信号 A 位于第 3 个时隙。

在时分光交换系统中，为了实现不同输入和输出信号之间的可控连接，对同一时隙的光信号，不同时刻应经过不同的延时，这就要求有可变延时较精确的光延时线。此外，时分光交换中引入的附加延时也会影响系统的性能。

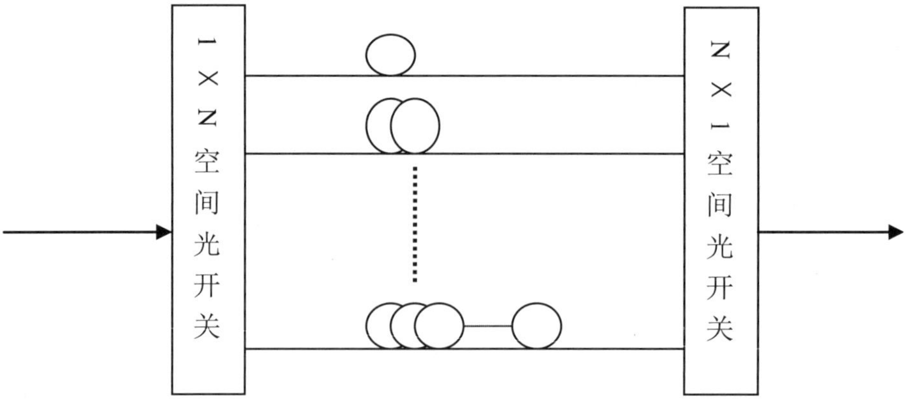

图 5–11 时分光交换

5.10.3 波分光交换

波分光交换是把波分复用中一个波长的光变成另一波长的光。其基本原理如图 5–12 所示。先用 1 个波分复用器件把输入光纤各个不同波长的光分开，分别进行波长变换，再用另一个波分复用器件把它们重新复用后输出。

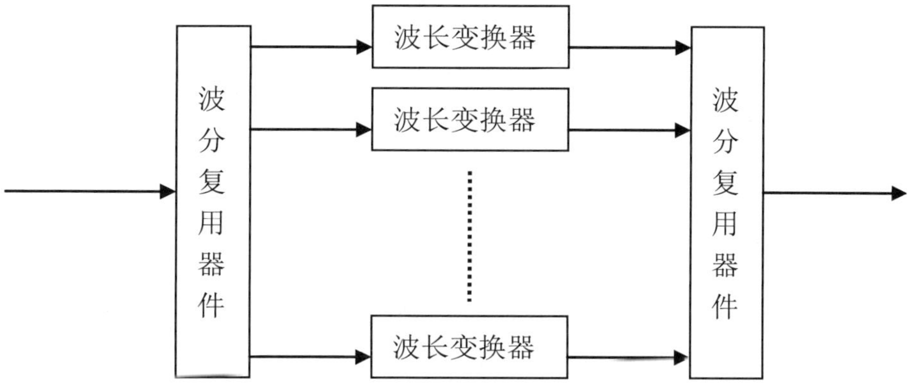

图 5–12 波分光交换

5.10.4 码分光交换

码分光交换是将与传输光信息伴随的一种地址码变换为另一种地址码。要进行码分光交换，先要利用不同的地址码对不同的光路信号进行编码。到达光交换机时，先要进行解码，然后在交换控制信息的控制下，利用新的地址码重新对各路光信号进行编码后输出，如图 5–13 所示。

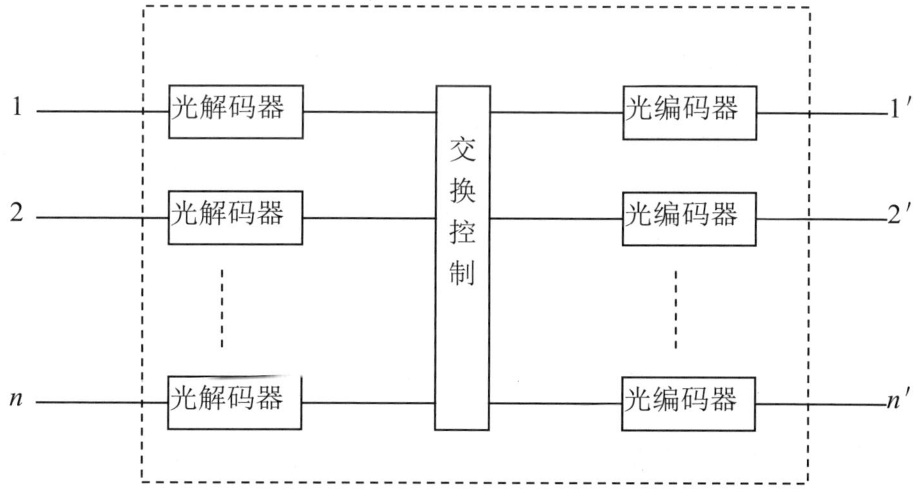

图 5–13 码分光交换

5.10.5 自由空间光交换

在许多情况下，光不需要经过光纤等带宽受限波导材料，而直接在自由空间传播。这时就可以组成自由空间光交换网络。同空分光交换类似，自由空间光交换也可以由多个 2×2 光交叉连接元件组成。这些交叉连接元件通常具有图 5-14 所示的平行连接和交叉连接两种状态。

图 5-14 2×2 光交叉连接元件

同空分光交换不同，自由空间光交换可以通过简单的移动棱镜或透镜即可控制光交换，还可以利用光逻辑开关组成的交叉连接元件实施路由的选择。它不需要经过光纤等带宽受限波导材料，可以进一步发挥光的并行性和高密度的潜力，构成大规模的交换网络，即使光束相互交叉，也不会相互影响。

5.10.6 混合光交换

采用上述几种光交换的基本方式，可以灵活组成多种复合光交换，完成超大容量光交换的功能。例如空分 + 时分、空分 + 波分、空分 + 时分 + 波分等。

图 5-15 是两种空分 + 时分光交换的例子。其中 S 为需要时间复用的空分光交换模块，其开关速率为 ns 数量级；T 为需要空间复用的时分光交换模块，TSI 为时隙交换子。

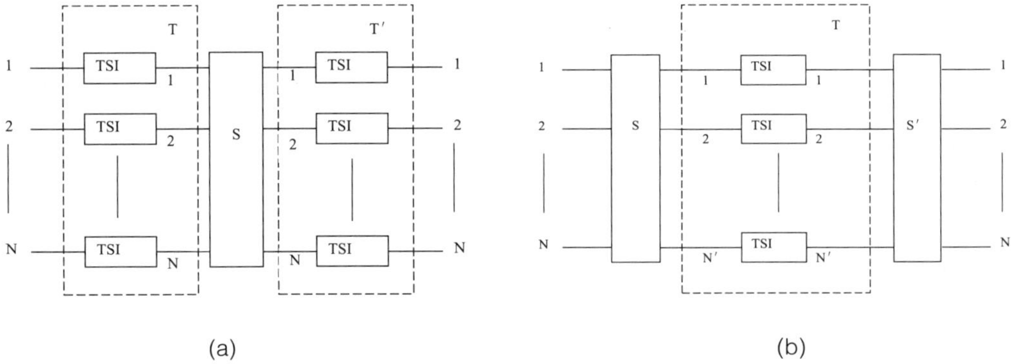

图 5-15 空分 + 时分的复合光交换

在图 a 所示的 TST 复合光交换中，输入和输出的 N×N 时分光交换模块 T 和 T′都由 N 个时隙交换子构成，S 是 N×N 的空分交换模块。可以证明，它们组成的 TST 复合光交换是可重排无阻塞的（即不能保证复合光交换机的内部是绝对无阻塞的，但可以通过重新选择路由实现内部无阻塞交换）。

在图 b 所示的 STS 复合光交换中，输入空分光交换模块 S 是 N×N′ 的空分交换模块，输出空分光交换模块 S′ 是 N′×N 的空分交换模块，T 是 N′×N′ 的时分交换模块，有 N′ 个时隙交换子。可以证明，当 N′ ≥2N+1 时，它们组成的 STS 复合光交换是绝对无阻塞的；N′ ≥N 时，STS 复合光交换是可重排无阻塞的。

5.10.7 光交换的缓存技术

在任何交换系统中，当有多个分组都要去往同一条输出信道时，只有一个分组可以直通，其他分组需要排队等候。因此，必须解决缓存与排队的问题。目前还没有光信号的缓存器，一般采用以下技术的组合。

1. 光纤延迟线：利用不同长度的光纤，使排队中的光分组经过不同的延时，依顺序到达输出端，即可解决光分组的缓存与排队问题，在一定程度上减少丢包率。但延时线太长，会引起附加的功率损耗。解决的办法可以采用光放大技术或光再生技术。但前者会引入放大噪声，后者会大大加重系统的成本。

2. 波长变换技术：将需要排队的分组变换到其他的波长，发往同一个输出端口。这种方式不会引起附加的时延，可以有效地降低丢包率。但需要价格较便宜的快速可调谐波长变换器。

3. 偏射路由技术：将需要排队的分组交换到其他的空闲输出端口，通过另外的路由到达目的节点。这种方法需要网络的连通性能很好，以保证经过迂回路由的分组能够最终到达目的地。因此，偏射路由技术只适用于网络较小，各节点之间的连通性较好，且负载较轻的情况。

5.10.8 光分组交换技术

目前用的光交换主要是波长交换，把一个波长上携带的所有信息都一次交换过去，在许多时候显得太粗了，或者说交换的颗粒太大。希望能像电交换机那样，一个光分组一个光分组地进行交换，这就是光分组交换 OPS（Optical Packet Switching）。

光分组交换是基于光分组来进行信息的交换。为满足高速的光分组交换，对节点处理能力的要求非常高，最好是控制信号也能在光的层面处理。但目前光逻辑器件还不能实用化，只好暂时采用光电混合的方法来进行。当然，这种光电混合并不是类似于 ATM 交换的光电混合。在 ATM 交换中，线路上传送的是光信号，但进入交换机后，就要在入线处理部分变为电信号，在交换矩阵中交换的是电信号组成的信元。而在光分组交换的光电混合，交换矩阵交换的是光分组信号，只是控制信号是电信号。

5.10.9 光突发交换技术

由于光分组交换的技术太复杂，同步实现比较困难，对交换节点的处理能力要求也很高，还需要使用大量的光缓存器，这些问题在目前一个较长的阶段都不可能有很好的解决方案。为此，人们希望通过增加信令的复杂性来避开光同步和光存储的困难，于是诞生了光突发交换 OBS（Optical Burst Switching）技术。

与光分组交换以分组为单位进行交换不同，光突发交换是以若干 IP 包组成的超长 IP 包为单位（把它们称为突发）来交换。可见它的交换粒度介于分组交换与电路交换之间，比分组交换粗，比电路交换细。

同光分组交换一样，光突发交换也是把突发控制分组（相当于分组交换中的分组头）和净荷（突发数据）分开。突发数据不需要经过光电转换，而直接进行光交换；突发控制分组则需要进行光电转换，变为电信号对光交换矩阵进行控制，以避免光逻辑控制器件的困难。

同光分组交换中分组头和净荷在同一个时隙中传输不同，光突发交换的净荷与突发控制分组在不同的信道中传输。控制信道专注于对信息量很小的突发控制分组进行处理，可以得到更高的处理速度和效率。

5.10.10 自动交换光网络

信息技术的发展，要求光网络具有更多的智能，能够完成自动交换功能。2003 年 3 月，ITU-T 的 Q19/13 研究组正式提出自动交换光网络 ASON (Automatically Switched Optical Network) 的概念，十多年来，在技术研究和标准化方面都取得了迅速的进展。

ASON 是在选路和信令控制下完成自动交换功能的新一代光网络，它实现了真正意义上的路由设置、端到端业务调度和网络自动恢复，被广泛认为是下一代光网络的主流技术。

1. ASON 的系统结构

ASON 以 SDH 和 OTN 为基础，可分为传送平面、控制平面和管理平面。

传送平面是业务传送的通道，为用户提供端到端的信息传送。光节点采用支持多粒度光交换技术的光分插复用 OADM 和光交叉连接 OXC 等设备，组成网状网结构（也支持环网保护）。

控制平面是 ASON 的核心，由独立的或分布于网元之内、通过信令通道连接起来的多个控制节点组成，每个节点又是由路由选择、信令转发和资源管理等功能模块组成。控制平面通过接口、协议和信令系统可以随时交换光网络的即时拓扑信息、路由信息和其他控制信令，它的主要功能是通过信令来支持建立、拆除和维护端到端连接的能力，选择最合适的路径，提供适当的名称和地址机制。呼叫控制可以仅仅在网络的入口或网关和网络边界处提供，中间节点只需提供必要的规程来支持交换连接即可。

管理平面面向营运者的维护管理需求，采用分布式和智能化的管理方式。它与控制平面相结合，可以实现对网络资源的动态配置、性能监测、故障管理和路由规划等。

控制平面和传送平面之间通过连接控制接口 CCI 相连，传送交换控制信息和资源状态信息；管理平面和控制平面之间通过网络管理接口 NMI-A 相连，管理平面和传送平面之间通过网络管理接口 NMI-T 相连，传送网络管理信息。

2．ASON 的优点

ASON 的优势主要有以下几点。

1）支持采用标准路由和信令协议实现光网络中的动态端到端连接建立和调度，可快速进行电路配置。

2）采用流量工程将网络资源动态分配给路由，可以满足各种临时性业务，充分发掘网络潜力，提高网络资源利用率。

3）由于采用网状网结构和分布式网络智能，便于节点的增加和网络结构的调整。

4）采用网状网可提高网络的生存性和抗灾难能力，分布式恢复能力可实现快速业务恢复，能抗多节点失效，保证业务不中断，增强网络的生存性。

5）支持各种新型业务，为不同等级的业务提供不同的保护恢复等级。

6）提高网络带宽利用率，显著降低运行成本。

7）采用分布式智能，资源的自动发现和连接的动态配置由各个节点自动实现，减少网管压力，便于网络管理。

8）由于其可扩展性好，格式透明，便于引入各种新业务类型，使传统的传送网向业务网演进。

5.11 本章小结

本章讲述了宽带 IP 网的基本知识，高速以太网、IP Over ATM、 IP Over SDH、IP Over Optical、IP over DWDM、光传送网、软交换和光交换等主要技术。目前在骨干网建设中应主要采用密集波分复用技术的光传送网；而宽带城域网除了采用光传送网以外，还可采用高速以太网、多协议标记交换 MPLS 和基于 SDH 的多业务平台 MSTP 等。

延伸阅读

(1) http://www.ieee802.org

(2) ITU-T Recommendation G.872（2001），Architecture of Optical Transport networks。

(3) ITU-T Recommendation G.709（2009），Interfaces for the Optical Transport networks。

(4) ITU-T Recommendation Y.2012（2006），Functional requirements and Architecture of the NGN release 1

(5) ITU-T Recommendation Y.2091（2007），Terms and definitions for Next Generation Networks

(6) ITU-T Recommendation G.8080/Y.1304（2001），Architecture for the automatically switched Optical Network（ASON）

习 题

1. 宽带传输业务对宽带网络有何主要要求？
2. 城域网的主要技术方案有哪些？各有什么特点？
3. 高速以太网有何优点？
4. 共享介质性千兆以太网采用什么方式来提高其网络覆盖范围和利用率？采用虚拟冲突的基本原理是什么？有何优点？
5. 万兆以太网的主要技术特点是什么？
6. IP Over ATM 可分成哪两类？各有什么特点？ MPLS 是如何进行工作的？
7. IP Over SDH 有何特点？ MSTP 是如何进行工作的？
8. 什么叫波分复用和密集波分复用？它们是如何工作的？
9. 试比较动态 IP 分组传输 DPT 和弹性分组传输 RPT 这两种技术的相同点和不同点，各有什么优势？
10. 试比较 IP Over ATM、IP Over SDH 、IP over Optical 和 IP overDWDM 的特点。
11. 光传送网的优点是什么？有些什么主要的网元设备？各自具有什么功能？
12. 什么叫软交换？它有何优势？
13. 什么叫光交换？它有何优势？

第 6 章　无线网络技术

6.1　无线网络的发展

无线网络是计算机网络的一种，其历史起源可以追溯到 20 世纪 70 年代夏威夷大学的一个研究项目。该项目在瓦胡岛（Oahu）上放置一个中心计算机，其他计算机分别放在夏威夷大学的分校区（位于夏威夷的 4 座岛屿上），通过无线电通信实现几个校区计算机的联网和数据共享，即称为 ALOHANET 网络。

无线网络从覆盖范围可以分为无线个域网、无线局域网、无线城域网和无线广域网。无线个域网是一种短距离无线网络技术，将计算机的各个部件或者其他移动设备通过无线技术连接起来，例如蓝牙技术、红外技术、Zigbee 技术等。

无线局域网是为局域网内固定的、便携式的和可移动的站点之间提供无线连接和通信服务。从 20 世纪 70 年代到 90 年代初期，随着无线局域网标准 IEEE 802.11 的颁布以及无线保真（Wireless Fidelity，Wi-Fi）联盟的推广，无线网络成为 21 世纪初发展最为迅速的技术之一，该标准成为无线网络发展过程中的重要里程碑。

无线城域网是局限于一个城市范围内的无线网络，覆盖半径在几公里到数十公里，提供较高的无线传输速率。20 世纪 90 年代，各种宽带无线接入技术迅速发展起来，例如无线局域网、本地多点分配业务（LMDS）、多路微波分配系统（MMDS）等等，但是没有全球性的统一标准。IEEE 802.11 技术标准在总体设计上不能很好地适用于室外宽带无线接入应用，因此 IEEE 802 工作委员会于 1999 年成立了 IEEE 802.16 工作组，以解决宽带无线城域网的接入问题。

无线广域网是指覆盖全国或全球范围内的无线网络，典型的例子是 GSM 移动通信系统、卫星通信系统，以及现在的 3G 和 4G 技术等。无线广域网通常采用蜂窝结构，经历了四代革新：第一代是模拟的，传送模拟语音；第二代是数字的，主要传送数字语音；第三代是数字的，可以传输数字语音和数据；第四代是数字的，可以传数字语音、数据和视频图像。

基于已有的无线网络技术，针对具体的应用可以构建相应的无线应用网络，例如无线传感器网络、无线 Mesh 网络等。

无线传感器网络（Wireless Sensor Network，WSN）综合了传感器技术、嵌入式技术、无线网络技术等，通过各类集成化的微型传感器实时监测、感知和采集各种环境或监测对象的信息，通过无线通信形式形成一个多跳自组织网络系统。

无线 Mesh 网络（Wireless Mesh Network，WMN）又称无线网状网，是一种与传统无线网络完全不同的新型无线网络。在无线 Mesh 网络中，任何无线设备节点都可以同时作为 AP 和路由器，每个节点都可以发送和接收信号，并且都可以与一个或者多个对等节点进行直接通信。

随着 3G 的普及、无线网络的发展和手机应用的创新，移动互联网应运而生，又称无线互联网。中国互联网络信息中心（CNNIC）2014 年 7 月发布报告称，截至 2014 年 6 月底，我国网民规模达 6.32 亿，其中手机网民规模达 5.27 亿，使用手机上网的人群占比提升至 83.4%。从上网时间来看，2014 年上半年，网民人均每周上网时长达 25.9 小时，优质的上网环境和丰富的移动互联网应用推动了我国网民平均每周上网时间的持续增加。

6.2 无线局域网

6.2.1 概述

无线局域网（Wireless Local Area Networks，WLAN）是一种使用无线传输的局域网技术，为局域网内固定的、便携式的和可移动的站点之间提供无线连接和通信服务，主要工作在 2.4GHz 和 5GHz 频段。目前无线局域网的两个典型标准是 IEEE 802.11 系列和欧洲电信标准化协会（European Telecommunications Standards Institute，ETSI）开发的 HiperLAN（高速无线局域网）系列标准。

欧洲 ETSI 开发的 HiperLAN 标准包括 HiperLAN1、HiperLAN2 两种规格。1997 年制定的 HiperLAN1 标准工作于 5GHz 频段，采用高斯最小频移键控调制技术（GMSK），由于数据速率较低，没有技术优势，没有得到商用就进入了 HiperLAN2 阶段。2002 年制定完成的 HiperLAN2 标准同样工作于 5GHz 频段，最大传输速率为 54Mbps，但是其应用和推广远远落后于 IEEE 802.11 系列标准，并且支持 HiperLAN 标准的设备制造商也较少。

IEEE 802.11 标准的全称为无线局域网介质访问控制和物理层规范（Wireless LAN Medium Access Control and Physical Layer Specifications），符合 IEEE 802.11 标准的无线局域网和无线设备之间具有互联能力。

IEEE 802.11 系列标准的发展起始于 20 世纪 80 年代后期，1985 年美国联邦通讯委员会（Federal Communications Commission，FCC）开放了 3 个免许可证的 ISM（Industrial，Scientific，Medical，工业科学医学）无线频段：902MHz ~ 928MHz、2.4GHz ~ 2.4835Hz、5.725GHz ~ 5.825GHz，在无线局域网的发展历史上发挥了重要作用。

20 世纪 80 年代末期，IEEE 802 工作委员会开始无线局域网的标准化工作。1990 年 IEEE 802 标准委员会成立 IEEE 802.11 无线局域网标准工作组，其任务是研究数据传输速率为 1Mbps 和 2Mbps、工作频段为 2.4GHz 的无线网络和设备的全球标准。

1997 年 11 月，IEEE 802 工作委员颁布了 IEEE 802.11 标准，数据传输速率为

1Mbps ~ 2Mbps，工作于 2.4GHz ~ 2.4835GHz 频段。

1999 年，IEEE 802 工作委员会提出了 IEEE 802.11a 和 IEEE 802.11b 标准。IEEE 802.11a 标准工作于 5GHz ISM 频段，传输速率达到 54Mbps。IEEE 802.11b 标准工作于 2.4GHz ISM 频段，提供 11Mbps 的传输速率。

2003 年 6 月，IEEE 802 工作委员会发布了 IEEE 802.11g 标准，兼容 IEEE 802.11b 标准，仍工作于 2.4GHz 频段，并将传输速率提高到了 54Mbps。

2009 年 9 月，IEEE 802 工作委员会发布了 IEEE 802.11n 标准。该标准采用多输入多输出（Multiple Input Multiple Output，MIMO）无线通信技术，提供更高的数据速率，可达到 150Mbps、350Mbps ~ 600Mbps，并向后兼容 IEEE 802.11a/b 和 IEEE 802.11g。

2012 年 6 月，IEEE 802 工作委员会发布 IEEE 802.11ac 草案，工作于 5GHz 频段，采用多输入多输出技术和信道绑定技术，频带扩展到 160MHz，可支持 1Gpbs 的数据传输速率。

为了推动标准和产品市场化的发展，WLAN 领域的一些厂商组成了无线保真（Wireless Fidelity，Wi-Fi）联盟，该联盟组织成立于 1999 年 8 月，其前身是无线以太网兼容性联盟（WECA）。Wi-Fi 的宗旨是认证基于 IEEE 802.11 标准的无线局域网产品间的兼容性，并致力于推广 Wi-Fi 作为所有市场领域的全球 WLAN 产品标准。

Wi-Fi 组织制订了一整套测试方案，用来测试其成员企业产品与其他 Wi-Fi 认证产品的兼容，目前 Wi-Fi 的成员企业达 600 多家。Wi-Fi 成立之初就开始对 802.11b 产品兼容性进行认证，2000 年 10 月开始对 802.11a 产品认证，以后陆续开展了对 802.11i 和 802.11g 等产品的认证。

6.2.2 体系结构与协议栈

IEEE 802.11 标准定义了两种类型的服务体系结构：基本服务集（Basic Service Set，BSS）和扩展服务集（Extended Service Set，ESS）。

1. 基本服务集

基本服务集由固定或移动的站点、无线传输介质、可选的接入点（Access Point，AP）等部分组成。

站点是无线局域网的最基本组成单元，也称为主机或终端，在无线局域网中通常用做客户端（Client），是具有无线网络接口的计算设备。站点可以是固定的或移动的，它们之间可以直接相互通信，也可以通过基站或接入点进行通信。

> AP 是无线局域网的重要组成单元，主要功能是负责其他非 AP 站点的网络接入和通信，并作为控制中心完成对其他非 AP 站点的控制和管理。

基本服务集根据是否包含 AP 又分为两种体系结构，一种是不带 AP 的 BSS，它是一个独立网络，称为独立基本服务集（Independent BSS，IBSS）。IBSS 中的任意站点之间可以直接通信而无需通过 AP 转接，站点之间的关系是对等的（Peer to Peer）、无中心的，又称为特殊体系结构或者自组织网络（Ad Hoc Architecture），如图 6–1（a）

所示。由于没有 AP，各个站点竞争共用信道，当站点数量较多时，信道竞争会限制网络的性能，因此该体系结构适合于小规模的无线局域网系统。

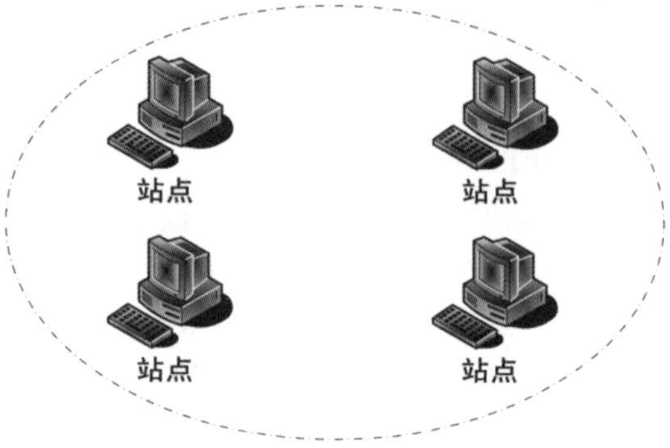

（a）IBSS 体系结构（不带 AP 的 BSS）

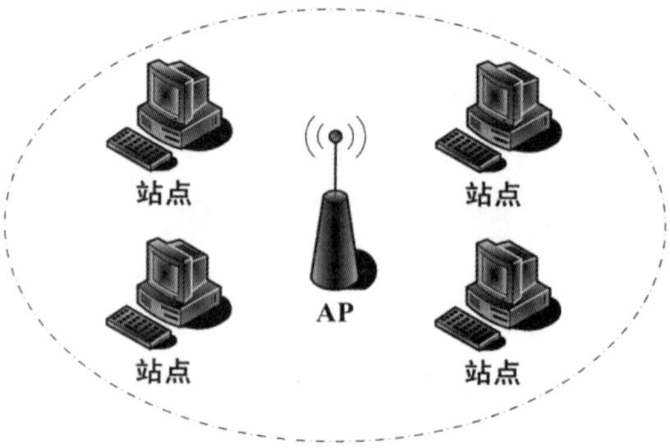

（b）基础结构（带 AP 的 BSS）

图 6–1 基本服务集（BSS）

另一种是带 AP 的 BSS，称为基础结构（Infrastructure），如图 6–1（b）所示。在基础结构的无线局域网中，至少要有一个 AP。同一 BSS 内的两个站点之间进行通信，必须经过源站点到 AP 和 AP 到目的站点的两跳过程，即网络中的站点在 AP 的控制下进行通信，并且 BSS 的覆盖范围或者通信距离也由 AP 确定。

2. 扩展服务集

扩展服务集（ESS）由两个或更多个带有 AP 的 BSS 组成，各个 BSS 通过一个连接 AP 的分布式系统（Distribution System，DS）连接在一起，如图 6–2 所示。分布式系统可以是一个交换机、一个有线局域网或者一个无线网等，IEEE 802.11 对分布式系统没有严格的限制。

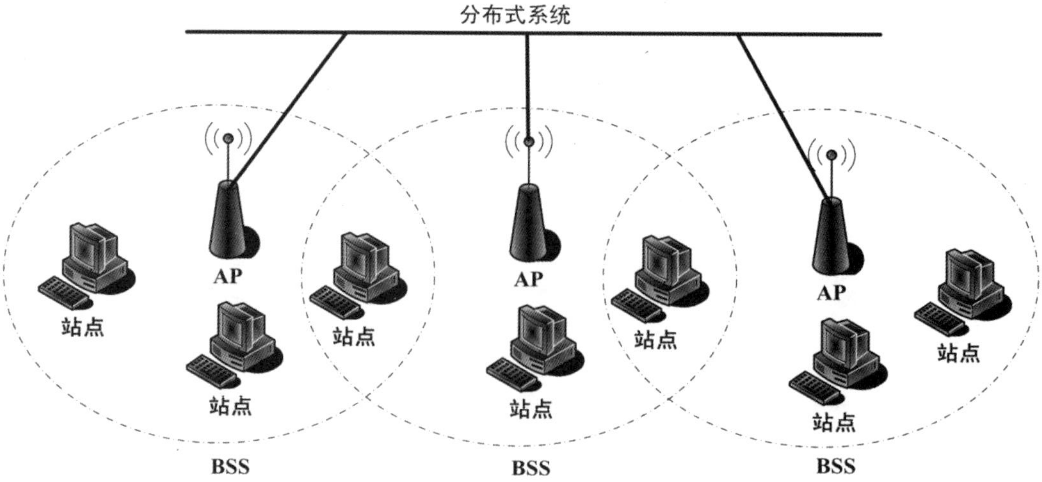

图 6–2 扩展服务集（ESS）

扩展服务集中可以使用移动的和固定的站点，移动的站点是一个普通的站点，而固定站点是一个属于分布式系统一部分的 AP 站点。连接 BSS 时，位于两个不同 BSS 的两个站点间的通信一般要跨越两个 AP，并且一个移动站点可以同时属于多个 BSS。

根据站点在无线局域网中的移动性，IEEE 802.11 标准定义了三种类型的站点：非迁移（no–transition）站点、BSS 迁移（BSS–transition）站点和 ESS 迁移（ESS–transition）站点。非迁移移动性的站点可能是固定的站点，也可能是仅在 BSS 内部移动的站点。BSS 迁移移动性的站点可以从一个 BSS 移动到另一个 BSS，但是被限制在一个 ESS 之内。ESS 迁移移动性的站点可以从一个 ESS 移动到另一个 ESS，但是 IEEE 802.11 不能保证在移动中通信的连续性。

在扩展服务集中，每个 BSS 被分配一个标识号 BSSID。如果一个网络由多个 ESS 组成，则每个 ESS 也会被分配一个标识号 ESSID，所有的 ESSID 组成一个网络标识 NID（Network ID），用来标识由这几个 ESS 组成的网络。

3. 协议栈

IEEE 802.11 系列标准涵盖了无线局域网的物理层和数据链路层，其协议栈模型如图 6–3 所示。

<table>
<tr><td colspan="6">逻辑链路控制子层（LLC）</td><td rowspan="2">数据链路层</td></tr>
<tr><td colspan="6">介质访问控制子层（MAC）</td></tr>
<tr><td>802.11
FHSS</td><td>802.11
DSSS</td><td>802.11
Infrared</td><td>802.11a</td><td>802.11b</td><td>802.11g</td><td>物理层</td></tr>
</table>

图 6–3 IEEE 802.11 协议栈

IEEE 802.11 协议的物理层分为两个子层，物理层汇聚子层（Physical Layer Convergence Procedure，PLCP）和物理介质相关子层（Physical Medium Dependent，PMD）。PLCP 子层将 MAC 帧映射到物理介质上，即将 MAC 协议数据单元（MAC Protocol Data Unit，MPDU）封装成物理层协议数据单元（Physical Protocol Data Unit），并增加帧同步、帧起始、帧长度、帧头校验等字段，使 PPDU 适合在物理层发送和接收。PMD 子层的主要功能是完成信号的调制和编码，实现信号在物理介质上的发送和接收。

IEEE 802.11 协议的数据链路层同样分为两个子层，介质访问控制子层（Medium Access Control，MAC）和逻辑链路控制子层（Logical Link Control，LLC）。介质访问控制子层决定如何分配信道，为多种物理层标准所共用；逻辑链路控制子层作为一个承上启下的子层，标识帧内携带的协议（例如，IP），并用于屏蔽 IEEE 802.11 系列标准之间的差异，使它们在网络层看来并无差别。

6.2.3 IEEE 802.11 物理层

所有的 IEEE 802.11 技术都是用短程无线电传输信号，通常工作在在 2.4GHz 或 5GHz 波段，这两个波段属于 ISM，无需许可证。IEEE 802.11 的物理层分若干阶段发布，第一阶段简称为 IEEE 802.11，其中两个工作在 2.4GHz 波段，一个在红外波段，均达到 1Mbps ~ 2Mbps 的数据速率。第二阶段为 IEEE 802.11a，工作在 5GHz 波段，速率达到 54Mbps。第三阶段为 IEEE 802.1b，工作在 2.4GHz 波段，速率达到 11Mbps。第四阶段为 IEEE 802.11g，同样工作在 2.4GHz 波段，速率达到 54Mbps。第五阶段为 IEEE 802.11n，可使用 2.4GHz 或者 5GHz 波段，速率最高可达 600Mbps。

1. IEEE 802.11

IEEE 802.11 FHSS 在 2.4GHz 的 ISM 波段上使用了调频扩频（Frequency Hopping Spread Spectrum，FHSS）方法。在 FHSS 系统中，2.4GHz ISM 频段被分成 79 个 1MHz 的信道，每个信道带宽 1MHz，采用 2 电平 FSK 或者四电平，数据速率分别为 1Mbps 和 2Mbps。

IEEE 802.11 DSSS 在 2.4GHz 的 ISM 波段上使用了直接序列扩频（Direct Sequence Spread Spectrum，DSSS）方法。在 DSSS 系统中，2.4GHz ISM 频段被分成若干信道（例如，美国是 11 个信道，欧洲是 13 个信道，日本是 14 个信道），每个信道的带宽是 5MHz，采用 DBPSK（差分二相移键控）或 DQPSK（差分四相移键控），数据速率分别可达 1Mbps 或 2Mbps。

IEEE 802.11 Infrared 工作在波长介于 850nm ~ 950nm 的红外波段上，采用脉冲位置调制技术（Pulse Position Modulation，PPM），其数据速率为 1Mbps 和 2Mbps。

2. IEEE 802.11a

IEEE 802.11a 工作在 5GHz 波段，使用了通用网络信息基础结构（Universal Networking Information Infrastructure，UNII）的频段。该频段分为 3 部分，UNII–1 频段（5.15GHz ~ 5.25GHz）用于室内，UNII–2 频段（5.25GHz ~ 5.35GHz）用于室内或者室外，UNII–3 频段（5.725GHz ~ 5.825GHz）用于室外。

> IEEE 802.11a 采用了正交频分复用（OFDM）技术，将 20MHz 带宽划分为 52 个子载波，子载波中心频率间相隔 0.3125NHz，其中 48 个子载波发送数据信号，另外 4 个子载波用于发送控制信号，提供导频、相位补偿和频率偏移的参考。

调制技术和编码效率决定了物理层的数据速率，如表 6–1 所示。IEEE 802.11a 规定了 4 种调制方式和 3 种编码效率，即每个子载波可使用 BPSK、QPSK、16QAM 或者 64QAM 进行调制，编码效率可以选择 1/2、2/3 或者 3/4。

表 6-1 IEEE 802.11a 物理层标准

调制方式	编码效率	每个 OFDM 符号的编码比特数	每个 OFDM 符号的数据比特数	数据速率 /Mbps
BPSK	1/2	48	24	6
	3/4	48	36	9
QPSK	1/2	96	48	12
	3/4	96	72	18
16QAM	1/2	192	96	24
	3/4	192	144	36
64QAM	2/3	288	192	48
	3/4	288	216	54

例如，采用 64QAM 调制方式、编码效率为 2/3，在 4μs 的符号周期内每个子载波分配 6 个比特，每个符号周期 48 个子载波总共传输 48×6=288 个比特，其中有 288×2/3=192 个数据比特，96 个纠错比特，即每 4μs 传输了 192 个数据比特，所以数据速率为 48Mbps。

3. IEEE 802.11b

IEEE 802.11b 在 IEEE 802.11 DSSS 的基础上进行了扩充，在 2.4GHz 的 ISM 波段上使用了高速率直接序列扩频（High Rate Direct Sequence Spread Spectrum，HR DSSS）。HR-DSSS 使用了补码键控（Complementary Code Keying，CCK）的编码方法，将 4 位或 8 位编码成一个 CCK 符号。

为了兼容 DSSS，HR-DSSS 定义了四种数据速率：1Mbps、2Mbps、5.5Mbps 和 11Mbps。前两种使用与 DSSS 相同的调制技术。5.5Mbps 版本使用 BPSK 调制方式，带有 4 位 CCK 编码，传输符号率为 1.375Mbaud/s，即 4×1.375M=5.5Mbps。11Mbps 版本使用了 QPSK 调制方式，带有 8 位 CCK 编码，传输符号率为 1.375Mbaud/s，即 8×1.375M=11Mbps

4. IEEE 802.11g

为了兼容 IEEE 802.11b，IEEE 802.11g 工作在 2.4GHz 频段，但是采用 OFDM 技术将数据速率提高到了 54Mbps。

> IEEE 802.11g 标准中提供了宽泛的多种数据速率和调制方式。对于兼容 IEEE 802.11b 的 1Mbps、2Mbps、5.5Mbps、11Mbps 的数据速率，使用了与 IEEE 802.11b 相同的调制方式。

对于 6Mbps、9Mbps、12Mbps、18Mbps、24Mbps、36Mbps、48Mbps 和 54Mbps 的数据速率，在 2.4GHz 频段内，每个 20MHz 信道被分成 52 个子载波，包括 4 个导频子载

波和48个数据子载波，使用如表6–1所示的IEEE 802.11a相同的OFDM调制和编码方式。

5．IEEE 802.11n

IEEE 802.11n向后兼容IEEE 802.11a/b/g，可工作在2.4GHz或者5GHz频段，支持20MHz和40MHz两种信道带宽，即支持将两个相邻信道绑定在一起形成40MHz的带宽。

IEEE 802.11n采用了多输入多输出（Multiple–Input Multiple–Output，MIMO）技术，在不增加信道带宽的情况下可以成倍提高通信系统的信道容量和频谱利用率。MIMO系统在发射端和接收端均采用多根天线，数据流在发射端经空时编码形成若干信息流由天线发射出去，在接收端利用多根天线将数据流接收并整合，这样MIMO在空间形成了多个并行信道，所传输的多个并发流在IEEE 802.11中定义为空间流。

空间流的数量由发射天线和接收天线的数量决定，取二者的最小值。2×2的MIMO系统属于两发两收，空间流的数量为2；2×3的MIMO系统属于两发三收，空间流的数量为2；4×4的MIMO系统属于四发四收，空间流的数量为4。

IEEE 802.11n采用了OFDM调制技术。在20MHz带宽时，信道被分成56个子载波，包括4个导频子载波和52个数据子载波。在40MHz带宽时，信道被分成114个子载波，包括6个导频子载波和108个数据子载波。

为了抵抗符号间干扰，IEEE 802.11a/g标准要求在发送信息符号时，必须保证在信息符号之间存在800 ns的时间间隔，这个间隔被称为保护间隔（Guard Interval）。IEEE 802.11n缺省情况下使用800ns的保护间隔，当多径效应不是很严重时可以使用400μs的Short GI，可以将吞吐量提高近10%。

IEEE 802.11n规定了4种调制方式和4种编码效率，即每个子载波可使用BPSK、QPSK、16QAM或者64QAM进行调制，编码效率可以选择1/2、2/3、3/4或者5/6，如表6–2所示。

表6–2 IEEE 802.11n物理层典型标准速率

调制方式	编码效率	空间流数	数据速率（20MHz带宽）		数据速率（40MHz带宽）	
			GI=800ns	GI=400ns	GI=800ns	GI=400ns
BPSK	1/2	1	6.5	7.2	13.5	15
		2	13	14.4	27	30
QPSK	1/2	1	13	14.4	27	30
		2	26	28.9	54	60
	3/4	1	19.5	21.7	40.5	45
		2	39	43.3	81	90
16QAM	1/2	1	26	28.9	54	60
		2	52	57.8	108	120
	3/4	1	39	43.3	81	90
		2	78	86.7	162	180

续 表

调制方式	编码效率	空间流数	数据速率（20MHz 带宽）		数据速率（40MHz 带宽）	
			GI=800ns	GI=400ns	GI=800ns	GI=400ns
64QAM	2/3	1	52	57.8	108	120
		2	104	115.6	216	240
	3/4	1	58.5	65	121.5	135
		2	117	130	243	270
	5/6	1	65	72.2	135	150
		2	130	144.4	270	300
		3	195	216.7	405	450
		4	260	288.9	540	600

6.2.4 IEEE 802.11 MAC 层

IEEE 802.11 定义了两种介质访问控制协议：分布式协调功能（Distributed Coordination Function，DCF）和点协调功能（Point Coordination Function，PCF）。

点协调功能 PCF 位于 DCF 之上，是一个集中的 MAC 算法，用于提供自由竞争服务，并利用 DCF 的特征保证用户的接入。该模式的操作由中央轮询主机（点协调者）的轮询组成，由 AP 控制自己覆盖范围内的一切活动，就像蜂窝通信中的基站一样。但是在实际应用中很少用到点协调功能，因为通常没有办法阻止临近网络中的站发送竞争流量。因此我们下面主要讨论分布式协调功能。

分布式协调功能 DCF 属于 MAC 层的较低子层，使用一个竞争算法为所有通信提供接入。在该操作模式中，没有中央站点进行控制，每个站点都独立运行，所以称为分布式协调功能。

计算机以太网的 MAC 子层使用了 CSMA/CD（载波侦听多路访问 / 冲突检测）协议，基本思想是站点在传输过程中要进行冲突检测，如果发生冲突则需要重新发送数据帧。由于无线通信的因素，IEEE 802.11 的 MAC 子层与以太网有很大的不同。

首先，无线电几乎总是半双工的，意味着站点不能在同一个频率上传输数据的同时侦听该频率上的冲突噪声。

其次，不是所有的站点都在彼此的无线电广播范围内，或者如果站点间的距离很大，信号的衰减会使得一端的站点无法侦听到另一端的冲突。

> 由于无线网络的冲突无法检测到，所以要避免冲突，因此 IEEE 802.11 标准的 DCF 子层采用了 CSMA/CA（载波侦听多路访问 / 冲突避免）协议，该协议使用三种方法来避免冲突：帧间间隔、竞争窗口和确认。

首先，通过时延的方法来避免冲突。当发现信道空闲时，站点并不马上发送数据，而是等待一段时间，这段时间称为帧间间隔（Interframe Space，IFS）。虽然侦听到信道空闲，但是远端的一个站点可能已经开始传输了，只是远端站点的信号还未到达而已。

IFS 时间使得远端站点传输的信号能到达该站点，如果 IFS 过后仍然空闲，则可以准备发送了。

其次，预备发送的站点仍然要等待一段时间。竞争窗口将时间分成若干时隙，时隙的数量根据二进制指数而变化，站点选择一个随机时隙作为等待时间。第一次设定一个时隙，每次站点在 IFS 时间后无法检测到信道空闲时，时隙的数量都要翻番。

最后，经过以上措施仍然有可能产生冲突而导致帧的损坏，数据也有可能在传输中被损坏，此时利用肯定性的确认来确保接收方收到正确的帧。

图 6-4 给出了一个在 CSMA/CA 机制下发送帧的时序例子，其中 A 站点作为源站点，B 作为目的站点。

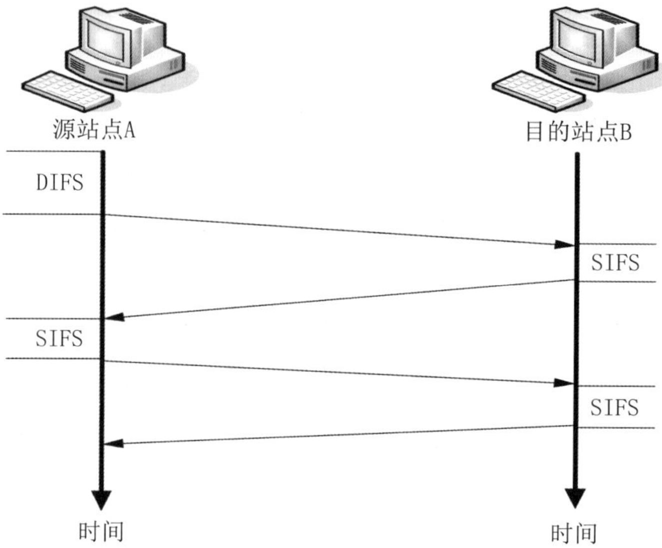

图 6-4 CSMA/CA 机制下的帧交换时序

源站点 A 在发送帧之前，首先进行信道监听，如果信道空闲，则等待一个分布式帧间间隔（Distributed Interframe Space，DIFS）的时间周期，它是最长的一种 IFS，用于非同步帧的接入，然后站点 A 发送一个请求发送（Request To Send，RTS）的控制帧。

目的站点 B 接收到 RTS 后等待一个短帧间隔（Short Interframe Space，SIFS），它是最短的 IFS，用于所有的立即响应动作中。然后站点 B 向源站点 A 发送一个清除发送（Clear To Send，CTS）的控制帧，表示目的站点 B 已经准备好接收数据。

源站点等待一个 SIFS 后开始发送数据，目的站点 B 接收到数据后，再等待一个 SIFS，然后返回确认 ACK，表示数据已经到达。

6.2.5 IEEE 802.11 帧结构

IEEE 802.11 标准定义了三种不同类型的帧：数据帧、控制帧和管理帧。这三种帧结构使用一个通用的帧格式，如图 6-5 所示。

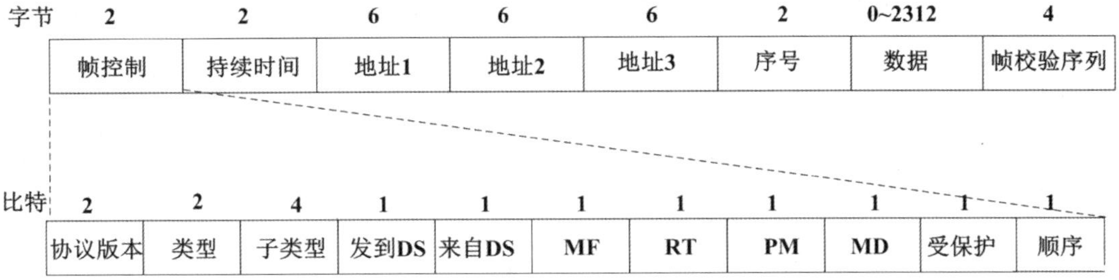

图 6–5 IEEE 802.11 帧结构

（1）首先是帧控制字段，2 字节长，它本身又包含 11 个域，分别如下：

· 协议版本 用于表示 IEEE 802.11 的版本。

· 类型（type）用于标识该帧是数据帧、管理帧还是控制帧。

· 子类型 进一步标识帧的功能（例如 RTS 或者 CTS）。

· 发到 DS 和来自 DS 标志位 分别表明该帧是发送到 AP 或者来自于 AP 连接的网络，该网络称为分布式系统。

· MF（更多段）标志位 表示后面还有更多的段。

· RT（重传）标志位 表示这是之前发送的某一帧的重传。

· PM（电源管理）标志位 指明发送站点进入休眠节能模式，该位为 1。

· MD（更多数据）标志位 表示发送方还有更多的帧需要发送。

· 受保护标志位 表示该帧已经加密。

· 顺序标志位 则是通告接收方高层希望严格按照顺序处理帧序列。

（2）第二个字段是持续时间，2 字节，常用于通告本帧和其确认帧将会占用信道的持续时间。该字段可以出现在所有帧中，例如在控制帧中包含一个连接标识符 ID。

（3）接下来是地址字段，无论是发往 AP 还是从 AP 接收的帧都具有 3 个地址，分别是 6 字节长。地址 1 是接收方地址，地址 2 是发送方地址。当帧在网络中传输时，AP 有可能是一个中继点，将帧转发到一个远程端点，地址 3 则指向这个远程端点。

（4）序号字段是帧的编号，2 字节长，可用于检测重复帧。

（5）数据字段是帧的主体部分，包含了长度可达 2312 个字节的有效净荷。

（6）最后是帧校验序列，是一个 32 位的循环冗余校验。

6.3　无线城域网

6.3.1　概述

20 世纪 80 年代，包括无线局域网、多路微波分配系统（Multichannel Microwave Distribution System，MMDS）和本地多点分配业务（Local Multipoint Distribution Service，LMDS）在内的各种宽带无线接入技术迅速发展起来，但是没有全球性的统一标准，无法满足日益增长的宽带无线接入市场需求。1999 年，IEEE 802 工作委员会成立了 IEEE 802.16 工作组，开始研究制定宽带无线城域网标准，建立一个全球统一的宽带无线接入标准。

IEEE 802.16 的主要工作是制定 2 ~ 66GHz 频段的无线接入系统空中接口物理层（PHY）和介质访问控制层（MAC）规范，以及与空中接口协议相关的一致性测试等规范。IEEE 802.16 由 3 个工作小组组成：IEEE 802.16.1 负责制定 10 ~ 66GHz 频段的无线接口标准，IEEE 802.16.2 负责制定宽带无线接入系统共存方面的标准，IEEE 802.1.3 负责制定 2 ~ 10GHz 频段的无线接口标准。

2001 年 12 月，第一个 IEEE 802.16 标准获得批准，其全称为“固定宽带无线接入系统的空中接口”，制订了 10 ~ 66GHz 频段的固定无线接口标准，但是由于频段较高，只能用于视距范围内传输。

2003 年 1 月，IEEE 802.16 被修订成支持非视距范围传输的标准，即 IEEE 802.16a，首次提出了 OFDM 和 OFDMA 的物理实现技术，对 2 ~ 11GHz 频段的固定无线接入空中接口标准进行了修改扩展。同年，还正式公布了 IEEE 802.16c，详细规定了 10 ~ 66GHz 频段 IEEE 802.16 系统的兼容性、互通性标准。

2004 年 10 月，IEEE 802.16d 获得批准并颁布，该标准又称 IEEE 802.16–2004，是 IEEE 802.16a 的增强版本，是目前最为成熟、最具有实用性的宽带无线接入标准。IEEE 802.16d 对 802.16/802.16a/802.16c 进行了修订合并，属于固定宽带无线接入标准，对 2 ~ 66GHz 频段的空中接口做了详细规定，定义了支持多种业务类型的固定宽带无线接入系统的 MAC 层和相对应的多个物理层。

2005 年 12 月，为了支持移动的宽带无线接入， IEEE 802.16e 作为 IEEE 80216d 的增强版本获得批准。IEEE 802.16e 定义了在 2 ~ 66GHz 频段可同时支持固定和移动宽带无线接入的系统，其移动速率目标为车速移动（通常认为可以达到 120km/h）。

IEEE 802.16.2 是关于固定宽带无线接入系统共存操作规程建议，为宽带无线接入系统的干扰最小化、系统设计和规划、频率利用等提供了指导方针和方法。

目前的 IEEE 802.16 系列标准中，IEEE 802.16–2004 和 IEEE 802.16e 是两个主流的空中接口标准，而 IEEE 802.16e 因其支持移动性、更高的速率和更强的安全机制而备受关注，是业界研究开发的热点技术之一。

WiMAX（World Interoperability for Microwave Access，全球微波接入互操作）是由 Intel 为代表的全球主要的宽带无线接入厂商和芯片制造商在 2002 年 4 月成立的非营利工业贸易联盟组织，其目的是推广和遵循 IEEE 802.16 的宽带无线接入设备。由于 Wimax 组织专门推动 IEEE 802.16 技术的设备的互操作和推广应用，因此 IEEE 802.16 技术也被称为 WiMax 技术。

6.3.2 IEEE 802.16 体系结构

IEEE 802.16 的体系结构有两种类型，一种是点到多点（PMP）结构，如图 6–6 所示；另一种是网状（mesh）结构。系统中包含一个或多个基站（BS），提供与核心网络之间、与用户站之间的连接；各个用户站（SS）提供基站与用户终端设备（TE）间的连接；可选中继站（RS），用于提高基站的覆盖能力，充当基站和用户站间信息的中继站。用户终端设备用于监视和控制网内所有的基站和用户站，提供查询、状态监控、软件下载、系统参数配置等功能。

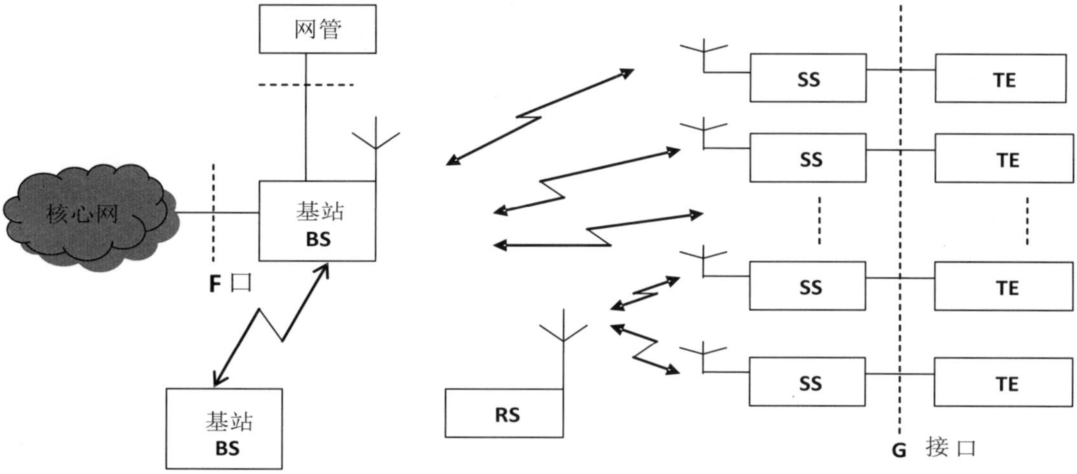

图 6-6 IEEE 802.16 体系结构

在 PMP 结构中，用户站只能直接接入基站或通过中继站接入基站，用户站之间没有直接相连接口，也不能通过无线链路直接通信，所有用户站发送的信息必须通过基站进行转发，用户站也只能接收来自基站或中继站的信息。

在 mesh 网状结构中，一部分用户站具有中继转发功能，即用户站除了具有和基站、终端的无线接口，还具有与其他用户站之间的接口，可以为其他用户站进行中继。所以用户站之间通过无线链路形成了网状（mesh）结构。

IEEE 802.16 定义了一些接口，其中 F 接口是 IEEE 802.16 与核心网络的接口，通常采用标准的网络接口，例如 E1、ATM、Ethernet 等；G 接口是 IEEE 802.16 与用户端系统的接口，可以是标准接口，例如以太接口，也可以是专用接口。

6.3.3 IEEE 802.16 协议栈

IEEE 802.16 标准规范了物理层和 MAC 层相关技术，其协议模型如图 6-7 所示。物理层的主要功能是从无线信道上接收和发送数据流，对信号进行调制解调、编码解码，并实现信号的同步和功率控制。MAC 层是整个协议栈中非常重要的一部分，例如信道管理，可以非常有效地调度下行链路（基站到用户）的信道，同时对管理上行链路（用户到基站）起着非常重要的作用。

<table>
<tr><td>业务汇聚子层</td><td rowspan="3">MAC 层</td></tr>
<tr><td>公共子层</td></tr>
<tr><td>加密子层</td></tr>
<tr><td colspan="2">物理层</td></tr>
</table>

图 6-7 IEEE 802.16 协议栈

1. 物理层

IEEE 802.16 定义了四种物理层规范：WirelessMAN-SC、WirelessMAN-SCa、WirelessMAN-OFDM、WirelessMAN-OFDMA。

WirelessMAN–SC 工作于 10GHz ~ 66GHz 频段，采用单载波调制方式，视距传输，上行传输采用 TDMA（时分多址）和 DAMA（按需分配多址）结合的方式。

WirelessMAN–SCa 工作于 2GHz ~ 11GHz 频段，采用单载波调制方式，非视距传输，允许信道带宽不小于 1.25MHz，上行传输采用 TDMA（时分多址）和 DAMA（按需分配多址）结合的方式，还可以采用自适应天线系统和空时编码系统。

WirelessMAN–OFDM 是工作于 2GHz ~ 11GHz 的多载波类型，采用 OFDM 调制方式，子载波数量是 256，非视距传输，可以采用自适应天线系统和空时编码系统。

WirelessMAN–OFDMA 工作于 2GHz ~ 11GHz 频段，采用 OFDMA 的多址接入方式，非视距传输。IEEE 802.16a 标准中子载波数量是 2048，IEEE 802.16e 进行了扩展，可选子载波数量是 2048/1024/512/128，以适应不同地域的从 20MHz 到 1.25MHz 的信道带宽差异，可以采用自适应天线系统和空时编码系统。

四种物理层类型都支持 TDD（时分双工）和 FDD（频分双工）方式，采用突发帧机制，且为定时长帧，帧长可以根据需要由基站进行调整，目前支持的帧长有 0.5ms、1ms 和 1.5ms 三种。

物理层在数据传输时，下行方向采用 TDM 方式，传送到每个用户站的信息被复用到一个单一的数据流中进行传送，同一扇区的用户站都能接收到该信息，并根据地址取出属于自己的信息。上行方向，采用 TDMA 和 DAMA（按需分配多址）结合的方式，上行信道被划分成许多时隙，时隙的分配和管理由基站控制，已达到按需分配和最优化性能。

2.MAC 层

MAC 层分为业务汇聚子层 CS、公共子层 CPS 和安全子层 SS。

汇聚子层 CS 是 MAC 层的最高层，主要功能是把面向连接的公共部分服务（MAC 服务）映射成标准类型的服务，目前定义了两种不同类型的 CS：基于 ATM 的 CS 和基于 Packet 的 CS。对于 ATM CS ，高层数据是 ATM 信元，ATM CS 将 VPI 值或 VPI/VCI 值映射为一个 16 位的连接标识符，用于 MAC 子层建立连接。对于 Packet CS，高层数据是所有基于分组协议的数据单元（以太帧、PPP 帧、IP 数据等）。每一种高层协议对应一种类别，每一种类别对应一个关联的业务流，每一个业务流由一个对应的业务流标识符来标识。

公共子层 CPS 提供了 MAC 层的核心功能，包括系统接入控制，带宽分配和管理，建立 / 维持 / 拆除连接等。CPS 从不同的 CS 层接收数据，并将这些数据分别在特定的 MAC 连接上进行传输，并保证 QoS。CPS 层既可以传输高层数据，也可以传输管理信息。

加密子层提供了链路加密、身份验证和数据完整性保护功能。包括两部分，一是加密封装协议，负责空中传输的分组数据加密，包括加密算法以及算法的应用规则。

加密只针对净荷部分，MAC 头部不能被加密，MAC 层中的所有管理信息也不能被加密。二是密钥管理协议（PKM），负责基站和用户站之间密钥的安全分发、密钥数据的同步和业务接入的授权，并且采用基于数字证书的认证方式。

6.4 无线广域网

无线广域网是指覆盖全国或全球范围的无线网络，能够提供更广范围的无线接入，典型的例子是 GSM 移动通信系统，以及现在的 3G 和 4G 技术等移动电话系统。移动电话系统可用于广域网范围的语音通信和数据通信，通常采用蜂窝结构，经历了四代革新：第一代是模拟的，传送模拟语音，俗称 1G；第二代是数字的，主要传送数字语音，俗称 2G；第三代是数字的，可以传输数字语音和数据，俗称 3G；第四代是数字的，可以传数字语音、数据和视频图像，俗称 4G。本节主要介绍这四代移动电话系统的关键技术。

6.4.1 第一代移动通信技术

1978 年，美国贝尔实验室成功发明第一个蜂窝电话系统，称为高级移动电话系统（Advance Mobile Phone System，AMPS）。随后，在 20 世纪 80 年代初，全球开始进入模拟蜂窝移动通信阶段，相应的技术被称为第一代移动通信技术（1G）。第一代模拟蜂窝移动通信系统主要采用的是模拟技术和频分多址（FDMA）技术，呼叫建立之后一直占用一个频段，直至呼叫结束。该技术比较成熟，设备简单容易实现，缺点是抗干扰性差，保密性差。

在第一代模拟电话系统中，一个地理区域被分成许多个蜂窝，因此移动电话有时也称为蜂窝电话。每个蜂窝的中心是一个基站，负载蜂窝中的所有电话传输。基站由一台计算机和连接到天线上的发射器 / 接收器组成。在蜂窝系统中，所有的基站连接到移动交换中心（Mobile Switching Center，MSC），每个基站被 MSC 控制，MSC 协调基站和电话中心局之间的通信，负责呼叫连接、记录呼叫信息、计费。

AMPS 工作在 ISM 800MHz 频段，使用 FDM 对信道进行划分，每个频段带宽为 25MHz，共划分了 832 个全双工信道，每个信道由一对单工信道组成，该方法称为频分双工（Frequency Division Duplex，FDD）。824 ~ 849MHz 的 832 个单工信道被用作移动电话到基站的传输信道，869 ~ 894MHz 的 832 个单工信道被用作基站到移动电话的传输信道，每个单工信道的带宽为 30KHz。

AMPS 使用调频（Frequency Modulation，FM）和频移键控（Frequency Shift Keying，FSK）技术对信号进行调制。语音通道使用调频进行调制，控制通道使用 FSK 调制生成 30KHz 的模拟信号。

6.4.2 第二代移动通信技术

为了提供更高质量的移动电话通信，20 世纪 90 年代，开始出现了第二代数字蜂窝移动通信技术（2G），即全球移动通信系统（Global System for Mobile

Communication，GSM）和码分多址系统（Code Division Multiple Access，CDMA）。

1. 全球移动通信系统 –GSM

GSM 是欧洲电信标准化协会为所有欧洲国家提供通用的第二代移动通信而开发的欧洲标准，后来成为全球性标准的蜂窝无线电通信系统。1991 年，欧洲开始铺设第一个数字蜂窝移动通信系统 GSM，1993 年中国的第一个全数字移动电话 GSM 系统建成并开通。

> GSM 工作在 ISM 900MHz 频段，890MHz~915MHz 的频段用于移动电话到基站的反向传输信道，935MHz~960MHz 的频段用于基站到移动电话的前向传输信道。每个频段的带宽为 25MHz，并且被划分成 124 个 200KHz 的单工信道。

在 GSM 系统中，信道采用时分复用技术分成若干 TDM 时隙，每个 TDM 时隙是一个特定的结构，然后一组 TDM 时隙组合起来形成多帧（Multiframe）结构，如图 6–8 所示。

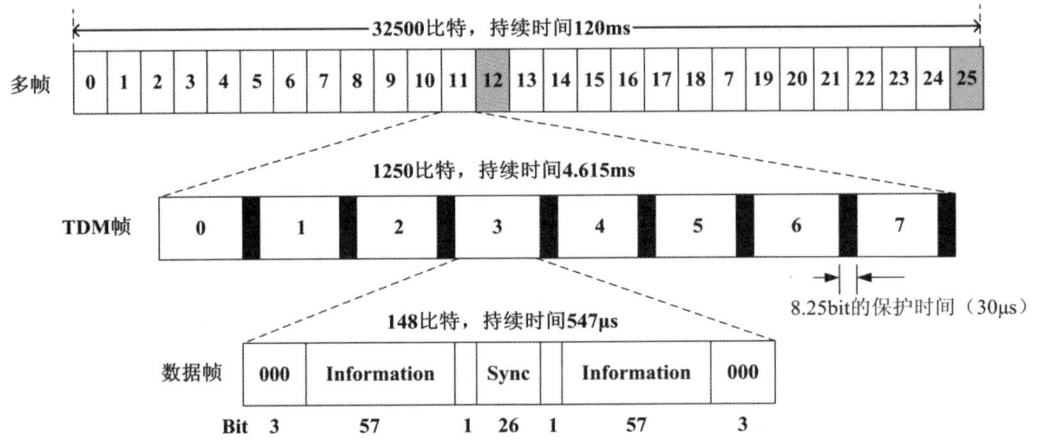

图 6–8 GSM 帧结构

每个 TDM 时隙包含 156.25 个比特，其中包含一个 148 比特的数据帧，占用信道 547μs，一个 8.25 比特的保护时间，占用信道 30μs。数据帧具体结构如下：

· 数据帧的开始和结束是帧的分界符，为 3 个比特 0。

· Information 字段为信息字段，包含 57 个信息比特和 1 个控制比特，控制比特用于指出随后的 Information 字段包含的是语音还是数据。

· Sync 字段包含 26 个比特，接收方利用这个字段与发送方的帧边界进行同步。

一个 TDM 帧由 8 个数据帧构成，包含 8 个数据帧的 148 个比特和 8 个用于保护时间的 8.25 比特（30μs），总计 1250 个比特，占用信道时间为 4.615ms。

一个多帧由 26 个 TDM 帧构成，总计 32500 个比特，占用信道时间 120ms。在这 26 个 TDM 帧中，只有 24 个帧用于传输用户流量，其中，第 12 号帧用于控制，第 25 号帧保留将来使用。

每个单工信道采用时分复用技术可支持 8 个单独的连接，即可供 8 个用户使用，据此我们可以计算出 GSM 每个通道的数据速率：26 × 8 × 156.25/120ms=270.83Kbps。

每个 270.83 的数字通道采用 GMSK 技术调制成 200KHz 的载波信号，使用 FDMA 技术将 124 个 200KHz 的模拟通道合成在一起，即占用 25MHz 的频段。

2.CDMA 系统

在北美，第二代移动电话的标准主要是过度标准 95（Interim Standard 95，IS-95），基于 CDMA 和 DSSS 技术。

> IS-95 的工作频段可以是传统的 ISM-800MHz，也可以是 ISM-1900MHz。每个频段被划分成 20 个 1.228MHz 的通道，每个通道之间通过防护频段隔开。

在从基站到移动站的前向传输中，基站和所有移动站的通信需要同步，由基站向所有移动站发送同步数据完成。每个语音通道数字化后产生 9.6Kbps 的数字信号，经过纠错和交织变成 19.2Ksps（sps，符号每秒）的数字信号。

前向传输中，采用了 CDMA 技术，每个比特时间被细分成更短的时间间隔，称为码片（chip），利用 Walsh（64 × 64）矩阵将每个语音通道合成 1.228Mbps 的数字信号，即 19.2Ksps × 64cps=1.228Mcps，然后经过 QPSK 调制后生成 1.228MHz 的载波信号。

在从移动站到基站的反向传输中，不是使用 CDMA 技术，而是使用 DSSS（直接序列扩频）技术。每个语音通道数字化后产生 9.6Kbps 的数字信号，经过纠错和交织变成 28.8Ksps 的数字信号，然后经过一个 6/64 符号调制器，这些符号被分成 6 符号的大块，每个大块用一个二进制数（0 ~ 63）来表示，用作 Walsh（64 × 64）矩阵的索引，生成 307.2Kcps 的信号，即（28.8Ksps/6）× 64=307.2Kcps。

最后，采用扩频将每个码片扩充为 4 个，生成 1.228Mcps 的信号，经过 QPSK 调制后生成 1.228MHz 的载波信号。

6.4.3 第三代移动通信技术

3G 是英文 3rd Generation 的缩写，指第三代移动通信系统。第三代移动通信技术（3G）与第一代和第二代移动通信技术相比有更宽的带宽，其传输速度最低为 384K，最高为 2M，可以传输数字语音和数据，提供快捷方便的无线应用。

1. 技术标准

3G 概念的提出距今已有 20 多年，ITU 成立了专门的工作组进行 3G 的研究和标准的制定，最终在 1999 年 11 月通过了 IMT-2000 的无线接口技术规范建议，它包括 5 个无线传输技术标准及各自的关键参数，中国提出的 TD-SCDMA 也在其中，这些标准具体为：

IMT-2000 CDMA-DS：USRA/WCDMA （欧洲）
IMT-2000 CDMA-MC：CDMA2000MC （美国）
IMT-2000 CDMA-TDD：TD-SCDMA 和 UTRA TDD（中国）
IMT-2000 TDMA-SC：UWC136 （北美）
IMT-2000 TDMA-FT：DECT （欧洲）

国际电信联盟（ITU）在 2000 年 5 月确定 WCDMA、CDMA2000 和 TD—SCDMA 为三大主流无线接口标准，写入 3G 技术指导性文件《2000 年国际移动通讯计划》（简称 IMT—2000），目前已经成为商用标准。

WCDMA 即 WidebandCDMA，其支持者主要是以 GSM 系统为主的欧洲厂商和日本公司，包括欧美的爱立信、阿尔卡特、朗讯、北电，以及日本的 NTT、富士通、夏普等厂商。这套系统能够架设在现有的 GSM 网络上，对于系统提供商而言可以较轻易地过渡。

CDMA2000 也称为 CDMAMulti—Carrier，由美国高通北美公司为主导提出，摩托罗拉、朗讯以及韩国相关企业都有参与，并且韩国成为该标准的主导者。目前使用 CDMA 的地区只有日、韩和北美，所以 CDMA2000 的支持者不如 WCDMA 多。

TD-SCDMA 是中国独自制定的 3G 标准，1999 年 6 月 29 日，由原邮电部电信科学技术研究院（大唐电信）向 ITU 提出。该标准将智能无线、同步 CDMA 和软件无线电等技术融于其中，在频谱利用率、业务支持的灵活性、频率灵活性及成本等方面具有独特的优势。

2. WCDMA

（1）系统结构

WCDMA 系统分为移动台、接入网和核心网三个部分。移动台即通用移动通信系统（Universal Mobile Telecommunications System，UMTS）手机，核心网络将用户接入各种外部网络以及业务平台，如电路交换语音网、数据网、互联网、短信中心等。

WCDMA 的核心网包括 R99、R4、R5 和 R6 四个版本。

R99 版本从 1999 年 12 月起开始使用，且每三个月更新一次，到 2000 年 6 月基本稳定。R99 版本提供的主要业务平台包括基本定位业务、号码可携性业务、智能业务的增强、GSM 和 UMTS 间的切换等。

R4 版本主要是引入了全 IP 网络，并设立了 IP 多媒体子系统和业务子系统。R4 网络相对于 R99 的最大变化是在电路域引入了软交换，将控制和载体分离。

R5 版本提供基于 IP 的多媒体业务，可实现与其他多媒体网络的互通，在核心网中提供对控制平台的保护和对用户平台的保护，无线接口和安全接口得到进一步改进和增强，在接入网部分通过引入 IP 技术实现端到端的全 IP 化。

R6 版本在网络架构方面没有太大的变化，主要是增加了一些新的功能特性，包括无线接口增强、多媒体广播和多播业务、紧急呼叫增强、数字权限管理等等。

WCDMA 业务分为电路型业务和分组型业务，其中电路型业务又分为电信业务（包括基本语音业务、紧急呼叫业务、补充业务）和电路型承载业务（包括电路多媒体业务和 IP 数据承载业务），分组型业务包括 Internet 业务和 MMS 业务。

（2）基本原理

WCDMA 网络采用正交可变速率扩频增益码（Orthogonal Variable Spreading Factor Code，OVSF）来区分不同类型速率的业务，这种码字能够保证下行链路不同用户信道或同一用户不同业务信道的正交性，对于不同的数据速率，这种正交性仍然存在，保证了 WCDMA 能够适应多种业务的要求。两个相同的 OVSF 序列的模 2 加之和等于 1，两个不同的 OVSF 序列的模 2 加之和等于 0（正交性），因此可以用来区分同一扇区的不同信道，由于在不同的信道中可以传送不同用户的信息，相当于 OVSF 码对用户进行了区分。

扩频是把信号与扩频码逐位相乘，由物理层的比特速率提高为码片速率，并且统一到同一码片速率上，即 3.84Mchip/s。由于码片速率的提高，信号频谱也随之扩展，因此码字称为“扩频码”。在扩频系统中，一般采用两种类型的序列，一种是用于区分基站或用户，另一种是用来区分每个用户占用的信道。在实际系统中，互相关特性较好的正交码用于系统的扩频序列，自相关特性较好的伪随机序列用于完成基站和用户的识别。

在 WCDMA 系统中，物理信道分为上行信道和下行信道。上行信道是指从手机到基站方向的信道，采用混合相移键控（Hybrid Phase Shift Keying，HPSK）调制方式；下行信道是指从基站到手机方向的信道，采用四相相移键控 QPSK 调制方式。

上行物理信道分为上行专用物理信道、随机接入物理信道、公共分组物理信道。上行专用物理信道又包括上行专用数据信道和上行专用控制信道，用于移动台在通信过程中传送语音、数据和控制信息。

上行专用物理信道的帧长为 10ms，分成 15 个时隙，每个时隙 2560 个码片（chip），对应 WCDMA 中的码片速率为 3.84Mchip/s，72 个连续的帧构成一个 720ms 的超帧。

随机接入物理信道用来传输接入信道信息，分为前导（preamble）和消息两部分。前导由一系列签名序列组成，用来与基站取得联系，每个前导包含 4096 个码片，总共有 16 个可选择的签名序列。消息部分由数据信息和控制信息组成，包含 15 个时隙，每个时隙的长度为 2560 个码片。

公共分组物理信道是用来承载公共分组信道的，由多个用户竞争使用。它包含若干个长度为 4096 个码片的接入前导（Access Preamble）、一个 4096 码片的冲突检测前导（Collision Detection Preamble）、一个 8 时隙（或 0 时隙）的功率前导（Power Control Preamble）和一个可变长度的消息部分组成。

下行物理信道共有两大类，专用下行物理信道（DPCH）和公共下行物理信道（CDPCH）。专用下行物理信道属于下行基本业务承载信道，用于基站在通信过程中传送语音、数据和控制信息。DPCH 信道可以多个并行传送，目前还只能使用单个专用下行物理信道，所以下行数据的最大传输速率为 384Kbps，若多个信道同时使用，则可达到 2Mbps 的传输速率。

公共下行物理信道包括同步信道、公共导频信道、公共控制物理信道、物理下行共享信道、查询指示信道、接入查询指示信道、冲突检测 / 信道分配指示信道、寻呼指示信道、状态指示信道等九种，用于基站在通信过程中传送下行公共物理控制信息。

3. CDMA2000

（1）系统结构

CDMA 码分多址系统的结构由核心网电路域（交换子系统）、核心网分组域（分组子系统）、基站子系统（BSS）、操作维护子系统和移动台（MS）五部分构成。

基站子系统是CDMA系统中与无线蜂窝关系最直接的基本组成部分，通过无线接口直接与移动台相接，负责无线发送接收和无线资源管理。此外，基站子系统与网络子系统（NSS）中的移动交换中心（MSC）相连，实现移动用户之间或移动用户与固定用户之间的通信连接。

基站子系统由基站收发信台（BTS）和基站控制器（BSC）两部分构成，BTS属于基站子系统的无线部分，由BSC控制服务于某个小区的无线收发设备，完成BSC与无线信道之间的切换，实现BTS与移动台MS之间的无线传输。BSC是基站子系统的控制部分，对各种接口、无线资源和无线参数进行管理。

网络子系统包括含有CDMA系统的交换功能和用于数据与移动性管理、安全性管理所需的数据库功能。移动交换中心（MSC）是网络的核心，提供交换功能及其他功能。

（2）基本原理

CDMA2000定义了逻辑信道和物理信道来传输用户的数据和信令信息。物理信道是基站和手机之间的通路，主要用数字编码和无线传输特性来描述。逻辑信道是手机和基站协议层间的通路，传送的信息按照是单个或多个用户，传输的是数据还是信令，以及传输方向来分组，在不同的逻辑信道上进行传输。逻辑信道上的信息最终会通过一个或多个物理信道承载传输，逻辑和物理信道之间的对应关系称为“映射”。一个逻辑信道可以永久占用一个物理信道，或者临时占用一个物理信道，也可以同其他逻辑信道共享物理信道。

CDMA2000前向链路物理层采用QPSK调制方式，同时采用卷积码和Turbo码两种纠错编码。在高速率、对译码时延要求不高的信道使用Turbo码以利用其优异的纠错性能，在语音和低速率、对译码时延要求比较苛刻的数据链路中使用卷积码。反向链路采用64阶正交和BPSK调制方式，反向纠错编码也采用两种，语音和一般速率数据业务采用卷积码，高速数据速率业务采用Turbo码。

CDMA2000 1x可在1.25MHz带宽内提供307.2kbps高速分组数据速率，CDMA2000 3x在5MHz带宽内实现2Mbps的数据速率。

CDMA系统的初始同步包括PN码同步、符号同步、帧同步和绕码同步，一般采用“三步捕获法”进行，即通过对基本同步信道的捕获建立PN码同步和符号同步，通过对辅助同步信道的不同扩频码的非相干接收确定扰码组号，最后通过对可能的扰码进行穷举搜索，建立扰码同步。

在CDMA移动通信系统的接收技术中，由于信号带宽较宽，在时间上可以分辨出细微的多径信号，对分辨出的多径信号进行加权调整从而使得信号增强，在一定程度上降低了多径衰落信道所造成的负面影响，该技术称为Rake多径分集接收技术。CDMA2000下行链路采用公用导频信号，上行信道采用用户专用的导频信道，发送未经调制的导频信号，使接收端在确知已发数据的条件下估计出多径信号的相位，以实现相干方式的最大信噪比合并。

4．TD–SCDMA

（1）概述

TD–SCDMA（Time Division–Synchronous Code Division Multiple Access，时分同步码分多址）是中国提出的第三代移动通信标准。2000 年 5 月，ITU(国际电信联盟）公布 TD–SCDMA 正式成为 ITU 第三代移动通信标准 3G 国际标准的一个组成部分，与欧洲 WCDMA、美国 CDMA2000 并列为三大主流 3G 国际标准。

TD–SCDMA 采用时分双工方式，不需要使用成对的频率，所以各种频率资源在 TDD 模式下都能得到有效的利用，从而可以充分利用不成对的频段，提高了频谱的利用率。此外，在 TDD 模式下，前向信道和反向信道工作于同一频段，前向和反向信道的信息通过时分复用的方式来传送，特别适合于不对称的上、下行数据传输速率，当进行对称业务传输时，可选用对称的转换点位置；当进行非对称业务传输时，可选择非对称的转换点位置。由于 TDD 模式下上下行链路工作于同一频率，对称的电波传播特性使之便于使用智能天线等技术，达到提高性能、降低成本的目的。

TD SCDMA 的工作频段为 2010~2015MHZ、1880~1920MHz、2300~2400MHz，载波间隔为 1.6MHz，要求的最小带宽为 5MHz，可支持 3 个载波间隔。射频调制方式可选择 QPSK、8PSK、16QAM 等方式，码片速率为 1.28Mchip/s，其数据速率最高可达 2.048Mbps。

TD–SCDMA 也存在一定的缺点。由于 TDD 采用多时隙的不连续传输，对抗快衰落、多普勒效应能力比连续传输的 FDD 差，ITU–R 对 TDD 系统移动速度的要求是不大于 120km/h，而 FDD 系统则可达到 500km/h。另外，TDD 的平均功率和峰值功率的比值随时隙数增加而增加，考虑到能耗和成本因素，用户终端的发射功率不可能太大，所以小区半径较小。

（2）编码技术

为了保证数据在无线链路上可靠传输，物理层需要对来自 MAC 层和高层的数据进行编码复用后发送。同时物理层接收到来自无线链路上的数据后需要进行解码解复用后再传输。

编码复用单元数据以传送块的形式传输，首先对每个传送块进行 CRC 差错检测，CRC 码的长度可为 24、16、12、8 或 0 比特，具体的比特数目由高层根据信道所承载的业务类型决定。在一个传输时间间隔内的所有传送块都是顺序级联起来的，如果在一个传输时间间隔中的比特数目大于码块的最大尺寸，传送块级联后进行码块分段。

TD–SCDMA 系统采用了卷积码和 Turbo 码两种信道编码方案。对于低速率的数据业务，一般使用卷积码，编码速率可选择 1/2 或 1/3；对于高速率的数据业务，一般使用 Turbo 码；信道交织深度可选 10ms ~ 80ms。例如，对于 384kbps 的业务，信道编码方式为 Turbo 码，编码速率为 1/3，交织深度 10ms。另外也可根据业务质量的要求选择不同的编码方式，对于误码率在 10^{-3} 量级的业务选用卷积码编码方式，对于误码率在 10^{-5} 量级的业务则选用 Turbo 码编码方式。

交织的作用是克服突发性错误。在 TD-SCDMA 系统中有两次交织，第一次交织是列间交换的块交织，即把输入比特序列逐行写入矩阵，执行矩阵的列间交换，然后从矩阵中逐列读出块交织器的输出比特序列，从而完成无线帧之间的交织。第二次交织也是一种块交织，其过程包括数据到一个矩阵的比特输入，矩阵的列间交换以及矩阵删减后的比特输出。经过第二次交织后的数据平均分配到两个 5ms 的子帧上，即子帧分段。子帧分段单元输出的比特流被映射到该子帧时隙的码道上，然后进行数据调制和扩频扰码处理。TD-SCDMA 系统采用的数据调制方式为 QPSK，对于 2Mbps 业务，使用 8PSK。TD-SCDMA 采用的扩频码是一种 OVSF 码，可以保证在同一个时隙上不同扩频因子的扩频码是正交的，从而可以区分同一时隙中的不同用户。第二次交织之前，还要进行复用。TD-SCDMA 系统根据无线信道的传输特性，每隔 10ms 将来自每个不同传输信道的无线帧送到传输信道复用单元，然后根据承载业务的类别进行复用或组合，构成一条或多条编码组合传输信道。

（3）其他关键技术

TD-SCDMA 中采用了智能天线技术、联合检测技术、同步技术、功率控制等关键技术。

智能天线技术是利用天线阵列对波束的汇聚和指向的控制来形成多个独立的波束，可以跟踪信号的变化，自适应地形成天线的方向图。具体实现是在发射端根据接收到的信号在天线阵上产生的相位差，提取出移动台的位置信息，有效地产生多波束赋形，为每一个移动台提供跟踪波束，为快速移动的移动台提供快速波束跟踪。接收端将每个阵元的输入信号进行自适应加权调整，并与其他信号相加，达到从混合的接收信号中解调出期望得到的信号，并抑制干扰信号的目的。TD-SCDMA 系统采用了智能天线技术，大大改善了通信系统的性能：提高了基站接收机的灵敏度，降低了发射功率电平，提高了每一用户的信噪比，减少了相邻小区的干扰，降低了多径干扰，增加了系统容量及小区覆盖半径。

由于信道的时变性以及多径效应，通信信号在无线信道中传输时，同一个用户数据之间存在符号间干扰（ISI），不同用户数据间存在多址干扰（MAI），从而抑制了系统容量的增加。TD-SCDMA 系统中基站和终端都采用联合检测技术和均衡技术，通过联合检测不同用户的信号，将来自其他用户的 ISI 作为 MAI 一并消除，大大提升了系统性能。不仅可以消除或将所有用户的多址干扰降至最低，提高了每载波的用户负载量，还使得小区内干扰最小化，降低了基站和用户设备中功率控制部分的复杂度，使频谱效率在 CDMA 模式下得到显著改进。

在 CDMA 系统中下行链路总是同步的，一般说的同步 CDMA 都是指上行同步，即要求来自不同距离的上行链路的各终端信号在基站解调器完全同步。TD-SCDMA 通过上行同步让使用正交扩频码的各个码道在解扩时完全正交，相互间不会产生多址干扰，降低了由于每个移动终端发射的码道信号到达基站时间不同所造成的干扰，从而提高了系统容量和频谱利用率。

功率控制是 CDMA 系统的核心技术，TD-SCDMA 系统中功率控制分为前向功率控制和反向功率控制，反向功率控制又分为反向开环和反向闭环功率控制。前向功率控制是基站根据测量结果调整每个移动台的发射功率，其目的是对路径衰落小的移动台分配较小的前向链路功率，对远离基站和误码率高的移动台分配较大的前向链路功率。反向开环功率控制仅有移动台参与，移动台根据在小区中接收功率的变化，调节移动台发射功率以达到所有移动台的信号在基站时都有相同的功率。反向闭环功率控制是移动台和基站同时参与，使基站对移动台的开环功率估计作出纠正，以使移动台保持最理想的发射功率。

6.4.4 第四代移动通信技术

2012 年 1 月 18 日，国际电信联盟正式审议通过将欧洲标准化组织 3GPP 的 LTE-Advanced 和北美标准化组织 IEEE 的 Wireless MAN-Advanced（IEEE 802.16）技术确立为 IMT-Advance 国际标准，俗称 4G 标准。中国主导制定的 TD-LTE-Advanced 作为 LTE-Advanced 的一个组成部分包含在其中。关于 IEEE 802.16 的标准我们在第三节已经作了介绍，下面主要介绍 LTE-Advanced 标准。

LTE（Long Term Evolution，长期演进）项目是 3G 的演进，改进并增强了 3G 的空中接口技术。LTE 采用 OFDM 和 MIMO 作为无线网络演进的主要技术，在 20MHz 的带宽下可以提供下行 100Mbps 和上行 50Mbps 的峰值速率。

LTE-Advanced 是 LTE 的增强版本，在 100MHz 的带宽下，可以提供下行 1000Mbps 和上行 500Mbps 的峰值速率，并且针对室内环境进行了优化，能够有效支持新频段和大带宽的业务应用。LTE-Advanced 有时分双工（Time Division Duplex，TDD）和频分双工（Frequency Division Duplex，FDD）两种制式，其中 TD-SCDMA 可进化到 TDD 制式，WCDMA 进化到 FDD 制式。

TD-LTE-Advanced 采用 TDD 双工方式的 LTE，上下行信号在相同的频段内传输，可以充分利用信道的对称性获得发送方的信道信息，利用反馈式预编码 MIMO 系统和波束成形技术提高系统性能。TD-LTE 可以通过调整上下行时隙的比例可灵活实现上下行信道对资源的占用比例配置，非常适合 IP 分组业务的非对称传输。

根据各国家和地区的频谱规划情况，TD-LTE 可在表 6-3 所示的工作频段进行网络部署。频段编号使用 6bit 编码，可以表示 64 个频段编号，其中 1 ~ 32 预留给 E-UTRA（Evolution Universal Terrestrial Radio Access，演进的 UMTS 陆面无线接入）FDD 系统使用，33 号以后给 TD-LTE 系统使用。

表 6-3 TD-LTE 工作频段

频段编号	上行工作频段	下行工作频段
33	1900MHz ~ 1920MHz	1900MHz ~ 1920MHz
34	2010MHz ~ 2025MHz	2010MHz ~ 2025MHz
35	1850MHz ~ 1910MHz	1850MHz ~ 1910MHz
36	1930MHz ~ 1990MHz	1930MHz ~ 1990MHz
37	1910MHz ~ 1930MHz	1910MHz ~ 1930MHz
38	2570MHz ~ 2620MHz	2570MHz ~ 2620MHz
39	1880MHz ~ 1920MHz	1880MHz ~ 1920MHz
40	2300MHz ~ 2400MHz	2300MHz ~ 2400MHz

在这些 TDD 频段中，频段 33、34 和 40 是 ITU 为 TDD 规划的全球漫游频段，35 ~ 37 是为美国规划的 TDD 频段，频段 38 是为欧洲规划的 TDD 频段，频段 39 是为中国规划的 TDD 频段。

为了支持灵活的应用，TD-LTE 支持从 1.4MHz 到 20MHz 的 6 种不同的系统带宽，该系统带宽是指每个 TD-LTE 载波占用的频谱资源，其上行和下行参数如表 6-4 所示。

表 6-4 TD-LTE 上行和下行传输参数

系统带宽	1.4MHz	3MHz	5MHz	10MHz	15MHz	20MHz
时隙长度	0.5ms					
子载波间隔	15KHz					
采样频率	1.92MHz	3.84MHz	7.68MHz	15.36MHz	23.04MHz	30.72MHz
FFT 点数	128	256	512	1024	1536	2048
子载波数	72	180	300	600	900	1200
PRB 数量	6	15	25	50	75	100

TD-LTE 下行多址采用 OFDMA 方式，将资源的最小分配单位定义为连续的 12 子载波，即资源块（Resources Block，RB）。在整个传输带宽的频域上将资源划分为一系列的 RB 来承载数据，单个用户可以使用连续的或离散的物理资源块（Physical Resources Block，PRB）用于数据传输，不同用户通过资源的频域正交来保证不同用户之间没有多址干扰。

为了满足 ITU 提出的 IMT-Advanced 系统峰值速率达到下行 1Gbps、上行 500Mbps 的需求，3GPP 提出扩展传输带宽至 100MHz。在 TD-LTE 系统中，MIMO 技术也得到进一步增强，下行可以支持 8×8 的 MIMO，上行最高支持 4×4 的 MIMO，大大提高了 TD-LTE 系统的性能。

6.5 无线个域网

1998 年，IEEE 成立 802.15 工作组，它是针对无线个域网（Wireless Personal Area Network，WPAN）而成立的，负责开发短距离范围的 WPAN 标准。IEEE 802.15 工作组有四个任务组，分别制定适合不同应用的标准。IEEE 802.15.1 标准又称蓝牙无线个人区域网络标准，属于中等速率、近距离的 WPAN 网络标准，通常用于手机、PDA 等设备的短距离通信。IEEE 802.15.2 标准组主要研究 IEEE 802.15.1 与 IEEE 802.11（无线局域网标准，WLAN）的共存问题。IEEE 802.15.3 标准研究高速无线个人区域网络标准。IEEE 802.15.4 标准组主要研究低速无线个人区域网络标准。

2002 年，IEEE 802.15.1 标准发布，工作于 2.4GHz 频段，提供 1Mbps 的数据传输速率。2003 年，IEEE 802.15.3 标准发布，在 2.4GHz 频段上可获得 11 ~ 55Mbps 的数据速率。

IEEE 802.15.4 标准于 2003 年发布，规定了物理层和媒体接入控制层与固定、便携式及移动设备之间的低数据率无线连接的规范。该标准工作于 868MHz、915MHz 和

2.4GHz 三个频段，可分别达到 20Kbps、40Kbps 和 250Kbps 的数据速率。

2006 年发布了 IEEE 802.15.4 的修订版本，替代了 IEEE 802.15.4–2003。在 IEEE 802.15.4–2006 中明确了一些模糊的概念，减少了不必要的复杂性，增加了安全密钥使用的灵活性，并将一些新的频率分配考虑在内。

6.5.1 蓝牙技术

1998 年，爱立信公司和 IBM、Intel、Nokia 和 Toshiba 四家公司组建了一个特别兴趣组（Special Interest Group，SIG），其目标是开发一个短距离、低功耗和低成本的全球性的小范围无线标准，该项目被命名为蓝牙（Blue tooth）。

蓝牙 1.0 标准发布于 1997 年 7 月，2001 年 2 月发布蓝牙 1.1 版本，并正式列入 IEEE 标准，即 IEEE 802.15.1 标准。2003 年 11 月发布蓝牙 1.2 版本，列入 IEEE 802.15.1a 标准。2004 年发布的蓝牙 2.0 版本添加了更高的数据传输速率，2009 年发布蓝牙 3.0 版本，通过集成 IEEE 802.11 的协议适应层， 最高可达 24Mbps 的数据速率。2010 年 6 月，蓝牙 4.0 版本发布，主要在低功耗和节能上进行了改进。

1. 体系结构

蓝牙系统的基本单元是一个微微网（piconet），最多可以包含 8 个站点，其中一个为主站点（primary），并且一个微微网中仅能有一个主站点，其余的则为从站点（secondary），如图 6–9 所示。

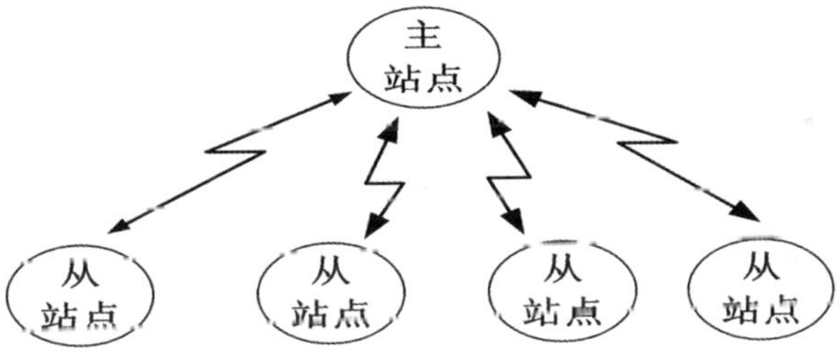

图 6–9 微微网络

一组相互连接的微微网络可以构成一个散射网络（scatternet），如图 6–10 所示。在散射网络中，一个微微网中的从站点可以作为另一个微微网的从站点，甚至是主站点。该站点在第一个微微网中作为从站点接收数据，然后可以再作为主站点将数据发送给第二个微微网中的从站点。

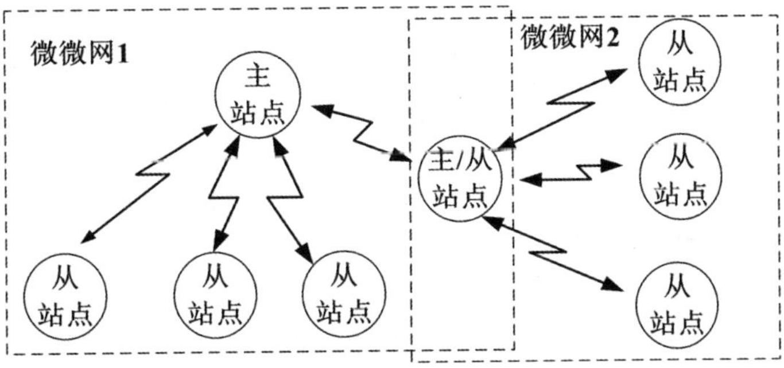

图 6–10 散射网络

一个微微网络除了 7 个处于活跃状态的从站点，还可以附加多达 256 个驻留站点，主站点将这些驻留站点切换到低功耗状态，也就是处于休眠状态的从站点。驻留站点除了响应主站点的激活或者信标信号之外，不做其他任何事情，即脱离休眠状态之前不能进行通信。

微微网是一个集中式的 TDM 系统，主站点控制时钟，并决定从站点的时隙分配。所有从站点的时钟要和主站点保持同步，主站点和从站点之间的通信可以是一对一或者一对多，并且从站点只能和主站点进行通信，从站点与从站点之间不能进行直接通信。

2. 协议栈

蓝牙的协议模型不同于 OSI 参考模型、TCP/IP 模型，也不同于 IEEE 802 的协议模型，而是如图 6–11 所示。

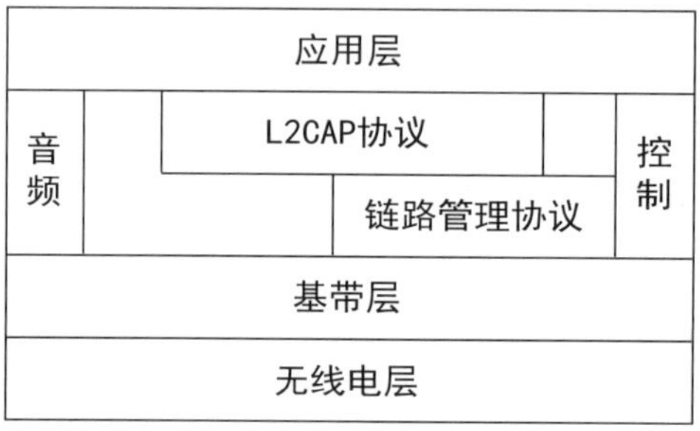

图 6–11 蓝牙协议栈

底层是无线电层，对应于 OSI 模型的物理层，涉及蓝牙无线传输使用的频率、调制方式、传输功率在内的空中接口细节。

基带层类似于 MAC 子层，涉及主站点如何控制时隙、如何将这些时隙组成帧，以及在微微网中的连接建立、寻址、功率控制等内容。

链路管理协议负责在蓝牙设备之间建立链路，包括电源管理、配对和加密以及服务质量。

逻辑链路控制和自适应协议（Logical Link Control and Adaptation Protocol，L2CAP）使高层协议适应基带层，提供无连接和面向连接服务。

最上层是应用层，即应用程序所在位置。

下面我们主要介绍蓝牙无线电层和不同的链路控制协议，因为它们大致对应于其他网络协议栈的物理层和 MAC 子层。

（1）无线电规范

蓝牙属于低功率的系统，通信距离为 10 米，工作于 2.4GHz 的 ISM 频段，该频段被划分成 79 个 1MHz 的信道。

蓝牙采用了 GFSK 调制技术，每微秒传送包含 1 比特的符号，提供 1Mbps 的数据速率。在蓝牙 2.0 版本中引进了增强型数据速率，采用了相移键控 PSK 调制技术，每个符号发送 2 个或 3 个比特，可以提供 2Mbps 或者 3Mbps 的数据速率。

为了与使用 ISM 频段的其他网络共存，蓝牙使用了跳频扩频（Frequency Hopping

Spread Spectrum，FHSS）技术。蓝牙每秒跳频 1600 次，即每个设备每秒改变它的调制频率达 1600 次。在一个设备跳频为另一个频率之前，它使用一个频率的时间为 625μs（1/1600s），即驻留时间为 625μs。

（2）基带规范

基带层相当于局域网中的 MAC 子层，采用了 TDMA 技术控制蓝牙设备的访问。主站点定义了一组时隙，主站点和从站点之间使用时隙进行通信，时隙的长度与驻留时间相等，即 625μs。

蓝牙使用时分双工 TDMA（Time Division Duplexing TDMA），即 TDD–TDMA 技术，是半双工通信的一种类型，发送和接收数据不在同一时间进行，并且每一方向的通信使用不同的跳频。

如果微微网中只有一个从站点，主站点使用偶数时隙（0，2，4，…）传输，从站点使用奇数时隙（1，3，5，…）传输，即主站点获得一半的时隙，从站点共享剩余的一半时隙。在TDD–TDMA模式下，主站点和从站点可以使用半双工模式通信，具体如下：

· 在时隙 0，主站点发送，从站点接收；
· 在时隙 1，从站点发送，主站点接收；
· 在时隙 2，主站点发送，从站点接收；
· …（依次循环）

如果微微网中有多个从站点，通信过程要复杂一些。主站点仍使用偶数时隙发送，网络中所有的从站点在偶数时隙期间进行侦听，只有被寻址到的从站点使用奇数时隙发送，并且只能有一个从站点发送，具体如下：

· 在时隙 0，主站点向从站点 1 发送一帧数据；
· 在时隙 1，从站点 1 向主站点发送数据，其他从站点处于静止状态；
· 在时隙 2，主站点向从站点 2 发送一帧数据；
· 在时隙 3，从站点 2 向主站点发送数据，其他从站点处于静止状态；
· …（依次循环）

（3）链路管理协议

链路管理协议负责建立逻辑信道，该逻辑信道称为链路（link），主站点和从站点通过链路装载数据帧。主站点和从站点之间可以建立两种类型的链路：同步面向连接链路（Synchronous Connection Oriented，SCO）和异步无连接链路（Asynchronous Connectionless Link，ACL）。

SCO 链路连接的基本单元是两个时隙，每个方向一个。一个从站点和主站点之间可以建立 3 条 SCO 链路，每条 SCO 链路可以发送 64kbps 的数字化 PCM 信号。SCO 链路主要用于实时数据的传输，如果一个分组遭到破坏，永远不会进行重传。

ACL 链路基于尽力而为的数据投递，帧可能会丢失，也可能需要重传。一个从站点和主站点之间只能建立一条 ACL 链路，ACL 可以使用一个或多个时隙达到 721kbps 的数据速率。

（4）L2CAP 协议

逻辑链路控制和自适应协议与局域网中的 LLC 子层类似，用于在 ACL 链路中交换数据，在 SCO 链路中不使用 L2CAP 协议。

L2CAP 协议主要有四个功能。首先多路复用，从上层接收高达 64KB 的数据包，并将数据包组成帧送到基带层；接收方从基带层接收帧，提取数据重新组成数据包。

其次是分段和重组。基带层的有效负荷字段最大长度为 343 字节，但是从应用层获得的数据包最大可达 64KB，因此 L2CAP 在源站点将大的数据包进行分段，在目的站点则进行重组。

再次是差错控制和重传。L2CAP 检测错误，并重新发送没有被确认的数据包。

最后是服务质量要求。蓝牙允许站点定义服务质量的等级，如果没有定义服务质量，蓝牙就默认为尽力服务，即尽力提供好的服务质量。

3. 蓝牙帧结构

蓝牙的帧可以包含 1 个时隙、3 个时隙或者 5 个时隙。在时隙的 625μs 长度中，有 259μs 用于跳频，则一个时隙的帧仅持续 625μs −259μs =366μs。对于 1Mbps 的数据速率，一个时隙的帧长是 366 比特。如果帧包含 3 个时隙，同样使用 259μs 用于跳频，则帧的持续时间为 625μs×3−259μs=1616μs，帧长为 1616 比特。如果帧包含 5 个时隙，则帧的持续时间为 625μs×5−259μs=2866μs，帧长为 1616 比特。

蓝牙定义了若干种帧格式，其中最主要的如图 6−12 所示。

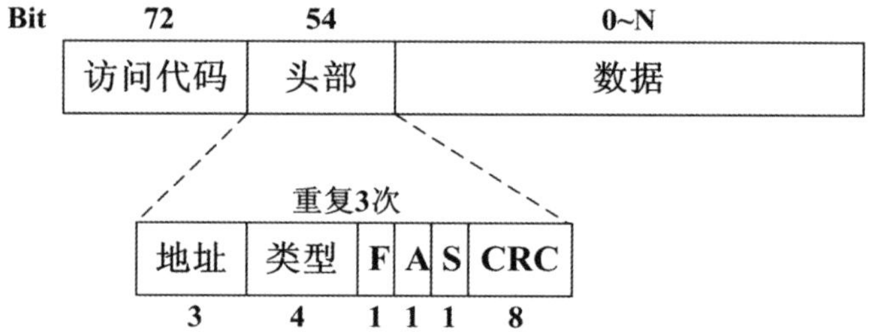

图 6−12 蓝牙帧结构

· 访问代码含 72 个比特，通常包括同步位和主站点的标识符。当从站点同时位于两个主站点的覆盖范围内时，可以利用该访问代码区分数据帧来自哪个主站点。

· 头部含 54 个比特，是 3 个重复的 18 比特的分段，包含以下内容：

· 地址字段有 3 个比特，标识数据帧的接收目标，最多可以定义 7 个从站点（1 ~ 7）。如果为 0，则用于主站点到所有从站点的广播通信。

· 类型字段有 4 个比特，标识了数据帧的类型（ACL、SCO 等）、纠错码类型等内容。

· F 字段有 1 个比特，用来进行流量控制。当设置为 1 时，表示设备的缓存区已满，不能接收等多的帧。

· A 字段有 1 个比特，用来进行确认，指明在一帧中捎带了一个 ACK。

· S 字段有 1 个比特，用于帧的编号，以便接收方检测重传帧。蓝牙协议采用停 − 等式 ARQ 协议，1 位序号就够了。

· CRC 字段有 8 个比特，用于检查每一个 18 位头部分段的错误。接收方逐位比较接收到的 3 个段，如果三个分段每一位对应相等，该位就被接收；否则就少数服从多数，接收两个相同的位。

· 数据字段有三种形式：如果包含一个时隙，则 N=366–126=240；如果包含三个时隙，则 N=1616–126=1490；如果包含五个时隙，则 N=2866–126=2740。

6.5.2 ZigBee 技术

2000 年 12 月，IEEE 成立了 IEEE 802.15.4 工作组，致力于研究低速的无线个人区域网络标准。2003 年 IEEE 802.15.4 标准发布，规定了物理层和媒体接入控制层与固定、便携式及移动设备之间的低数据率无线连接的规范，然后在 2006 年发布了修订版本。

2002 年 8 月，由英国 Inversys 公司、日本的三菱、美国的摩托罗拉和荷兰的飞利浦公司组成 ZigBee 联盟，其目的是为可靠、低价、低功耗的无线网络产品建立一个开放的全球性标准。ZigBee 联盟目前正式发布了 4 个版本的协议标准，分别是 ZigBee 2004、ZigBee 2006、ZigBee 2007 和 2009 年发布的 ZigBee RF4CE。

ZigBee 的协议标准并没有定义物理层和 MAC 层，而是直接采用了 IEEE 802.15.4 的标准，ZigBee 联盟只是对网络层、应用层和安全部分进行了定义，并且负责产品的测试认证和市场推广等方面的工作，如图 6–13 所示。因此，下面我们首先介绍 IEEE 802.15.4 的物理层和 MAC 层，然后介绍 ZigBee 的标准体系。

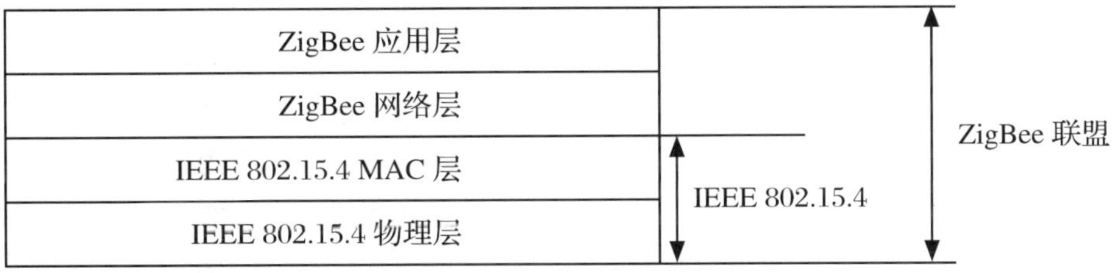

图 6–13 ZigBee 协议栈

1. IEEE 802.15.4 标准

（1）物理层

IEEE 802.15.4–2003 标准定义了三种工作频段，分别工作在 868MHz、915MHz 和 2.4GHz ISM 频段，具体分别为 868 ~ 868.6MHz、902 ~ 928MHz 和 2.4 ~ 2.4835Ghz 频段。

在 868 ~ 868.6 频段，仅仅有 1 个信道，信道编号为 “0”，物理层的数据速率为 20kbps，采用了 BPSK 调制方式。

在 902 ~ 928MHz 频段，划分了 10 个信道，信道编号为“1 ~ 10”，信道间隔为 2MHz。该频段采用了 BPSK 调制方式，数据速率为 40kbps。

在 2.4 ~ 2.4835GHz 频段，划分了 16 个信道，信道编号为“11 ~ 26”，信道间隔 5MHz。该频段采用了偏移四相相移键控（Offset–QPSK，O–QPSK）调制方式，数据速率为 250kbps。

IEEE 802.15.4–2006 版本引入了新的物理层方案。在 868MHz 和 915MHz 频段各添加了两种可选的调制技术，分别是 ASK 和 O–QPSK 调制技术，以适应更高速率应用的需求。

868MHz 和 915MHz 频段采用了 ASK 调制技术后数据速率均达到了 250kbps，868MHz 频段采用了 O-QPSK 调制技术后数据速率均达到了 100kbps，915MHz 频段采用了 O-QPSK 调制技术后数据速率均达到了 250kbps。

（2）MAC 层

IEEE 802.15.4 的 MAC 层提供了信道接入、网络的建立和维护、同步与安全、可靠通信等功能。可靠通信一般是逻辑链路子层（LLC）提供的功能，在 IEEE 802.15.4 标准中进行了简化设计，没有区分 MAC 和 LLC。

IEEE 802.15.4 的 MAC 层定义了三种类型的设备：PAN 协调器（PAN Coordinator）、协调器（Coordinator）和设备（Device）。PAN 协调器是一种特殊的协调器，在网络中是唯一的，是建立网络的设备；协调器在网络中可以有多个，承担网络维护的功能。设备是网络的末端节点。

IEEE 802.15.4 的 MAC 层规定了两种地址，一种是短地址，另一种是扩展地址。短地址是一个临时分配的地址，即设备加入到网络中才会分配的地址，长度为 16 比特。扩展地址是一个长期的地址，设备出厂的时候已经固化，并且全球唯一，其长度是 64 比特。除了地址之外，还定义了 PAN 标识（PAN ID），以区分不同的 PAN，其长度也是 16 比特。

信道接入是 MAC 层的核心，为设备的通信合理安排信道资源。IEEE 802.15.4 采用了和无线局域一样的 CSMA-CA 和 TDMA 接入技术。

MAC 层网络的组织与维护包括网络建立、设备加入、PAN 的标识等功能。网络的建立是由 PAN 协调器完成的，首先进行主动扫描，搜索周围存在的 PAN，根据周围 PAN 标识的情况来进行自己的 PAN 标识的选择。然后进行能量扫描以监听信道，设置适当的工作信道，并设置 MAC 层参数。

网络建立之后，设备要加入网络需要先知道网络的存在。一种方式是网络中的设备向外界发送信标，通告网络的存在，信标中包含了协调器地址、PAN 标识等信息，每个协调器周期性地或根据请求发送信标。另一种方式是要加入网络的设备需要通过扫描来搜集网络信息，了解周围存在的网络以及协调器，从中选择合适的 PAN 和协调器进行加入。

2. ZigBee 网络层

（1）网络拓扑结构

ZigBee 网络有三种拓扑结构：星型结构、树型结构和网状结构，如图 6-14 所示。

星型结构中，网络由一个中心节点进行控制，该中心节点称为 ZigBee 协调器（简称协调器），负责建立网络和维护网络。其他节点称为 ZigBee 终端节点（简称终端节点），直接与协调器进行通信。

树型结构中，协调器除了负责建立网络和维护网络，还要负责一些网络参数的设置，例如地址分配。该结构中还有另外一种设备，称为 ZigBee 路由器（简称路由器），负责路由并维护路由表等信息，以此实现网络的扩展。网络中的每个节点不一定直接与协调器进行通信，可能经过若干个路由器之后才到达协调器。

网状结构中，同样有协调器、路由器和终端节点等设备。网状结构比较灵活，不需要在建立网络的时候限制网络的形状，节点之间的通信可以选择最优的路径。

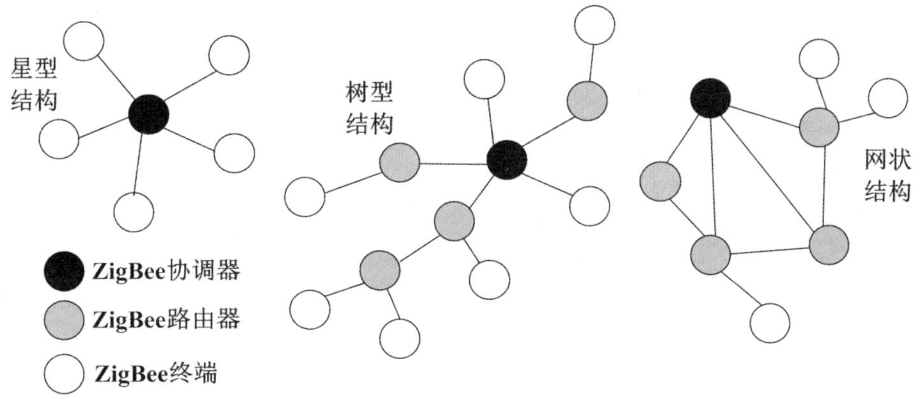

图 6-14 ZigBcc 网络拓扑结构

（2）网络路由

MAC 层的网络建立只考虑本地的通信，而网络层则是依赖于 MAC 层的机制，并考虑网络层多跳的通信。ZigBee 网络的建立和维护通过协调器完成。协调器在指定的网络信道范围内进行能量扫描，通过在各个信道上进行监听，获取各个信道的能量水平，探测已存在的网络，最后选择在已存在网络最少的信道上建立网络，即选择一个干扰和冲突最少的信道建立网络。

ZigBee 网络中最基本的路由方式是树路由，又称为等级路由。所谓树路由是指数据包沿着树的路径进行传递，在路由过程中除了必需的几个网络拓扑参数之外，不需要存储其他的信息，计算比较简单。但是由于只能沿着树的路径传递数据，路径单一，效率较低，而且可靠性不足。

ZigBee 网络中比较高效的路由是网状网路由，它不同于树路由的固定路径，而是寻找一条从源节点到目的节点的最佳路由。路由建立的过程分为从源节点开始寻找目的节点的正向过程，以及从目的节点返回源节点的反向过程。

源节点生成路由请求命令，路由请求命令中包含请求序号、目的节点地址、路径代价等参数，然后开始广播路由请求命令。如果是中间节点收到路由请求命令，则继续转发该路由请求，经过中间节点的多次广播，路由请求命令最终会被目的节点接收到。目的节点不会继续广播路由请求命令，而是生成一个路由应答命令原路返回，即进入反向过程。

从上面可以看出，路由建立的过程，就是源节点以泛洪算法发送路由请求命令，这些命令有的沿着不同的路径到达目的节点，并且沿路记录了返回源节点的路径，目的节点就会选择一条最佳的路径，并原路返回路由应答命令到源节点，此时路由就建立完毕。

6.6 本章小结

本章介绍了无线局域网、无线城域网、无线广域网和无线个域网等技术，包括这四种无线网络技术的体系结构、协议栈以及一些关键技术。随着 IEEE 802.11 系列标准的颁布以及无线保真（Wireless Fidelity，Wi-Fi）联盟的推广，无线网络成为 21 世纪初发展最为迅速的技术之一。新的 3G 和 4G 技术提高了无线广域网的数据传输速率，使得无线网络中的视频传输成为可能。随着物联网的开始普及，无线个域网也逐渐受到重视和青睐。

延伸阅读

（1）IEEE Std 802.11，1999 Edition：WLAN MAC and PHY Specifications

（2）IEEE Std 802.11a–1999：High–speed Physical Layer in the 5 GHz Band

（3）IEEE Std 802.11b–1999：High–speed Physical Layer Extension in the 2.4 GHz Band

（4）http://www.china–3g.com

（5）http://www.china–4g.com/

习　题

1. 简要描述 IEEE 802.11 的体系结构。
2. IEEE 802.11a/b/g 各自的频率及数据速率分别是多少？
3. 简单描述 IEEE 802.11 标准中 CSMA/CA 的工作原理。
4. 简要描述 IEEE 802.16 的四种物理层规范的特点。
5. 列举无线个域网的几种典型应用。

第 7 章 宽带接入技术

7.1 ADSL 接入技术

目前电信部门采用的铜线接入技术主要是数字用户线（Digital Subscriber Line，DSL）技术，人们常用 xDSL 来代表一系列不同的数字用户线技术，其中非对称数字用户线（ADSL）技术的应用最为广泛。

7.1.1 xDSL 技术

xDSL 是在普通电话线上高速传输数据的“数字用户线”的总称，包括 HDSL、SDSL、ADSL、RADSL、CDSL、ISDL 和 VDSL 等。它采用不同的调制方式将信息在现有的公用电话交换网（PSTN）的引入线上高速传输，其接入方式为点到点的拓扑结构，在用户侧和网络侧都要有相应的调制解调器。

高比特数字用户线（HDSL）是一种在现有的电话双绞线上利用两对线（HDSL2 只需要一对线）传送 1.5 ~ 2Mb/s 数字信号的技术，传输距离可达 4 ~ 5 公里。

HDSL 采用高速自适应数字信号处理器来均衡全部频段上的线路损耗，消除杂音和串音，利用每对线上的混合线圈和回波抵消器来抵消回波。它的线路码型可以是无冗余度的四电平脉冲幅度调制基带传输码 2B1Q（分别用 + 3、+ 1、 - 1 和 - 3 四种电平来代表 10、11、01 和 00），在一个码元内传输 2 比特的信息。也可以是无载波幅度相位调制码 CAP，每个码元传送 4 比特的信息。同 2B1Q 码相比，CAP 码不仅频带利用率高，而且抗干扰的能力也强，传输距离也较远。

HDSL 是一次群话路 E1/T1 的一种替代技术，主要用于数字交换机的连接、高带宽的视频会议、远程教学、蜂窝电话基站连接、建立专用网络等。

对称数字用户线（SDSL）是在 HDSL 基础上发展起来的一种技术，它开始是在一对电话线上传输速率为 768kb/s 的数据信号，有的开发商甚至研制出了利用一对电话线传输 1.5 ~ 2Mb/s 数字信号的技术，即达到 HDSL 用 2 ~ 3 对电话线达到的传输速率，但传输距离小于 3km。也有的开发商利用它传输较低的速率，但传输较远的距离。随着 HDSL 技术的发展，它已被 HDSL2 所取代。

非对称数字用户线（ADSL）利用一对电话线的不同频带来同时传输电话信号、上行数据信号和下行数据信号（这需要一个专用的分离器将数据、语音和图像信号分隔开）；但上行和下行传输速率不对称：下行数据率为 1.5Mb/s ~ 9Mb/s，可用于传输数字电视；上行速率为 16Kb/s ~ 640kb/s，可传输会议电视。其传输距离为 3 ~ 6km。

自适应速率数字用户线（RADSL）的传输速率与 ADSL 相同。其特点是在环境温度、日照、下雨等气候条件的影响下，线路传输条件发生变化时，可以自动适应线路变化的要求，使每条线路的传输速率达到最快。

用户数字用户线（CDSL）同 ADSL/RADSL 相比，传输速率较低（下行 1Mb/s，上行 16 ~ 128kb/s），但它不需要采用远端用户分离器和与之相连的线路，用户仍然可以同时传输话音和进行互联网访问。这就可以减轻网络维护者的工作量和用户的经济负担。

ISDN 数字用户线（ISDL）的传输速率和传输距离与普通 ISDN 的基本速率接口相同，但其基本速率接口不接入 ISDN 的话音交换机，而是接入数字用户线设备。

超高速数字用户线（VDSL）可以是对称的，也可以是非对称的，目标是形成一个包括多种业务的 ATM 物理层，本地 VDSL 的集线器实际是一个 ATM 交换机。

VDSL 也采用频分复用方式，其话音、上下行数据等占用不同的频带范围。系统可以使用的最高频率在理论上为 30MHz，目前的方案只到 12MHz。在传输距离在 1.5km 时，其下行传输速率为 12.96 ~ 13.8Mb/s；在传输距离在 1km 时，为 25.92 ~ 27.6Mb/s；在传输距离为 300m 时，为 51.84 ~ 55.2Mb/s。

VDSL 的线路编码采用 QAM 调制，无载波幅度相位调制码（CAP）或离散多频调制（DMT）等方式。

7.1.2 ADSL 系统结构

非对称数字用户线（ADSL）是在 HDSL 基础上发展起来的，传输距离相近，但具有更好的性能。ADSL 的局端和用户端都有把语音信号和数据信号分开的分离器。分离器中包含一个低通滤波器和一个高通滤波器，电话信号从低通滤波器通过，数据信号则从高通滤波器通过。

ADSL 的网络结构示意图如图 7-1 所示。局端的分离器把来自用户端的模拟语音信号和被调制在模拟载波上的数据信号分开，模拟话音信号进入电路交换机进行交换，已调数据信号则经过 ADSL 调制解调器解调成数字基带信号，通过 IP 路由器或 ATM 交换机同广域网（包括互联网）相连。

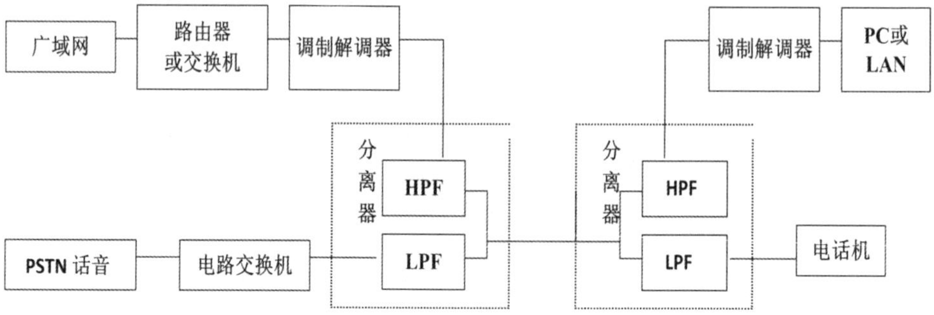

图 7-1 ADSL 网络结构

用户端的分离器则进行类似的过程，把来自局端的模拟话音信号和被调制在模拟载波上的数据信号分开，分别进入电话机和调制解调器、计算机等。一般用户端的分离器和调制解调器做成一个设备，合称为 ADSL 调制解调器，为用户提供电话、高速数据广播或视频点播等服务。

7.1.3 ADSL 调制技术

1. 传输带宽

电话线在理论上具有 2MHz 的带宽，但普通电话上只利用了 0 ~ 4kHz 的低频部分，在传输数据时一般只有 28.8kb/s 的传输速率，最多为 56Kb/s 。在 ADSL 中采用一个专用的调制解调器，使用了电话线中一直没有使用过的高频段，并采用数字调制技术突破了电话调制解调器的速度极限。

> ADSL 采用频分方式来同时传输数据信号和话音信号：利用 0~4kHz 的频带传输电话信号，26~1104kHz 的频段用来传输数据信号，其中 26~108kHz 的频段用来传输上行数据，138~1104kHz 频段传输下行数据。其频谱分布如图 7-2 所示。

ADSL 的传输速率可以是 16kb/s 的任意整数倍。一般下行数据率为 1.5Mb/s ~ 9Mb/s，可用于传输数字电视；上行速率为 16Kb/s ~ 640kb/s，可传输会议电视。在系统启动时，可按照操作者的设定速率启动，也可以采用自动选择速率，以使每一条线路的吞吐量达到最大。

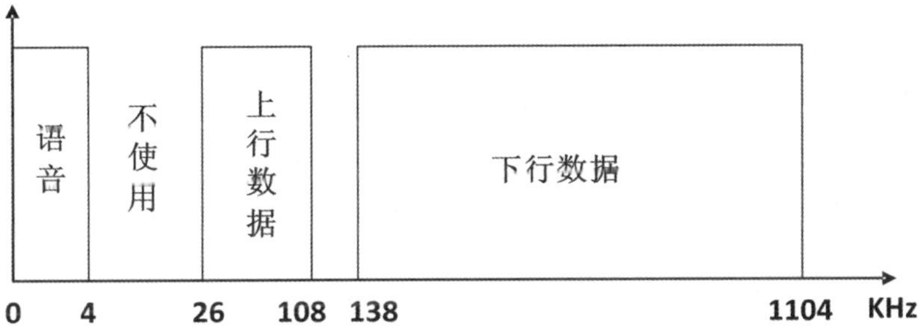

图 7-2 ADSL 频谱分布

我们知道，传输速率越大，码元间的间距越小，越容易产生码间（或载波之间）干扰；传输距离越远，波形展宽越严重，也越容易产生码间（或载波之间）干扰。在误码率相同的情况下，ADSL 的传输速率越大，传输距离就越近。例如，下行速率为 1.544Mb/s 时，传输距离为 6000m；下行速率为 2.048Mb/s 时，传输距离为 5000m；下行速率为 6.312Mb/s 时，传输距离为 4000m；下行速率为 8.448Mb/s 时，传输距离为 3000m。

2. 调制技术

ADSL 采用的线路编码调制方式可以是无载波幅度相位调制码（CAP）、正交幅度调制（QAM）或离散多频调制（DMT）等，在美国国家标准中规定采用 DMT 技术。

DMT 是一种多载波调制技术，其核心思想是将整个传输频带分成若干子信道，每个子信道对应不同频率的载波，在不同载波上分别进行 QAM 调制，不同信道上传输的信息容量根据当前子信道的传输性能决定，容量高的子信道将分得更多的比特数。

ADSL 利用 DMT 调制技术把整个 1.1MHz 的频带分成 256 个带宽为 4.3125kHz 的子信道，每个子信道独立进行 QAM 调制。

ADSL 划分的 256 个子信道中，信道 0 保留用于语音通信，信道 1 ~ 5 不使用，作为语音和数据通信之间的间隙。信道 6 ~ 30（25 个信道）用于上行数据传输和控制，其中 1 个信道用于控制，24 个信道用于上行数据传输。每个信道在 4kHz 内使用 QAM 调制，每个符号分配 15 个比特，则上行方向可提供 24×4000×15=1.44Mbps 的数据速率。但是由于噪声的影响，通常数据速率在 500kbps 以下。

信道 31 ~ 255（225 个信道）用于下行数据传输和控制，其中 1 个信道用于控制，224 个信道用于数据传输。每个信道在 4kHz 内使用 QAM 调制，每个符号分配 15 个比特，则下行方向可提供 224×4000×15=13.4Mbps 的数据速率。同样，由于噪声的影响，通常数据速率在 8Mbps 以下。

7.1.4 ADSL 帧结构

ADSL 负责提供承载和传输功能，多种不同的数据被封装在 ADSL 帧中进行传输。数据在传输过程中，要经过复用、前向纠错和交织等处理，对应的 ADSL 帧结构也有不同的形式。加入 CRC 字节并经过复用同步处理后的数据帧，称为复用数据帧。经过前向纠错编码器之后输出的数据帧称为前向纠错输出数据帧，其传输速率为 DMT 的符号速率，一个 FEC 数据块可以跨越多个 DMT 符号。送入星座编码器的数据帧称为星座编码输入数据帧。ADSL 引入了超帧的概念，它是由数据帧集合而成的，其结构如图 7–3 所示。

每个超帧由 68 个数据帧和一个同步帧组成，每个数据帧对应一个 DMT 编码符号。本来，DMT 编码的符号速率为 4k symbol/s，意味着每 250μs 产生一个 DMT 符号，因而一个数据帧的持续时间为 250μs。一个超帧共有 6 8 个数据帧，总的时间长度 250μs×68=17ms。但是由于每个超帧中还有一个不含有任何用户数据的同步帧，为了保证数据传输的实时性，同步帧的加入不能影响超帧的时长，仍然保持在 17ms，因此将每个数据帧的实际时长减少为约 246μs。

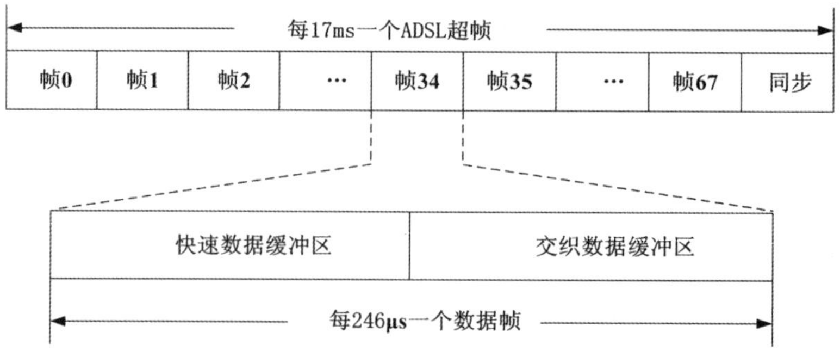

图 7–3 ADSL 超帧结构

无论是上行方向还是下行方向，ADSL 的超帧结构都相同，主要由两部分组成，如图 7–4 所示。第一部分是快速数据缓冲区，快速数据是指对时延敏感而容错性能较好的数据（例如视频和音频）。其内容包含快速附加信息位和快速数据两种。第二部分是交织数据缓冲区，交织数据使得数据不容易受到噪声的干扰，主要应用于纯数据业务（例如 Internet 接入）。其内容包含交织附加信息位和交织数据两种。

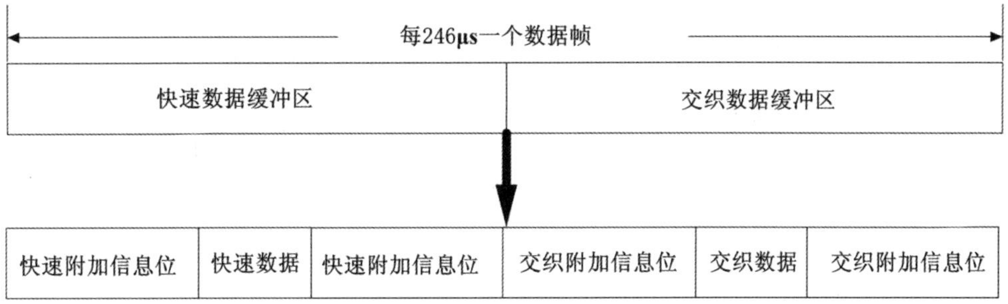

图 7–4 ADSL 数据帧结构

快速数据缓冲区和交织数据缓冲区分别对应两条相关联的路径，一条称为快速路径，另一条称为交织路径。这两条路径拥有各自的 CRC、加扰、FEC 等流程，其主要差别是交织路径在发送端有交织的功能，接收端有对应的解交织功能，快速路径则没有。进行交织的目的是为了抵抗突发性错误，但是会带来时间上的延迟。

ADSL 超帧中的帧长不固定，这是因为 ADSL 线路的速率可变以及其非对称性，使得帧本身的长度会随之变化。ADSL 每 246 μ s 送出一个帧（其中快速数据和交织数据各占 123 μ s），每帧中的比特数取决于快速缓冲区和交织缓冲区的大小，数据缓冲区的大小是在初始化时根据信道速率决定的，ADSL 最大的帧长度是由最高的信道速率所决定的。

7.1.5 第二代 xDSL 接入技术

1. ADSL2 技术

ADSL2 是在第一代 ADSL 的基础上发展起来的，于 2002 年正式通过其国际标准 G.992.3。它采用 4 维 16 态网格编码和 1 比特 QAM 星座图的高效调制技术，在理论上的下行速率可达 12Mb/s，上行速率可达 1.2Mb/s。它还采用可编程的帧头，可根据需要在 4 ~ 32kb/s 之间调整，提高了传输效率。

ADSL2 还可以根据系统的工作情况，在满功率模式（用于高速率连接）、低功率模式（用于低速率连接）和睡眠模式（用于间断离线状况）三者之间快速切换（切换时间小于 3s），以降低能源消耗。

ADSL2 通过更快速的信道转移能力（一旦发现某个信道的噪声增大，可以在很短的时间内，将其上传输的有用信号转移到其他噪声较低的信道）、速率调整能力（在信道噪声增大时，迅速调低传输速率），更严格的子信道禁用能力（禁止使用噪声太大的子信道）和子通道的排序能力，更灵活的速率分配能力，大大增强了抗噪声的能力。

ADSL2 还增加了对线路故障诊断功能的规范，有利于运行维护水平的提高；采用多线对绑定的方式，为用户提供高速率数据服务；对于不同的业务，ADSL2 可以提供不同的带宽，满足其不同的需要。

2．ADSL2+ 技术

ADSL2+ 是在 ADSL2 的基础上发展起来的，于 2003 年 1 月通过其国际标准 G.992.5 的初稿。它将频谱从 1.104Mb/s 扩展到 2.208Mb/s，子载波总数也翻了一番，变为 512 个。其下行速率在理论上可达 24Mb/s，上行速率也为 1.2Mb/s，传输距离也达到 6km。

如果在中心局采用 ADSL2（其频谱在 1.1MHz 以下），在远端终端（密集用户附近的数字用户线复用器）采用 ADSL2+（其频谱在 1.1 ~ 2.2MHz 之间），则可通过在接收端安装滤波器，减少来自中心局和来自远端终端线缆之间的串扰，提高传输性能。

3．VDSL2+ 技术

VDSL2+ 类似于 ADSL 和 ADSL2+ 技术，采用 DMT 调制技术，但是频率范围增加到 30MHz，在 300 米的段距离内，可以提供高达 100Mbps 的带宽。

第一代 VDSL 由于受到双绞线高频衰减物理特性的限制，传输距离一般小于 1.5km，VDSL2+ 通过增强发射功率（20.5dBm），并配合回波抑制的使用，传输距离最远可达 4.5km。

VDSL2+ 兼容 ADSL2+ 技术，摒弃了 QAM 调制技术，而是采用了 DMT 调制技术。在 12MHz 以下，采用 4kHz 的子载波宽度，12MHz 以上频段则采用可变子载波宽度。

VDSL2+ 的频率范围覆盖了中波、短波广播及业余无线电的频谱，因此会受到无线限号的射频干扰，以及传输线对的电气信号对其他电缆线对的串扰。为了消除或减小这些干扰对传输性能的影响，VDSL2+ 采用了频谱开槽、上行功率消减等技术来完成功率谱的管理，提高对接入环境的适应能力。

7.2 HFC 接入技术

7.2.1 概述

光纤同轴混合网（Hybrid Fiber Coax，HFC）是有线广播电视网中的一种主要的技术形式，混合使用光纤和同轴电缆。从前端到各光节点，采用星形或环形连接光纤干线，双向信号采用空分复用方式，即正向信号与反向信号各用一根光纤来传输。从光节点到用户，采用树形连接的电缆网传输，双向信号的传输采用频分复用方式，即正向信号与反向信号使用不同的频率，在同一根电缆中传输。

由于历史的原因，HFC 网络的数据传输形成了欧美两大标准体系及相应的国际标准。欧洲标准称为 DAVIC，是总部设在日内瓦的数字视听理事会（DAVIC）于 1995 ~ 1998 年期间发布的，包括 DAVIC V1.0 ~ V1.5《DAVIC Cable Modem》技术规范。

美国标准称为 DOCSIS（Date over Cable Service Interface Specification，基于电缆

的数据服务接口规范），是有线电视实验室（Cable Labs）在 MCNS（多媒体有线电视网络系统）规范的基础上于 1998 ~ 2006 年期间发布的，包括 DOCSIS V1.0/V1.1/V2.0/V3.0 等一系列技术规范。

国际电联在 ITU–T J.83 的基础上扩展，于 1999 年发布了 ITU–T J.112《交互式有线电视业务传输系统》技术规范；我国于 2004 年发布了 HFC 数据传输的行业标准，即 GY/T 200.1/2–2004《HFC 网络数据传输系统技术规范》。

为了更好地支持欧洲和亚洲的 PAL 制式有线电视，CableLabs 提出了 DOCSIS 的欧洲版本 Euro–DOCSIS。Euro–DOCSIS 对北美标准中的频谱结构、信道带宽及其传输特性进行了修改，以适用于 PAL 制式的有线电视。首先其频谱结构从 DOCSIS 的“低分割”（上行 5 ~ 42MHz，下行 88 ~ 860MHz）修改为“扩展低分割”（上行 5 ~ 65MHz，下行 88 ~ 860MHz），其次下行信道每一频道的带宽从 6MHz 修改为 8MHz，以及基于 PAL 制模拟电视传输的下行信道传输特性，其余则完全保留了 DOCSIS 系统的特性，称为符合欧洲规范的 DOCSIS 系统。

美版和欧版的 DOCSIS 都发展出 2.0 和 3.0 的版本。DOCSIS2.0 是在 1.1 的基础上，增加了物理层的改进，即在上行通道采用了 ATDMA 和 S–CDMA 的物理层技术。

ATDMA 增加了信道带宽，从 DOCSIS1.1 的 3.2MHz 增加到 6.4MHz，不仅增强了前向纠错的能力，符号率也从 DOCSIS1.1 的 2560 ksym/s 提高到了 5120ksym/s。DOCSIS 2.0 定义的上行物理层可以使单个通道上的数据速率达到 30 Mbit/s。此外，还增加了调制规则、增强了更多抵抗路径信号反射干扰的能力、增加了预均衡等功能。

S–CDMA 使用了一套与时间对齐的正交码，以维持同步，减少并发用户之间的干扰，S–CDMA 使得每个数据符号在时间上被展宽，每个发送的符号抗脉冲噪声的能力得到增强，增强的信道均衡使整个系统能够对上行通道中的相位和幅度畸变进行修正与补偿。

DOCSIS 3.0 针对目前越来越大的通信流量的需求，增加了信道绑定的功能，可以将四个或四个以上的有线电视频道带宽绑定在一起进行数据传输。信道绑定技术通过使用“信息包绑定（Packet bonding）”技术，把 120Mbps 的数据分成四个 30Mbps 的数据流（不能大于 30Mbps），绑定在四个电视频道传输，在接收端则把四个 30Mbps 的数据流整合还原成 120Mbps 的数据，使得传输能力达到原来使用单一频道传输的 4 倍以上。

DOCSIS 3.0 标准规定，绑定在一起的频道不能低于 4 个，DOCSIS 3.0 的下行速率起点规定为 160Mbps，而上行速率为 120Mbps，并且还可以通过增加绑定的频道数量来提高上、下行的传输速率。此外，针对 IPv4 地址资源将逐渐耗尽的问题，DOCSIS 3.0 将 IPv6 的技术融合到了标准中。

HFC 是双向传输技术，采用的是频分复用技术，上、下行信道划分不同的频段，其频谱划分结构如表 7–1 所示。以我国的 HFC 频谱划分为例，低端的 5MHz ~ 65MHz 为上行数字传输通道 87MHz ~ 1000MHz 用于下行信号的传输通道，其中 87MHz ~ 108MHz 用于调频广播，110MHz ~ 1000MHz 用于下行模拟和数字信号的传输通道。

表 7–1 HFC 双向数据传输系统频谱划分（MHz）

	ITU–TJ.112			Euro DOCSIS1.1	GY–T106–1999
	欧 DVB–C/DAVIC1.0 ~ 1.2	美 DOCSIS1.0	日本		
上行	5 ~ 65	5 ~ 42	10 ~ 55	5 ~ 65	5 ~ 65
下行	70 ~ 130 300 ~ 862	88 ~ 860	90 ~ 770	108 ~ 862	FM87 ~ 108 V110 ~ 1000

7.2.2 HFC 数据传输系统

HFC 数据传输系统主要由两部分组成：电缆调制解调前端系统（Cable Modem Termination System，CMTS）和电缆调制解调器（Cable Modem，CM），如图 7–5 所示。

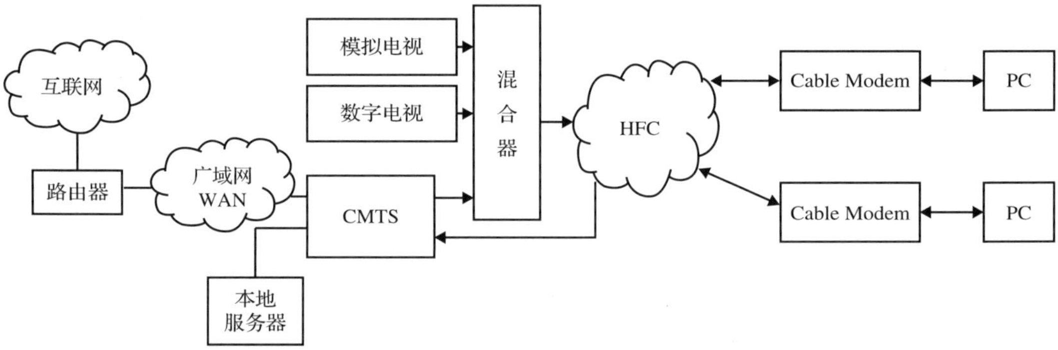

图 7–5 HFC 数据传输系统结构

CMTS 位于 HFC 网络的前端，直接与本地服务器连接，或者通过主干网与远端服务器相连，并通过路由器把 HFC 网络和互联网连接在一起。CMTS 和 Cable Modem 间遵循一定的数据通信协议，进行数据包的双向传输。

CMTS 在下行方向将来自路由器的数据包封装成 MPEG–2 标准的 TS 流，通过内置的调制器（64/256QAM 调制）完成数据到射频信号的转换，最后和广播电视信号混合后送入 HFC 网络。上行方向，CMTS 将接收到的经 QPSK 调制的数据进行解调，转换成以太网帧的形式传送给路由器。同时，CMTS 还负责处理不同的 MAC 程序，这些程序包括下行时隙信息的传输、测距管理以及给各 CM 分配 TDMA 时隙。

CMTS 把每个上行信道分成若干时隙流，并且根据带宽分配算法将每一个时隙定义为数据时隙（Data Slot，DS）或竞争时隙（Competition Slot，CS）。CableModem 通过竞争获得竞争时隙后上传带宽请求信息；CMTS 通过控制各个 CableModem 对竞争时隙的访问进行上行带宽分配（即分配传输数据的数据时隙 DS）。CMTS 根据不同用户的要求来安排是基于竞争还是基于专线的服务方式以及提供不同的服务质量，给每个通过 Cable Modem 上行请求的用户分配带宽，对用户 Cable Modem 进行授权。

CM 位于用户端，通过计算机上的网卡接入 HFC 网络。CM 同样要在两个不同的方向上接收和发送数据，把上行、下行数字信号用不同的调制方式调制在双向传输的某一个 6MHz(或 8MHz) 带宽的电视频道上。

Cable Modem 在下行方向接收来自 HFC 网络的射频信号，将信号送到解调器进行解调。解调后的信号经过去交织和纠错后成帧，最后通过网卡送入用户计算机。在上行方向，用户计算机产生的上行数据，经网卡送入 Cable Modem，进行编码，再经过交织 /FEC 处理，调制后送入 HFC 网。

7.2.3 CableModem 接入技术

目前关于 CableModem 的协议标准有两套，一是以 ATM 为中心的 IEEE 802.14，另一个是以 IP 为中心的 DOCSIS，这两套标准的物理层都是以 ITU–J.83 规范和 MPEG–2 为基础的，差异不大，但是在 MAC 层上的差异却比较大。由于在我国采用较多的是 DOCSIS 标准，并且我国的行业标准 GY/T 200.1/2–2004《HFC 网络数据传输系统技术规范》也是以 DOCSIS 为基础的，因此下面我们主要介绍 DOCSIS 的协议模型，如图 7–6 所示。

<table>
<tr><td colspan="2">网络层及以上</td></tr>
<tr><td>逻辑链路控制子层</td><td rowspan="3">数据链路层</td></tr>
<tr><td>链路安全</td></tr>
<tr><td>MAC 层</td></tr>
<tr><td>传输汇聚子层</td><td rowspan="2">物理层</td></tr>
<tr><td>物理媒介相关子层</td></tr>
</table>

图 7–6 DOCSIS 协议栈

1. 物理层

物理层主要负责实现数据的传输、同步、定向和调制解调功能，由两个子层组成：物理媒介相关子层（Physical Medium Dependent，PMD）和传输汇聚子层（Transmission Convergence，TC）。

PMD 子层主要的功能是对射频载波进行调制解调，并实现对比特流的同步编码和差错校验。该子层规定了 CM 和 CMTS 的电气特性及两者的互操作性，使任何一个符合规范要求的 CM 都能与任何 CMTS 一起工作。由于 HFC 网络的上下行信道是分离的，所以 PMD 子层又分为上行 PMD 和下行 PMD，分别规定了上行和下行传输信号的调制方式、符号率、CMTS/CM 的电气特性等。

TC 子层只处理下行信号，是下行 PMD 子层提供给 MAC 层的接口，使不同的业务类型共享相同的下行载波。TC 子层在 DOCSIS 标准中选用 MPEG–2 标准的 TS 流作为基础，把下行数据封装在 MPEG–2 包内。

目前，DOCSIS 和 802.14 协议规范的 PMD 子层都是以 ITU–J.83（视频、音频、数据信号的数字传输）为基础的，选择的调制方式是 QPSK 和 QAM。QPSK 调制的抗干扰能力比较强，但是频道利用率较低。QAM 调制的频带利用率比 QPSK 要高，而且也具有较好的抗干扰能力。

在 DOCSIS1.0/1.1 标准中，上行方向所采用的调制方式为 QPSK 和 16QAM，所能达到的最高数据传输速率为 10.24Mbps；在 DOCSIS2.0 中，上行调制方式可以选择 64QAM，甚至 128QAM，所能达到的最高数据传输速率为 30.720Mbps，比 DOCSIS1.0/1.1 提高了 3 倍，如表 7–2 所示。

表 7–2 DOCSIS1.0/1.1/2.0 上行方向调制方式比较

DOCSIS 1.0/1.1			DOCSIS 2.0		
调制方式	带宽 (MHz)	数据速率 (kbps)	调制方式	带宽 (MHz)	数据速率（bps）
QPSK	1.6	2,560	32QAM	3.2	12,800
16QAM	1.6	5,120	64QAM	3.2	15,360
QPSK	3.2	5,120	16QAM	6.4	20,480
16QAM	3.2	10,240	32QAM	6.4	25,600
			64QAM	6.4	30,720
			128QAM	6.4	30,720

下行方向采用 QAM 调制技术，CableModem 支持 64QAM 和 256QAM，采用 64QAM 时数据速率最高可达 38Mbps，采用 256QAM 时数据速率最高可达 50Mbps 左右。其中 64QAM 是必须支持的，256QAM 则应视系统特性能否满足载噪比的要求而定。

2. 数据链路层

数据链路层按照 ISO 的 OSI 参考模型可分为逻辑链路控制子层和媒介访问控制子层，并附加了链路安全子层。

LLC（Logical Link Control Procedure，逻辑链路控制过程）子层位于数据链路层的最上面，它与网络层之间的 ARP（Address Resolution Protocol，地址解析协议）用来将网络地址转换成 48 位的以太网地址。

MAC（Media Access Control，媒介访问控制）子层在通信协议栈中处于物理层与网络层之间的链路层，且处于传输汇聚子层（TC）与链路安全子层之间，是链路层中最重要的协议子层。它可看作是系统协议中负责 CMTS 与 CM 之间互操作的一个管理实体，例如负责初始化管理、连接管理及链路管理等；也可视为 MAC 协议控制下的一个转发器。

作为 MAC 转发器，其转发功能有两个：一是将上行帧转发到一个或多个下行信道，在 CMTS 与多个 CM 之间建立 IP 连接。二是将上行帧转发到 MAC 业务接入点，接受 CMTS 主机协议指令管理；并可经网络边界接口 NSI–RFI，实现与外部网络间的转发。由此可见，MAC 子层域是单个 MAC 分配和管理协议操作的上行和下行信道的集合。

MAC 帧是 CMTS 和 CM 的 MAC 子层之间传送的基本信息单元，其长度是可变的。上行和下行方向使用相同的基本帧结构。如图 7–7 所示为一般 MAC 帧格式，它由三个不同的域组成：在 MAC 帧之前，是一个上行突发信号的 PMD 子层开销，或是一个下行会聚 MPEG 流的包头；MAC 帧的第一部分是 MAC 包头，它唯一地标识了 MAC 帧的内容；跟在 MAC 包头后面的是可选的数据 PDU 域，其格式及其有无在 MAC 包头的帧控制域（FC，见图 7–8）中规定。FC 域可明确定义 MAC 帧中是可变长度的包数据 PDU，或是 ATM PDU，或是为将来的 PDU 格式保留的 FC 编码；FC 域还用来定义 MAC 特定的类型。

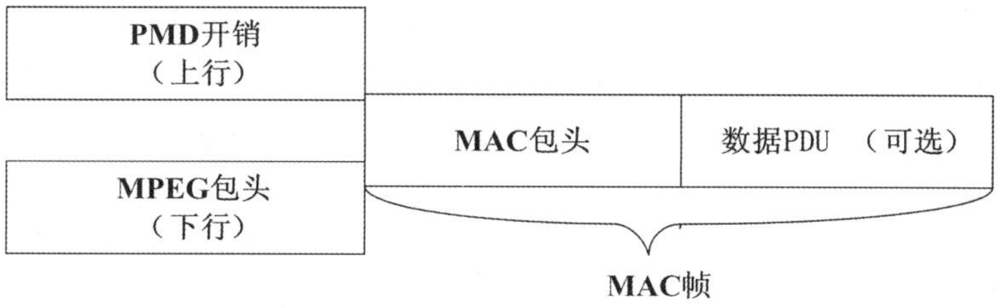

图 7–7 一般 MAC 帧格式

MAC 包头格式如图 7–8 所示。帧控制（FC）域是第一个字节，定义了该帧的类型，唯一地标识 MAC 包头中的其余内容。例如，用其类型域（FC_TYPE）表示 MAC 包头类型："00"为包 PDU 的 MAC 包头；"01"为 ATM PDU 的 MAC 包头；"10"为将来的 PDU 类型的 MAC 包头，用其参数域（FC_PARM）表示与类型域相关的 MAC 帧的参数比特；EHDR_ON 为 1 表示有扩展头。

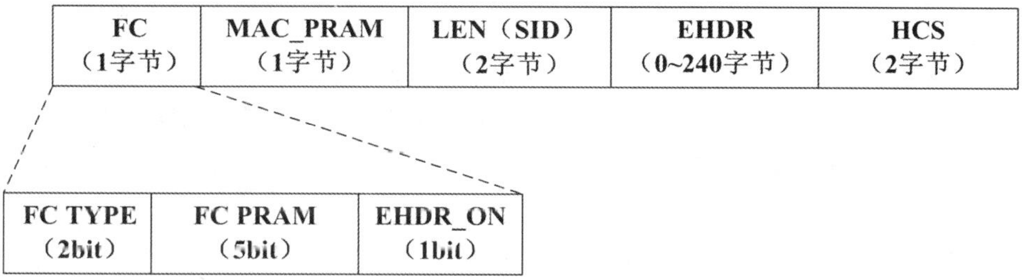

图 7–8 MAC 包头格式

MAC_PARM 是 MAC 帧控制参数，其含义依赖于 FC 的定义，如果 EHDR_ON=1，MAC_PARM 表示扩展帧头的长度（0 ~ 240 字节）；如果该帧类型是串联字头，MAC_PARM 表示串联的 MAC 帧个数；如果该帧是请求帧，MAC_PARM 则表示请求的时隙的个数。

LEN（SID）有两个含义，当该帧是请求帧时，表示请求 CM 的 service ID；除此之外均表示 MAC 帧的长度。

EHDR 提供 MAC 帧格式的扩展，以增加对额外功能的支持。

HCS 是一个 16 位的 CRC，用来检测 MAC 字头的差错情况。

3. 网络层及以上

网络层协议，是 RFC–791 所规定的互联网协议（IPv4），并将过渡到 IPv6。网络层要求 CM 和 CMTS 能支持 IGMP（Internet Group Management Protocol），即支持互联网组播管理协议的管理要求。这种支持有两种方式：IGMP 被动模式是必须支持的，即设备基于已知的用户端组播会话活动状态来选择IGMP，也就是在经成员资格查询后，使用网络层转发组播包。主动模式常指 IGMP 代理执行端或组播路由器。

网络层以上，用户可以使用透明的 IP 性能作为更高层业务的载体。对于 CM 来说，使用这些业务是透明的。除传送用户数据外，更高层还有一些依赖于网络层的网络管理和操作软件的支持能力，包括：SNMP（Simple Network Management Protocol，简单网络管理协议），用于网络管理；TFTP（Trivial File-Transfer Protocol，简单文件传送协议），用于动态下载操作软件和配置信息；DHCP（Dynamic Host Configuration Protocol，动态主机配置协议），用于在 TCP/IP 网上将配置信息传送到主机的帧结构，以分配网络层（IP）地址；ToD（Time of Day，日期时间协议），用来获得时间。

4．上行信道关键技术

（1）传输竞争 / 冲突分解算法

竞争和冲突分解机制是通过竞争获取发送信道；当发现冲突后，采用某种冲突解决机制来处理冲突。在 CableModem 体系中，MAC 层负责仲裁接入、分解竞争和控制业务流量。

> 目前 CableModem 系统中有两种冲突解决机制，其中 DOCSIS 标准采用的是二进制指数退避竞争分解算法，IEEE 802.14 采用的基于树的竞争分解算法。

DOCSIS 标准采用二进制指数退避竞争分解算法，主要用于基于 IP 的 CableModem。CMTS 通过反馈控制上行通路的分配，并确定哪些时隙遇到冲突。该分解算法是基于截短的二进制指数退避算法，由 CMTS 控制初始的和最大的退避窗口。当 CableModem 由于冲突进入竞争分解阶段的时候，它将内部退避窗口设置为有效的传送值；CableModem 从退避窗口中随机选择一个值，这个随机值表示 CableModem 发送之前推迟的竞争传输时隙数。在竞争发送后，如果请求没有被许可，CableModem 将它的退避窗口增大一倍，再一次从新的退避窗口中随机选择一个数并重复推迟发送过程。如果重试的次数达到最大值，该协议数据单元 PDU 就必须被抛弃。

下面我们举例说明：假设 CMTS 通知 CM 一个退避窗口大小，其通告值为 [2，7]，即退避窗口的最小值为 $2^2=4$，最大值为 $2^7=128$，则 CableModem 最初的退避窗口范围是 [0，$2^2-1=3$]，即第一次发送 PDU 请求推迟时隙的个数为 2^n，n 是从 [0，3] 中随机选取的。假设 n=3，表示推迟 $2^3=8$ 个时隙再发送请求。如果竞争失败，请求没有被许可，CableModem 将它的退避窗口扩大一倍，即退避窗口为 [0，$2\times 2^2-1=7$]，从中再选一个数进行推迟。以此类推，不断执行该算法，直到数据成功发送，或者冲突的次数大于一个最大值就放弃发送。

基于数的竞争分解算法的原则是：当发生冲突时，冲突的所有站点被分成 n 个子集，每个子集按照一定的顺序随机选择一个数（1 ~ n 之间）。首先重传第 1 个子集，子集 2 ~ n 等待，等待的各个子集被看做是一个堆栈；如果发生第二次冲突，第 1 个子集再次被分割，已经在堆栈中等待的子集必须在堆栈中最多移动（n–1）个位置，为冲突的新站留出空间；如果没有冲突，堆栈中最低位置的站可以发送。

（2）上行信道带宽分配

DOCSIS 采用 TDMA 将上行信道划分成多个时隙，每个时隙称为微时隙（minislot）。微时隙是上行信道带宽分配的基本单元。在 MAC 层中有一种 PDU，只占 1 个微时隙，称为 miniPDU，CableModem 向 CMTS 提出发送带宽请求时就使用该数据单元 miniPDU。

> CMTS 根据 CableModem 的请求，给 CableModem 分配微时隙，在这些微时隙内，CableModem 可以向 CMTS 发送数据，而不会产生冲突。

在上行信道中有两种类型的微时隙：请求微时隙（request minislots）和数据微时隙（data minislots）。请求微时隙中传送的是请求 PDU，即 CableModem 向 CMTS 提出分配多个微时隙来传输数据的请求，虽然这种请求 PDU 与其他的请求帧有可能会发生冲突，但是由于 PDU 较小，由冲突造成的带宽浪费也不大。当 CMTS 收到 CableModem 的请求 PDU 之后，根据算法分配给 CableModem 一个数据时隙（即多个微时隙），并通过下行信道通知CableModem，可以在这个数据时隙内无竞争地传输数据。

由此可知，CableModem 的上行带宽分配算法为：用户站点在传输数据前先向 CMTS 申请上行信道，由 CMTS 分配信道（即分配多个微时隙给用户），并将结果通过下行信道发送给站点，站点再在分配的时间里完成无竞争的传输，其过程如下所示：

· 当一个 CableModem 需要发送数据时，首先从下行信道上获取 CMTS 广播的上行带宽分配信息，从中选取一个空闲的微时隙，用来发送请求 PDU（一个 miniPDU）。

· CableModem 发送请求 PDU，该 PDU 包含 CableModem 的 ID、申请的微时隙个数等信息，发送后等待 CMTS 的确认 ACK。

· 当 CableModem 收到 CMTS 的请求响应之后，如果 ACK 表示冲突，那么 CableModem 执行前面介绍的冲突竞争分解算法，按照算法发送请求 PDU。

· 如果请求成功，则 CableModem 进入等待状态，等待 CMTS 为该 CableModem 发送信道分配信息，该信息包含 CMTS 分配给 CableModem 发送时段的开始时刻，即 CMTS 开始接收 CableModem 所发送信息的起始时刻。

· CableModem 收到分配信息，根据内部算法计算出发送时刻。

7.2.4 EoC 接入技术

基于同轴电缆的以太网承载技术（Ethernet over Coax，EoC）是以太网信号在同轴电缆上传输的一种技术，分为无源 EoC 和有源 EoC 两种类型。无源 EoC 是基带传输，将基带数据信号直接混入有线电视系统，不需要进行调制。有源 EoC 是调制传输，把数据信号调制之后再混入到有线电视系统中传输。

无源 EoC 是指在不改变以太网信号帧格式和 MAC 协议的前提下实现以太网信号在同轴电缆上的基带传输，又称基带 EoC。无源 EoC 采用频分复用技术，利用有线电视信号在 65 ~ 860MHz 频率传输，基带数据信号在 0 ~ 20MHz 频率传输的特性，将这两种信号在一根同轴电缆中传输而互不影响。

> 有源 EoC 技术又称调制 EoC，通过 EoC 局端设备将以太网信号调制到射频频段，然后与电视信号混合，一起通过同轴电缆分配网传输，最后在用户端通过 EoC 终端设备解调，将电视信号和数字信号分离后，把数字调制信号还原为以太网信号。

有源 EoC 分成两大类，即低频 EoC 和高频 EoC。低频 EoC 的技术标准包括家庭电话线网络联盟（Home Phoneline Networking Allince，HomePNA）和家庭电力线联盟（Homer Plug Powerline Alliance，HomePlug）。高频 EoC 技术标准包括同轴电缆多媒体联盟（Multimedia over Coax Alliance，MoCA）和降频 WiFi 技术等。

家庭电话线网络联盟（Home Phoneline Networking Alliance，HomePNA）是一种家庭网络的计算机互联标准，在家庭电话线上采用以太网的 CSMA/CD 传输协议实现数据传输。HomePNA 技术工作于 4–28MHz 频段，信道带宽为 24MHz，使用了 QAM 调制技术，可提供高达 320Mbps 的数据传输率。

家庭插座电力线联盟（Home Plug PowerLine Alliance，HomePlug）采用电力线数据通信（Powerline Communication，PLC）技术，利用中、低压配电网作为通信介质，实现数据、话音、图像等综合业务在电力线上的传输。HomePLug 工作于 2 ~ 28 MHz 频段，信道带宽为 26MHz，物理层使用 OFDM 调制方式，在 26MHz 的信道带宽内使用了 917 个子载波，每个子载波可以进行 BPSK、QPSK、8QAM、16QAM、64QAM、256QAM 和 1024QAM 调制方式，典型的物理层速率为 70 ~ 100Mbps，最高可达到 200Mbps。

同轴电缆多媒体联盟（Multimedia over Coax Alliance，MoCA）致力于提供基于同轴电缆的宽带接入和家庭网络产业标准。MoCA V1.1 标准工作于 800 ~ 1550MHz 频段，信道带宽为 50MHz，采用 OFDM 调制和 TDMA/TDD（时分多址 / 时分双工）技术，每个信道最大的物理数据速率为 270Mbps。MoCA V2.0 标准工作于 500 ~ 1650MHz 频段，将信道带宽提高到 100MHz，可实现最高 700Mbps 的物理数据速率。

WiFi 降频技术主要采用 IEEE 802.11g 标准，通过降频技术把 2.4 GHz 的数据信号频率降低到 860MHz ~ 1000MHz 范围内进行传输，其物理层和 MAC 层传输标准同 IEEE 802.11g 相同。

7.3 光纤接入技术

光纤最早用于骨干网，在高性能干线网上光纤通信已经成为主流。对用户接入网来说，光纤通信也具有强大的发展前景。光接入网的概念最早出现于 1996 年通过的 ITU–T G . 982 建议书，根据 G . 982 的定义，光接入网是指共享相同网络侧接口，传输系统采用光纤接入的接入链路群，它包含光线路终端（optical line terminal，OLT）、光分配网（optical distribution network，ODN）和光网络单元（optical network United，ONU）三个组成部分。

根据光纤在接入网中的推进程度，以及光网络单元 ONU 的位置，光纤接入网有以下几种类型：

光纤到路边（fiber to the curb/cab，FTTC），点到点或点到多点结构，一个 ONU 可以给一个用户或者多个用户提供接入。

光纤到楼（fiber to the building，FTTB），点到多点结构，一个 ONU 为多个用户提供接入。FTTB 比 FTTC 的光纤化程度更高，通常和 ADSL 或者以太网组合使用，为用户提供宽带业务。

光纤到办公室（fiber to the office，FTTO），把 ONU 放置在办公室，属于点到点的网络结构，一个 ONU 为一个用户提供接入。FTTO 主要用于业务量需求大的大型企事业单位。

光纤到户（fiber to the home，FTTH），把 ONU 直接放在用户家里，属于点到点的网络结构。它同 FTTO 一样是全程光纤接入，是光纤化程度最高的。

> 根据OLT和ONU之间是否存在有源设备，光接入网可分为无源光网络(Passive Optical Network，PON)和有源光网络(Active Optical Network，AON)。PON 采用无源光分路器，AON 采用有源电复用器。

7.3.1 PON 接入技术

PON 的概念最早于 1987 年由英国电信公司研究人员提出，经历了从 APON（基于 ATM 的 PON）、EPON（基于 Ethernet 的 PON）、GPON（基于电信网的 Gigabit PON）几个发展阶段。最早的 PON 是基于 ATM 的 PON，后来又称为 BPON，即宽带 PON，其标准是 ITU-T G．983-1998。EPON 是 2000 年底由 EFMA 组织提出的，最终纳入到了以太接入网 IEEE 802.3ah-2004 标准。后来 FSAN（Full Service Access Network）组织考虑到 APON 的低效率和 EPON 的不足，于 2002 年提出了 GPON，并在 2003 年通过 GPON 系列标准。

1．系统结构

无源光接入网包括光线路终端 OLT、光分配网 ODN 和光网络单元 ONU 三个部分，其中光分配网 ODN 全部由光纤、光分路器和一些适配设施等无源器件组成，不含任何有源器件，其系统结构如图 7-9 所示。

OLT 的作用是为光接入网提供网络侧与业务节点之间的接口，经过 ODN 与用户侧的 ONU 进行通信。OLT 与 ONU 为主从通信关系。

ODN 为 OLT 和 ONU 之间提供光传输手段，其主要作用是完成光信号的功率分配。ODN 是由光缆、无源光器件（光连接器、光分路器或光耦合器等）组成的无源光纤配线网，一般呈树形分支结构。

ONU 为光接入网提供用户侧接口，位于 ODN 的用户侧，其主要作用是接收来自 ODN 的光信号并进行处理，为用户提供业务接口。

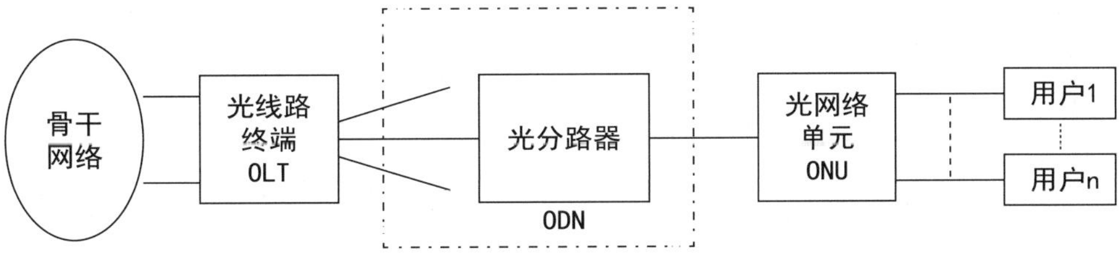

图 7-9 PON 系统结构

2. 复用技术

空分复用（Space Division Multiplexing，SDM）是指利用不同空间位置传输不同信号的复用方式。在 PON 系统中，是指上行和下行信号各使用一根光纤，两个方向的通信单独进行，互不影响。但是光传输设备和线缆双倍，成本增加。

波分复用（Wavelength Division Multiplexing，WDM）是指将多个不同波长的信息光载波复接到同一根光纤中传输，从而提高光纤传输容量的技术。PON 系统分别将各个 ONU 的上行传输信号调制为不同波长的信号，送到光分路器并耦合进馈线光纤，实现上行传输。在 OLT 端再利用 WDM（分波器）分出属于各个 ONU 的光信号，最后通过光电检测解调出电信号。

时分复用（Time Division Multiplexing，TDM）是在同一光载波波长上，把时间分成周期性的帧，每一个帧再分成若干时隙。OLT 根据一定分配算法，给每个 ONU 分配一个固定的时隙，每个 ONU 在每帧内只能在所分配的固定时隙内向 OLT 发送数据，如图 7-10 所示。

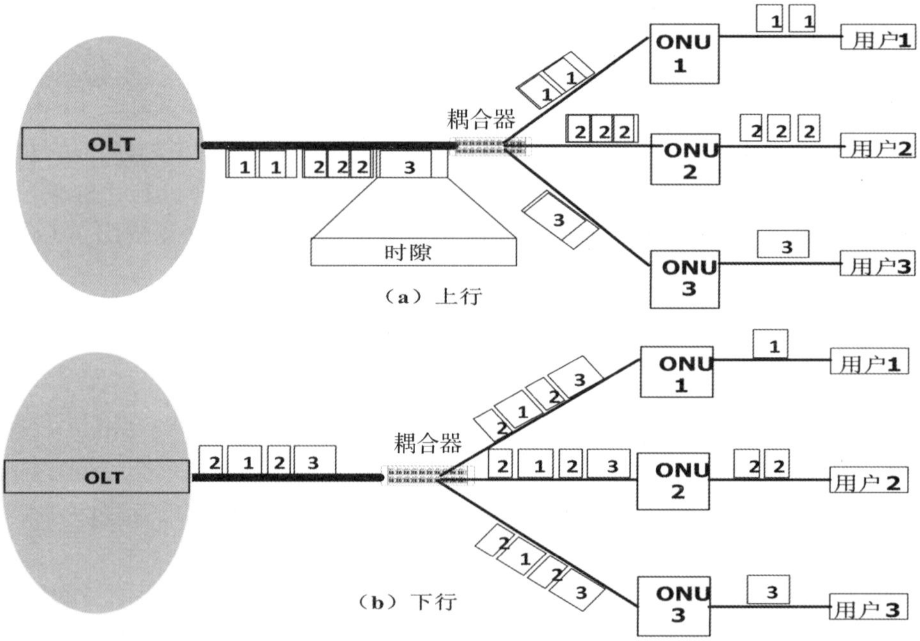

图 7-10 TDM-PON 上行和下行传输示意图

3. 测距技术

PON 系统在上行方向是多点到点的拓扑结构，各个 ONU 到 OLT 的物理距离各不相同，并且其传输距离也会由于环境温度的变化和光电器件的老化等因素而发生动态改变，这样就会导致不同 ONU 发出的信息到达 OLT 的时间不同步，具有一定的时延差异。这种时延差异造成各个 ONU 上行时隙重叠，从而发生碰撞。因此，为了保证各个 ONU 的发送时隙在经过光合路器后在时间上互不重叠地复用在一起，需要知道各个 ONU 上行发送的起止时刻，以及各个 ONU 至 OLT 的时延，也就是距离，然后对时延差异进行补偿，使所有 ONU 到 OLT 具有相等的逻辑距离，从而确保不同 ONU 所发出的信号能够在 OLT 处准确地复用到一起，避免碰撞。这种测量 ONU 到 OLT 时延或者说距离的过程就称为测距。

> 测距的基本思想：测量出各个 ONU 到 OLT 的信号环路延迟时间，然后为每个 ONU 插入一个特定的均衡时延 T_d，使得所有的 ONU 在插入 T_d 后的环路延迟时间都相等，也就是使每个 ONU 都移到与 OLT 相同的逻辑距离处。这样就可以根据时分复用的方式来正确地发送时隙，组成上行帧。

测距分静态测距和动态测距两步进行。第一步，是在 ONU 安装调测阶段进行静态粗测，实现对物理距离差异进行的固定时延补偿。在此阶段 ONU 没有传输用户业务。第二步，是在 ONU 通信过程中进行的实时动态精测，以校正由于环境温度变化和器件老化等因素引起的动态时延漂移。这种时延变化一般是渐变的、微小的，因此一般动态调整值都不大。

4. 带宽分配

在 PON 系统中，上下行带宽分配的基本原理是一样的，只不过下行的带宽分配要比上行容易，因为决定授权的 OLT 知道下行带宽的需求，而不像上行 ONU 要把需求报告给 OLT。所以下面重点讨论上行带宽分配。

在 PON 系统中，ONU 到 OLT 的上行传输是分时占用上行信道，即基于时分多址（TDMA）的工作原理。OLT 对各个 ONU 进行测距获得它们到 OLT 的时延，然后 OLT 发送授权给 ONU，确定 ONU 的上行发送时刻和发送持续时间的长短，保证多个 ONU 发送出的时隙互不碰撞。这个 OLT 授权 ONU 上行发送时刻和时隙大小的过程也就决定了 ONU 上行带宽的分配，因为时隙的大小对应带宽的多少。

PON 的上行带宽分配有两种机制：静态带宽分配和动态带宽分配。

静态带宽分配（Static Bandwidth Assignment，SBA）对带宽采取固定配置，OLT 按照 ONU 预定的带宽进行初始配置，运行期间保持不变。静态带宽分配有两种分配准则，一种是以各 ONU 的峰值速率为基准进行带宽分配，这样能够保证系统的传输性能。但是由于各 ONU 的数据流往往不是同时处于峰值速率，就会导致整个系统带宽没有被充分利用，系统资源利用率大大降低。第二种是以各 ONU 的平均速率为基准进行带宽分配，这样在一定程度上能够提高带宽的利用率。但是常常会出现当一些 ONU 有大的突发数据分组到来时，数据不能及时地发送出去，从而导致数据的丢包率和时延增加。另外，如果大多数 ONU 的数据量都小于平均速率，系统的资源也没有被充分利用。

动态带宽分配（Dynamic Bandwidth Assignment，DBA）对带宽采取实时调度方式，OLT 根据 ONU 的需求情况，实时的改变授权给 ONU 的时隙大小（带宽多少）。实时可以做到每帧改变各 ONU 授权的多少（APON 153 μs，GPON 125 μs），在 EPON 中是 ms 量级的时间改变授权。因此动态带宽分配能够体现 ONU 的实时带宽需求，能够充分利用系统资源，同时改善时延性能。

一般 PON 系统的动态带宽分配功能包括四个部分：首先 OLT 和 ONU 检测带宽需求情况，或者报告网络拥塞状况；其次 ONU 报告带宽请求和拥塞状况给 OLT；然后 OLT 根据带宽请求更新带宽分配；最后 OLT 根据更新后的带宽发送授权。

带宽需求的检测有两种方式，第一种方式是状态报告方式，各 ONU 向 OLT 报告其带宽需求，OLT 根据所有 ONU 的请求和合约决定授权；第二种方式是非状态报告，即 ONU 并不报告其带宽请求，OLT 根据合约和检测 ONU 的流量情况进行带宽分配授权。目前在 APON、GPON 和 EPON 中常用的动态带宽分配采用第一种方式，即状态报告方式。

7.3.2 APON 接入技术

1. APON 概述

基于 ATM 技术的无源光网络（简称 ATM-PON 或 APON）于 1998 年 10 月由 ITU-T 正式通过了 G . 983 .1 建议书，对 APON 系统的标称线路速率、光网络要求、网络分层结构、物理介质层、汇聚层、测距方法和传输性能等做了规定。2000 年 4 月又正式通过了 G.983.2 建议，即 APON 的网管和控制接口规范，2001 年又发布了关于波长分配的 G.983.3，即利用波长分配增加业务能力的宽带光接入系统。

APON 是在 PON 上传送 ATM 信元，物理层采用 PON 技术，链路层采用 ATM 技术。APON 的上行标称线路速率为 155.52Mbps、622.08Mbps，下行标称线路速率为 155.52Mbps、622.08Mbps、1244.16Mbps。其目标传输距离可达 20km，支持的分支比为 1∶16 和 1∶32。

ITU-T G.983.1 规定单光纤 APON 系统上行工作波长为 1260nm ~ 1360nm，下行为 1480nm ~ 1580nm；双纤系统的工作波长上下行均为 1260nm ~ 1360nm。2001 年颁布的 ITU-T G.983.2 对波长分配进行了修订，以通过 WDM 提供增强性业务（如用 1550nm 波长传输视频业务），具体为在单光纤系统中上行工作波长为 1260nm ~ 1360nm，下行为 1480 ~ 1500nm；双纤波长不变，上下行均为 1260nm ~ 1360nm。

APON 系统的网络结构同一般的 PON 结构一样，包括 OLT、OBD（光分路器）和 ONU 三部分组成。在 APON 的网络侧，OLT 与 ATM 交换机连接，在 ONU 和 OLT 之间进行 ATM 信元的传送。在 APON 的用户侧，ONU 通过 ISDN 或者 LAN 与用户连接。

在下行方向，ATM 交换机传送来的 ATM 信元先送给 OLT，OLT 将其变为 155.52Mbps 或 622.08Mbps 的速率，然后送到 PON 网络。PON 网络通过 OBD 对光信号进行分路，以广播方式传送到所有与 OLT 相连的 ONU。ONU 检测出光信号之后，通过 ATM 复用 / 解复用器，根据信元的 VCI/VPI 选出属于自己的信元送给用户端的业务接入单元。

在上行方向，采用时分多址的接入方式，各个 ONU 收集来自用户的信息，采用突发模式发送数据。用户终端发出的信息通过 ONU 插入指定的时隙，送到 OLT。

2. APON 协议模型

APON 的协议层次模型如图 7–11 所示，可分为物理媒介层、传输汇聚层和通道层。物理媒介层位于整个网络的最底层，主要功能有光纤连接、波分复用、电 / 光适配。

<table>
<tr><td colspan="2">通道层</td></tr>
<tr><td rowspan="2">传输汇聚层</td><td>适配层</td></tr>
<tr><td>PON 传输层</td></tr>
<tr><td colspan="2">物理媒介层</td></tr>
</table>

图 7–11 APON 协议栈

传输汇聚层位于物理媒介层的上方，又划分为两个子层：PON 传输层和适配层。PON 传输层位于传输汇聚层的下层，主要功能有测距、信元时隙分配和带宽分配、私密性 / 安全性、帧定位 / 突发同步、比特 / 字节同步等。适配层位于传输汇聚层的上层，对应于 B–ISDN 的传输汇聚子层，遵循 ITU–T I.732 标准。

通道层位于整个 PON 的最上方，对应于 ATM 层的虚通道 VP，遵循 ITU–T I.732 标准。

3. APON 帧结构

ITU–T APON 标准定义了 TC 层帧结构，组成 TC 帧的时隙为 ATM 信元（下行）或 ATM 信元加物理层开销（上行），即下行每时隙宽度为发送一个信元 53 字节的时间，上行每时隙宽度为发送 56 字节（一个信元再加 3 个字节开销）的时间。开销包括三部分：用来防止上行信元间冲突的保护时间（最短长度 4 比特）；用作比特同步和幅度恢复的前导字节；用于指示 ATM 信元或微时隙开始的定界符。

上下行线路速率均为 155.52Mbps 的对称帧结构，如图 7–12 所示。下行包含 56 个 ATM 信元，其中有 54 个 53 字节的 ATM 信元用于承载业务，少量承载 ATM 层的 OAM 信息；还有 2 个 53 字节的下行 PLOAM（承载物理层 OAM 信息）信元；上行由 53 个 56 字节的“信元时隙”组成。所谓“信元时隙”，是指 53 字节的 ATM 信元再加 3 个字节的上行物理层开销字节。上下行帧长均为 152.7 μs。

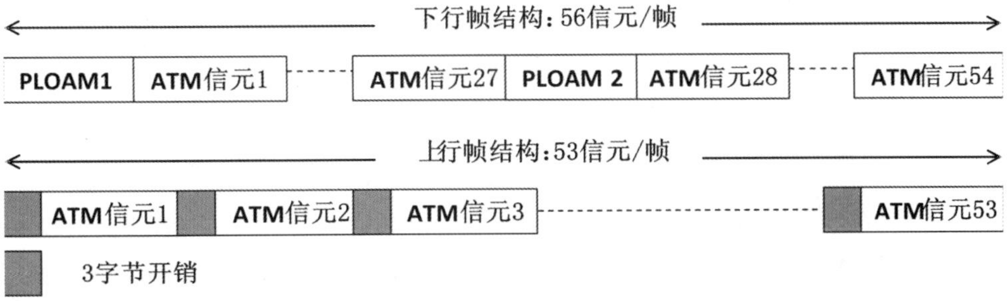

图 7–12 APON 帧结构（上下行速率均为 155.520Mbps）

G.983.1 规定了多种授权信号（均为 8 比特长），分别用于上行发送 ATM 信元、PLOAM 信元和空闲等授权指示。每个下行帧携带 53 个授权信号，分别与上行帧的 53 个时隙对应。ONU 只有收到给自己的授权信号，才能在相应的上行时隙发送上行信元。每个 PLOAM 信元携带 27 个授权信号，两个 PLOAM 信元则携带 54 个授权信号，而一帧只需携带 53 个授权信号。于是，第二个 PLOAM 信元的最后一个授权信号区填充空闲授权信号。对于非对称帧结构（见图 7–13），第二个 PLOAM 信元的最后一个授权信号与余下的 PLOAM 信元的授权信号区全部填充空闲授权信号。

非对称帧结构有两种，一种是下行为 622.08Mbps，上行为 155.52Mbps，其帧结构如图 7–13 所示，下行速率严格为 155.52Mpbs 的 4 倍，由 216 个 53 字节的 ATM 信元和 8 个 PLOAM 信元组成。

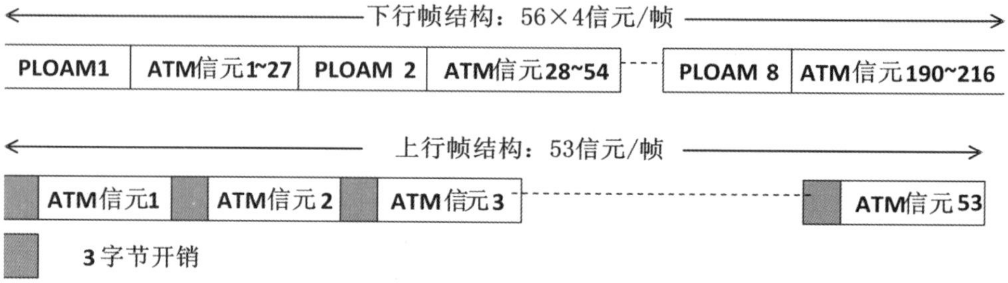

图 7–13 APON 帧结构（上行速率为 155.520Mpbs，下行速率均为 622.08Mbps）

另一种非对称帧结构是下行为 1244.16Mpbs，上行 622.08Mbps，其帧结构如图 7–14 所示。它是目前 APON 容量最大、速度最高的情况。下行帧结构由 432 个 53 字节的 ATM 信元和 16 个 PLOAM 信元组成，上行由 212 个 56 字节的“信元时隙”组成。

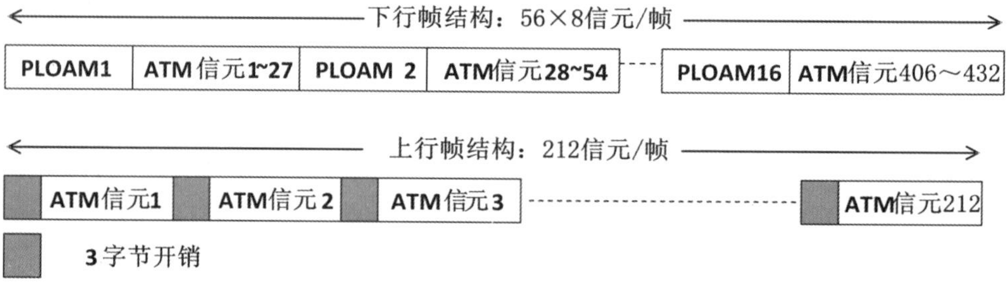

图 7–14 APON 帧结构（上行速率为 622.08Mpbs，下行速率均为 1244.16Mbps）

7.3.3 EPON 接入技术

1．EPON 概述

以太无源光网络（Ethernet PON，EPON）是指采用 PON 的拓扑结构实现以太网的接入。IEEE 于 2000 年 11 月成立了 EFM（Ethernet in the First Mile Study Group）工作组，2001 年 7 月 IEEE 802 LAN/MAN 标准委员会正式成立了 IEEE 802.3ah EFM 工作组，推广以太网在接入网中的应用。

2004 年 6 月，IEEE 802.3ah 标准正式颁布，该标准定义了两种 EPON 的光接口：1000Base-PX10-U/D 和 1000Base-PX20-U/D，分别工作于 10km 和 20km 范围，线路速率上下行均为 1.25Gbps。

EPON 的技术思路是在基于 APON 的 G.983 的基础上，物理层仍然采用 PON 技术，但链路层用以太帧代替 ATM 帧。EPON 同 APON 的本质区别是在传输媒介层上采用千兆以太网作为传输协议，数据链路层上也是采用以太网协议。

下行方向的传输同光千兆以太网物理层一样，OLT 发出的是以太网帧经过编码的连续比特流，速率为 1.25Gpbs，经光分路器到达各分支光纤上仍是 OLT 发给所有 ONU 的比特流，但是信号光功率 / 幅度由于分路而变小。ONU 接收到 OLT 发给所有 ONU 的比特流，解码后根据以太网帧前导码中的逻辑链路标识取出本 ONU 的以太网帧，送上层进一步处理。上行方向：OLT 授权各 ONU 的发送时刻和发送时间的长短，在 OLT 制定的发送时间里，ONU 发送符合光千兆以太网物理层要求的速率为 1.25Gbps 的比特流。

EPON 的系统结构同一般的 PON 结构一样，主要由光线路终端 OLT、光分配网 ODN 和光网络单元 ONU 三部分组成。

OLT 位于前端，在下行方向提供面向无源光网络的光纤接口，上行方向提供高速以太网接口。OLT 的主要功能是向 ONU 广播以太网数据，发起并控制测距过程，记录测距信息；发起并控制 ONU 功率控制，为 ONU 分配带宽及其他的以太网功能。

ONU 位于用户侧，接入用户终端，其主要功能是选择接收 OLT 发送的广播数据，响应 OLT 发出的测距及功率控制命令，并作出响应的调整；对用户的以太网数据进行缓存，并在 OLT 分配的发送窗口中向上行方向发送数据。

ODN 由无源光分路器和光纤构成，其功能是分发下行数据并集中上行数据。

EPON 的光路可以使用两个波长，也可以使用三个波长。如果使用两个波长，下行使用 1490nm，用于携带下行数据、语音和数字视频业务；上行使用 1310nm，用来携带上行用户语音信号和点播数字视频、下载数据的请求信号。如果使用三个波长时，增加一个 1550nm 窗口波长，用于提供 CATV 业务或者 DWDM 业务。

2. EPON 帧结构

EPON 帧同 APON 帧一样，也是一种定时长帧，分上行和下行两种帧结构，其主要区别是 APON 中传送的是包含 48 个字节净负荷和 5 字节信头的 53 字节固定长度信元，EPON 根据 IEEE 802.3 以太网协议传送的是可变长度的数据包，最长可为 1518 个字节。由此可见，APON 系统不能直接用来传送 IP 业务，因为 IP 要求将待传数据分割成可变长度的数据包，最长可为 65535 个字节。APON 若要传送 IP 业务，必须把 IP 包按照每 48 字节为一组拆分，然后在每组前面附加上 5 字节的信头，构成一个 ATM 信元，这样既增加了 OLT 和 ONU 的成本，又浪费了 5 字节的信头带宽。EPON 则非常适合携带 IP 业务，与 ATM 相比，减少了开销。

在 EPON 中，下行传输采用 TDM 方式，OLT 根据 IEEE 802.3 协议，将数据以可变长度的数据包广播给所有 PON 上的 ONU，每个包携带一个具有传输目的地 ONU 标识符的信头。当数据到达 ONU 时，它接收属于自己的数据包，丢弃其他的数据包。其下行帧结构如图 7–15 所示。

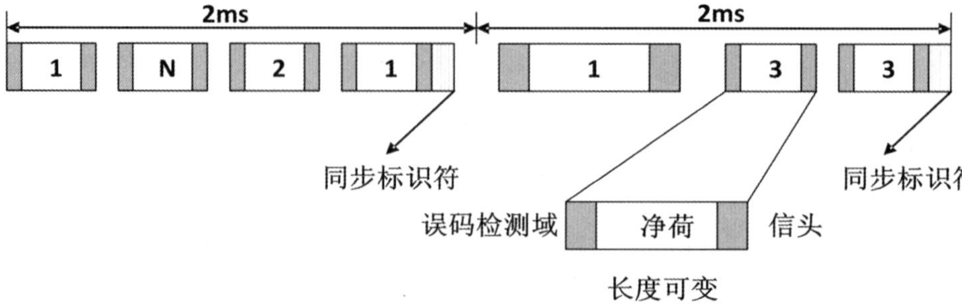

图 7–15 EPON 下行帧结构

EPON 的下行帧固定时长为 2ms，传输速率是 1.25Gbps，由一个被分割成固定长度帧的连续信息流组成，每帧携带多个可变长度的数据包（时隙），图中的 1、2、N 等是每个时隙的标号，即第 1 个、第 2 个和第 N 个 ONU 的时隙。每帧的开头是同步标识符，携带时钟信息，占 1 个字节，每 2ms 发送一次，用于 OLT 和 ONU 的同步。数据包格式遵循 IEEE 802.3 协议，长度可变，每个 ONU 分配一个数据包，每个数据包由信头、可变长度净负荷和误码检测域组成。

EPON 上行传输采用 TDMA 方式，将各个 ONU 发出的上行信息流通过光耦合器耦合进入光纤，以 TDM 的方式复合成一个连续的 TDM 数据流送到 OLT。TDMA 技术是将合路时隙分配给每个 ONU，每个 ONU 的信号在经过不同长度的光纤（不同的时延）传输后，进入共用光纤后正好占据分配给它的一个指定时隙，以避免发生相互碰撞。EPON 的上行帧结构如图 7–16 所示，其上行帧长同下行帧长一样，均为 2ms，每帧有一个帧头，表示该帧的开始。每帧进一步分割成可变长度的时隙，每个时隙分配给一个 ONU，用于发送上行数据到 OLT。

在图 7–16 中，专门用时隙 2（第 2 个 ONU 的时隙）表示传送 ONU–2 的数据，该时隙含有 2 个可变长度的数据包和一些时隙开销。时隙开销包括保护字节、定时指示符和信号权限指示符。当 ONU 没有数据发送时，就用空闲字节填充它自己的时隙。

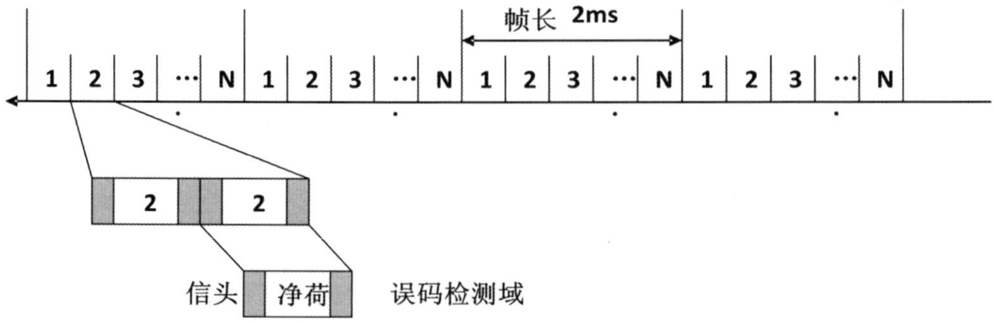

图 7–16 EPON 下行帧结构

3.EPON 协议模型

根据 IEEE 802.3ah 标准，EPON 的协议模型如图 7-17 所示。

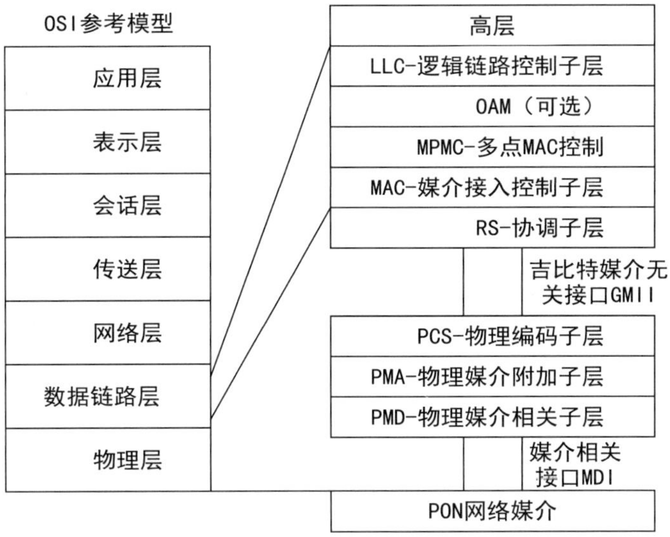

图 7-17 EPON 协议模型

EPON 的物理层由 PCS（物理编码子层）、PMA（物理媒介附加子层）和 PMD（物理媒介相关子层）3 个子层组成。其中 PCS 子层负责对 GMII（吉比特媒介无关接口）传送来的数据字节进行 8B/10B 编码，然后送往 PMA 子层，解码 PMA 子层来的 10B 码送往 GMII; PMA 子层负责发送、接收、定时恢复和相位对准，以及串并或者并串转换; PMD 子层负责串行比特流的传输，包括光电 / 电光转换，产生合适的脉冲波形和功率，适当地均衡、判决接收信号等。

媒介相关接口（Medium Dependent Interface，MDI）规范了物理媒介信号和传输媒介与物理设备之间的机械和电器接口，它是光的连接器，把信号连接到光线路上。

吉比特媒介无关接口（Gigabit Media Independent Interface，GMII）是规范一个清晰地便于实施的划分 MAC 和物理层的接口，它允许多个数据终端设备混合使用各种吉比特速率物理层。

协调子层（Reconciliation Sublayer,RS）提供 GMII 信号到 MAC 层的映射。

EPON 的数据链路层由媒介接入控制子层、多点 MAC 控制子层、运行管理和维护子层、逻辑链路控制子层组成。

媒介接入控制子层(Media Access Control,MAC)负责物理层的数据转发。一般来说，MAC 子层负责封装（成帧、地址标识、差错检测）和媒介接入（冲突检测和延时过程）。即根据 LLC 层所提供的参数对 LLC 来的信息进行成帧（加上 MAC 层自己的帧头和差错校验用的帧尾）；当 MAC 层接收到下层传上来的 MAC 帧时，要进行差错检测，如没有差错，则去掉帧头和帧尾并送往 LLC 层。

多点 MAC 控制子层（MPMC）针对 PON 这样的无源点对多点的拓扑，提供多点接入控制，负责 MAC 子层操作的实时控制和处理。

运行管理和维护子层（OAM）是 IEEE 802.3ah 工作组考虑将以太网应用到公网，运营商对网络的运行、维护和管理需求而增加的。

逻辑链路控制子层（Logical Link Control，LLC）负责数据链路层与媒介接入无关的功能，提供使本地网络层实体与远端对等网络层实体之间交换协议数据单元（PDU）的服务。

4. 多点控制协议

多点控制协议（Multi–Point Control Protocol，MPCP）是为支持点对多点结构提出，其功能包括 ONU 的自动发现和加入、ONU 发送时隙的分配、向高层报告拥塞情况以便动态分配带宽等。EPON 多点控制协议的工作原理如图 9–18 所示。

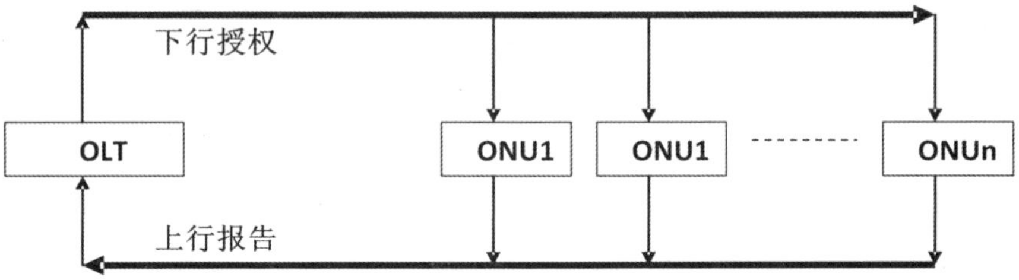

图 7–18 MPCP 协议工作原理示意图

> EPON 采用 TDMA 方式，在共享媒介上某段时间内只允许一个 ONU 发送以太网帧（可以是数据帧也可以是运行维护管理的控制帧），需要经过一个“授权处理过程”。

在“授权处理过程”，OLT 处于主地位，控制 ONU 的发送时间；ONU 处于从地位，在 OLT 授权下才能发送帧。如果有新的 ONU，只有在注册之后才能进入 PON 网络，经过 OLT 允许后才能发送帧。网络发现新的 ONU 后，用一个逻辑链路标识（LLID）绑定 ONU，同时动态地绑定一个到 OLT 的 MAC 连接，完成新发现 ONU 的注册，该过程为“发现处理过程”。OLT 在进行带宽分配时，通过反馈机制以更好地利用 PON 网络带宽，即 ONU 上报、向 OLT 反馈其带宽需求，该过程为“报告处理过程”。最后利用 MAC 控制帧进行“授权处理、发现处理和报告处理”。

MPCP 协议为了完成上述功能，定义了若干 MAC 控制帧：

授权 MAC 控制帧（Gate MAC Control Frame），它是 OLT 发给 ONU 的 MAC 控制帧，用于指示授权 ONU 发送数据的时间通道（gate）是多少，即告诉 ONU 数据发送的起始和结束时刻。

报告 MAC 控制帧（Report MAC Control Frame），它由 ONU 向 OLT 发送，报告该 ONU 的带宽请求，通常以 ONU 缓存区的待发送数据字节数的形式报告。

注册请求 MAC 控制帧（Register_Request MAC Control Frame），它由新 ONU 向 OLT 发送，用于 OLT 发现新 ONU、新 ONU 注册过程，请求 OLT 允许新 ONU 加入到 EPON 系统中。

注册 MAC 控制帧（Register MAC Control Frame），它是 OLT 在收到未注册的 ONU 发来的注册请求帧后发送给 ONU 的，主要包括时间标签、分配给该 ONU 的逻辑链路标识 LLID 等信息。

注册确认 MAC 控制帧（Registered_Acknowledge MAC Control Frame），它是未注册的 ONU 收到 OLT 发送给它的注册 MAC 控制帧后，发送给 OLT 以确认收到时间标签、ONU LLID 等。

5.EPON 的自动发现

EPON 系统中，ONU 的自动发现和注册是非常重要的，因为系统开通运行后增加新的 ONU，或者故障修复后的 ONU 重新加入到系统中时，希望这些 ONU 能够自动地加入，而不影响正常工作的其他 ONU。

IEEE 802.3ah 对 ONU 的自动发现做了相关规定，要求系统在很短时间内（60s）自动完成对新 ONU 的发现和注册，不需要人工干预，并且新 ONU 的加入不影响运行中的 ONU。系统还要求能够根据 ONU 至 OLT 的最远距离，优化 ONU 自动加入的相关参数，支持最远距离为 30km 的 ONU 自动发现加入。下面对 ONU 的自动发现加入过程予以详细描述。

（1）首先，OLT 周期性地向系统各个 ONU 广播发送目的地址为广播 LLID（全零）的注册授权帧，并根据系统内距离最远的 ONU 确定授权大小。

（2）新的 ONU 收到注册授权后，在授权分配的时间内向 OLT 发送注册请求帧，并等待接收 OLT 发送的注册帧。如果 ONU 在发送注册请求帧一段时间后（比如 100ms，可由系统配置）还没有收到 OLT 发出的注册帧，则认为注册冲突，自动延迟一定时间（1 ~ 8s，系统可配置）后，等待 OLT 新的注册授权信息。

（3）OLT 接收到 ONU 发出的注册请求帧后，为该 ONU 分配 ONU ID，然后以广播 LLID 向该 ONU 发送注册帧，目的 MAC 地址指向该 ONU。需要注意的是，只有 OLT 在同一个注册窗口内收到唯一的一个注册请求帧时才进行处理。若 OLT 在同一个注册窗口内，收到多个 ONU 的没有混叠的注册请求帧，则不做任何处理。

（4）OLT 发送了注册帧后，还要给该 ONU 发送授权（该授权在 OLT 认为 ONU 注册失败前有效），让 ONU 发送注册确认帧。如果 OLT 在发出注册确认帧授权后一段时间内没有收到 ONU 发出的注册确认帧，则认为该 ONU 注册失败。

（5）新 ONU 收到注册帧后，用新分配的 ONU ID 代替原来的 ONU ID，在收到 OLT 的注册确认帧授权后，则发送注册确认帧，通知 OLT 新 ONU ID 刷新成功，同时等待带宽授权。如果 ONU 在发送了注册确认帧后，100ms 内还没有收到 OLT 发出的带宽授权，那么 ONU 认为自己注册失败，ONU ID 复位，重新等待注册授权。

（6）OLT 在发送注册确认帧授权后的一段时间内收到 ONU 的注册确认帧，则 OLT 认为该 ONU 刷新 ONU ID 完成，该 ONU 注册成功，否则认为 ONU 注册失败。

当系统中有多个 ONU 等待加入时，有可能引起注册冲突。这是因为各 ONU 在收到注册授权后，在授权允许的时间内向 OLT 发送注册请求帧时，各 ONU 还没有进行测距，不能有效保证各注册请求帧之间的间隔，就有可能发生帧的混叠，产生冲突。因此首先要进行冲突检测，当 ONU 在发出注册请求帧的一段时间内没有收到 OLT 发给自己的注册帧时，就认为自己发生注册冲突，自动进入退避算法。

一般采用两种方法解决注册冲突。一种方法是随机延迟时间，当有注册冲突产生时，发生冲突的 ONU 依然每次都响应注册授权，但要随机延迟一定时间，并要求随机延迟后的应答仍然可以落在授权窗内。随机延迟时间的方法由于需要给冲突的 ONU 留出一定的富裕时间，使它们在冲突并延迟一段时间后仍然能够落在授权开窗允许的范围内，所以需要增大注册授权开窗的长度，从而造成系统的带宽利用率降低，导致整个系统效率的降低。

另一种方法是随机跳过授权开窗。当有注册冲突产生时，发生冲突的 ONU 随机跳过若干个注册授权后再响应。假设注册授权的周期为 1s，那么发生冲突的 ONU 可随机延时 1 ~ 8s（系统可配置），然后继续等待注册授权。该方法比随机延迟时间需要多花一些时间，但是不需要增大注册开窗，不会影响系统的带宽利用率。

6.EPON 系统的测距

EPON 系统上行为多点到一点的拓扑结构，采用 TDMA 方式，每个 ONU 发送时隙与 OLT 分配的时隙必须一致，从而防止各个 ONU 上行数据发生碰撞，这就要求 ONU 侧的时钟应该与 OLT 侧的时钟同步。为达到同步，首先要进行测距，然后再对时钟进行修正。EPON 系统的测距采用时间标签法，即用 ONU 反馈一个时间标签的方法来测量环路延迟，从而得到 ONU 到 OLT 的距离。

OLT 和 ONU 两侧有一个同频时钟，OLT 以一定的时间间隔为每个 ONU 发送当前 OLT 的时钟计数器值，也就是时间标签值。ONU 收到该时间标签值后，用该标签值来代替 ONU 的当前时间标签，这样保证 ONU 以落后于 OLT 一定的时间，同 OLT 在时间上同步。该同步方法是一种定期的计数器值的修正，保证两侧的计数器偏差在一定范围之内。采用时间标签法进行系统同步的原理如图 7–19 所示。OLT 在 T1 时刻发出时间标签 T1，ONU 收到后将自己的时钟计数器值置成 T1，在 T2 时刻 OLT 发出时间标签 T2，ONU 收到后将自己的时钟计数器置成 T2，以此类推。

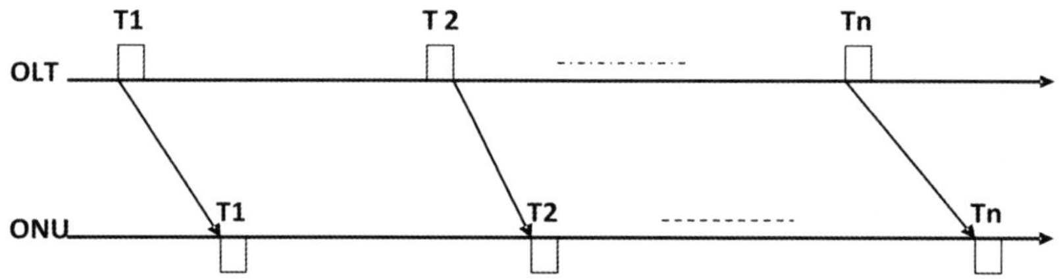

图 7–19 时间标签系统同步原理示意图

时间标签测距的基本原理与上述的时间标签同步类似，如图 7–20 所示。即通过时间标签的传递，OLT 通过计算接收的时间标签值和本地时钟计数器时间标签差值来实现测距，其结果就是要得到环路传输时延 RTT，以使所有 ONU 在插入均衡时延 Td 后具有相等的均衡环路延时 Tequ。

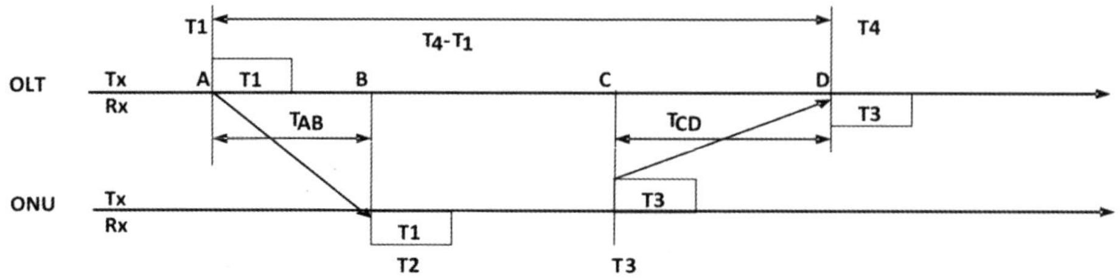

图 7–20 时间标签测距原理示意图

由于各 ONU 与 OLT 之间的物理距离不相等，例如一般 EPON 系统规定 ONU 到 OLT 之间的最远距离为 20km，最近距离为 0km，这种距离差将导致延时在 0 ~ 200μs 之间变化，环路延时不同，ONU 之间没有足够的隔离间隙，可能会导致上行信号的冲突。因此引入均衡环路延时，并且使均衡环路延时 Tequ 都相等（一般取最大环路延时与最小环路延时的中间值），这样就使得每个 ONU 都调整到与 OLT 有相同的逻辑距离处，然后可以根据时分多址的技术来正确地发送信元，不会有冲突的发生。

在图 7–20 中，OLT 在自己的时钟 T1 时刻（图中的 A 点）发送时间标签值 T1，ONU 在自己的时钟 T2 时刻（图中的 B 点）接收到该时间标签值 T1，然后 ONU 把自己的时钟计数器 T2 置换成 T1，并在 OLT 时钟的 T3 时刻（图中的 C 点）发送时间标签值 T3，OLT 在自己时钟的 T4 时刻（图中的 D 点）接收到该时间标签值 T3。这样 OLT 得到的环路传输时延 $RTT = T_{AB}+T_{CD} = (T_4-T_1) - (T_3-T_2)$。ONU 已将 T_2 置成 T_1，因此有

$$
\begin{aligned}
RTT &= (T_4-T_1) - (T_3-T_2) \\
&= (T_4-T_1) - (T_3-T_1) \\
&= T_4-T_3
\end{aligned}
$$

可见，OLT 通过计算接收到的时间标签值 T3 和本地时钟计数器的时间标签值 T4 的差值，就可以得到环路传输时延 RTT，然后可进一步求出各个 ONU 的插入均衡时延 $T_d=T_{equ}-RTT$，对 ONU 进行插入时延补偿，从而解决上行同步问题，实现时分多址传输。

7.3.4 GPON 接入技术

1. GPON 概述

ITU–T FSAN 组织于 2002 年 9 月开始提出了 GPON 解决方案，其传输速率最高可达 2.4Gbps，可以原有格式和极高效率传送多种业务。2003 年 1 月，通过了 GPON 的一系列标准 –G.984.1 和 G.984.2，分别制定了千兆比特无源光网络（GPON）的总体特性和物理媒质相关层（PMD）规范；2004 年又发布了 G.984.3 和 G.984.4 标准，分别制订了 GPON 的传输汇聚层（TC）规范和 GPON 系统管理控制接口规范。

G.984.1 标准中规定了 GPON 的总体技术要求，其中最大传输距离可达 20km，最大逻辑距离可达 60km，支持的最大分路比为 16、32、64 甚至 128。

G.984.2 标准规范了 GPON 的物理层要求，系统下行速率为 1.244Gbps 或 2.488Gpbs，上行速率为 155Mbps、622Mbps、1.244Gbps 或 2.488Gpbs，并且还规定了各种速率下 OLT 和 ONU 光接口的物理特性。

G.984.3 标准规范了 GPON 的 TC 子层、帧格式、测距技术、动态带宽分配和维护管理等功能，是 GPON 系统的关键技术要求。

G.984.4 对 GPON 系统的管理控制接口进行了规范，包括在 OLT 和 ONU 之间交换信息的协议独立地管理信息库的管理实体，以及 ONU 的管理和控制通道、协议和具体消息。

GPON 以 ATM 信元和 GEM（GPON Encapsulation Method）帧承载多业务，GEM

类似于通用成帧规程 GFP，是 GPON 的特有封装方式。在 GPON 标准中明确规定支持的业务类型，包括数据业务（Ethernet 业务，包括 IP 业务和 MPEG 视频流）、PSTN 业务、专用线（T1、E1、DS3、E3 和 ATM 业务）和视频业务（数字视频）。GPON 中的多业务映射到 ATM 信元或 GEM 帧中进行传输，并提供相应的 QoS 保证。

GPON 的系统结构同一般的 PON 结构一样，由光线路终端 OLT、光分配网 ODN 和光网络单元 ONU 三部分组成。

GPON 网络上下行数据链路的通信方式不同，下行采用广播方式，上行采用时分多址 TDMA 方式。在下行方向，OLT 发出的信号以广播方式传送给每个 ONU，ONU 通过识别数据包头的地址来接收和处理相应的数据流量。在上行方向，GPON 使用 TDMA 方式统一协调所连接的 ONU 进行上行数据传输，避免 ONU 之间的数据冲突。OLT 为每个 ONU 指定允许发送上行数据的时隙，并发出时隙分配帧，ONU 根据得到的时隙分配帧，在指定的时隙内插入自己的数据，实现 ONU 之间共享上行信道。

2.GPON 协议模型

GPON 的协议模型如图 7-21 所示。

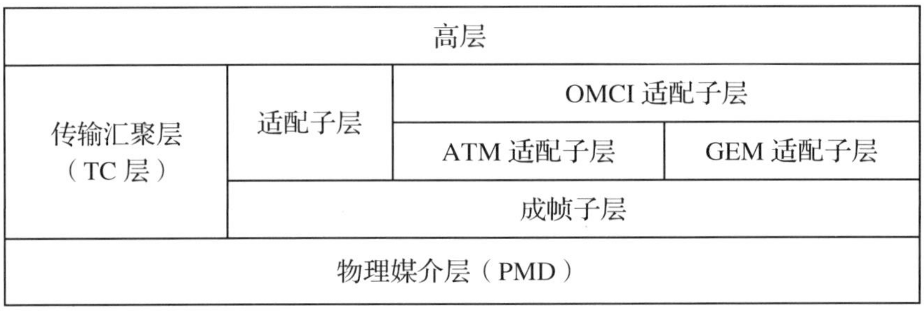

图 7-21 GPON 协议模型

物理媒介层（PMD）主要完成光纤连接、波分复用、光电转换的功能。

传输汇聚层分为 GPON 成帧子层和适配子层。GPON 传输汇聚子层（GPON Transmission Convergence，GTC）的成帧子层完成 GTC 帧的封装，PON 的特定功能（包括测距、带宽分配、上行时隙分配、保密和安全、保护倒换等）。

适配子层提供 PDU 和高层实体的接口，ATM 和 GEM 信息在各自的适配子层完成业务数据单元（SDU）与协议数据单元 PDU 的转换。在操作管理通信接口（Operations Management Communication Interface，OMCI）适配子层进行 VPI/VCI 和 PORT_ID 的识别，并完成 OMCI 通道数据与高层实体的交换。

3.GPON 帧结构

> GPON 采用上下帧长均为 125μs 长度的帧结构，便于承载以 8kHz 为抽样频率的 TDM 业务，沿用 APON 中的 PLOAM 信元的概念传送 OAM 信息，帧的净荷分 ATM 信元段和 GEM 通用帧段。

（1）下行帧结构

下行帧由下行物理控制块 PCBd（Physical Control Block downstream），以及由 ATM 块和 GEM 块组成的净荷区域组成，如图 7–22 所示。

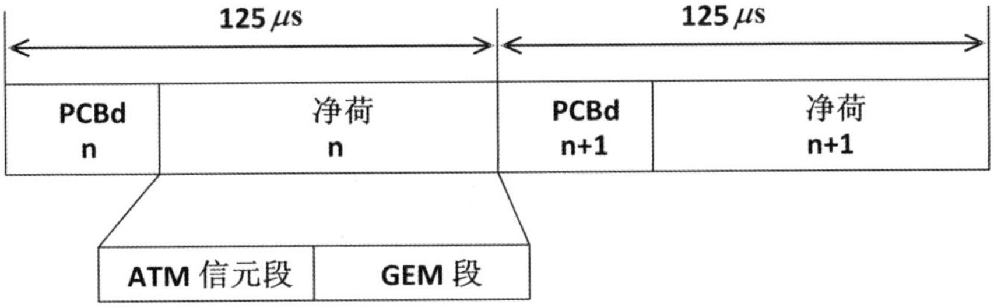

图 7–22 GPON 下行帧结构

PCBd 提供帧同步、定时以及动态带宽分配等 OAM 功能，ONU 根据 PCBd 获取同步等信息，然后根据 ATM 信元头的 VPI/VCI 过滤 ATM 信元，依据 GEM 帧头的 PortID 过滤 GEM 帧。因 GPON 的帧长为 125 μ s，在下行速率为 1.244Gbps 和 2.488Gbps 时一帧分别包含 19440 和 38880 个字节，在两种速率下 PCBd 的长度一样，OLT 以广播方式发送 PCBd 信息，每个 ONU 都接收完整的 PCBd 信息，并根据其相关信息进行相应的操作。下行物理控制块 PCBd 由多个域组成，如图 7–23 所示。

Psyne 4 字节	Ident 4 字节	PLOAMd 13 字节	BIP 1 字节	Plend 4 字节	Plend 4 字节	US BWMap N×8 字节

图 7–23 GPON 下行物理控制块结构图

（1）Psync 域：物理层同步域，4 字节长，其值为 0xB6AB31E0，用于实现帧同步，不能被扰码。

（2）Ident 域：4 字节长，用于指定更大的帧结构，其低 30 比特是超帧计数器（super–frame counter），用于用户数据加密系统或者低速率的同步参考信号。最高位的第 1 比特用于指示下行数据流是否使用了 FEC，第 2 比特为保留比特。

（3）PLOAMd 域：13 字节长，携带下行 PLOAM 信息，其内容包含 ONU ID（标记特定的 ONU）、Message ID（指示消息类型）、Message（PLOAM 净荷）以及 CRC–8 校验序列。

（4）BIP 域：比特间插奇偶校验，1 字节长，对前一个 BIP 域到本 BIP 域间的所有传输字节进行 BIP–8 校验，用于测量链路的误码率。

（5）Plend 域：下行净荷长度域，4 字节长，用于指定带宽分配映射（Bandwidth MAP）和 ATM 块的长度。为防止传输错误，该域被传送两次。

（6）US BWMAP 域：共有 N 个 8 字节结构向量数组，数组中的每个实体代表了一个特定的带宽分配，实体的数量由 Plend 域指定。

下行帧的净荷由 ATM 块和 GEM 块组成。ATM 块位于净荷的开头部分，包括一定数量的 ATM 信元，长度由 Plend 指定，为 53 字节的整数倍。ONU 根据每个信元携带的 VPI 值接收属于自己的下行信息。GEM 块包含任意数量的 GEM 帧，超过下行帧范围的 GEM 帧可以被分片。GEM 帧结构如图 7–24 所示。

PLI 12 比特	Port ID 12 比特	PTI 3 比特	HEC 13 比特	净负荷 变长

图 7–24 GPON 中的 GEM 帧结构

5 个字节的帧头包括 12 比特的 PLI（净荷长度指示）、12 比特的 Port ID、3 比特的 PTI（净负荷类型指示）和 13 比特的 HEC（头差错校验）。

PLI 指示该头部后面的净负荷段的长度为 L 字节，由于只有 12 比特，最多指示到 4095 个字节，大于这个值的用户帧要分片传送。因此。每个 GEM 帧最多包括 4100 个字节。

PORT ID 有 12 比特，可以提供 4096 个不同的端口标识，ONU 根据每帧携带的 12 比特的 Port_ID 值接收属于自己的下行信息。

PTI 用于指示净负荷段的内容类型和相应的处理方式，其编码含义见表 7–3。

表 7–3 PTI 编码含义

PTI 编码	含义
000	用户数据段，无拥塞，不是帧的末端
001	用户数据段，无拥塞，是帧的末端
010	用户数据段，有拥塞，不是帧的末端
011	用户数据段，有拥塞，是帧的末端
100	GEM OAM
101	保留
110	保留
111	保留

（2）上行帧结构

上行帧长为 125μs，每帧包含一个或多个 ONU 的传输，由下行帧中 USBW Map 域指示，其结构如图 7–25 所示。

上行帧 125μs						
PLOu	PLOAMu	PLSu	DBRuX	净荷 X	DBRuY	净荷 Y

图 7–25 GPON 上行帧结构

上行物理层开销（Physical Layer Overhead upstream，PLOu）长度由 OLT 在初始化 ONU 时设置，其内容包含前导码和定界符、BIP 校验、ONU-ID 和 ONU 的实时状态指示。ONU 在占据上行信道后首先发送 PLOu 单元，以使 OLT 能够快速同步并正确接收 ONU 的数据。

上行 PLOAM（PLOAMu）信息的长度为 13 字节，携带 PLOAM 信息，其内容同下行 PLOAMd 相同，包含 ONU ID（标记特定的 ONU）、Message ID（指示消息类型）、Message（PLOAM 净荷）以及 CRC-8 校验序列。

上行功率电平序列（Power Level Sequence upstream，PLSu）长度为 102 字节，用于对 ONU 的光功率测量和调整，协助调节 ONU 的功率电平以减小 OLT 接收机的动态范围。

上行动态带宽报告（Dynamic Bandwidth Report upstream，DBRu）包括 DBA（动态带宽调整）和 CRC 域，用于申请上行带宽。

上行净荷域填充 ATM 信元或 GEM 帧。对于 ATM 上行净荷，OLT 尽量使 ATM 净荷为 53 字节的整数倍长，否则最后将进行碎片填充。

7.3.5 下一代光接入技术

1.10G EPON 技术

基于 10Gbps 的以太网无源光网络技术（10G EPON）是对传统 1G EPON 的升级，可应用于高密度用户接入以及高分光比要求的应用场景。10G EPON 基于 IEEE 802.3av 标准，对原有 1G EPON 标准的相关技术参数、物理层指标、光功率预算进行了改进，满足了未来光接入网对更高传输带宽、更远传输距离的要求。

IEEE 于 2006 年成立了 Task Force 工作组，启动 10G EPON 标准 IEEE 802.3av 标准的研究和制定，其目标是定位下一代基于以太网的无源光网络技术的开发。2007 年，工作组发布了第一个 10G EPON 接入网的标准草案，并于 2008 年发布其修订版本（2.0 版本），最终在 2009 年 9 月 11 日的 IEEE 大会上通过，并正式发布。

IEEE 802.3av 标准基本上遵循了以往 1G EPON 标准体系结构，最大限度沿用 IEEE 802.3ah（1G EPON）的 MPCP 协议，并在传输速率、波长规划、光功率预算等方面进行了修订和扩展。

（1）传输速率

> IEEE 802.3av 确定了两种物理层模式：一种是非对称模式，下行速率 10Gbps 和上行速率 1Gbps；另一种是对称模式，上下行速率均为 10Gbps。

非对称模式是对称模式的一种过渡形式，在前期对上行带宽需求较少和成本较为敏感的场合，可以使用非对称模式。随着业务规模的发展，逐渐过渡到对称模式。

为了兼容现有的 1G EPON 系统，IEEE 802.3 工作组在研究和制定 10G EPON 标准时，强调了 10Gbps 和 1Gbps 速率共存的模式，称为双模速率。具体实现可通过在 1G EPON 网络的局端增加 10G EPON 的 OLT 板卡，并在用户端加入 10G EPON 的 ONU

设备来实现。

在双模速率模式下，OLT 发射端通过波分复用（WMD）的方法，可同时发送 10Gbps 和 1Gbps 两种速率的数据，OLT 接收端则通过时分复用（TDMA）的方法，同时接收 10Gbps 和 1Gbps 两种速率的数据。

（2）波长规划

10G EPON 标准对上下行波段进行了重新规划，为了避免在 10G EPON 与 1G EPON 共存时的波长冲突，10G EPON 上行只能使用 TDMA 方式。

10G EPON 系统为单纤双向系统，上下行分别使用不同的波长，其中对称模式下，上行使用 1260 ~ 1280nm 波段，一般使用 1270nm 波长；下行使用 1575 ~ 1580 波段，一般使用 1577nm 波长。非对称模式下，上行使用 1260 ~ 1360nm 波段，一般使用 1310nn 波长；下行使用 1575 ~ 1580 波段，一般使用 1577nm 波长。

（3）光功率预算

IEEE 802.3av 标准规定了 10G EPON 网络在 1:16 和 1:32 分光比情况下，实现 10km 和 20km 信号传输的三种光功率预算等级。

第一种是低功率预算等级：在点到多点的网络中，光通道插入损耗低于 20dB，使用 1:16 分光比时信号传输距离为 10km。

第二种是中功率预算等级：在点到多点的网络中，光通道插入损耗低于 24B，使用 1:16 分光比时信号传输距离为 20km，或者使用 1:32 分光比时信号传输距离为 10km。

第三种是高功率预算等级：在点到多点的网络中，光通道插入损耗低于 29B，使用 1:32 分光比时信号传输距离为 20km。

考虑到 10G EPON 系统有对称和非对称两种物理模式，因此每个光功率预算等级下又有 PRX（非对称）和 PR（对称）两种模式，因此总共有六种光功率预算，分别对应六种类型 PMD，分别是：10GBASE-PR-DU1、10GBASE-PR-DU2、10GBASE-PR-DU3 和 10/1GBASE-PRX-DU1、10/1GBASE-PRX-DU2、10/1GBASE-PRX-DU3。其中，BASE 表示基带传输、DU1 表示低功率预算上下行通道，DU2 表示中功率预算上下行通道，DU3 表示高功率预算上下行通道。

（4）编码方式

IEEE 802.3ah（1G EPON）标准中采用了 RS（255，239）的 FEC 编码，并且可选。IEEE 802.3av（10GEPON）为了保证 10Gbps 传输通道的可靠性，将 FEC 编码作为必选功能，并且使用了更为强大的 RS（255，223）编码方式，具有增强的增益以支持 10G EPON 接入网光接收器的更低灵敏度。

IEEE 802.3ah（1G EPON）标准的物理线路编码采用了 8B/10B 编码，而 IEEE 802.3av（10GEPON）采用了 64B/66B 编码方式，该编码来源于万兆以太网技术。相比 8B/10B 编码，它不需要 0、1 高密度的转换，有确定的数据块和控制块格式，网络的开销代价小，并且网络带宽利用率得到了明显的提高。

2．10G GPON 技术

2004 年，国际电信联盟 ITU-T SG15/Q2 开始研究基于 GPON 的下一代 PON 系统，称为 NG-PON。NG-PON 技术分为两个标准阶段，第一个阶段是与 GPON 共存，共用一个 ODN 的 NG-PON1；第二阶段是基于完全新建 ODN 网络的 NG-PON2。通常所说的 10G GPON 就属于 NG-PON1 阶段，在 ITU-T 中的标准号对应 ITU-T G.987.X 系列和 ITU-T G.988 系列，又称为 XG-PON 系列。

NG-PON1 白皮书在 2009 年 6 月正式发布，对 10G GPON 的技术框架、系统需求、物理层规格进行了定义。基于该白皮书，在同年 10 月正式发布了 10G GPON 的总体规格和物理层规范，即 ITU-T G.987.1 和 ITU-T G.987.2。2010 年 6 月则发布了 10G GPON 传输汇聚层规范及 OMCI 规范，即 ITU-T G.987.3 和 ITU-T G.988。

（1）传输速率

根据 ITU-T 所指定的下一代光接入网发展计划，基于 XG-PON 技术的 NG-PON1 分为两个阶段，分别为 XG-PON1 和 XG-PON2。

> XG-PON1 为非对称系统，上行通道速率为 2.5Gbps，下行通道为 10Gbps。XG-PON2 为对称系统，上下行通道速率均为 10Gbps。

（2）波长规划

在选择上行通道和下行通道波长时，考虑目前主要采用 WDM 技术实现 XG-PON 和 1G PON 两种技术的共存，在波长选择上要避开原有 1G PON 所使用的波长。XG-PON 系统的波长规划同 10G EPON，上行通道波段为 1260 ~ 1280nm；下行通道波段为 1575 ~ 1580nm，如果有室外部署应用，下行通道波长可以扩展到 1575 ~ 1581n 波段。

XG-PON 系统工作的波段一般称为“基础波段”，其他波段称为“增强波段”，用于传输 1G GPON 信号和 CATV 信号。基础波段与增强波段之间有一个保护频带隔离，一般在终端上使用波长阻塞滤波器，以获得较好的信号间隔离度，从而解决干扰信号问题。

（3）光功率预算

XG-PON 技术发展初期，仅包含 N1 和 N2 两种光功率预算等级，其中 N1 对应低功率预算模型，最小损耗为 14dB，最大损耗 29dB。N2 对应高功率预算模型，最小损耗 16dB，最大损耗 31dB。

随着 XG-PON 技术的发展考虑共存应用场景下 WDM 部件的引入，在 1G GPON 光功率预算等级的基础上，增加了 E1 和 E2 等级，专门用于 XG-PON 和 1G GPON 网络共存时的 ODN 网络光功率预算，其中 E1 等级最小损耗 18dB，最大 33dB；E2 等级最小损耗 20dB，最大损耗 35dB。

3．WDM 无源光网络技术

目前的 PON 技术主要有两类：一类是基于时分复用的无源光网络技术，即 TDM-PON；第二类则是基于波分复用的无源光网络技术，即 WDM-PON。TDM-PON 的带宽为用户共享，随着用户数量的增加，每用户的平均带宽会逐渐降低。

WDM-PON 属于 NG-PON 的第二个研究阶段，即基于完全新建 ODN 网络的 NG-PON2。WDM-PON 则是在充分利用光纤资源的前提下，采用虚拟点对点通信原理，使用波长作为用户端 ONU 的标识，每户独占带宽，从 10Mbps ~ 1Gbps 不等，最高可达 10Gbps。

WDM-PON 网络仍然沿用传统 PON 网络点到多点结构，以 OLT 为中心，连接多个 ONU 终端设备，在使用波分复用技术的前提下，可以在 ODN 网络中传送多个波长，提高了网络的传输容量。

WDM-PON 网络由 OLT、ORN（Optical Remote Network）和 ONU 组成，其网络结构如图 7-26 所示。

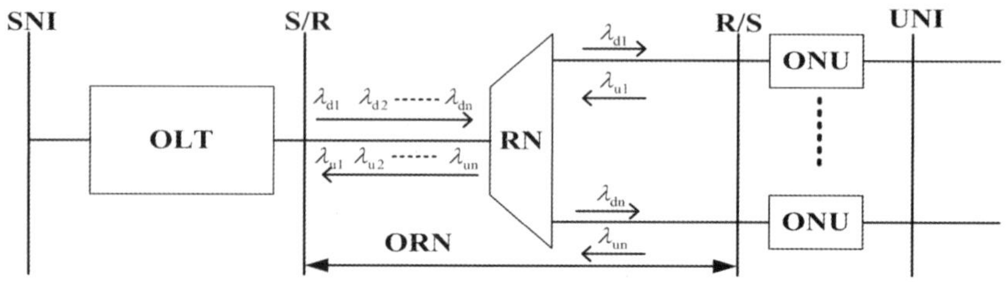

图 7-26 WDM-PON 网络结构示意图

下行方向，局端设备 OLT 将多个波长信号进行合波后，通过单根光纤连接到 RN（RemoteNode）设备。RN 设备中包括光复用器件、解复用器件，用于将每一个不同的波长进行分离，再送往 ONU 中，每个 ONU 采用相应的波长通道独立收发数据。

上行方向，来自于每一个 ONU 的不同波长光信号，在 RN 设备上进行合波，合波后的光信号通过一根光纤上联到 OLT。

WDM-PON 系统中，每个 ONU 一般使用固定的工作波长来进行区分，能够保证 WDM-PON 系统的硬件和软件设计比较简单，易于维护人员对网络的管理。

WDM-PON 也可以使用基于波长动态分配的技术，主要应用于用户数大于系统所提供的波长数的场景。该场景中，所有用户的地理位置相邻，逻辑上形成一个用户组，每个波长均需要在不同时隙内服务于不同的用户。

波长动态分配的 WDM-PON 系统中，OLT 中需要配备一个多波长光源和 WDM 接收机，分别用于产生下行信号和接收上行信号。RN 设备内置波分路由器件和分波器件，对上行通道就是一个分路器，对下行通道则是一个波分路由器。ONU 中配置一个可调激光器、一个固定激光器和一个固定接收机。可调激光器可调谐到任一个上行波长，用于通过上行通道发送数据，固定激光器发出固定波长的信号，用于在控制信道上发送上行传输请求信息。

7.4 电力线接入技术

7.4.1 电力线接入概述

电力线接入是指利用低压配电线路传输数据、语音以及图像等多媒体业务的一种通信方式。该技术将载有信息的信号加载到电力线上，经过调制解调后在电力线上传输，即电力线通信（Power Line Communication，PLC）技术。

根据占用频率的宽度，电力线通信分为窄带 PLC（NB-PLC）和宽带 PLC（BB-PLC）两种。窄带 PLC 的频率范围，在美国为 50 ~ 450KHz，欧洲为 3 ~ 149.5KHz，中国为 40 ~ 500KHz。宽带 PLC 的频率范围，在美国为 4 ~ 20MHz，欧洲为 1.6 ~ 30MHz，在中国还没有宽带 PLC 的标准。

低压供电网不是为通信网络设计的，电力线的特点并不适合数据传输。首先，电力线电缆被不对称地分开，而且电缆的连接不规则，引起反射和阻抗的改变。其次，PLC 网络改变了低压供电网的结构，特别是在家用 PLC 网络中，每个开关都可以改变网络拓扑结构。最后，PLC 网络由于电缆的连接和不同阻抗产生的大量反射，导致了信号的多径传播，而且是频率选择性衰落。由于分支点的反射、电缆端口不匹配以及频率选择性衰落，会造成 PLC 网络信号的衰减，尤其是长电缆的衰减非常大，有时需要配备中继器。

窄带 PLC 系统可以提供高达几 kbps 的传输速率，两个 PLC Modem 的最远距离可达 1km，如果要实现更远的距离，可以使用中继技术。窄带 PLC 系统提供了窄带和宽带两种调制方案。第一个窄带 PLC 网络使用了 ASK 调制技术，但是 ASK 不能适应分布式的网络结构，因此并不适合在 PLC 网络中应用。BPSK 调制技术更适合在 PLC 网络中使用，但是由于相位识别比较复杂，所以也并不常用，现在 PLC 系统中一般使用的是 FSK 调制技术。未来的窄带 PLC 系统也可以使用宽带调制技术，例如 OFDM 技术，可以抵抗存在于 PLC 系统的噪声和选择性衰减。

宽带 PLC 系统在室外可以提供 2Mbps 以上的数据速率，在室内可以达到 12Mbps。在 PLC 系统中，数据传输是在一个频率选择性信道上，会出现回波、脉冲和窄带干扰叠加成的各种噪声。因此，PLC 采用的调制技术需要高效的应对这种环境，例如 OFDM 技术和 DSSS 技术。

7.4.2 电力线数据通信技术

家庭插座电力线联盟（Home Plug PowerLine Alliance，HomePlug）成立于 2000 年，是致力于开发全球互联电力线通信标准的开放标准组织。HomePlug 自成立以来，陆续颁布了一系列 PLC 技术规范，包括 HomePLug1.0、HomepLug1.0 Turbo、HomePLug AV、HomePLug BPL、HomepLug Command&Control，形成了一套完成的 PLC 技术标准体系，覆盖了所有电力线通信技术的应用领域。

HomepLug 技术可以在电力线、电话线以及同轴电缆上进行数据传输，其规范目前分为三大类：面向家庭宽带网络的 HomePLug1.0+AV、面向宽带电力线接入的 HomePLug BPL 规范，以及面向较低带宽控制应用的家庭自动化 HomepLug Command&Control 规范。

1. HomepLug 1.0

HomepLug 1.0 是第一个 HomePlug 标准，在 2001 年批准颁布，理论数据速率最高可达 14Mbps。2004 年推出了 HomePLug1.0 Turbo，最大理论数据速率提高到 85Mbps。

HomePLug 1.0 的物理层工作在 4.5 ~ 21MHz 频段，使用了 OFDM 调制技术，信道编码为卷积码和 RS 码。在整个工作频段内，共划分了 84 个子载波，其中有 8 个子载波位于业务无线电广播频段。为避免产生干扰，物理层在业余无线电频段降低了发送器的功率谱密度，以便将从电力线辐射到这些系统中的干扰能量降低到最小。每个子载波可以采用 BPSK 或 DQPSK 调制，总数据速率可达 20Mbps。

以太网数据帧在电力线上传输时，HomePLug1.0 的 MAC 层要先对数据帧进行加密和其他操作，如果一个子帧不能完整容纳一个数据包，则要进行分段处理。另外，MAC 层采用 IEEE 802.3 规定的帧结构，并采用虚拟载波侦听机制和竞争分辨协议来将冲突次数降到最低。

HomePLug 1.0 在电力线中传输数据时，存在一系列问题：首先是电力线中噪声的干扰，对数据稳定性和 QoS 带来了挑战，特别是在用电高峰容易出现信号波动；其次是数据传输速率最高只能达到 14Mbps，远远不如其他接入技术；最后，电磁辐射和安全也是困扰 PLC 的一个主要问题。

2. HomepLug AV

为了解决 HomePLug 1.0 标准在电力线上通信存在的问题，家庭插座电力联盟推出了 HomePLug AV 标准，作为 HomePLug 1.0 标准的替代者，并于 2005 年 8 月通过。

HomePLug AV 的物理层工作于 2 ~ 28MHz 频段，采用了加窗 OFDM 和 Turbo 卷积码，提高了其可靠性。加窗 OFDM 具有灵活的频谱加槽能力，可以保证在凹槽处有超过 30dB 衰减时，也不会丢失凹槽以外的频谱。

> HomePLug AV 采用了 917 个子载波和灵活的保护间隔的长 OFDM 符号，调制方式从 BPSK 到 1024QAM，可以达到 200Mbps 的物理层信道速率和 150Mbps 的 MAC 层吞吐量。

HomePLug AV 的 MAC 层综合使用了具有 QoS 保证的 TDMA 有序接入和 CSMA 竞争接入两种多址技术，并通过快速自动重发请求实现可靠传送。TDMA 接入提供的 QoS 保证，包括保留带宽、高可靠度和对延迟抖动的严格控制，而 CSMA 接入提供了 4 个优先级水平。

3. 其他标准

HomePLug 为了能支持智能家庭、家庭自动化等应用，在电力线上设计了一套低速的感测、监控应用的网络，称为 HomepLug Command&Control 技术。此外，还可实现家庭与外网连接，直接使用电力线接入 Internet，实施宽带互联网的应用，称为 HomePLug BPL（Broadband Power Line），利用现有交流配电网中的中低压电力线路，传输和接入互联网。

HomePLug BPL 的物理层是基于 HomePLug AV 技术的 200Mbps 技术，在高噪声的电力线信道上进行接近物理层极限容量的可靠通信；MAC 层同样使用了高效的 TDMA 和 CSMA 多址技术。HomePLug BPL 的应用分为以电力公司为主的服务和以用户为主的服务。以电力公司为主的服务包括远程抄表、负荷控制、动态和汇总数据分析、设备监视等等；以用户为主的服务包括互联网宽带接入、视频传输、语音电话、远程网络管理等等。

HomepLug Command&Control 的物理层采用 DCSK（Differential Code Shift Keying）调制技术，MAC 层采用自适应后退算法的 CSMA/CA 技术，每个网络可以拥有 2047 个节点，支持接入网和户内网络的数据服务、管理服务等等。

2005 年 7 月，IEEE 成立了 P1901 工作组，负责电力线宽带接入的 MAC/PHY 部分标准，致力于统一电力线宽带通信的技术标准，并于 2008 年 12 月通过电力线宽带通信的物理层和 MAC 层技术标准提案。

7.4.3 电力线接入系统结构

一般一个完整的电力接入网由电力部分和网络部分组成。电力部分包括配电变压器、电源开关、电源插座和各种通用电设备等等；网络部分包括路由器、交换机、电力调制解调器和计算机等，如图 7–27 所示。

电力接入组网非常简便，只需要把网络设备插入电源插座，就可以与任何其他网络设备进行通信，而不必重新布线。用户端也非常简单，只需添加一个调制解调器，将计算机与调制解调器连接，再将调制解调器插上电源插座，计算机就可以连接到互联网。

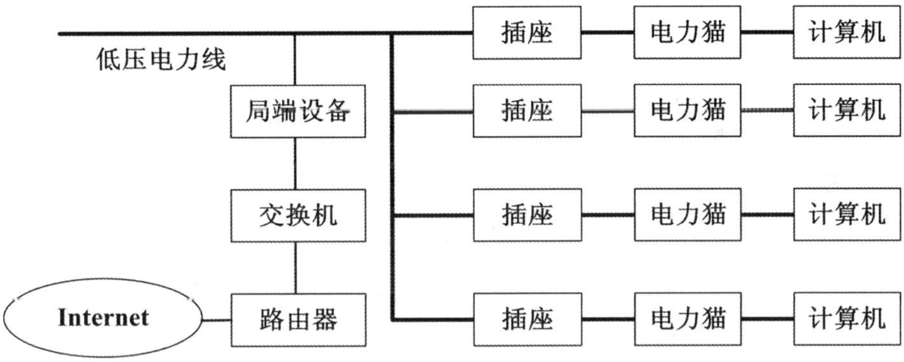

图 7–27 电力线接入网组网结构

电力调制解调器是电力线以太网信号传输适配器，简称电力猫，它是一种基于电力线传输信号的设备。电力猫一般有两种接口，一个是直接和用户端计算机连接的数据接口，通常是以太网接口或者 USB 接口；另一种是电源接口，除了给电力猫供电之外还用来传输数据信息。

电力猫除了完成调制解调功能之外，电力耦合也是电力猫中非常重要的一部分。耦合单元是电力猫同电力线的结合设备，将调制好的高频模拟信号送入电力线进行传输，或从电力线上提取出高频信号以便进行解调。此外，电力线的耦合单元还可以实现通信设备与电网工频高压的安全隔离和阻抗匹配，同时尽可能地阻止和减小噪声及干扰信号。

在电力线载波通信系统中，主要的载波信号耦合方式有电容耦合、电感耦合以及天线耦合等几种方式。

天线耦合方式是由在电力线下边平行悬挂适当长度（1 ~ 20m）的线路作为天线以及相应的调谐装置组成，该方式耦合效率很低，使用很少。

电感耦合又称变压器耦合，基于变压器电磁感应耦合的原理，将电力线导线作为副边线圈，将高频载波信号线作为原边线圈，通过一个高导磁率的磁芯或磁环构成一个信号传输变压器。该方式易受干扰，在环境相对恶劣的电力线通信中，一般不用。

电容耦合采用耦合电容器作为主要元件，用一个高频电容来连接高频载波信号的输入输出端与电力线接入点（电源插座等），电容耦合装置属于直接耦合装置，将高频载波信号直接输入电网，同时从电力线上接收高频载波信号，是使用最多的一种方式。

局端设备根据功能分为电力网桥、电力交换机和电力路由器等几种。目前应用较多的是电力网桥，它没有数据交换的能力。电力网桥的耦合接口用来从电力线上提取由用户端电力猫发送的信号，同时把数据信号加载到电力线上；电力网桥的以太网接口用于和网络设备（路由器、交换机）相连。电源接口只用来提供电源，不传递数据信号。

电力交换机同普通的以太网交换机功能类似，具有多个从电力线上收发信号的耦合接口，并且能根据数据链路层信息对来自不同耦合接口的数据进行交换。

电力路由器的功能同路由器类似，只是具有多个从电力线上收发信号的耦合接口，能根据网络层信息对来自不同耦合接口的数据进行路由选择和交换。

7.4.4 电力线接入技术的特色

首先，电力线接入操作简单，通用性强。直接插到电源插座上连接好网络设备便可以使用，不需要安装任何软件与驱动程序。电力线接入可以为家庭、中小型办公室提供局域网组网服务，支持同时连接数十台计算机。

其次，健康环保，应用范围广。电力网是覆盖范围最广的网络，它的规模是其他任何网络都无法比拟的，电力线接入可以轻松渗透到家庭或企业，并且没有无线电磁波的影响，特别适用于医院或有无线干扰的单位。

最后，便捷安全，不要布线。电力猫属于即插即用设备，只需插入电源插头即可工作，方便连接到互联网，免除重新组建局域网布线的困扰。

7.5 本章小结

本章介绍了 ADSL、HFC、光纤接入以及电力线接入四种宽带接入技术。ADSL 接入虽然被认为是一种过渡性技术，但这并不意味 ADSL 技术已经发展到终点，电信运营商几十年来积累了庞大电话接入铜线资源，为 ADSL 提供了巨大的应用空间。模拟电视正在逐步发展到数字电视，为 HFC 接入技术提供了发展空间，DOCSIS3.0 标准的应用将会使得 HFC 接入技术同其他接入技术相比提高竞争能力。光纤接入技术是未来宽带接入的最终发展趋势，具有广阔的应用前景。APON 随着 ATM 在全球受挫而退出了应用领域，EPON 和 GPON 技术无论是在电信还是广电领域都已经得到了广泛的应用，未来的发展趋势则是下一代光接入网技术。

延伸阅读

（1）DSL 论坛网站：http://www.dslforum.org

（2）Cable Television Laboratories Inc., Data-Over-Cable Service Interface Specifications DOCSIS2.0：Radio Frequency Interface Specification SP-RFIv2.0-i04-030730，2003

（3）Cable Television Laboratories Inc., Data-Over-Cable Service Interface Specifications DOCSIS 3.0：Physical Layer Specification，CM-SP-PHYv3.0-I08-090121；MAC and Upper Layer Protocols Interface Specification，CM-SP-MULPIv3.0-I12-100115

（4）Ethernet Passive Optical Networks，http://www.iec.org/online/tutorials/epon

习　题

1. ADSL 采用了 DMT 调制方式，说明其基本思想和优势。
2. HFC 的组成和结构是怎样的？ CableModem 接入如何进行带宽分配？
3. 光接入网的组成和结构是怎样的？各部分分别完成什么功能？
4. PON 系统中为什么要测距？如何实现？
5. 比较 APON、EPON 和 GPON 三者的异同点。

参考文献

[1] UYLESS BLACK，《ATM：Foundation For Broadband Networks》，清华大学出版社，1998年4月

[2] UYLESS BLACK，《Emerging Communications Technologies》，清华大学出版社，1998年4月

[3] MISCHA SCHWARTZ，《Broadband Integrated Networks》，清华大学出版社，1998年4月

[4] DANIEL etc.，《Planning and Managing ATM Networks》，清华大学出版社，1998年4月

[5] 徐荣等，《城域光网络》，人民邮电出版社，2003年1月

[6] 李鉴增等，《宽带网络技术》，中国广播电视出版社，2003年1月

[7] 刘剑波等，《有线电视网络》，中国广播电视出版社，2003年1月

[8] 李鉴增等，《有线电视综合信息网技术》，人民邮电出版社，1999年7月

[9] 曹志刚、钱亚生，《现代通信原理》，清华大学出版社，1996年12月

[10] 韦乐平，《光同步数字传送网》，人民邮电出版社，1998年9月

[11] 马丁·德·普瑞克著，程时端等译，《异步传递方式 宽带ISDN技术》，人民邮电出版社，1996年7月

[12] 史蒂芬·桑德斯编，韩煜国等译，《数据通信 吉比特以太网手册》，人民邮电出版社，2000年3月

[13] Walter Goralski著，刘勇等译，《ADSL和SDL技术》，人民邮电出版社，2000年7月

[14] Albert Azzzm & Niel Ransom著，文爱军等译，《宽带接入技术》，电子工业出版社，2001年7月

[15] Tom Clark著，邓劲生等译，《存储区域网络设计》，电子工业出版社，2005年1月

[16] 刘少亭、卢建军、李国民，《现代信息网》，人民邮电出版社，2001年7月

[17] 裘晓峰、张春红，《宽带网络技术及其应用》，清华大学出版社，1997年7月

[18] 黄锡伟、朱秀昌，《宽带通信网络》，人民邮电出版社，1998年9月

[19] 万博通公司技术部，《宽带IP网络技术及其应用实例》，海洋出版社，2000年5月

[20] 唐雄燕、庞韶敏，《软交换网络——技术与应用实践》，电子工业出版社，2005年5月

[21] 赵慧玲、叶华，《以软交换技术为核心的下一代网络技术》，人民邮电出版社，2002 年

[22] 金惠文等编著，《现代交换原理》，电子工业出版社，2005 年 4 月

[23] 沈鑫剡等编著，《IP 交换网原理、技术及实现》，人民邮电出版社，2003 年 1 月

[24] 严 颖等，《运筹学随机模型》，中国人民大学出版社，1995 年 6 月

[25] 傅家良，《运筹学教程》，西南交通大学出版社，1994 年 8 月

[26] 雷维礼、马立香等编著，《接入网技术》，清华大学出版社，2006 年 9 月

[27] 陈雪编著，《无源光网络技术》，北京邮电大学出版社，2006 年 1 月

[28] 格伦・克雷默著，《基于以太网的无源光网络》，北京邮电大学出版社，2007 年 5 月

[29] 张中荃主编，《接入网技术》，人民邮电出版社，2003 年 6 月

[30] 阎德升，边恩炯等编著，《EPON- 新一代宽带接入技术与应用》，机械工业出版社，2007 年 1 月

[31] 严伟，潘爱民译，《计算机网络（第 5 版）》，清华大学出版社，2012.3

[32] 吴时霖等译，《数据通信与网络（第 4 版）》，机械工业出版社，2011.12

[33] 何军等译，《无线通信与网络（第 2 版）》，清华大学出版社，2005.10

[34] 吴怡，朱晓荣等译，《无线网络技术原理与应用》，电子工业出版社，2011.1

[35] 汪涛主编，《无线网络技术导论（第二版）》，清华大学出版社，2012.10

[36] 杨刚等编著，《电力线通信技术》，电子工业出版社，2011 年 1 月

[37] 李志球，《计算机网络基础》，电子工业出版社，2005.1

[38] 张基温，《计算机网络原理》，高等教育出版社，2006.6

图书在版编目（CIP）数据

宽带网络技术 / 李鉴增，金立标，苗方编著 .—北京：中国传媒大学出版社，2015.9（2017.8 重印）

（网络工程专业“十二五”规划教材）
ISBN 978-7-5657-1406-1

Ⅰ . ①宽… Ⅱ . ①李… Ⅲ . ①宽带通信系统—计算机通信网—高等学校—教材

Ⅳ . ① TN915.142

中国版本图书馆 CIP 数据核字 (2015) 第 160899 号

宽带网络技术

编　著	李鉴增　金立标　苗　方
主　审	刘剑波
责任编辑	蔡开松
装帧设计指导	吴学夫　杨　蕾　郭开鹤　吴　颖
设计总监	杨　蕾
装帧设计	刘鑫、方雪悦等平面设计创作团队
责任印制	阳金洲
出版人	王巧林
出版发行	中国传媒大学出版社
社　址	北京市朝阳区定福庄东街 1 号　邮编：100024
电　话	86—10—65450528　65450532　传真：65779405
网　址	http://www.cucp.com.cn
经　销	全国新华书店
印　刷	北京玺诚印务有限公司
开　本	787mm × 1092mm　1/16
印　张	18
版　次	2015 年 9 月第 1 版　　2017 年 8 月第 2 次印刷
书　号	ISBN 978-7-5657-1406-1/TN · 1406　定　价　56.00 元

致力专业核心教材建设　提升学科与学校影响力

中国传媒大学出版社陆续推出

我校 15 个专业“十二五”规划教材约 160 种

播音与主持艺术专业（10 种）

广播电视编导专业（电视编辑方向）（11 种）

广播电视编导专业（文艺编导方向）（10 种）

广播电视新闻专业（11 种）

广播电视工程专业（9 种）

广告学专业（12 种）

摄影专业（11 种）

录音艺术专业（12 种）

动画专业（10 种）

数字媒体艺术专业（12 种）

数字游戏设计专业（10 种）

网络与新媒体专业（12 种）

网络工程专业（11 种）

信息安全专业（10 种）

文化产业管理专业（10 种）

传媒人书店（For IOS）

传媒人书店（For Android）

微博关注我们

微信关注我们

访问我们的主页

本书更多相关资源可从中国传媒大学出版社网站下载
网址：http://www.cucp.com.cn
责任编辑：蔡开松　　　意见反馈及投稿邮箱：1091104926@qq.com
联系电话：010-65783654